中国当代赏石艺术纲要

李国树 著

上海财经大学出版社

图书在版编目(CIP)数据

中国当代赏石艺术纲要/李国树著 . —上海：上海财经大学出版社，
2022.3
ISBN 978-7-5642-3917-6/F・3917

Ⅰ.①中… Ⅱ.①李… Ⅲ.①石-鉴赏-中国 Ⅳ.①TS933.21

中国版本图书馆 CIP 数据核字(2021)第 258763 号

□ 策划编辑　王永长
□ 责任编辑　王永长
□ 封面设计　贺加贝

中国当代赏石艺术纲要

李国树　著

上海财经大学出版社出版发行
(上海市中山北一路 369 号　邮编 200083)
网　　址:http://www.sufep.com
电子邮箱:webmaster @ sufep.com
全国新华书店经销
上海锦佳印刷有限公司印刷装订
2022 年 3 月第 1 版　2022 年 3 月第 1 次印刷

787mm×1092mm　1/16　29.5 印张(插页:2)　520 千字
定价:598.00 元

序一 石头如何成为艺术品

石头在传统艺术的发展中占有重要位置。石头与中国人的文化精神有密切关系。在当代艺术生活和日常审美中，往往有石头的身影。顽然一片石，其中饱含着中国人独特的生活感悟和艺术理想。

中国有漫长的赏石传统。石头也参与累积中国文化传统的基座，拓展艺术表现的领域，美化人的生活世界。在一个奉"天人合一"哲学为圭臬的文化传统里，赏石伴随着中国人有关人工与天趣的认识里程。从老子的"不欲琭琭如玉，珞珞如石"，到南朝高僧竺道生的"高僧说法，顽石点头"的传说，再到东坡"石丑而文"的思考，赏石中凝固了中华民族智慧的精髓。

石头作为一种欣赏对象，在艺术与非艺术、天然与人为之间的界线非常模糊。数千年来，在中国文化的天地里，爱石、赏石、藏石的风气愈演愈烈，有关石头的文字和图像文献极多，但这方面的理论建构却并不多。虽然有《云林石谱》《素园石谱》一些专门性著作，但很少有触及基础理论方面的探讨。放眼当今艺坛，赏石风气与古代相比有过之而无不及，但在这方面的深度理论思考还是罕值其人。

正是在此背景下，能读到像李国树先生《中国当代赏石艺术纲要》这样的著作特别高兴。李国树先生是赏石家，又是观赏石收藏家，还是一位赏石理论家。这部皇皇巨著，是有关赏石的系统性理论著作。它在当代世界文化和审美发展的宏阔视野中，透视中国人的赏石文化，涉及赏石理论中的一系列基础理论问题。如中国赏石文化的源流和发展态势（书的后面还附有"中国赏石文化年表"），清晰地展现中国赏石文化发展的历史脉络、重大事件。其中涉及一系列赏石中关键的理论问题，如"石头如何成为艺术""瘦漏透皱丑等赏石审美标准的建立和发展脉络""赏石和主流艺术的关系""石头的文化和艺术语言""赏石文化中所体现出的哲学精神""透视当代赏石文化的得失",等等。书中既有具体案例的分析,又有深度的哲学与美学思考,在历史和逻辑的基础上,展现了中华赏石文化的独具魅力。这是一部酣畅淋漓的赏石理论著作。

　　沉默无言、难以纳入一般形式法则的石头如何成为艺术品,是李国树先生这部著作所想解决的关键问题,作者提供的思路极有价值。作者认为,赏石文化中包含中国人对自由精神的追求,"观照和转化"是沉默的石头转换为艺术品的关键,作为鉴赏对象的顽石是真实和想象的艺术统一,等等。这些理论思考都具有重要启发性。他对当代赏石文化的分析,也给我留下深刻印象。这部著作的出版,必将推动对赏石文化的理论探讨,对促进中国当代赏石文化的良性发展也大有裨益。谨此表示衷心的祝贺。

朱良志

二〇二一年十一月二日

于北京大学

序二　开拓的力量

　　这部作品与其他赏石著述均不同,它主要是从国家级非物质文化遗产的角度,从理论上为赏石艺术寻得了一种解释。

　　赏石艺术是流连自然、追寻自由、欣赏艺术之美。这是本书的主题,虽是一家之言,但逻辑清晰,脉络完整,综贯之论,有立有破,究极尽意,引人思索。

　　本书最显著的特点是融学术性、开拓性和思想性为一体。就学术性来说,可谓"言之有故,持之成理",有着见微知著的谨严;作为开创性的作品,无论从赏石艺术的基本概念,还是首尾衔接的体系建构,都是经过深思熟虑的;同时,把中国赏石作为一种特殊的文化现象来理解,书中所蕴含的思想性,处处闪烁着智慧。

　　中国赏石有一千多年的历史,文人赏石传统深厚。如何把赏石文化世代传承下去,我认为开拓前路是重要的。然而,思想的先行者往往是孤独的。开拓难免会有争议,智者会在争议中看到新的方向,引发新的思考,受到新的启发。而且,一部好的著作,不仅取决于同代人对它的认识,也取决于后代人对它的理解。不言而喻,这部作品的问世对中国赏石是一件有重要意义的事件。

　　西汉史学家司马迁在《报任安书》里说:"盖文王拘而演《周易》;仲尼厄而作《春秋》;屈原放逐,乃赋《离骚》;左丘失明,厥有《国语》;孙子膑脚,《兵法》修列;不韦迁蜀,世传《吕览》;韩非囚秦,《说难》《孤愤》;《诗》三百篇,大抵圣贤发愤之所为作也。"本书五十余万字的篇幅,倾注了作者多年的心血,深厚的底蕴流露于字里行间。相信,读者仔细去品味这部融合了艺术、哲学、赏石、美学、历史、宗教、文化等多学科,拥有着文学的语言,逻辑的思辨,丰富的引用,敏锐的洞察,开放的鉴赏,富有实践活力的作品,一定会领略到知识的恩泽。

本书既有时代特点，又超越了时代，具有跨时代性，可以使读者理解赏石艺术不但有路可循，而且道路宽广。这条道路也是一种赏石自信的表达，而这种自信又是当代赏石逐渐走向成熟的表现。

我以英国小说家狄更斯在《双城记》里的一段话，来表达我对现时代赏石的认识："这是最好的时期，也是最坏的时期；这是智慧的时代，也是愚蠢的时代；这是信任的时代，也是怀疑的时代；这是光明的季节，也是黑暗的季节；这是希望的春天，也是失望的冬天；我们的前途无量，同时又感到希望渺茫；我们一齐奔向天堂，我们全又走向另一个方向……"

愿所有的赏石人不负时代，既要坚持传统，又要不断创新，不做井底之蛙，努力向前看。

正如书中所言："观赏石不应该用大众的语言对大众说话，而应该用艺术的语言去对艺术表达。"期待着观赏石艺术品走向艺术舞台时代的到来。

杜海鸥

二〇二一年七月一日

识于始北山房

自序　了犹未了

赏石艺术作为国家级非物质文化遗产,对很多人来说还是一个新鲜事物,同时作为一门新的学问也是未知的。英国哲学家罗素在《西方的智慧》里说:"对于未知的事物,实际上有两种态度:一是接受人们基于书本、神话或神灵启示所做的声明;二是自己亲自走出去看一看,而这种方法正是哲学和科学的方法。"对于赏石艺术的研究,一方面要从文化和艺术传统,特别是从中国赏石的史料和典籍中汲取营养;另一方面要在赏石活动的沃土里去探求理性的光芒。然而,文化和艺术传统里少有赏石的身影,中国赏石文献史料又分散零碎,而且赏石本身也充满了令人困惑的东西。厘清思想上的混乱是研究赏石艺术的基础。

宋代哲学家吕祖谦说过:"善未易明,理未易察。"希望用我自己的方式对赏石艺术的发展做出一点尝试,同时也能够间接地对赏石的新潮流做一点贡献,这也正是写作此书的初心。它可以用一句简单的话来表述:研究任何问题,都需要抓住和解决它的最难点,我试图从理论上把赏石艺术说清楚,如果不能够从根本上解决问题,赏石艺术就仅仅是赏石人顺口说说罢了。换言之,赏石艺术的道路没有很好地铺就,赏石艺术连赏石人自己都说不清楚,就期待着得到主流艺术的认可,得到主流收藏界的重视,简直是虚妄的矜夸,结果只能是苍白无力的。

美国艺术哲学家阿瑟·丹托在《艺术世界》里指出:"人们可能都没有意识到自己正置身在艺术领域中,而这一点本是不需要用艺术理论来告知他们的,部分原因在于这个领域的构成之所以是艺术的,恰恰是因为它遵循了艺术理论的缘故。而且,艺术理论除了能够帮助人们区分艺术与其他东西外,它还能够使艺术成为可能。"然而,现实中的绝大多数人并未真正意识到观赏石是艺术品。赏石艺术作为一个完全独立的概念,它是当代的一种艺术形式,一种赏石实践,更是一种赏石理念,迫切需要理论阐释赋予人们以理由和信念。

　　每一门学问都有自己的基本概念,以及由基本概念所形成的结构和系统。尝试着陈述一种相对完整的赏石艺术理论需要远见和学识,但艺术史中的无数事实证明,这几乎是不可能完成的。由于没有现成的赏石艺术理论做参考,并且赏石艺术又涉及诸多学科,因此,在酝酿和写作本书的过程中,花费了自己很多精力,历时四年才写成,正可谓"物有甘苦,尝之者识;道有夷险,履之者知"。

　　中国古人要求好文章要有义理、考据和辞章。同时,德国哲学家叔本华在《作为意志和表象的世界》里说过:"像伟人一样思考,像普通人一样说话。"然而,赏石艺术理论属于学术性研究,面临的最大困难是如何在深刻理解赏石实践的基础上,把赏石与哲学、心理、社会、历史、宗教、文化、文学、绘画、雕塑、艺术和美学等多学科置于一个综合层面之上,并遵循一定的逻辑形式来系统和完整地论述。把赏石艺术用属于自己的语言表达出来,既有思想的文学外观,又有思想的严肃性,也不是一件容易的事情。

　　如果把赏石艺术喻为池塘里的荷叶和荷花,赏石艺术理论不应只限于描述它的美妙动人,赞美它出淤泥而不染的品格,还应该深入水面之下,看它是否茎叶相连、根茎相通,更应该掘地三尺,去探究根茎是如何从泥土里生长出来的。

　　沿着这个比喻,有义务向读者指明本书的建构大体遵循着如下脉络:

　　其一,在赏石艺术成为国家级非物质文化遗产的时代背景下,对赏石进行了多视角分析,对赏石标准和赏石理念作了辩证思考,对中国当代赏石的真实现状给予了理性认识,为当代赏石艺术理念萌发的必要性作了逻辑与现实上的铺垫。

　　其二,运用哲学与逻辑的方法,重点阐述了当代赏石艺术;阐明了如何超越审美习见的束缚赏玩观赏石,欣赏观赏石艺术品和判定其价值;论述了赏石艺术与主流艺术的关系。通过赏石艺术的诠释,以及对观赏石艺术品的品鉴,赋予赏石艺术以一种合理解释;宣示赏石艺术作为一种新的艺术形式的存在,以澄清人们对赏石艺术的模糊认识,扭转主流艺术对它的漠视。

　　其三,观赏石既为"物"之物史,更为透过"观物"之文化史。在梳理中国赏石文献史料的基础上,把中国赏石作为一种文化现象来理解。通过辨伪考证,简述了中国赏石的来龙去脉,梳理了历代赏石脉络、赏石变迁以及具有标志性意义的赏石代表人物,探究了背后的社会、宗教、文化和艺术因素及其主导力量,最终落脚于赏石艺术精神之上。其目的是要引发人们去思考：中国赏石不仅可以成为反思人与自然、人与社会关系的一面镜子，还可以对一个浮躁的时代也有所省发；赏石艺术也并非无根的浮萍，它有着自己的内在生命活力，借用德国哲学家尼采的话说，"树冠看不到树根，却能够感觉到它"。

本书的写作一方面来源于我的赏石体验、赏石观察、赏石感受和赏石思考；另一方面受益于一些先贤思想的启发。文中撷取了许多哲学家、文学家、历史学家、艺术家、艺术史学家和赏石家对艺术、美学和赏石等方面的理解，不仅仅是作为论证之所需，还在于人们能够从中体会到一种思想的力量。当然，这些引用与所述观点如何熨帖在一起，不但看起来浑然一体，更要符合内在逻辑。这在写作过程中颇费周折。

赏石艺术是关于纯正鉴赏力的艺术。正如德国哲学家康德在《判断力批判》里所说："判断美的对象，需要鉴赏力。""美学是以主观鉴赏判断为基础的。"又如唐代文学家柳宗元所言："夫美不自美，因人而彰。"对于观赏石来说，趣味决定了审美，而美又取决于欣赏者的眼光和艺术修为。书中所入选的观赏石并不代表永久的审美准则，只是蕴含了个人的审美情愫和主观偏爱。所以，绝不能宣称书里所有的观赏石都是珍品之作，它们只是在我心里有着一定的典型和示范意义。

由于自己非石圈内之人，在联系这些观赏石的过程中，也费了很多波折。其中，有的低调收藏家并不愿意自己的观赏石露面；有的观赏石虽露过面，但使用的是托名；有的观赏石被海外藏家收藏了，失去了踪迹；有的收藏家因为身份特殊，不愿留下姓名；有的观赏石虽然经过自己的努力，但也遗憾未能与石主取得联系。特别是有的观赏石经过人为修治，但依然成为中国赏石的代表符号而具有了特殊的赏石文化意义。至于其中出现的个例只希望读者从其他意义去理解了。由于绝大多数珍品观赏石在藏家手里秘而不宣，自己又无暇实地去探寻，自然无缘相识。相信，随着赏石艺术理念的逐步深入，待赏石艺术真正圆熟以后，一定会有更多的珍品观赏石涌现出来。在此，谨向允许我对这些来源于网络上的观赏石图像复制的个人和顶级藏家们致以谢意。

从古至今，观赏石未能够进入艺术史和美学史，它仅是作为赏石人以适性和游心为特征的喜好和情趣而在私人领域存在着。所以，相对于主流艺术来说，赏石艺术研究是边缘性的，我只是试图播下一颗种子——不安、思索和期待赏石复兴的种子。理想地说，如果这颗种子能够生根、发芽和成长，那么，就会预示着中国赏石艺术将逐渐清晰。观赏石将会从私人生活逐渐走向艺术的舞台,赏石艺术也会成为一种表现人类情感的媒介,为整个艺术提供一种更为丰富的表现手段;同时,通过赏石艺术和赏石文化的宣扬,还能够加深人们对中华民族文化深层底蕴的理解。更为重要的是,从中国赏石文化发展史来看,从古代相石标准的"皱、漏、瘦、透、丑"和"形、质、色、纹、声",到当代赏石艺术理念的过渡,也有着一定的超越意义。

俄国作家托尔斯泰在《托尔斯泰论文艺》里指出:"以前没有被感知和理解的东西,将一种强烈的情感变成人人都可以理解和接受的内容——这就是一件艺术作品。"然而,在艺术的世界里,没有确定的并被视为理所当然的东西,所以,绝不敢妄议凡是不符合自己观点的都不是观赏石艺术品的排他性武断。而且,限于篇幅,很多观点稍露端倪,但没能够展开论述;很多问题有所触及,但没能够解决。这也是本书的遗憾。

赏石艺术既需要拓宽视野,又需要细节研究,并非一蹴而至,犹如法国哲学家笛卡尔在《谈谈方法》里所说:"真理是只能在某些对象里一点儿、一点儿发现的。"同时,德国思想家阿多诺在《美学理论》里指出:"研究艺术的现象学方法是要不得的,因为它总以为一下子就能把握住艺术的精髓。"赏石艺术虽是一门崭新的艺术,但也处于不停地生成和流变之中,因为它是一种无限的艺术。它能够再现和表现大自然和人类的一切东西,它又是纷繁多变的,往往云深不知处,人们的知识只能达到某种界限。因此,这也是把本书命名为"纲要"的缘由——它既非定论,又非模式;既非蓝本,又非宣言。只是一家之言。不过,当人们面对一种新的艺术形式、新的艺术品,被迫去弄懂,或者试图去弄懂,它是如何发生的,正在经历什么,以及将要发生什么时,在不断趋近这些问题的过程中就已经取得了些许进步。

英国艺术史学家罗杰·弗莱在《弗莱艺术批评文选》里说:"从人类的长期效应来看,对美的追求与对真理的追求一样重要。"然而,一旦谈及美和真理必然会充斥各种争议。在赏石活动中,任何人都会不可避免地持有某种偏见和各自的喜好。同时,如同德国诗人歌德所说:"理论是灰色的,生命之树常青。"赏石艺术既是超越性的,又是前瞻性的,本书是在石市萧条的背景下写成的,亦是特定时代和文化氛围里的产物。希望读者对它的瑕疵和探索给予宽容。

哲学家陈鼓应在《庄子浅说》里指出:"对整个中国的艺术境界而言,最美的恐怕不是以复杂精巧的语言符号表达的艺术,而是看起来淡然、冲漠的浑然一体的世界。中国艺术讲究'外师造化,中得心源',正是要在自然当中寻找和自我内心契合的那个不言之美。"赏石,一方面追求大自然的完美性,一方面发挥人的主动性,使大自然的存在物与人的品格完善得以内化、和谐与统一。反过来说,只有持开放的心灵和审美的情怀,才能够彻底解放石头,赏石艺术的价值才能够得以体现。

在写作过程中,虽然注意到了读者对象的文体意识问题,但总体上还是多了些学术味道。不过,也并不难阅读。坦诚地说,本书在满足了自己好奇心的同时,特别献给对观赏石有兴趣的主流艺术人士和对赏石艺术有兴趣的高知赏石人士,以期共同建立一座赏石艺术与主流艺术圈子之间沟通的桥梁。我虽怀抱善良、诚实、问题意识和美好愿望来写作的,但才学窳陋,不足之处在所难免。特别是面对"赏石艺术"这部天书,更遑论胜任。我之所为,或不配受到称誉,亦不至遭人诟谤。更希望主流艺术家们和海内外赏玩石头的方家肯审查它,并指出我的错误和纰漏之处。

感谢王毅高先生给我的一些专业性建议,感谢生活·读书·新知三联书店麻俊生先生对书稿提出的修改意见,感谢上海财经大学出版社王永长先生的帮助才使得本书顺利与读者见面。感谢美学家、北京大学美学与美育研究中心主任、中华美学学会副会长朱良志教授赠予本书的序一。感谢古瓷古石收藏家、赏石家、上海市观赏石协会会长杜海鸥先生赠予本书的序二。

最后,特别感谢我的妻子傅颖慧博士,她在我人生低谷的时候而不务正业地写作本书给予了理解和支持,一次又一次地从复旦大学图书馆借阅相关专业性书籍,为本书的写作提供了资料来源。还要感谢我的女儿李嘉懿,她在生活中给我带来了无尽的快乐,也成了我完成这份极具挑战性工作的动力源泉;同时,她对我的石头最感兴趣,也是最了解它们的人,这是最值得我欣慰的。

李国树

二〇二一年八月十八日 于上海石器时代

目　录

绪论　新逻辑：自然、自由与艺术

一

古希腊哲学家亚里士多德在《论动物》里指出："大自然的每一个领域都美妙绝伦。"同时，南朝梁代文学家刘勰在《文心雕龙·神思》里说："思理为妙，神与物游。""神用象通，情变所孕。"石者，有形之类，自然之根，造化之工，蕴艺术之美。赏石是一种默然无言的宣示，它所呼唤起的活动存在于观赏者的想象、情感和精神里。

20世纪80年代以来，赏石活动逐步在大众中流行开来，而知识分子、文化阶层、主流艺术阶层和精英人士参与较少。在大众化赏石过程中，大多数赏石人缺乏想象力，并沉迷于具象化的物象，即赏石以追求真实为基础。在过度追求"像什么"的赏玩思维之下，直观的和具象化的怪异之石占据了主流。对于传统石而言，虽然有人还坚守着"皱、漏、瘦、透、丑"的相石标准，但也出现了传统石具象化的倾向。同样，画面石也出现了相同的不幸。总之，这种情形可以用"论石以形似，见与儿童邻"来形容，或者说不同的观赏石都是同一个卵孵化出来的，并且，人们也很少去假想所赏玩的观赏石有多少可以称为艺术品的。

当代赏石一直都在追逐趣味化和娱乐化，并逐渐呈现出保守性和庸俗化的倾向，以致与文化和艺术相脱节。珍品观赏石只能在少数玩家手里，或者埋没于尘芥之中，保持在一个不能够为公众所接受和了解的状态，而更多的观赏石似乎在等待着被幸运地加以承认。

从中国赏石历史视域来看,大众化、具象化、标准化、猎奇化和趣味化基本上构成了这一特定历史时期的赏石特征和赏石风格,也在总体上呈现了一个时代的审美趣味。但是,这种赏石特征、赏石风格和赏石审美趣味只是处于赏石发展史上一个粗放阶段,所以,人们迫切需要新的赏石理念。古罗马诗人卢克莱修有诗云:"所有一切好像不会彻底消亡,因为大自然把一个事物转化成另一个事物;除非有一种东西消亡,否则不会有另一种东西产生。"2014年,"赏石艺术"被国务院列为国家级非物质文化遗产,倒逼着当代赏石艺术理念的萌发。

艺术史学家滕固在《唐宋画论》里指出:"一个新时代的产生和对于这个时代的认识并不总是一致的。历史证明,人们对于这个时代的认识总会比这个时代晚一些。"赏石学者虽然隐约认识到赏石已经处在一个新的时代,即观赏石正在迈入一个有意识的赏石艺术时代,但在赏石艺术理论上还没有一个整体论述。很多赏石学者研究当代赏石,大多落入了"皱、漏、瘦、透、丑"和"形、质、色、纹"的窠臼。然而,这些赏石审美标准本属于古代,不能够在新时代产生它们应该有的效果。

至于赏石艺术的发见,可惜现在还很寂寥。但寂寥之中,大体上出现了两种主要倾向:

其一,否认观赏石是艺术品,进而从根本上否定赏石艺术。比如,有人只理解点艺术皮毛,任意揪住本属一家之言或约定俗成的艺术定义来否定赏石艺术。有人认为,自然存在物和艺术是两件不相干的东西,不可能变成同一件事,根本就不存在自然艺术品;有人认为,艺术是人为的创作,石头是非"人为的",通过这种人为与非人为事物的区分,而否定观赏石是艺术品,即便也承认观赏石具有艺术性;有人认为,人们的主观性可以认识观赏石,但创造不出观赏石作品,即赏石不能生产出任何属于"艺术家创作"的东西,人们常说的"仿佛"是艺术家的创作,并不等于是艺术家的真正创作,赏石艺术创作的主体是缺失的;有人认为,观赏石是一种偶然的存在,它的内容稀奇古怪,赏石仅是一种艺术性游戏,从而与一般艺术完全不同,失去了惯例的意味,即观赏石没有作为艺术品的传统。总之,他们认为,观赏石不能因为"说它是艺术品",就成了艺术品。

其二,认可赏石艺术,但流于表面。比如,有人为观赏石建立了艺术馆,就认为它们一下子变成艺术品了;有人只是寻得了赏石艺术与主流艺术之间似是而非的一小部分,就认为赏石艺术与主流艺术相融合了;有人研究赏石艺术,也仅限于与主流艺术中的绘画和雕塑等进行蜻蜓点水式的比拟研究,而忽略了观赏石的属性和生命感,以及由此派生出来的赏石艺术的特性，更很少从艺术的本质和精神通理上进行深入挖掘，虽然出现认可赏石艺术的倾向，但无法阐明其理论。所以，赏石艺术理论只能在外围绕着圈子，如隔靴搔痒一样，出现许多两层皮式的论点，显得支离破碎，有些急躁和肤浅，不能够使人信服。

然而，被发现的大自然的石头能否视为或者判断为艺术品，却是赏石艺术这门学问的根本前提；反之，观赏石艺术品的身份焦虑就会于无形中困扰着人们。如果说观赏石是艺术品，其逻辑和理由又是什么？这也意味着，即使存在着把观赏石摆在展厅里，或者放置在艺术馆里供人们欣赏的事实，人们也要去追问，这些观赏石是否属于可称之为艺术品事物的行列，或者说它们符不符合人们所持有的艺术观念。那么，自然还会引出一连串问题：艺术是什么？在艺术发展史上，艺术有确定的内涵和不变的边界吗？赏石艺术又是什么？赏石艺术与人为的艺术有着什么样的区别和联系？

问题不啻于此。一旦这些问题出现的时候，赏石哲学的界说和讨论就不可避免了——而赏石艺术恰好来自哲学的邀约。美国美学家布洛克在《现代艺术哲学》里指出："那些把种种'现成物'当作艺术品的人，实际上是在从事着一种非常严肃的事业。他们是在扩大或重新创造人们的艺术概念。而那些不认为上述物品是艺术的人，则是在保卫已有的艺术边界，对于改变它的种种企图进行抗击。这样的争执实则是一种'概念之边界线的争执'，这种争执是十分重要的。其结果关乎着我们未来文化的形式，如未来的艺术将是个什么样子，下一个世纪艺术还存在不存在等。"实际上，关于赏石艺术的分析哲学的讨论，并非会有非是即非的答案，更没有放之四海而皆准的赏石艺术理论，而在于从什么角度去观察和分析问题的，以及这些观察和分析是否能够自圆其说，并且具有一定的说服力。

总之，那种把观赏石排除在艺术之外的观念，实则表达了人们凭着直觉和心照不宣地对"标准艺术观"的理解：艺术品必须是人为创造出来的，既然石头是自然生成的，它们就不是艺术品；相反，如果把观赏石视为艺术品，则意味着：对于一件艺术品来说，更重要的是艺术家打算用一件物体做什么，而不去在乎这件物体本身的物理性质，即石头作为大自然的存在物，赏玩石头的人们（特别是赏石艺术家）通过它们传达出了什么。

二

赏石作为一种纯粹的艺术活动是指向当代的,它是中国赏石经过长时期的实践积累逐渐走向成熟和涅槃的结果,从而在激进意义上形成一个新的独立艺术形式。这个论断的假定前提在于,赏石作为艺术形式,在中国赏石文化史里缺少确定的依据。更准确地说,赏石作为一种文人雅趣,虽是古代文人艺术生活的组成部分,但在中国赏石史上,并没有把赏石视为独立的艺术形式,自然,石头也就没有被视为艺术品。

英国艺术史学家贡布里希曾言:"有多少艺术史学家就有多少种艺术史。"需要指明的是,书名所谓的"当代",一方面是指中国通用的历史分期,以与古代赏石相区分;另一方面是特指 20 世纪 80 年代以来的赏石时期。从史学角度来看,赏石艺术不是古代赏石的直观描述和外在延续。严格地说,赏石艺术与古代文人赏石虽然有很深的渊源,但之间显然并没有直接的传承关系,而是意蕴着赏石在新时代的趋向,它是当代的赏石实践和未来的艺术。当然,这里的赏石艺术主要是针对一门独立的艺术形式而言的。

从更宽泛的意义来探究,当代赏石艺术源于赏石活动内部,还是产生于外部环境呢? 历史告诉人们,万物变化皆有原因。因此,赏石理论需要研究赏石艺术的新生条件和环境。

其一,探讨当代赏石艺术需要理解古代的赏石传统。当代赏石艺术绝不能与中国的赏石传统相隔绝,只有熟悉中国的赏石文化传统,才能够很好地判断和理解当代的赏石艺术。然而,中国赏石史料散落各处,各家论述东鳞西爪,人们只能够通过一些断简残篇的引用来了解中国赏石。而且,一些口头相传的史料,比如《西京杂记》《酉阳杂俎》等,多为小说家言,往往充满着虚构而非原有面目,只有那些真实的文献史料(主要包括正史记述、史传、有明确纪年的画迹、石谱以及诗歌等)才是值得信任的。并且,中国赏石是一个十分复杂和丰富多彩的过程,又是一个漫长和时断时续的过程。总体来说,中国赏石是不连续和碎片式的,它只是在私人领域以一种微缩的方式隐蔽地进入到中国复杂的文化系统之中。如果缺少对中国赏石文献的严谨考证与解释,缺乏对中国赏石史现场性的理解,或者热衷于那些尚属可疑的赏石逸闻的考证之中,那么,由此而来的许多观点是值得商榷的。

因此,通过爬梳文献,梳理渊源,应用真实可信的赏石文献史料去实证诠释中国赏石历史，以及应用历史比较和历史哲学方法研究中国赏石文化，是本书的研究方法。

其二，赏石艺术产生于当代的赏石实践，它往往从一些最基本的问题引申出来。比如：石头作为大自然的存在物，可以被视为艺术品吗？什么是观赏石？是什么因素引起人们对同一块观赏石的不同反应？为什么有的石头只是石头，而有的观赏石却被称之为艺术品，犹如语言因何而成为诗歌的？如果有的观赏石称得上是艺术品，那么，什么是赏石艺术？赏石艺术这个名词是怎样产生的？它的有效性如何？它又应该如何来界定？为什么当代的大众化赏石活动却使观赏石扮演着小众的角色？观赏石的好与坏用什么因素进行比较？赏石艺术的范畴有哪些？赏石艺术有着什么样的规律性？赏石艺术与主流艺术有着怎样的内在关系？为什么赏石会成为东方民族特有的现象？中国各个历史时期的赏石活动所涉及的社会和文化因素是什么？赏石活动的内在驱动力是什么？等等。上述问题都从赏石实践和历史中产生，并且具有根本性，同时也有着现象学和诠释学的意味。

因此，运用逻辑实证分析以及应用分析哲学的界定等来阐述当代赏石艺术，是本书的主要研究方法。

印度人在他们的圣经《吠陀经》里说："只有孩子，而不是博学之士，才把思辨能力和实践能力说成是两种能力。它们只不过是一个而已，因为二者达到的目的是一个。"赏石艺术并非仅是抽象的观念，更是人们的赏石实践活动。所以，赏石艺术理论不能靠先验的法则去构想，只有产生于赏石传统和赏石实践之中，才可能是活的理论。换个角度来理解，赏石艺术理念是一种赏石实践的价值。它不是简单的概念和方法，而是一种普遍的认识观和实践观，只有赏石艺术家才能够很好地实践它。

赏石艺术的一端是观赏石，另一端是艺术。人们只有全面地理解艺术，才能够尝试着解开这个谜团。众所周知，艺术史里没有进化论，每一历史阶段都会有某种特定风格的艺术模式的存在，它们只是不同而已，用英国艺术史学家罗杰·弗莱的话说，"它们都是钟摆似的艺术"。同时，英国艺术史学家克莱夫·贝尔在《艺术》里指出："12世纪的欧洲，一个人也许会被一座罗马式教堂深深打动，却对一幅唐朝的绘画无动于衷。对于近代人来说，希腊雕塑意味无穷，而墨西哥雕塑却毫无意义。""然而，如果一件艺术品有深刻的含义，那么，它的出处是无关紧要的。"而且，艺术有着多种多样的形式，都可以渗透到人们的生活之中。

俄国艺术家康定斯基在《艺术中的精神》里认为："艺术作品都是时代的产儿，往往也是时代情感的源泉。每个文化时期都会产生其自身的艺术，不可重复。"赏石文化是东方的,赏石代表着中国趣味和东方情调。而赏石艺术实则属于世界,因为艺术具有普遍性和广被性,它不受时间的限制,也不受空间的限制。犹如英国历史学家汤因比在《历史研究》里所说:"艺术综合了人的感知和思考,因此,无论在艺术创作中时间和空间起了什么作用,艺术中所包含的见识的效力,却会超越创作时的历史时空的暂时性和地域性。"

美国艺术批评家克莱门特·格林伯格在《艺术与文化》里指出:"每一种艺术都得实施这种自我证明。需要展示的不仅是一般艺术中独特的和不可还原的东西,而且,还是每一种特殊艺术中独特的和不可还原的东西。每一种艺术都得通过其自身的实践与作品确定专属于它的效果。诚然,在这么做时,每一种艺术都会缩小它的能力范围,但与此同时,它亦将使这一范围内所保有的东西更为可靠。"所以,赏石艺术因其独特性和民族性,在世界艺术史上第一次面临解释自己的需要。

三

赏石艺术有着自己的特殊性,单纯地依靠旧有的思想无法欣赏这种新艺术。因此,需要新的术语才能够确切地表达出赏石艺术的概观。然而,赏石艺术又是一门微妙的艺术,没有任何一个孤立的范畴能抓住赏石艺术的全貌,并且,赏石艺术中最简单的结构并非由寥寥几种成分构成,而是由最复杂的因素产生的。同时,人们也不能对赏石艺术里的概念作简单化和绝对化的理解,它们自身都蕴涵着精微的辩证法,甚至之间也不可避免地产生紧张和矛盾,而正是这些抽象概念的逻辑之和构成了赏石艺术的坚实基础。

奥地利哲学家维特根斯坦在《逻辑哲学论》里说:"我们对现实的看法会由于语言错误和概念错误而被误解。"实际上,人们所要认识的赏石艺术是通过使用的语言概念来把握和感知的。为了不陷入混乱的文字游戏纠缠之中,文中对于一些重要概念,比如,观赏石和赏石艺术进行了定义——读者往往并不愿意接受定义,但此事并非像人们想象得那么简单,它们恰是整个赏石艺术理论稳固的基石。此外,对于赏石艺术里的重要范畴,比如,观照、转化、自然、发现性、感悟性、表现性、再现、想象力和审美经验等,做了详细解释以尽量使得它们符合内在逻辑一致性。

古希腊哲学家亚里士多德在《诗学》里说:"艺术品是一个有机的实体,其中各个部分的搭配乃是为了整体成功地行使其功能。"这句话非常适宜于观赏石。观赏石是各项要素的最优，犹如木桶原理一样，任何"短板"都会影响到它的等级。因此，观赏石的形、质、色、纹并非不重要，但它们仅指涉观赏石最基本的自然形态，而处于赏石艺术的最表层，犹如一本字典里孤立的词语，人们并不能够从其自身读出有创造性的句子和故事。换句话说，它们只是看待观赏石的几个角度，而与艺术上的欣赏并无深刻联系。

法国美学家狄德罗在《狄德罗论绘画》里认为："艺术是把共同情况混合到神妙的东西里面，把神妙的情况混合到最普遍的东西里面。"实际上，赏石艺术是一个综合体，它的背后是文化、文学和艺术，借用德国美学家席勒的话说，它是"一个幽暗的、强大的总体性概念"。换言之，赏石艺术是多种艺术的融合，是一种综合性的艺术，只有学识渊博和善感的饱学之人才能够欣赏这种艺术。

赏石艺术是一种适合于精通者的鉴赏性艺术。如果欣赏者的头脑没有丰富的思想，没有丰富的想象力，就仅会对一些表面看似怪异的东西产生兴趣。而赏石艺术追求的是理想的美和富有想象力的美，并且欣赏者还能够通过赏石艺术来表达自己的认知。反过来说，赏石艺术比其他艺术更加天然，因为绘画和雕塑等艺术大多都是模仿自然或师法自然；而观赏石艺术品直接源自大自然，严格地遵循着自然的普遍法则，代表着另类自然。此外，赏石艺术与其他艺术形式相比，虽然表面看起来形态简单，但并不逊色，如果正确理解了赏石艺术，它甚至要比其他艺术更有魅力。

赏石艺术既涉及本原论、理念论、形式论和感觉论等，又涉及艺术和科学、艺术和自然、自然和历史、神道和人文、自然和人性、人和社会的关系，还会涉及个人想象和对不同艺术风格的认识等许多错综复杂的问题。此外，人们都有着自己的情感、感觉和想象等内心活动的不同经验，同时人们面对的本身又是异常复杂的观赏石。这些因素混合并叠加在一起，使得人们的赏石体验变得混乱了。

但是，这并不能够成为赏石艺术出现盲目性迹象的理由，否则就如同德国思想家阿多诺在《美学理论》里所说的那样，"艺术越是能够成功地整合一切，它越像一部无目的空转的机器，十分幼稚地专心致志于修修补补的活动"。最简单的道理摆在人们面前，一切艺术都是非逻辑性的，更非技巧性的，赏石艺术不可能用折中主义的纲领和方式来实现。

大体言之，观赏石作为一种总体性艺术品，既是真实的，又是想象的。赏石艺术的独特性质表现为：(1)赏石艺术既是再现性的，又是表现性的。它再现了一定的现实，表现了一定的形式。(2)赏石艺术既是理性的和逻辑的，又是情感的和想象的。(3)赏石艺术的评判既需要法则,又凭借个人的趣味和感觉。(4)完美是赏石艺术追求的目标,但观赏石只包含着相对的完美性。(5)赏石艺术需要辨识度与共识度原则的统一。(6)自由是赏石艺术的本质,它拒绝标准和量化。(7)观赏石作为赏石艺术的载体,体现着赏石艺术家的个性,它是个体性的,并不适宜于群体性赏玩。(8)赏石艺术产生于欣赏者细腻的观察力、高级的悟性和灵动的想象力,它是欣赏者个体知性直接赋予的东西。(9)赏石艺术所传递出来的美是含蓄的和纯净的,它唤起的是观赏者精纯的和不可言表的情感。(10)赏石艺术是关于鉴赏力的艺术,这种鉴赏力需要深厚的学养和高尚的品格。

然而,赏石艺术里的辩证法并不是一架等量的天平,其中的表现性和再现性、情感和想象、趣味和感觉、个体知性、悟性和美感在赏石艺术中是矛盾的主要方面。不过,矛盾的次要方面又是赏石艺术自身所内含的,其存在的意义在于,如何有效地避免个人情感和审美趣味过分地反复无常,即只有在理性原则的约束下,赏石艺术中的审美和趣味才会具有一定的普遍意义。

赏石艺术既是日常生活经验的艺术,也是处于金字塔的塔尖儿上的艺术。对于观赏石的欣赏取决于欣赏者对自然和生活的观察力,以及对艺术的象征主义和浪漫主义的运用。在赏石实践中,理性和想象力都有着自己的位置,甚至各得其所。它对于一切赏玩石头人们的要求似乎是平等的:对善于运用日常生活经验来赏玩石头的普通人来说,观赏石的物象苛刻地要求具象极致化。在这种艺术之中,"相像"和"看似"的偶然性以及相像的程度起着决定性的作用,它能够激起欣赏者一种直接的情感和情绪。对善于运用艺术的象征主义和浪漫主义赏玩石头的精英人士来说,头脑里必须有关于艺术和美学等方面的丰富知识,有艺术的直觉和敏感,才能够捕捉到观赏石物象里属于艺术层面的东西。这些东西虽鲜为人知,但必须属于艺术的,它能够激起人性中最为深沉和普遍的情感。

四

中国赏石在主要发展历程中,审美格调是高雅的、文学的和美学的。这是由当时的赏石群体所决定的——那些文人雅士和士大夫们通常富有绘画、书法和诗词歌赋等艺术修养,并推崇以士气为雅,多为自己喜爱的石头赋诗题铭,显示出深厚的人格魅力和艺术品位。所以，中国赏石在古代属文雅之道，可称为古雅。毫不夸张地说，中国古代赏石史就是一部文人赏石史。

在某种程度上，赏石是古代文人雅士和士大夫们的一种消极性自由的表达，蕴含着他们的理想精神。文人雅士和士大夫们常见乱世，忧现实，然迫己而不能作为，遂将忧乱之心，幽愤之情，寄予石上。他们虽身处在特定社会现实的夹缝之中，但试图通过大自然的石头努力去寻求自身的定位。于是，赏石就带有了"今朝有酒今朝醉""我心伤悲，莫知我哀""虽不能至，心向往之""我心匪石，不可转也""俗富贵而偷生"的消极享乐主义情调和复杂情怀。中国古代赏石是高度人格化的，是文人雅士和士大夫们心态的反映，是他们情感和精神的外现。

古代文人们一向重视感觉。大自然的石头被他们放置于园林宫苑之中，摆放于书房之内，以示亲近自然，缓解身心疲惫，取悦自身，均因为它们能够带来快乐而出现。而这种快乐是一种似梦的快乐、想象的快乐、沉醉的快乐、漫不经心的快乐和天赐的快乐。这犹如清初文学家李渔在《闲情偶寄》里所说："幽斋累石，原非得已，不能置石岩下和木石居，故以一拳代山，一勺代水，所谓无聊之极思也。"这句话里的"无聊"和"极思"，却道出了赏石"无用"之用。

对于古代赏石群体来说，赏石基本上是唯心的。它代表着文人们的一种思想状态、精神状态、心理状态和生活状态，这种状态是平静的和不拘一格的。因此，古代文人们通常会把石头的皱、漏、瘦、透、丑视为美的元素和美的要求，若明若昧，犹离若骚，如豪如陋，用意描状，文人之情、之性、之想象力溢于石表，赋予大自然的石头以全新的二次生命。

然而，古代文人的赏石观念并非仅指赏石标准，所谓的赏石标准是后人赋予的。现代人对于古代赏石标准应该在古代文人的赏石观念之下进行理解才能够获得更为深入的认识。总的来说，文人的赏石观念是对人与自然、非理性与秩序、自由和美的观念的另类诠释。

就古代的赏石标准来说，传统石的皱、漏、瘦、透、丑的相石标准，只是一种实在的幻象，它们是简化的和抽象的审美准则，体现着东方情调。同时，它们作为对奇石的一种普遍表现的抽象表达和隐喻符号，体现着古人的内心需求在客观世界里的诉求，表达着内心情感与外在现实之间的交流，往往蕴涵着超脱而深刻的审美、宗教和哲学思想。它们是属于文人雅士和士大夫心理的东西、观念的东西、精神的东西和梦想的东西，其所透出的赏石精神才是重要的。从根本上说，只有深刻理解了中国的"士"和"释道"宗哲传统，才能够洞悉中国古代赏石的奥秘。而当代所谓的形、质、色、纹的赏石标准,古已有之。这对于具有头脑并熟悉中国赏石文献史料的人们来说,几乎是无可争辩的。

倘若人们把一切赏石标准都奉为律令,那么,赏石的形式主义将会走向极端,就可能演变成一种纯粹的形而上学理论。实际上,当代赏石面对着千余石种品类,不可能有一个全能的赏石标准,更不可能为每个石种都制定一个完备的标准,而古代的赏石标准基本上也只适合于某一类别的石种。尊重传统并不是简单地仿效,如果当代赏石过分地固囿于传统赏石的外在表达,而非内在精神,无疑是在舍本逐末。犹如法国美学家狄德罗在《狄德罗论绘画》里指出的:"法则把艺术变为一套陈规,我不知道它们是否弊多利少。让我们说清楚:它们对常人有帮助,对天才有害。"所以,对于赏石艺术而言,用法则和标准去指导赏石的倾向是危险的。总之,不管对于古代的赏石标准,还是当代赏石的量化标准,如果人们一味地固守它们,就会成为赏石艺术最大的绊脚石。

五

法国画家弗拉曼克指出:"在艺术里各种理论都具有同样的用处,极像医药里的处方:要相信它们,须人先有病。"中国当代赏石是否有病症,无疑会涉及对当代赏石现状的诊断。文中抨击了当代赏石的一些丑陋现象,同时,对一些赏石倾向也提出了"横议"和批评,而它们多少都含有反省和判断的意味。总之,用美国政治家亚伯拉罕·林肯的话说:"你不可能一直欺骗公众。"同时,人们也不要忘记德国哲学家康德的那句经典:"有两样东西,我们愈经常、愈持久地加以思索,它们就愈使心灵充满日新又新、有加无已的景仰和敬畏:在我头上的星空和居我心中的道德法则。"相信,每一个有良知的人都会认同,赏石界里只有一群宁静地和谦逊地仰望星空的人,它才会有希望。

如何来认识当代赏石这段短暂的历史时期需要理性。理性告诉人们,当代是观赏石热心搜集的时代、充满奇迹的时代和分享红利的时代。其逻辑在于,观赏石是不可再生的资源品,当代社会占有了绝大部分观赏石资源,而资源枯竭了,赏石势必衰微。然而,从赏石文化来审视,当代赏石却显现出一种逐渐颓废和沉沦的征兆,面临着艺术和文学才华的贫困,并伴随着品位的衰落,甚至直面着谎言。一言以蔽之,大众赏石遭遇到了瓶颈化,同时，当代赏石因缺乏正确的赏石理念而裹足不前。

通过石头获取金钱的欲望是很自然的人之常情。但凡是为了得利是不会产生艺术的，这是所有艺术的基本规律。在当代赏石活动中，绝大多数人都把重点聚焦于石头资源的搬运上了。如何使观赏石从过度的商品性中解放出来，从而给予它文化、艺术和美学价值的关注，这是赏石艺术的内在要求。在一个盛行着粗俗的商业氛围里，赏石艺术更需要一种优美的内在表达。正如英国哲学家科林伍德在《艺术原理》里所说："确实有艺术这种东西的存在，而且，总有一天，人们将能够学会如何从娱乐买卖中把艺术甄别出来。"确切地说，观赏石若想要拯救自身，获得"再生"，不使自己堕落成一种低级的娱乐和公众起哄式的乐趣，就必须证明它所提供的是艺术品。

不过，德国哲学家海德格尔在《林中路》里说过："林中路有迷路的事情，但林中路不会迷失。"当代赏石经历了较为长久的骚动期，必然要进入一个进步和提高的阶段。幸运的是，在当代赏石发展道路上，也出现了一些指向性的路标。比如，2014 年，"赏石艺术"被国务院列为国家级非物质文化遗产；2017 年，戈壁玛瑙石《皮蛋豆腐》（图 35）在中国嘉德被成功拍卖；2017 年，灵璧石《龙兴石》（图 121）入主故宫；2019 年，"石非石——中国生活艺术展"在国家大剧院专场展出观赏石；2020 年，旅美华人观赏石收藏家胡可敏向上海博物馆捐赠古代供石；2020 年，赏石艺术参与第 24 届上海艺术博览会等。

六

正所谓阐旧邦才能够辅以新命。观赏石不仅是体现出奇怪和美那么简单，只有真正理解它在中国文化史中的地位，才能够凸显出它的价值和意义。作为一种文化现象，中国赏石有着自己独立的源头。对中国赏石文化史进行追溯，离不开对中国赏石文化的起源和赏石精神的探讨，它们才是整个赏石艺术理论的基础和内核。

法国艺术史学家丹纳在《艺术哲学》里指出："要想理解一件艺术作品、一个艺术家、一个艺术团体，必须对它们所属时代的总精神和总风尚的状况有一个精确理解。"因此，探究中国赏石的起源和发展不能够忽视与时代的关系。历史哲学要求中国赏石史学必须要从历史的事实中获取滋养，并且，唯有赏石文化和赏石精神的孕育和发展，才会产生真正意义上的赏石活动。

人们对中国赏石文化和赏石精神也应该有客观的理解。需要指明的是,在谈及中国赏石的起源时,人们通常认为赏石与儒释道密切相关。这实际上是漫为浮论的讹传,因误用久了而不明其真义。这里的"儒释道",分别意指孔孟的儒家思想(俗称儒教)、释迦牟尼的佛教和老庄的道家思想(俗称道教,但与真正的"道教"不同)。事实上,孔孟的儒家思想从汉代开始遂成了中国的正统思想。中国的释道思想则远不如儒家思想影响深远。不过,儒家思想与老庄的道家思想和魏晋的玄学,特别是天道的自然观终究根本不同。

史学家侯外庐在《中国古代社会史论》里指出:"对于天、地、人三方面,他们都有自己的认识。儒家有'天命',墨家有'天志',老、庄有'自然',都指天道的假定。儒家有周道,墨家有尚同,老、庄有小国寡民,法家有今世。儒家称亲仁,墨家称兼爱,老、庄称真人,法家称利民。各家各有理想中的天地人,来迎接客观历史将出现的新世界,这种思想系统便是他们的'世界观'。"同时,文学家林语堂在《老子的智慧》里指出:"儒道两家的差别,在公元前136年汉武帝独尊儒术后,被明显地划分出来:官吏尊孔,文学家与诗人则欣赏老庄。"此外,史学家劳榦在《秦汉简史》里说:"'黄老之治'概略来说是道家思想,也就是'无为而治'。但儒家并不是完全反对无为,甚至法家也曾讲无为而治,所不同的只是程度问题。道家之无为讲的是完全不做;儒家则是'恭己以正天下';法家则是借着'法'和'术',来控制天下,就可以省却繁复的手续了。所以中国历来的政治中,主张改革的一定是儒家和法家,道家因为主张一切无为,就认为改革是多事了。"

从根本上说,老庄的天道是虚静。他们认为好的生活,是合于自然的生活,是人们在社会里的退隐生活。正如文学家徐复观在《中国文学精神》里所说:"道家要求由无私无欲,以呈现出虚静之心,他们并不强调社会性,但在虚静心里面,也自然得到个性与社会性的统一,虽然这常是消极性的统一。"而孔孟的儒家思想则主要致力于服务社会和服务他人的生活,而不是合于自然的生活。如北宋文学家范仲淹在《岳阳楼记》里所说的:"不以物喜,不以己悲。居庙堂之高则忧其民,处江湖之远则忧其君,是进亦忧,退亦忧,然则何时而乐耶? 其必曰:先天下之忧而忧,后天下之乐而乐欤!"

中国赏石与儒家思想虽然也有关系——宋代赏石家孔传在《云林石谱》序言里就写道:"圣人尝曰仁者乐山,好石乃乐山之意。盖所谓静而寿者,有得于此。"但是,这谈不上有渊源关系。关于这一点,还可以引用英国哲学家罗素和中国学者汤用彤、胡适的话予以佐证。比如,罗素在《中国问题》里指出:"孔子不是宗教家,他与斯巴达的莱克尔加斯、雅典的梭伦一样都是政治家,而不是宗教家。他是个注重实际的政治家,所讨论的都是治国之策,他所追求和培养的美德,不是个人的得道升天或者企求来世的幸福,而是希望造就繁荣昌盛的社会。""而且,孔子很少言及超自然的事物。"同时,汤用彤在《魏晋玄学论稿》里说:"圣人体无,故儒经不言性命与天道;至道超象,故老庄高唱玄之又玄。"此外,胡适在《容忍与自由》里指出:"我们的第一位政治思想家——老子——的主张是无政府主义,他对政府抗议,认为政府应该学'天道'。'天道'是什么呢?'天道'就是无为而无不为。"

　　中国赏石活动大约萌发于汉末、魏晋南北朝时期,特别是中国的南朝。尽管它是一种历史现象,但追溯其起源却不是一件容易的事情。因为它是一种缓慢的,由私人生活领域而渐渐扩展到某一特定人群的现象。不过,中国古代赏石由汉末、魏晋南北朝,隋唐到明清,都在宗教和哲学思想,特别是在"释道"的影响之下而产生,留下的是过去时代思想的痕迹——自然与自由,它们才是中国赏石发生和发展的真正隐蔽性源泉。

　　艺术史学家滕固在《唐宋绘画史》里指出:"某一风格的发生、滋长、完成以至开拓出另一风格,自有横在它下面的根源的动力来决定。"实际上,作为中国赏石发展的内在驱动力,不同时代的精神驱使出现了不同的赏石风格;同时,各个历史时期的赏石家们的个性化赏石也在推动着赏石风格不断缓慢地演进。总体来看,中国赏石风格始终围绕着艺术而前行,即使在某一时期出现了偏离,但最终也必然会回归到艺术赏石的道路上来。在某种意义上,它为当代赏石艺术与古代赏石之间的连续性问题提供了新的思考维度,这种认识也有助于解释当代赏石艺术与中国赏石文化史之间的内在联系。

　　为了方便读者更好地理解哲学影响、文化背景、时代精神、赏石家的个性化赏石和赏石风格的演变等之间的关系,特别编制了"中国赏石文化年表",附于书后,以供概览。

七

　　历史学家钱穆在《国史新论》里说:"讲文化定要讲历史,历史是文化积累最具体的事实。历史讲人事,人事该以人为主,事为副。非有人生,何来人事?中国人一向看清楚这一点。"文中在讨论中国赏石的起源和发展时,把赏石群体主要限定在传统的士阶层,即文人雅士和士大夫阶层(包括帝王)的范围之内。

这种做法主要依据于对中国赏石史料的客观尊重,而剔除以主观幻想来代替赏石历史的记载,犹如德国历史学家伊格尔斯在《德国的历史观》中指出的:"好的历史学并不是纯粹的文学幻想曲。"而且,正是这些有历史影响力的赏石群体,由于他们在文学和艺术上的才华、理想主义、浪漫主义,他们所追随的自然主义,以及他们的自由意志和行为方式,才为后代赏玩石头人们树立了典范:一方面教给人们如何赏玩石头;另一方面,告诉人们生活的价值就在于超凡脱俗之中。

他们的赏石精神在某种程度上也体现了中华民族的精神和性格。然而,客观上也不能够把这些赏石群体的精神等同于中华民族的精神和性格的印鉴。或许,正如有观点所认为,这个赏石群体的精神恰是民族精神的反叛,因为它是一种利己主义和另一种世俗激情;他们不愿冒险,与世无争;他们赞美精神生活,为此却不惜牺牲实际生活。事实上,人们无法拥有过去的生活经验,自然也就无法完全理解过去一些人的精神生活,也无法清晰明了地理解过去人们通过赏石活动所诠释的生活意义。同时,其中更会关涉"士"以及"士"的行为在中国文化里的认识。比如,历史学家余英时在《士与中国文化》里就认为:"隋、唐时代除了佛教徒(特别是禅宗)继续其拯救众生的悲愿外,诗人、文士如杜甫、韩愈、柳宗元、白居易之伦更足以代表当时'社会的良心'。"因此,这个问题还需要深入研究,它无疑属于中国赏石史学的研究范畴了。

不过,人们必须把对赏石现象的理解与对赏石现象的道德评判区别开来,把观赏石的美学欣赏与对赏石家的道德评价区分开来。特别地,在赏石艺术领域里,有真与伪、美与丑,但没有罪与罚,没有伦理学的空间。犹如德国艺术史学家格罗塞在《艺术的起源》里所说:"人们最初从事艺术活动的动机,不外乎审美和实用,艺术能够被保持和发展下去,却主要是因为其间接的社会价值。但艺术不能道德化,如果那样,艺术就会丧失它的本质,不再是真正的艺术。艺术只有专注于艺术自身的利益,才能最大限度地追求它的社会利益。"同时,又如同德国哲学家尼采所说:"艺术的目的总是致力于与艺术中的道德倾向作斗争——改变其从属于道德的局面。艺术是自足的,让道德见鬼去吧!"

然而,在中国赏石历史上,许多政治家和其他领域人士,一方面对观赏石的美给予称颂,另一方面都多少有意识地对中国的赏石现象进行道德审判。比如,北宋史学家司马光对宋徽宗花石纲所持的"亡国论",以及后世贤明多以"花石教训"为戒——如《明宣宗实录》里的记述:"此宋之艮岳也,宋之不振以是,金不戒而从于兹,元不戒又加侈焉。"此外,与"恭俭之德"相对立的王侯将相的"奢侈论",被批"偷惰苟安之风""厌世的乐天主义"和

"安逸论"等。

那么，又应该如何理性看待这些批评呢？这里，引用德国思想家歌德在《歌德谈话录》里的一段话，作为对这个问题的思考是比较合适的："施政是一种非常伟大的职业，它要求施政者全力以赴，所以，如果一个统治者有太多的业余爱好，比如热衷于各种艺术，这是不好的，因为业余爱好太多，一国之君和国家的栋梁就会忽视某些更加必需的事情。更确切地说，热衷于各种艺术是无官职者的事情。"反之，又如美国文化人类学者鲁思·本尼迪克特在《文化模式》里指出的，任何一个群体所倾向的东西都应该受到其他群体的尊敬。

正是这些长期以来从政治哲学出发的道德批判使得中国赏石在文化和艺术的夹缝中苟且延喘，并起到了推波助澜的作用，导致中国赏石始终没有被当作正事来讨论。于是，中国赏石只能够与文学合流——即使在中国文学史里也凤毛麟角，从而未能够获得理性对待。正确的认识在于，人们要去探求不同文人和士阶层赏石最初形成的社会环境，探究是什么因素使得他们对石头的审美有着某种特定的思维方式，从而通过对中国古代赏石的探幽发微，一方面阐扬中华民族的文化传统，以引发人们的深省；另一方面，也能够对当代赏石获得有益的启发。人们不应该把古人的赏石活动拉到另外的社会环境里去审判，更不能数典忘祖，或只见其一，不见其二，而需以完全不同的方式把赏石视为古人的情感和精神的一种自由表达，一种个体心性的展现，以及对当时社会生活观的反应。总之，只有对中国赏石现象和赏石历史做出真实而客观的理解，才能够明白先贤们的赏石学说所透出的合理性和洞察力，以及中国赏石的文化特性。

人们也不要忘记，一个时代、一种文化、一个民族是独一无二的事物，时代精神总把自己的烙印刻在所有具体现象之上，并赋予它们以某种整体性，如同德国哲学家赫尔德在《另一种历史哲学》里指出的："每个民族都在其自身之内具有其幸福的中心，就好像一个球的重心都在其自身之内一样。"藉此，中国赏石作为一种文化行为、文化现象、文化形态和文化传统就有了一定的民族精神的标记，人们就可以通过它从一个侧面来理解中华民族的民族精神和民族性格了，犹如德国哲学家黑格尔在《历史哲学》里指出的："我们必须承认的是，乃是一个民族具体的精神，而且，因为它是'精神'，就只有从精神上通过思想来理解它。只有这种具体的精神，推动那个民族一切的行动和方向，它专事实现自己，满足自己，明白自己，因为它要的是自身的生产。"

八

探讨赏石成为当代社会人们的偏好,以及赏石艺术的萌发,脱离不了当代的精神状况。而对当代精神状况的认识,也必须要与人们赏石的深层心理需求相契合,既不能泛化,也不能狭隘化。简要言之,其一,现代性问题是理解当代赏石与时代精神状况关系的一把钥匙。其二,它与当代社会人们的趣味、审美追求、人与自然之间关系的变化等密切相关。比如,人们的精神多样化和生活艺术化需求,人与大自然的和谐相处,人对大自然的景仰,以及人回归于大自然的意识等,也是当代赏石活动呈现的重要方面。其三,文化复兴的历史潮流也会推动包括赏石文化和赏石艺术在内的一切文化和艺术共同发展。其四,当代赏石艺术作为古代赏石的一种历史延续,它们彼此之间不可避免地有着内在的演进性。正如俄国艺术家康定斯基在《艺术中的精神》里指出:"就艺术形式而言,有一种外在相似的却是建基于内在驱力之上的。不同时期的道德和精神氛围可能会趋于类似,时代理念在经历变迁后亦可能趋于类似,内在情致也可能趋于类似。这些内在的类似,势必导致后人复兴旧有的艺术形式,以表达相似的内心洞见。"

赏石艺术和其他艺术形式一样,也成了反映社会的晴雨表。在某种意义上,当代赏石艺术如同文以载道一样也成了美育的范畴,这恰如法国诗人波德莱尔所认为的,现代艺术的职责是"表达我们新情感的内在的真实美"。但在根本上,如果把中国赏石连续起来看,中国赏石的起点是哲学和宗教,而赏石的终点会把人们引到宗教和艺术领域之中。犹如英国历史学家汤因比在《历史研究》里指出的:"一种宗教的外表反映了这种宗教形成时的时代和地区的特点。一种宗教的核心则是满足人类永久的精神需求。在一个像我们今天这样技术和社会变革极其剧烈而迅速的时代,宗教很可能会以我们所不熟悉的形式呈现出来。"

赏石依然能够以某种方式对每一代人的社会生活和宗教观念给予解释,只是因为赏石的自身表达神秘地不露痕迹,而不被人们所轻易地察觉到。并且,此时的宗教观念也与传统意义上的宗教大不相同了。此外,当代赏石的艺术化似乎也验证了德国哲学家尼采所说的:"在宗教让步的地方,艺术就昂起了它的头。它接过了大量由于宗教而产生的感情和情绪,将它们放在心上,现在它自己变得更深刻,更富有情感,以至于它能流露出兴高采烈和热情奔放的情绪,这是它以前做不到的。"

九

英国艺术史学家罗杰·弗莱在《弗莱艺术批评文选》里指出:"发现来源并不是对此现象的一种唯一解释。来源并不必然地解释功能。"所以,中国赏石作为一种历史现象,还需要去探究赏石现象背后的神秘主导力量,这种力量被称之为赏石精神。

赏石精神可以喻为是古代赏石审美趣味的根子,而当代赏石艺术的审美趣味也必然从根子里生长出来,即只有真正洞悉赏石精神,才能够理解中国赏石的内在逻辑及不可避免的演变过程。而且,赏石艺术与所有艺术一样,仍然是精神的具象化。因此,本书对赏石精神的讨论以当代赏石艺术精神为落脚点。

中国赏石艺术精神充满着复杂性。其主要体现在:赏石艺术之自然性的反思,之社会性的消极反抗,之自然美学观念,之原始性的秩序,之自发性的精神追求,之艺术灵性的本质,之朴素的精神,之真实性和无限性等。概括地理解,中国赏石艺术精神本质上是反省性的和批判性的,这种反省和批判又是弱保守性的。具体来说,反省性体现于人们自身的自由心灵诉求,批判性在于人们对社会和时代精神状况的浪漫式反叛。这种反省和批判都是建立在观赏石的自身属性,以及人们对自然主义的偏好基础之上。

赏石艺术精神是超越时代的。同时,任何艺术精神基本上均为反思性的和反叛性的。遵循着这个逻辑,赏石艺术与主流艺术之间沟通的共同精神就得以确立了。事实上,中国的文人、士人和僧侣绘画与文人赏石有着一定的亲缘性,并且赏石、诗歌和绘画在艺术精神上同根同源。这一判断在中国赏石史围绕着代表性赏石人物的活动是有史料支持的。然而,这种清晰的认识只有从回顾的角度看才会豁然开朗。

本书对艺术的理解是从艺术的起源、艺术的演化,特别是各门艺术的本质来综合加以认识的——即在何时是艺术,艺术会如何,何为艺术的整体思维之下讨论了艺术的本质。然而,艺术本身就充斥着争议,并且艺术的发展并不像达尔文的生物进化规律那样是一个进化的过程,在艺术的演变、发展和跃进过程中,艺术的本质往往隐而未露。故只能够尝试着从哲学层面求得一种综合性的理解:艺术是一种有意味的形式,往往借助于差异表现同一;任何艺术既是激发观者情感的艺术,同时又是唤起观者想象的艺术。如果这个理解没有引发大的歧异,再聚焦到书中所论述的赏石艺术,那么,它就引向了问题的实质:赏石艺术和主流艺术一样,在本质上都属于艺术的范畴了。

借用西班牙画家毕加索的话说:"艺术所采取的任何形式之间,在美学上并无什么区别。一种艺术形式与另一种艺术形式之间的唯一差别,便是这种差别所具有的说服力的程度。"同时,俄国艺术家康定斯基在《论艺术里的精神》里指出:"艺术里的关系不必然是外部形式的关系,艺术里的关系是以内在意蕴的一致为基础的。"所以,从本质而言,无论是赏石艺术,还是主流艺术,它们作为有差别的艺术形式,都能够激发观者的情感和唤起观者的想象。那么,赏石艺术与主流艺术中的绘画、诗歌、文学、造型艺术(包括雕塑)和园林等具有的通性就成为赏石艺术与主流艺术融合的基因,而艺术精神才是赏石艺术与主流艺术沟通的根本。

因此,可以得出一个清醒的认识和令人满意的结论:(1)赏石艺术和主流艺术之间,无论在共同的精神通理上,还是在内在本质上都是相似的,在艺术形式上也有着勾连,那么,赏石艺术与主流艺术之间的交流在实践层面就没有任何障碍了。(2)只有在主流艺术,特别是在造型艺术、诗歌、文学和绘画艺术这个故土中,去探求赏石艺术和赏玩观赏石才是唯一正确的道路。

十

英国哲学家罗素在《我们关于外间世界的知识》里指出:"旧逻辑把想象力囚禁在熟悉东西的院墙之内,而把许多可能性都拒之门外。新逻辑则宁可指出何物可能发生,而不肯断定何物必然发生。"任何真正的艺术必须达到一定的高度才会被认可,赏石艺术也必须有自己的成熟和代表性作品。

本书的 122 块观赏石,均是经由我个人斟酌而筛选出来的观赏石艺术品,没有一块人情石,并尽力排除只作为一种趣味来看待才"有点意思"的石头。在筛选过程中,基本遵循了本书的主要理论观点,并坚持了当代性、个体性、异质性、文化性、思想性和艺术性。总体来说，造型艺术、雕塑艺术、逼真、如画是总的原则。同时，既坚持中国赏石文化传统，又兼顾中西方艺术传统，特别给予了体现中国赏石精神的文人石，以及类文人画的画面石一定数量的倾斜。

值得指明的是：(1)造型石 62 块，画面石 60 块；(2)大理石画、清江石画、巴西玉髓、海洋玉髓和草花石为切片或打磨石，除此之外，均为天然原石；(3)总图幅数 147 幅；(4)书中括号里出现的"注"，均为本人所加；(5)包含我的观赏石作品 17 块，它们分别是：《潘天寿鹰石图》《绣花鞋》《胭脂盒》《仿陈容云龙图》《一个女子的头像》《仿常玉侧卧的马》《卖火柴的小女孩》《野渡无人舟自横》《黑裙女子》《梵·高》《松石图》《朱元璋教子》《江山晓思》《荡》《寒松图》《盛世雪》《仿赵无极》。坦白地说，由于对自己所拥有石头的喜爱，也引导我夸大了对它们的真实感受，可谓敝帚自珍。因此，只能够乐观地去想，这只是蕴涵我对赏石艺术的一种实验态度，因为提出一些理论和观点本身相对容易，而真正的困难是证明一个人的假想（往往视假为真）。而且，我也无意妄言，"请以我的方式接受我"。

选取这些观赏石的意义在于，如何欣赏它们，以及培养一种观赏石的品鉴力和提高对观赏石美感的认知，从而加深对赏石艺术的理解。书中对部分观赏石作了艺术配图，因为赏石艺术作为一种"再现"的艺术，一些富有想象力的观赏石需要创造性的图解。这种图解方式虽然是迂回的，但有时也能够传递出文字所无法充分表达的信息而起到一定的明示效果。但是，必须前瞻性地指出，在赏石艺术尚未成熟的时期，这种暗示是必要的，一旦它圆熟了之后，这种视觉引导就会令人厌倦了。同时，赏石艺术又是一种"表现"的艺术，图解又不能够代替赏析。然而，如法国画家保罗·塞尚所说："艺术鉴赏是最佳的裁判，只是它太少了，艺术只能够被少数有限的人所理解。"而且，每个人对艺术作品的感想和欣赏能力不同，如果主观性太强，感染到读者的同时，在一定程度上也限制了他们的自我发挥。这也是我在写作观赏石赏析过程中遇到的无形困境，虽然有此意识，但又无法完全避讳掉。

所以，更希望读者自己去品味这些观赏石所蕴含的魅力，也期望一些观赏石珍品需要有天赋的人们去创作不同的艺术赏析，用艺术的语言去欣赏它们，从而推动赏石艺术更好地发展。更重要的还在于，观看不是永远不变的，而是充满生机的理解力。对于观赏石艺术品，每一个欣赏者都应该有自己的理解，哪怕这些理解是截然相反的。这里，借用英国艺术史学家罗杰·弗莱的一句话，更能够表达出我的意图："不管我所尝试提出的这些原理或理论有着什么样的价值，这种价值并不在于它们的真实性，而在于它们激发潜在的感性能力,在于它们有望助你成为一个艺术的欣赏者;因为正是在这种心灵之间的交流中,艺术才成就其本质,观众才像艺术家一样成为根本。"

最后,我以两则故事结束这篇稍长的绪论:其一,《庄子》里的一则故事:"南海之帝为倏,北海之帝为忽,中央之帝为浑沌。倏与忽时相与遇于浑沌之地,浑沌待之甚善。倏与忽谋报浑沌之德,曰:'人皆有七窍,以视听食息,此独无有,尝试凿之。'日凿一窍,七日而浑沌死。"其二,生活里的一个故事:一对夫妻经常因为丈夫玩石而闹矛盾。一天,有人问他妻子:"你丈夫干什么呢?"妻子说:"他干什么?他没希望了。他玩石头。"无论是对于把观赏石当作消遣和解闷的赏石人,还是以获取利润为目的的石头商人,特别是观赏石收藏者来说,赏石艺术是一颗刚刚播种下去的种子,这意味着它不必急于获得赞赏。同时,赏石艺术里没有绝对健全的教条,它是不可教的,更无法转译为新的赏石格言。读者如果肯虚心领取我的诚意,就请撇开一切,单就自己的赏石生活下一番酌量吧!因为赏石艺术理念只有从赏石人自身所具有的力度才能够被理解和实践,而且,石头转化为艺术品依靠的是自己的能力而非幸运。

所以,请终究不要忘记,在赏玩石头的过程中,我们每一个人不可能都是艺术家,也不可能都具有艺术家的潜质,更不可能都深谙美学要义,而我们却需要赏石自由,需要艺术思维、艺术观念、艺术眼光和艺术鉴赏力。

第一章　石头何以成为艺术

一　沉默的石头：观照与转化

（一）有目的的转化

石头作为大自然的存在物，对于普通人来说，司空见惯和微不足道，根本没有什么别的意义。但对于特定的人群，如果把它当作特殊的观照物，并且又是适意的，它就独立了出来，而具有属于自己的独特价值了：装饰性的、象征性的、游戏性的、有灵论的、赏玩的、享乐的和艺术的等。可见，石头的价值属性依赖于人们特定的意图和观念，依赖于人们的行为和认知，依赖于人们的兴味和情趣。

在此意义上，正如美国哲学家乔治·米德在《心灵、自我与社会》里所说："我们所见的现实，乃是我们能够操纵的现实。"又如宋代诗人苏轼在《跋文与可论草书后》里所说："留意于物，往往成趣。"此外，英国哲学家贝克莱在《人类知识原理》里指出："观念只存在于这个东西之中，或者说被这个东西所感知；因为一个观念的存在，就在于被感知。"从而，人们就把大自然里一些可能无意义或偶然的成分，感知成为富有表现力和必然的东西了。

人们需要理解"观照"这个词语的运用内涵。英国哲学家怀特海在《象征主义：其含义和效果》里指出："我们举目看见我们面前有一个有色形体，于是，我们说那是一把椅子。

但是，我们看到的只是一个单纯的有色形体。一个艺术家或许不会立刻想到是椅子。他可能只停留在对一块美丽的色彩和一个美丽的形体的观照之中。可是我们这些并非艺术家的人，特别是当我们感到疲乏时，就很容易忽略对这个有色形体的感知，而是从使用、感情或思考的角度去享用这把椅子。"此外，法国画家亨利·马蒂斯在一次演讲里也说："画家通过创造形象，使得人们看到自然的景色和物体。没有他们，人们就只能通过是否有用或令人舒适的不同功能去区分物体了。"

石头转化为观赏石，全部核心在于石头与观赏者头脑观念之间的联系。石头是大自然的生产之物，但是，当人们像德国哲学家叔本华所说的，"丢开寻常看待事物的方法"，用另一种眼光把它观照进人们欣赏的视线后，似乎瞬间，这种感觉材料一切都变了。石头被人们所欣赏，变得富有情感了，人们将它主观化，投射并凝固在心灵里了。

于是，爱美之人把石头看成了美的天使，善思考之人把石头理解成了哲学思辨，笃信宗教的人把石头视为了信仰，热爱生活的人把石头奉为了爱的使者，坚守孤独之人把石头看作了自己的陪伴，喜爱艺术的人把石头视为了艺术品。这一情景，犹如美国文学家纳撒尼尔·霍桑所描写的：

> 让他独自待上一会儿，
> 你会看到他低下头来，
> 眼睛盯着细小的东西，
> 石头，普通树木，
> 最普通的东西，
> 仿佛它们很重要。
> 专心致志，沉思，沉思。
> 困扰的眼睛抬起来，
> 在思考真与些微中，
> 感到慌乱、沮丧和不满。
>
> ——纳撒尼尔·霍桑，引自格尔茨《文化的解释》

石头转化为观赏石必然带有目的论的特征。赏石成了人们一种有意图和合目的性的活动，是人们把天然的石头与自身的观念联系起来的结果。如同意大利哲学家维柯在《新科学》里的论述："拉丁地区的农民常说田地'干渴'，'生产果实'，'让粮食肿胀'；我们的乡村人也说植物'在恋爱'，葡萄'疯长'，流脂的树'哭泣'，任何语言都可举出不计其数的实例。这一切实例都基于这样一个公理：人类在无知中把他自己变成了宇宙的标准，上面的实例就表明人把自己变成了整个世界。所以，正如理智性的形而上学告诉人们，人通过理解万物而变成万物；而想象性的形而上学则显示，人由于不能理解万物而变成万物。也许，后一个命题要比前一个命题更真实，因为人在理解事物的时候，他会拓展自己的心智，吸纳事物于心胸，而人不理解事物的时候，却根据自身创造事物，通过把自己变形成事物，成为那些事物。"

仔细究之，石头成为人的审美对象，除了具有目的论的特征之外，更与美学理论中的移情学说密切相关。犹如德国美学家里普斯所阐述的，审美主体产生美感的根本原因在于情感的投射，即人们把自己的观念、情感与意志等投射给审美对象，所以才感受到了美。

（二）审美对象：艺术地观照

不同的时代和不同的民族会以不同的方式来观照自然和世界，犹如美国符号论美学家苏珊·朗格在《感受与形式》里指出的："万物既有因果意义，又有外观。即使如此，并非诉诸感官的现实之物或可能之物，也会向不同的人以不同方式显现。"并且，任何观照都必然依赖于人们的经验、兴趣和态度，并随它们的改变而变化。所以，人们并不清楚，在自己的眼光里石头上的偶然因素可以在多大程度上介入再现性和其纯形式的表现。然而，赏石无形中会唤醒人们对大自然的复杂性，以及视觉与石头物像间一种微妙的互动意识。

石头成为观赏石，如何欣赏，以何观照，就成了赏石的核心语境。假如以艺术来观照观赏石，以艺术眼光来欣赏观赏石，石头与艺术就建立起了一种联系。那么，赏石艺术理论就需要对这种联系进行全面的考察。

英国哲学家理查德·沃尔海姆在《艺术及其对象》里认为："世界上存在着作为艺术品的某物，它习惯上不被视为艺术品。然而在特定的人群，在某一特定的时期，它又被视为艺术品。"同时，美国艺术史学家艾布拉姆斯在《镜与灯》里，提出了"艺术其物"的概念，其假设在于："一个孤独的感知者面对一件孤立的作品，而不管这件作品是如何出之于偶然。"德国艺术史学家格罗塞在《艺术的起源》里说："在审美的，或者说是艺术的活动过程中，有情感因素的参与，而且这种情感多半是令人愉快的，所以审美活动本身就是目的，而不是为了达成其他目的的手段。"此外,德国哲学家尼采在《悲剧的诞生》里,也主张:"存在和世界只有作为一种审美现象才是永远合理的。""艺术是生命的最高使命和完全形而上的活动。"然而,石头是否真的在人们的沉思默想中,在人们对大自然的赞颂中,在人们的艺术观照之中而默然不语? 人们能否说,要么石头是没有生命的,要么艺术是有生命的?

法国画家保罗·高更在《高更致妻子及友人书信集》里说:"很长一段时间,哲学家们思索着在他们看来是一种超自然的现象,而对于我们来说,它是可感的。感觉这个词语包含着一切。拉斐尔和其他艺术家都是这样一些人,他们的感觉在思考之前就已经形成一个系统,这就使他们在研究自然时不至于破坏感觉,也不仅仅是做一个画家。在我看来,一个伟大的画家是最高智慧的结晶,他获得了最精确的知觉,从而也完成了大脑最精微的转化。""目睹这大自然的无限创造,你能发现它内部蕴藏着的法则吗? 这些法则表面上千姿百态,然而却有同样的作用,它们都能激发人类的感情。"当人们在面对观赏石时,特别是以艺术眼光来观照它们时,就需要揭开蒙在赏石上的面纱。

观看的方式是赏石的最基础性问题。德国哲学家罗伯特·奇美尔曼在《美学》里指出:"具有审美精神的人与非审美精神的人区别在于,其想象、概括、感受和思维的形式如何,而不在于它们的内容是什么。"法国画家亨利·马蒂斯在《用儿童的眼光看生活》里说:"创造以观看开始,而观看本身就是一种创造活动。"因此,赏石艺术必须发展出一种按艺术的视点来观照石头不同形相的基本方法。在此意义上,赏石就成了一种以艺术之眼观石头,观看并理解全部艺术的能力。

(三)观赏石与欣赏者的互动

观赏石是个人感官性的和趣味性的。赏石是人们在宁静之中聚集起来的一种情绪表达。对于喜欢石头的人们来说,世界上几乎最让人动容的语言都用来形容石头了,无一不怀着真爱和依恋的情感。比如,当我第一眼看到这块石头的时候,忍不住心跳加速;当他拿着这块石头的时候,手都在抖动;当看到这块石头时,它仿佛正在那里静静地等着我;当他再次看到自己卖出的这块石头时,不禁掉下了眼泪。这些情形恰如荷兰哲学家斯宾诺莎在《笛卡尔哲学原理》里所说:"人们并不是因为美好而喜欢,而是因为喜欢才觉得美好。"总之,沉默的石头表现出了令人激动和感动心灵的和谐统一,使人如醉如迷,让人沉浸在自我陶醉之中。

明代哲学家王阳明有诗曰:"万化根源只在心。"南朝梁代文学家刘勰在《文心雕龙·

物色》里说："物色之动,心亦摇焉。"近代思想家王国维在《人间词话》里说:"一切景语皆情语。"人们同石头之间仿佛是一种极为真挚的爱情,或一见钟情,或情人眼里出西施。或许,正是人们的审美知觉使石头变得有石头感了,于是冰冷的石头变得有温度,是温暖的了;或许,石头宛若自然界里的生命精灵,带给了人们纯洁的快乐、无私的激情和无以言说的共鸣。对此,明代赏石家林有麟在《素园石谱》里感叹:"梦非梦,石幻而为梦矣。石非石,梦化而为石矣。梦耶!石耶!其在膏肓耶。"又如近代思想家梁启超在《美学文选》里所说:"为自然之享乐,动诸情者也。"不难看出,赏石的生命在于人的情感。

意大利解剖学家马尔比基说过:"大自然完全存在于最渺小的事物之中。"德国思想家歌德在《歌德谈话录》里说:"大自然是非常简单的,它总是以小的方式重复它的最大现象,这正是它的伟大之处。"法国美学家狄德罗在《绘画随笔》里说:"自然造物中没有不正确的东西,一切形式,无论美丑,都有其原因。"德国思想家阿多诺在《美学理论》里指出:"大自然那最为古老的维度之形象,通过一种辩证的转折变化,成为崭新的、尚未人化和可能事物的密码。作为该密码的自然界,不单是存在的事物,而是意味着更多的东西。"此外,苏联作家车尔尼雪夫斯基也曾指出:"自然界美的事物,只有作为人的一种暗示才有美的意义。"总之,观赏石源自大自然,毫无选择地包容了自然。

然而,一旦人们从欣赏的视角来看待它们时,特别是以艺术的方式去发现和感悟它们时,石头仿佛不是为自己而存在,也不是最终为了一种物质目的而存在,而是作为造型艺术和绘画语言讲述着一个艺术存在的故事。

(四)观赏石的范例

石头一旦成为审美对象,转化成艺术语言和艺术形式,需要欣赏者仔细品味才能获得深义。比如,假如读懂了《小鸡出壳》(图1),就会对生命有深刻的认识,意识到自然界里的一切东西都有着自己生命的孕育和成长,从而在万物生生不息中体会生命和感受生之喜悦;假如知晓了《东坡肉》(图34),因进入清宫内府而具历史意味,遂成名石,就会理解事物都有属于自己的命运,如同人一样,卑微和富贵会被一种命运之神冥冥之力左右着;假如理解了《岁月》(图38),就会相信,世间万物都有着自己的生命轮回,更加深刻地理解人们活着的意义。

图1 《小鸡出壳》 玛瑙 10×10厘米 北京市朝阳区政府藏

　　温度合适,鸡蛋可以孵化出小鸡;天地造化,石头也可能变成小精灵。这块观赏石(局部似经雕磨处理),初次发现者为张靖先生。无论如何,他为中国当代赏石艺术留下了一颗明珠。

仅就这几块观赏石而言，它们就像法国画家保罗·高更的那幅最著名的绘画作品一样，引发人们去思考："我们从哪里来？我们是谁？我们到哪里去？"此外，人们还会意识到，在我们周围一切看似平淡的事物都有着它们动人的存在，犹如美国艺术史学家约翰·拉塞尔在《现代艺术的意义》里所说："一件艺术作品不只是一件娱乐品，它还是一座思想库；一件艺术作品不只是美好生活的一种象征，它还是一个力量体系。"

奥地利哲学家维特根斯坦在《逻辑哲学论》里指出："确实存在着不可言说的东西，它们显示自己，它们是神秘的领域。"看似简单的石头，在赏玩石头人们的思维里，却蕴含着超凡的哲学性、惊人的逻辑性和复杂的艺术性，赏石也成了一门最为玄哲的学问了。

古代思想家庄子在《庄子·秋水》里说："可以言论者，物之粗也；可以意致者，物之精也；言之所不能论，意之所不能察致者，不期精粗焉。"文学作品的真正意义在于隐藏和掩饰，同时，在艺术和哲学上往往最接近本质的东西，却不能够被表达出来，而赏石恰有"无意而意已至"之境。

人们有理由去思考：赏石的"无意"指的是什么，而"意已至"的"意"又是什么。英国美学家赫伯特·里德在《艺术的真谛》里认为："仅依靠解释或界定的方法，也就是说，仅靠对艺术作品进行有目的的分析，是不可能从作品中获得快感享受的。人们的快感是在同整个艺术作品的直接交流中产生的。一件艺术品常常令人惊讶不已，当人们尚未意识到其存在时，它早已开始发生效用了。"同时，德国思想家歌德在《歌德谈话录》里说："你也不用担心特殊的东西引不起共鸣。任何性格，不管多么奇特，任何有待描述的东西，从石头到人，都有普遍性，因为各种现象都经常复现，世间没有任何东西只出现一次。"

总之，美国艺术家唐纳德·贾德在《黑·白·灰》里说："艺术通常被认为是清晰而重要的存在之物，其实艺术只是一种存在，万物平等，它们都只是存在着。"此外，德国思想家阿多诺在《美学理论》里指出："艺术作品之所以具有生命，正是因为它们以自然和人类不能言说的方式在言说。"因此，观赏石就将人们导向了对其他事物的想法之中，赏石也成了人们一种观看世界的独特方式，无形中打开了外显自然的一扇窗，开启了一份艺术和审美的神秘。

二 一个假定情形引发的思考

一个事物有魅力并且难懂，才会引起人们的好奇之心。对于好奇心，英国历史学家汤因比在《历史研究》里指出："好奇心是人类特有的一种冲动。它是意识的一种产物。人类有了意识，就必然会思考各种现象。""好奇心就是驱使人们通过现象来探索现象所掩饰的现实的那种冲动。除非达到了目的，否则，好奇心是永远不能满足的。因此，虽然它可能开始只是出于好玩，但是，一旦它变成了一种执着的追求，就会最终变成一种宗教经验。深入到现象背后的现实，不仅仅是一种智力活动，也是人类的一种必要的追求：通过使人的意志与最终的真实达成一致，从而使人的自我与最终的真实达成和谐。"通过前述对赏石有目的的转化理论，石头作为审美对象与观照之间的关系，以及观赏石与人们情感间互动的简单理解，可以认为：机会选择给予了艺术更大自由，艺术不仅仅存在于人们所理解的物体中，还存在于人们对它认识的方法之中，存在于人们的主观感觉之中。

人们会问：通过有目的地转化，通过艺术地观照，通过人与观赏石情感间的互动，观赏石就是艺术品了吗？观赏石是如何成为艺术品的呢？在思考这两个问题时，我们来分析以下假定情形。

一块块躺在河间里的石头，基本没人会把它们称为艺术品；但当有人把一块有图案的石头，捡回家摆在桌子上，相信人们把它与河里的那些石头相比，一瞬间会倾向于它是一件艺术品；如果把一块图案像个马头的石头，配置精美的底座，供大家来欣赏，人们会认为它也许是艺术品；如果为它起个优雅的名字《仿常玉侧卧的马》（图2），在它旁边放置一幅画家常玉的《毡上双马》（图3）的复制画作，并配置灯光，放在石馆里供人欣赏，同时，石头的拥有者向欣赏者描述，它不是一个马头，而是想象为一匹侧卧的马的形象，而且，它不但具有汉唐绘画的风格，特别又与世界级画家常玉的绘画风格和惯用题材极其相似，那么，人们会更倾向于它接近于艺术品；如果拥有者是一位赏石艺术家，有能力把它放进高端艺术馆的玻璃展柜里，配上文字赏析，和常玉的绘画真迹摆在一起，供公众和艺术家们欣赏，假设出现的一种结果是公众称奇，艺术家们惊叹——这里的艺术家是特指类似文中所提及和引用的那些真正的艺术家们，人们会坚信它就是一件艺术品；如果把这块石头重新扔回到沙滩上，它又不是艺术品了。

图 2　《仿常玉侧卧的马》　黄河石　29×22×9 厘米　　李国树藏

图 3　常玉　布面油画　《毡上双马》　　私人收藏

这个假定情形究竟发生了什么？当我们抽丝剥茧来分析，就会发现如下事实：

其一，石头作为大自然的存在物，被人们以特殊的意图所观照，成为一个审美对象，被用来欣赏。最终，在许多因素的促使下，被转化成了一件艺术品。这意味着观赏石转化为艺术品是一个系统化过程。

其二，普通人往往会从好奇的角度，或者依据一般性常识去看待一块石头，而艺术家凭借他的职业直觉和审美视角去发现题材。因此，观赏石是不是艺术品，取决于人们的认识，取决于普通观赏者、赏石艺术家和艺术家的不同意图区别。这意味着观赏石转化为艺术品需要艺术地观照。

其三，观赏石所具有的艺术性被人们所发现和感悟，赋予了艺术生命，即观赏石的自身属性决定它成了一件艺术品。这说明所有的艺术品都具有其相对物品所不具备的基本属性。因此，观赏石必须拥有区别一般物品的可明确感知的独特属性，它才能够成为艺术品。

其四，观赏石被放进了权威的艺术馆环境里，它成了一件艺术品。这暗示着赏石艺术必须在主流艺术的土壤和环境里才能够获得身份认同，获得艺术生命力。

其五，这块石头拥有者的赏石艺术家身份，使得它成为艺术品具有了可能性，而真正的艺术家说它是艺术品，它就成了一件艺术品。这意寓着赏石艺术家的角色，以及赏石艺术与主流艺术交流的必要，即赏石艺术只有获得主流艺术的认可，它才能够成为艺术品。

其六，石头无论是被捡回家里、摆在桌上、配置底座、放进石馆和艺术馆供人欣赏，都需要一定的文化传统和习俗来支持。这说明观赏石的存在与主流艺术品一样，需要有深厚的历史、文化和精神因素的依托，假如脱离了中国赏石文化传统，观赏石就失去了底蕴；反之，只有在中国赏石文化传统之中，才能够深刻理解赏石艺术与诗歌、绘画和文学等主流艺术的同源与相承关系。

其七，当石头上的图案与画家常玉的画作被人们的想象力联系在一起，它就有了自己的艺术生命，即观赏石的这种表现性和再现性与一般物品的明确差别使得它成了一件艺术品，也具有了说服力。不是所有的观赏石都是艺术品，恰恰相反，只有极微小一部分具有艺术生命的观赏石才能够成为艺术品。这说明赏石艺术有着自己特定的语言范畴、独特性质和规律性。

其八，面对同一块石头，拥有赏石艺术理念、受过艺术训练和具备一定知识储备的人会把它和绘画联系起来。如果把这块石头同画家常玉的绘画风格和习惯性绘画题材联系在一起,会感受到这块画面石的深意;而普通人只是把它看作是一个马头的形象,至多像是小孩子的涂鸦。这说明观赏石的欣赏需要有丰富的文学和艺术修养。

> 常玉(1901—1966 年),喜画马。在常玉已知的 84 幅动物油画中,关于马的绘画有 34 幅。常玉多半生浪迹巴黎,画马恐怕也是常玉潜意识里的一种中国乡愁。常玉的油画马儿,通常会以书法般的线条去曼妙勾勒,并融入水墨画的留白,率性充盈,形态简单,天真自由,自然含蓄,充满韵律,既有野兽派的风格,又内含着东方美学。常玉的马,犹如自己的人生写照——自由、高傲、孤僻、落寂,更似他的精神遣怀,如他自己所说:"我一无所有,我只是一个画家。我的一生仿佛就是做了一个最荒唐的梦,最艳丽、最秘密的梦……"

其九,如果欣赏者事先就熟悉画家常玉,当他看到这块石头时,第一感觉会是惊喜;如果他根本就不熟悉常玉,经过拥有者的解释,待他了解常玉之后,他获得的仅是一种可靠的解释和认同。但是,对于绝大多数普通人来说,即使知道了拥有者把它命名为《仿常玉侧卧的马》,他也没有任何兴趣去了解常玉是谁,也很难理解常玉的绘画风格和绘画题材(比如裸女、花卉和动物)。自然,这块石头就不会在他心里产生强烈的共鸣,依然停留在它仅是个似孩童画的马头形象而已。事实上,这就是赏石艺术的差异化问题。然而,如果抛开常玉的标签,这块石头仍然属于耐看并具有艺术性的石头吗?这说明了不同欣赏者面对同一块石头时会有不同的情态,每个欣赏者都会依据自己的认知去构建自己适意的形象以及对它的个性化理解。但核心问题在于,自己所构建的适意形象是属于艺术的吗?它会得到艺术家的认同吗?显然,赏石艺术需要有自己的检验法则。

其十,因为这块观赏石成了一件艺术品,人们才去思考什么是赏石艺术。而正是赏石艺术理论的解释和存在,才使得观赏石成为艺术品获得了证明,即观赏石是否是艺术品,观赏石能否成为艺术品,观赏石要成为艺术品,必须借助于赏石艺术理论的阐释才能够在艺术史上占有一席之地。

随之,上述假定情形也会引发更多的疑问:

其一,石头被放进了艺术馆里就成了艺术品,艺术家称它是艺术品就是艺术品了,这些判断有说服力吗?这其中仅关涉观赏石的身份认同吗?它的背后有着什么样的复杂性逻辑关系?观赏石要成为艺术品,并被视为一种艺术习俗,主流艺术如诗歌、绘画、雕塑、园林和文学等,如何看待观赏石是必须的吗? 赏石艺术的真正隐蔽性源泉在哪里?

其二,观赏石的欣赏需要欣赏者有文化、文学和艺术方面的修养,它考验的是欣赏者的想象力、情感、审美经验和艺术品鉴力。那么,欣赏者的思想境界和品位的高低直接决定它的等级,这个推论会成立吗? 如果普通赏石大众和艺术家对同一块观赏石会有不同的反应,对不同的观赏石有完全不同的认识,这对于观赏石的发现、获得和赏玩又意味着什么? 人们有必要把观赏石赏玩的体验价值与观赏石自身的美学和艺术价值区别开来吗?

其三,观赏石与人为的艺术品完全不同,大自然这位大师的创作只是一种隐喻,即人们无法追溯大自然的创作意图。但是,人们用艺术的思维和眼光去欣赏石头的意图会造就观赏石艺术品吗? 人们对于一块观赏石的美感解读的依据又是什么? 人们需要转而去研究赏石艺术家的"创造"意图,这是必要的吗?

其四,赏石艺术家在赏石艺术理论中有着怎样的角色和功能? 现实中的赏石艺术家存在吗? "赏石艺术家"只能是百年之后的事情吗?

其五,如果说艺术品都是人造之物,那么,人们对观赏石的发现和感悟属于创造吗? 如果说附着在观赏石上的发现和感悟,以及为观赏石的题名、配座、演示和赏析等,算得上是人们的认识和思想的无形和有形创造,那么,观赏石还仅是天然的艺术品吗?

其六,假设这块被艺术家称为艺术品的观赏石最终能够被时间所证实,被社会所接受,被主流艺术所认同。那么,人们自然会问,石头都能够成为艺术品,有什么东西还能不是艺术品? 艺术还存在一个恒定不变的定义吗? 艺术的边界在哪里? 艺术真的会像德国哲学家黑格尔所说的"艺术最终会转变成哲学吗"?

其七,一旦人们把石头当作艺术品来看待,将会发生什么? 赏石艺术对于赏石活动意味着什么? 如果赏玩石头的人们只懂石头,而不懂艺术;或者只懂艺术,不懂石头,那么,赏石艺术还会存在吗? 然而,艺术和石头这两个被称为"黑洞"的事物能够被人们弄懂吗?

其八,什么样的观赏石才是艺术品? 什么才是高等级的观赏石艺术品? 除了自己的喜好之外,还有别的依据吗? 一位诗人、剧作家、画家和雕塑家在面对同一块观赏石时,他们会依据特定艺术中的表现,对这块观赏石进行观察和想象,虽然他们都剔除了平庸的东西,并且在很多方面都是相同的,但并非在所有方面都会绝对一致,那么,高等级的观赏石艺术品又能够与那些伟大和典范的主流艺术品相提并论吗?

其九,当面对《仿常玉侧卧的马》这块观赏石时,用形、质、色、纹去衡量和量化行得通吗？如果说观赏石还没有被视为艺术品，还没有获得主流艺术的认同，人们是否需要从赏石的现状中去反思存在的一些问题？

其十，对于不懂石头的普通人来说，他们容易被作家、音乐家和画家所感动，但较少能够被观赏石所感动，只因为赏石艺术是新生的和小众的事物吗？人们又应该如何去宣扬赏石艺术和赏石文化？

上述假定事实和疑问或多或少触及了赏石艺术的基本和实质问题。然而，当一个事物具有某种隐蔽的特性时，人们通常会被一种新奇感和神秘感所蒙蔽。所以，"不可言传""不可界说""赏不待喻""意不称物"和"意多词少"已经成了人们赏石的时兴说法。观赏石成了玄妙的、混杂的和难以捉摸的东西，赏石也被理解为了不知所云的语言酬对，赏石美学成了一种神秘美学，赏石艺术对于绝大多数人来说是不可解释的了。而且，人们也一再困惑于观赏石不足以展现其艺术身份，而被混淆于装饰品或单纯的任意物品了。

不过，英国哲学家罗素在《我们关于外间世界的知识》里认为："抱着万物都是幻觉这种信念去读自然界这部大书，同样不可能达到对自然界的理解。"实际上，赏石艺术理论需要对这些焦点问题给予阐释。然而，事物越是需要多重性思维，就会有越多的实在，人们的思考能力也会越显贫乏。赏石艺术理论还需要为赏石祛魅，从而剔除人们赋予它的过于神秘化的东西，而专注于从一个美的存在来认识它。事实上，每一种物质的东西都有它鲜活的一面，都可以通过人类转化到精神和必然的领域中去。正如法国文学家萨特在小说《恶心》里表达的主题认为，事物独立于我们而存在，它们得不到关注，但它们也像我们一样，有着自己的情感，如孤独、反抗和无动于衷等。面对一块观赏石，不管人们通过何种方式在石头中看见了什么，在同石头的对话中听到了什么，在同石头的交流中感悟到了什么，这些都不是纯粹的抽象，而是在石头的形相中看见了它们、听到了它们、感悟了它们。

德国思想家歌德在《歌德谈话录》里指出："只要人们深入地探究大自然，不管是从哪个方面去探究，总会获得某些有用的知识。"同时，美国艺术哲学家阿瑟·丹托在《艺术世界》里说："把某物看作艺术是需要某种眼睛无法贬低的东西，即一种艺术理论的氛围，一种艺术史的知识，一个艺术界。"美国思想家爱默生在《代表人物》里也说："思想的游戏就是：一旦其中一方出现，就去找另一方；有了上方，就去找下方。"此外，明代理学家朱熹在《答或人》里说："穷理者，欲知事物之所以然，与其所当然者而已。"

人们需要全盘思考：石头究竟是如何从一种直观的"物的自然"成为"心的自然"，进而转化为"艺术的自然"？

三 赏石艺术：国家级非物质文化遗产

赏石艺术这个词语是如何产生的呢？从表面上来看，它直接来源于国家级非物质文化遗产名录。而在本质上，赏石艺术是人们对大自然知识的追问，对人与自然、人与社会关系的追问，更是对当代赏石理念的追问。

> 2014年12月3日，国务院关于公布第四批国家级非物质文化遗产代表性项目名录的通知，公布国家级非物质文化遗产代表性项目名录共计153项。"赏石艺术"作为传统美术类，被正式列为国家级非物质文化遗产代表性项目名录。——国务院，国发〔2014〕59号文件。

赏石艺术与京剧、昆曲、秦腔、苏州评弹、苏绣、景德镇手工制瓷、敦煌莫高窟、长城、北京故宫和苏州古典园林等，一起跻身于国家级非物质文化遗产项目的行列。实际上，一种艺术必须是独特的，在反映物质世界时，它的诞生能够使人们的精神获得一个新的形象。同时，每一种艺术都值得去关注，值得去赞扬，它们都能够使人们的心灵更加细腻，心胸更加开阔，思维更加活跃。

关于非物质文化遗产，联合国教科文组织在《保护非物质文化遗产公约》（简称《公约》）里有着明确的定义。大体来说，非物质文化遗产指的是"被各社区、群体和个人视为文化遗产组成部分的各种社会实践、观念表述、表现形式、知识与技能，以及相关的工具、实物、手工艺品和文化场所"。《公约》还规定，非物质文化遗产的内容主要包括："口头传说和表述；表演艺术；社会风俗、礼仪和节庆；有关自然界和宇宙的知识及实践；传统的手工艺技能。"此外，《公约》也指明了非物质文化遗产的意义。概而言之，非物质文化遗产世代相传，在各社区和群体适应周围环境，以及与自然界的相互关系和历史条件变化的互动中被不断地再创造，为社区和群体提供认同感和持续感，从而增强人们对人类文化多样性和创造力的尊重。

图 4 《传国大宝》 玛瑙 6×10×5 厘米 张卫藏

守护者

隐秘的风暴，滚滚而去
无声地穿过人间万物，
奔入超世界的延展……
存在的悠远闪电。

世界与大地，早已被混淆
在它们冲突的律令中，迷乱缠绵
抽掉了物所有的让予。
数，沉溺于空洞的量增
从不识大地的馈赠。

那"有生命的"，是"在者的"量身制作
而"生命"生着却还在。
喧嚣的臆测中，
惊呼失色，
喧嚣中已是争先恐后的延搁。

然而隐秘的守护者，
他们已经醒来。
一种无以躲避的转变：
在昏庸的制作中间，
存在的悠远闪电，
把所有的制作撕裂。

——（德国哲学家）海德格尔：《思的经验》

　　赏石艺术作为国家级非物质文化遗产,可以界定为是实物与知识的综合,是有关自然界和宇宙的知识和实践,是一种体现文化多样性和创造力,承载民族认同感和持续感,并被视为一种社会风俗的艺术形式。

　　德国哲学家伽达默尔在《解释学》里指出:"对人类传统的保存和发扬,不能被描述为只是纯粹的考古性研究和以方法为主导的专业探讨,其出发点和有关视点应当是对于我们自身的质询。"赏石艺术作为中华文化遗产,蕴含着大自然的造化,体现着人与大自然的融合,反映着人与社会的关系——人们通过观赏石认识自然界,认识自身和反思社会。

　　总之,赏石艺术作为大自然的解释者,以其自身独特方式,蕴含着中国人特有的生活趣味、精神标记、思维方式、世界观和文化意识,体现着中华民族的想象力、创造力、亲和力和生命力,凸显着中华文明的特殊性。同时,赏石艺术作为一种独立的艺术形式,因自然之石蕴含着至美又有着普适性。

第二章　赏石之思：不同观照下的意象世界

　　凡是有生命的形体必有丰富多彩的姿态，有各种各样的神韵。大自然的石头有着古、朴、清、秀、奇、纯、正、雅、逈、巧、拙、顽、苍、厚、幽、怪、丑等特性，深得人们喜爱。如果把这种情形视为一种现象来描述，一点儿也不让人意外。但是，之所以称为"一种现象"，意味着从逻辑上不能因为石头具有的上述特性，就理所当然地认为，这些就是石头获得人们喜爱的全部理由。换言之，人们欣赏石头直观美感的背后，还存在着一些不真实的东西，这恰是人们在赏石过程中所发生和倚重的。

　　人们要去思考表象背后的东西。画家范曾在《赏石的境界》里说："欲求知而藏物，既藏之则知益进。"人们为什么会喜欢看似冰冷的石头？为什么很多人有"石癖"？人们把赏玩石头作为一种兴趣的原因是什么？赏石对于自己究竟意味着什么？

　　总之，人们需要探讨赏石作为一个整体的深层意义；探讨人们赏石的情感基础；探讨赏石作为影响人们心智的力量是如何发生的；还要探究赏玩者的出发点、赏玩者的反应、赏玩者的兴趣、赏玩者的态度以及赏玩者赋予石头不同的特殊化。赏石虽然带有强烈的个人色彩，又有着一种深奥而微妙的复杂性，但尝试着去品味这些形而上的东西，却是人们运用多元思维对待的问题。这其实就是人们常说的赏石文化——一种令所有人都感到高深莫测的文化，就发生在每一个赏玩石头人的身上。

　　清代乾隆帝曾言："石宜实也而函虚，此理诚难穷。"面对着赏石的重重玄机，以及对赏石表象背后存在的诸多追问，不同的观照会获得不同的意象世界。实际上，正是通过对石头的不同观照和理解，才使得人们进入儿童般的无邪和单纯，进入自己静谧的心灵深处，进入伟大的安宁之态，进入沉思之乐，进入朴素和神秘之美，进入文化根魂，进入艺术的殿堂。

一 特殊的情趣

（一）童心与梦想

近代思想家梁启超说过："凡人必常常生活于趣味之中，生活才有价值。"每一个赏玩石头的人都寄情寄乐于石头之上，这是赏石得以存在最显见的根据。

唐代诗人白居易在《太湖石记》里说："石无文无声，无臭无味，与三物（注：指琴、酒和诗，源自白居易《北窗三友》里的'琴罢辄举酒，酒罢辄吟诗'之诗句）不同而公嗜之，何也？"他自问自答道："苟适吾志，其用则多，""诚哉是言，适意而已。"也就是说，爱玩之心，人皆有之。喜欢石头是一个人的情趣和称心合意的事儿，不需要有什么特别的理由。

石头犹如成年人的玩具，让人抚摩把玩，爱不释手，而且，又像极了小孩子渴望玩具一样从不嫌多。在现实生活中，倘若自己喜爱的一块石头由于维持生计或者其他原因，像嫁女儿一样而转手他人后，就会非常后悔、不甘、伤心、思念和无奈，五味杂陈，魂不守舍。

石头似乎知道人的童年。曾经问起一个朋友为什么喜欢玩石头，他只是简朴地回答："小时候就接触石头，就喜欢石头。"的确，孩子看见的每一样东西都是新鲜的，所以经常处于狂喜的状态。对于许多成年人来说，石头仿佛把自己带回到童年时期，使自己回想起儿时无忧无虑的快乐时光，回忆起童年用几块石块搭建魔宫和手捏泥人的情形，即使长大了，经历了生活的艰辛，工作的劳累，甚至命运的不公，仍然通过赏玩石头使自己享受到乐趣，重新回忆起童年往事，唤起自己铭记心灵深处的过去经历。犹如奥地利心理学家弗洛伊德在《论美》里指出的："当我们清醒的头脑麻木之后，潜藏在身上的童心和野性就会活跃起来。""其实，我们什么都不会放弃；我们只是用一种快乐去换另外一种快乐。貌似弃绝的一切实际上成了替代物或代用品。"

赏玩石头可以使人保持一份纯真，使人的心胸更加丰润，使人的个性更加坚强。赏石代表了一种天真的态度，表现了一种孩子般的童趣，是人们平静生活之中一种追忆的体验，是人们心灵之中的一种浪漫主义情怀的释放，是童心和真实的梦。

图 5 《云岫洞天》 太湖石 66×90×45 厘米 祁伟峰藏

形式纯真的艺术造型。谁可曾尊崇？可是那美的东西陶醉于它自己的显现。

——（德国诗人）默里克：《灯盏》

（二）石瘾

人们通过赏石获得快乐和满足本是玩石之初心。但是，如果赏玩石头不能合理适度，就会出现玩石有瘾的状况。

为什么赏玩石头会让人上瘾呢？

其一，所谓的"有瘾"，类似于医学上所说的强迫性或偏执性精神症。人们玩石有瘾的症状大体相似。比如：玩起石头来就不能控制自己；有事没事时总想去有石头的地方转一圈儿；总喜欢在石头堆里用手扒拉一下石头才感到过瘾；总是习惯性地对着自己喜欢的石头发呆；不时地幻想自己的石头会很值钱；总想办法把它们打扮得漂漂亮亮；总希望得到并喜欢听别人对自己石头的赞扬；自己最喜欢的石头往往藏而不露，却总会给别人描绘其多么地精美，用足了人类存在偷窥欲望的本能；自己的石头总是越看越喜欢；自己经常说石头最难玩了，但还是一块接一块地买石头；对自己喜欢的石头悉心照顾有加等。这些症状应用弗洛伊德的理论来说，直接源自人们童年早期的心理创伤，或是患病的人对成长中的环境适应不良，试图回归婴儿期的某种方式。

这里，引用法国诗人波德莱尔所描述的爱伦·坡短篇小说《投身人群中的人》里的情景，可以引发共鸣：在一家咖啡馆的窗子后面，一个正在康复的病人愉快地观望着人群。他刚刚从死亡的阴影中回来，狂热地渴望着生命里的一切萌芽和气息。因为他曾经濒临遗忘一切的边缘，现在他回忆起来了，而且，热烈地希望回忆起一切。终于，他投身于人群，去寻找一个陌生人，那陌生人的模样一瞥之下便迷住了他，好奇心似乎变成了一种命中注定的和不可抗拒的激情。对此，波德莱尔说道："康复期仿佛是回到童年，正在康复的病人像儿童一样，在最高程度上享有那种对一切事物——哪怕是看起来最平淡无奇的事物——都怀有浓厚兴趣的能力。"

其二，石瘾还可以被视为一种物恋的方式。特别是有人因为追求完美主义、缓解自己的孤独和释放自己的焦虑等心理因素，也会导致自己出现强迫性购买石头的行为。此外，试图不断超越自己已有的藏石和攀比因素等，也在无形中起着一定作用。

除了精神病理学和心理学的解释之外，对于石瘾的认识自然还有其他不同的说法。这就是仁者见仁、智者见智的事情了。

（三）有目的的乐趣

古罗马诗人维吉尔在《田园诗》里说："各人都受他本人嗜好的驱策。"当喜欢石头作为一种信念存在时，就必须相信：拥有和赏玩一块石头是一种享乐，会带来一种特殊的乐趣。

那么，如何来认识石头带来的这种独特的乐趣呢？

其一，石头能够带给人们视觉和触觉感官上的满足，如同人们愿意吃美食一样。用英国哲学家休谟在《人性论》里的话说："任何物体的效用，借由不断向它的主人暗示它合适被用来增进的那种欢乐，而使他觉得愉快。他每一次注视它，就会想起此快乐，而这一物体就这样变成一个永久满足与快乐的源泉。"石头既是可视的，又是可触摸的，它给人们视觉和触觉上的双重满足是独特的。

其二，石头能够给人们精神上的快乐满足。法国思想家孟德斯鸠在《论自然和艺术的趣味》里指出："除了来自感官的那些快乐以外，精神本身还有它自己固有的快乐，这些快乐是不依赖于感官的。""构成趣味对象的，也正是我们的精神所感到的这些不同的快乐。""因此，美丽的、优秀的、愉快的等的根源就存在于我们本身。而要寻求它的理由，就要寻求我们的精神所以感到快乐的原因。"同时，古希腊哲学家亚里士多德在《修辞学》里说："既然求知和好奇是愉快的事，那么像模仿品这类东西，如绘画、雕像、诗歌，以及一切模仿得很好的作品，也必然是使人愉快的，即使所模仿的对象并不使人愉快，因为并不是对象本身给人以快感，而是欣赏者经过推论，认出'这就是那个事物'，从而有所认识。"石头之所以能够让人感到快乐，因为人们普遍都有好奇心，这种好奇心会让人们通过石头想象到许多其他事物，并引发感悟，从而引起人们对隐藏在石头之后的秘密探寻，因而满足人们的精神总是喜欢寻求新事物的习性，满足发现的乐趣。

其三，人们的精神有喜欢多样化快乐的倾向。比如，人们会喜欢绘画和雕塑等艺术，但这些艺术往往司空见惯，有时会让人感觉到高不可攀，有时又会使人感觉疲倦；人们更喜欢新奇的事物，喜欢新鲜的体验。美国哲学家纳尔逊·古德曼在《艺术的语言》里说："艺术家却可以经常觉得努力寻求眼光的童真是对的。有时候这种努力会将他从日常观看的令人厌倦的模式中解救出来，从而产生新鲜的洞见。有一种相反的努力，也可以同样有所助益，而且是以同样的理由，这种努力就是让个人的学识最大限度地自由发挥。"观赏石作为独特的艺术与其他艺术不同，对它的欣赏考验的是个人的学识，这就更加吸引人们的喜爱。

其四，石头能够给人们带来一种惊讶的快乐。德国哲学家海德格尔在《思的经验》里说："古希腊人的惊讶犹在，他们能够惊讶，是因为他们总能从让深居简出占先的方面来思，使有待言说的东西在它的浑然未开中就已经被洞悉到。"当人们在面对大自然的石头时，总会有一种神奇的氛围扑面而来，能够使人们看到或者感觉到完全没有料想到的一些陌生的东西，或者说人们的感受方式本身也是出其不意的。无论是石头精巧的形相，还是这些形相的内容和精神所传达出来的东西，都有着一种自然的优美和说不出来的意味，人们甚至无法定义和描述它们。这种不可名状的意外和惊讶之感深深地吸引着人们的精神与情感。法国思想家孟德斯鸠在《论自然和艺术的趣味》里说："当我们的精神本身不能识别自己的一种感觉，并且在我们看到一种同我们所想象的截然不同的事物时，我们感到愉快；这会产生一种我们无法摆脱的惊讶感觉。"

其五，石头会给人们更多的想象乐趣。当人们在面对一块石头时，常会使人的精神陷入一种惬意的捉摸不定之中。这让人联想到德国作家威廉·詹森的那本有名的小说《格拉迪娃：庞贝古城的幻想》。它描述了如下情节：考古学家汉诺德在罗马一家古董店发现了一件浮雕。浮雕表现的是一位发育成熟的姑娘正踮步前行。这位考古学家对浮雕的主人公产生了浓厚的兴趣。接着便围绕着这位姑娘编织起幻想，想象着她的名字和出身，想象着她可能生活在古代的庞贝古城。最后，在他经历一个奇特的梦后，他对这位姑娘的生死想象幻化成了一种妄想。相信，这个小说的情节一定会引起许多玩石人的共感，因为这一情形与在面对自己喜欢的石头时的沉思和想象是相像的。

其六，石头因其特殊的品格而多被文人们所喜好。近代建筑家童寯在《东南园墅》里指出："旧时文人对于名石之评价标准，可归为四条：漏、透、瘦、皱。其中所蕴含之情感，如非源于湖石之抽象美学，则必定来自神秘主义。石之'品格'，因而致使文人爱石之嗜好，近乎发狂程度。其因在于石之恒久、不化、坚定之特征，而此恰为人类品质所经常欠缺。噫！或许莎士比亚不幸错言，因其曾经借用安东尼之演说，否认石之智慧与感觉。"

总之，关于人们的爱石心理和爱石心性，原因复杂多变。但是，文学家林语堂在《生活的艺术》里的一段话，可谓一语中的："基本的观念为石是伟大的、坚固的，暗示着一种永久性。它们是幽静的、不能移动的，如大英雄一般具有不屈不挠的精神。它们也是自立的，如隐士一般脱离尘世。它们是长寿的，中国人对于长寿的东西都是喜爱的。最重要的是：从艺术观点看起来，它们就是魁伟雄奇、峥嵘古雅的模范。"

图6 《贵妃醉月》 雨花石 5.4×4.6厘米 李玉清藏

月出皎兮,佼人僚兮,舒窈纠兮,劳心悄兮。

月出皓兮,佼人懰兮,舒忧受兮,劳心慅兮。

月出照兮,佼人燎兮,舒夭绍兮,劳心惨兮。

——(周代)《陈风·月出》

宋代词人辛弃疾在《青玉案·元夕》里云:"众里寻他千百度。蓦然回首,那人却在,灯火阑珊处。"我每次看她,都如初见一样。人生相遇,绝非偶然。

（四）石头魔力的两面

对于那些对石头懵然无知的门外汉，或者对石头只是一知半解的人们，还会经常出现一种说辞："赏玩石头是一种奢侈的行为。"不管这种说法是否夸张，当情趣与奢侈纠缠在一起时，就不得不提及人们的欲望和需求。

石头假若真正能够成为人们所说的奢侈品，就必然具备奢侈品的特性——极度稀缺、无比精美和价格高昂。的确，如果石头能够成为艺术品，那么，就同所有的艺术品一样，赏石艺术也是奢侈。如同美国艺术史学家迈耶·夏皮罗在《艺术的理论与哲学》里所说："艺术意味着珍贵、庄严、奢华和一种脆弱易碎的贵族般的美。"在此意义上，拥有一块神品级的观赏石，也会成为拥有财富的象征。观赏石也会因财富价值和奢侈快乐的展示而有了一定的炫耀价值。反过来说，作为一种奢侈行为，如果不能正确赏玩石头，不能量力而为，就容易玩物丧志，让人沉迷其中而不能自拔，不但得不到快乐，还会人财两空，自古就有"败家石"的说法就不难理解了。

人们不能忘记基本的规律，必须要吃、穿、住、行，然后才有娱乐和艺术活动。换言之，令人陶醉的事情是不能够取代面包的。当一种爱好逐渐变成嗜好，由激情变成迷恋，并成为心系一处的习惯时，有的人成了天才，有的人变成了疯子。赏玩石头也会如此。如果没有正确的赏石理念，不能正确认识观赏石，不能正确赏玩石头，就会付出很大代价，也会为不切实际地追求风雅和奢侈买单，从而陷入生活的挣扎之中；如果一味地陷入狂喜的麻木之中，还会把一个人的脑袋玩坏，或偏执孤僻，或孤芳自赏，或怪异自恋，或闭户自恃。

令人难以置信的是，石头的魔力会无形中逐渐吸走人的全部情感。比如，有人会自鸣得意，无限地夸大和宣传自己的石头；有人会把自己的石头异想天开视为艺术狂想一般，陷入无限完美的心灵幻觉之旅；更为严重者还会陷入精神错乱的状态——做个类比，他所获得的赏石快感如同情欲快感一样，既为认知服务，也为幻觉服务了。这也正应验人们经常说的一句话："不是人玩石头，而是石头玩人了。"

如果观赏石是害人之物，那么，在一个良好的社会里是应该被取缔的，正如古希腊哲学家柏拉图指控当时的文艺作品对社会起破坏作用，要把诗人逐出他的理想国一样。

人是一种带有情感的动物，支配人的全部行为的不全是理性。然而，每一种情感都会在冲突中而获得成就。比如，就艺术里的书画而言，宋代学者陈善在《论画》里说："顾恺之善画，而人以为痴；张长史（注：张旭）工书，而人以为癫。予谓此二人之所以精于书画者也。庄子曰:'用志不分,乃凝于神!'"同样,在中国赏石史上,也曾出现过爱石成痴的"米癫"(注:米芾)。如果说有赏石天才的话,必然是那些沉湎于观赏石,有着狂热的信仰,像宗教徒一样真诚而迷恋的异类玩石分子。

所谓的赏石天才,用英国美学家赫伯特·里德在《现代艺术哲学》里的话说:"天才是一种将多样性集中起来的能力,把整整一代人的发现和发明集中于一个光的燃点的才能。"同时,法国美学家狄德罗在《狄德罗美学论文选》里说:"广博的才智,丰富的想象力,活跃的心灵,这就是天才。"此外,德国哲学家康拉德·费德勒在《论艺术活动的起源》里也说:"艺术天才的特殊意义是,在这样的天才身上,观看的天赋被发展得超出了平常的水平,而且,这样的天才能够改变原始的感觉材料为精神的价值。"

在实例上,不由得让人想到整个世界艺术史,那些卓绝的天才大多经历过苦难,包括没有钱生活,创作的痛苦,身体疾病,负债,不被理解,孤独焦虑,怀疑自我和作品不被认可等,而为了追求自己的艺术却付出了毕生心血。然而,可悲的是创作者往往赤贫一生,其艺术作品经历多年以后,艺术价值才可能逐渐被后世所认可。比如,荷兰后印象派画家梵·高就是一位皈依艺术的人,被世人誉为"现代艺术之父"。但梵·高生前只卖出一幅画,穷困潦倒并深受精神疾病的折磨。对此,梵·高在《梵·高手稿》里写道:"我们生活在一个极其糟糕和瘫痪的艺术世界里,展会、画廊、所有一切都被手里攫取了钱财的人所掌控。不要有片刻认为这只是我的臆想。总在画家死后,人们才肯花大价钱来购买他的作品。他们总是轻视在世的画家,他们通过偏向那些去世的人的作品来愚昧地为自己辩护。""生命中总有一些令人无奈的宿命。画家死去,或者因为失望而发狂,或者瘫痪在自己的作品之上,因为没有人会喜欢他们的作品。"

这俨然已经成了艺术的定律和多数艺术家的宿命。然而,矛盾和相悖的是,对于追求艺术的人来说,心灵只有在逆境的洗涤下,才能够得到净化,艺术作品才能够升华;往往在肉体和精神、贫困和疾病的磨炼中,艺术作品才能够流芳百世。正如文学家林语堂所说:"一个人彻悟的程度,恰等于他所受痛苦的深度。"观赏石往往充斥着巨大的争议性,更不容易在当下达成共识。而且,在赏石艺术理念下,赏石就不再是绝对快乐的事情了,因为任何艺术家的创作都不是仅仅为了追求快乐;相反,只有在痛苦和煎熬中才会产生不朽的赏石艺术作品。对于赏石艺术家来说,如果有人真正能够理解他的观赏石作品的灵魂,无疑是一种安慰,但这种情形在现实中却很少出现。

不特此也。赏石也有其现实积极的一面。当赏石一旦进入到人们的生活,石头的魔力会改变一个人的性格和脾气,会使误入歧途的人改邪归正,会让人放弃很多不良的嗜好。同时,赏玩石头也会成为一种友谊行为,三五个朋友围坐在一起,"苟得其趣,安问主宾",欣赏着美石,聊着生活之事,已经成为赏石的常情。此外,赏玩石头不分男女,一些女人喜欢石头也会到痴迷的情境,她们通常赏石细腻,感情丰富,极富想象力,似乎总能够凭着女性的直觉抓住一些消失在人间美的碎片,触动着人们的内心。

总之,赏石的情趣之说,大多浮现在普遍人性的语境之下,但远不止于此。当赏玩石头真正成为生活中的普通人、知识阶层和有闲阶层的闲情、财富和自信的表征时,能够陶冶性情和高尚情操时,能够调节个人生活时,能够获得无比的人生乐趣时,更能够收获可以传承的观赏石艺术品时,才是赏玩石头的真正雅趣之所在。

二　反观诸己的镜像

（一）石头里的自己

石头被人们视为发现的对象而珍视,这个过程也是自己个性的释放。犹如英国美学家赫伯特·里德在《现代艺术哲学》里所说的:"如果我正沿海滩行走,看到一截经海水浸蚀和阳光曝晒的木块,其形状和颜色对我极富吸引力,识别行为会使那木块成为我个性的表现,好像实际上是我把那木块雕刻成那样的形状。选择亦是创造。人在周围所收集的喜爱之物,如烟斗、钢笔、小折刀,甚至衣服的样式,最能表现一个人。""人作为同天地其他事物相分离的有自觉意识的个体,需要一种符号语言来表现自我。在精心满足这种需要的过程中,不仅产生了'上帝'这样的观念符号,也产生了无数的造型符号,其中有些是恒定的和原始型的,另一些则是短暂的,甚至是个人的。"

每个人都会有自己的认知偏好,什么样的人看见的就是什么样的事物。观赏石是一种以欣赏者自我为媒介的表现。换个角度来思考,为什么人们面对同一块石头时,却有截然不同的观感? 为什么一块观赏石能够使一个人愉悦而使另一个人不愉悦,而反之亦然? 为什么一个人此时喜欢一块石头,而彼时却又不喜欢了? 为什么赏玩石头的人们都有自己的一套理论而难以让彼此信服? 这里,不可能有清晰的答案,原因在于人们赏石是在赏自己,恰如德国哲学家伽达默尔在《真理与方法》里所说:"每一个理解某物的人,他就在此物中理解他自己。"

法国哲学家笛卡尔在《谈谈方法》里说:"人的心灵反观自己,见到的自己无非是一个在思想的东西。"然而,个人的禀赋、教育程度、生活经历和社会阅历不同,人生观、价值观和世界观也不同,对什么是好的和美的认识也不相同。通常,人们会依据自己的性格、经验和知识等去寻求对石头的个性化理解。这种理解实质上是一种映射和反馈,仿佛石头里有自己的影子,或者试图在石头里寻找到自己想要的影子,如同文学作品里常用的移感手法——把自己的感情移向本来与自己不相干的对象上去,因而把自己对象化,同时也把对象的情感移向自己身上来,把对象幻化为自己。

有一次,观赏石展会上遇到一个人,她说看到一块石头时自己很想哭。或许,透过这块石头她看到了自己的影像,想起了自己的一段经历,而被一种不可思议的情绪抓住了。此刻,石头幻化成了自己,无形中承载了个人情绪,石头拟人化了,人也拟石化了,即如庄子在《齐物论》里所说的"物化"。不难理解,人作为一种有情感的动物,对石头的偏爱是内心情绪的一种真实或幻想的表达。而在心理学上,人的情绪又与无意识的反射关联在一起,犹如荷兰哲学家斯宾诺莎在《伦理学》里所说:"一旦我们弄清楚情绪是怎么回事时,情绪也就不复存在了。"因而,人们在赏玩石头的体验过程中,情绪是复杂的,有欢愉和快乐,有寂静和忧伤,人们都在尽情地享受着它们。

总之,人们总会遵照自己的意识去欣赏石头,把自己的思想引入其间,把石头视为一种情感的寄托,从而自己想表达的和所相信的都在石头身上了。特别是中国的文人历来有一种传统,喜欢借物抒情、托物言志和移情于物,借石头来表达自己的情怀和清高品格,借石头逃于现实之外。所以,石头也被赋予了一种特殊的人文气质,并多了一个美妙称谓"文人石"。

(二)自己的个性化体验

众所周知,没有创造性和个性化的作品不能算作艺术品。对于有主见、善于思考和独立判断的人来说,观赏石作为人的思想和审美的载体,承载的是自我审美和寄托,犹如英国诗人安德鲁·马维尔的诗句所言:"心灵,那各种类型的大海,每一个都会发现它自己的相似物。"

图7　《冠群峰》　淄博文石　85×126×40厘米　昝新国藏

雕塑是雕塑家对石头的征服，那么，观赏石是赏石艺术家对大自然造型艺术的发现吗？

这恰诠释了为什么自己所拥有的石头就越看越喜欢了。而且，人们往往也会无奈于那些对于自己喜欢的石头却看不懂的人，并自我解嘲道："不是你不懂我的石头，而是你不懂我的世界和情怀。"犹如明代诗人唐寅诗所云："世人笑我太疯癫，我笑他人看不穿。"人们也会倾向于将自己赏玩石头的心得强加于别人之上，以致带有一些教诲的意味了。不可避免地，人们相互间极易陷入冲突之中，因为人们总是不愿意接受别人的想法，而同时希望别人接受自己的想法——这源于心理学上所说的"虚假同感偏差心理效应"：人们常常高估或者夸大自己的信念、判断以及行为的普遍性，当遇到与此相冲突的信息时，这种偏差使人坚持自己的知觉，并总喜欢把自己的特性赋予别人身上。

于是乎，在现实生活里就不乏石痴、石癫和石疯子了——当然，这些称呼并非贬义，只是想借此表达他们把自己的情感全部投入到石头上了，赏石完全成了自我主义的一种旨趣。同时，也让人们明白了那些在赏石界里自诩为"高人"的孤独叛逆者深感寂寞的缘由了，以及一些赏石人所拥有的一份神秘主义孤僻的理由，因为他们都有着自己的赏石座右铭，如同挪威诗人易卜生所说的："世界上最有力量的人是最孤独的人，而孤独者却是难以战胜的。"

这种新型的孤独感如果走入了极端，就会出现赏石人囿于自己的成见，从而片面、自满和冥顽不化，沾沾自喜于自己的藏石，而会对别人的赏石不屑一顾，甚至大肆诋毁的情形。比如，有人对于自己的一块石头特别喜欢，会说："我从那么多石头里挑出来的，这样的石头不会再有了。"而对于别人的一块石头，则会说："这种石头太多了，比它好得多了。"可见，人的学识、修养和处事心态在赏石活动中扮演着重要角色。

赏石活动中还经常出现一种有趣的现象：赏玩石头的人往往习惯于在私下里看不起对方，而在彼此面前却又极尽恭维之辞，犹如古罗马帝国皇帝马可·奥勒留在《沉思录》里所说："人们相互蔑视，又相互奉承，人们各自希望自己高于别人，又各自匍匐在别人面前。"然而，如果不是出于自己内心真正的敬佩，而只是一种恭维，那么，恭维本身却是一种更为微妙的侮辱方式。就赏石的鉴赏力来说，这一类人要么因为成见及被自私所遮蔽；要么因学识水准不够，根本没有鉴赏能力，却喜好鼓弄唇舌、附庸风雅和圆滑世故。

法国哲学家卢梭在《一个孤独的散步者的梦》里说："世间的一切事物都处于持续不断的变动之中，没有任何东西能保持一种永久不变的形态。我们对外界事物的感受，也同事物本身一样，经常在变动。我们周围的一切都在变化，我们自己也在变化，谁也不敢保证他明天还依然喜欢他今天喜欢的东西。"此外，古希腊哲学家赫拉克利特也曾说过："万物都处于不断地变化或流动之中。"赏石人自身也在不断地变化着，而这种变化又是多样性的，自己的新想法和新观念会不断地涌现。并且，每个人处在不同的人生阶段，也会有不同的成熟度，赏石也必然与人生相互关联。实际上，往往越是人生经历丰富的人，越容易被观赏石所吸引；越是社会阅历丰富的人，越容易体会到赏石的精神；越是艺术修养高的人，越能辨识出观赏石的艺术之美。

因此，当人们在面对同一块石头时，情感也非一成不变。比如，以前很喜欢的一块石头，现在却又不喜欢了，石头还是那块石头，变化的只是自己。然而，人们变化的根源却是复杂的，而自己的变化又是微妙的，以至于自己都难以觉察得到。在赏石活动中，人们的这种变化往往又是积极的，即自己是不断累积性提高和进步的，除非他生性就是不会学习和不想学习的人，是个顽固不化的人。所以，很难会出现以前不喜欢的石头，现在却非常喜欢了的情形，正如人们所说的："玩石头的眼界提高了。"

古希腊哲学家普罗泰戈拉说过："人是万物的尺度。"赏石作为一种发现、感悟和鉴赏的艺术活动，其真谛就在于赏石人自身。天然的石头虽然各具形相，是客观的，而赏玩石头人们的情感却是主观的和不定的。赏石如同欣赏中国的山水画一样，只有具备一定的功力和细腻的情感，才能够使主客观融合得浑然一体，否则，石头的形相就会非牛非马，失去了表现的效果，失去了艺术所具有的和谐性。换言之，赏石艺术的体验是有先决条件的，如果没有构成这种体验的条件和素养，人们就不可能具有这种体验的能力。

然而，自己却又是最难被自己所了解的，因为人们很少真正能够孤独地静下心来，如英国哲学家亚当·斯密所说的，用"公正的旁观者的眼睛"来自察、思考和反思下自己，并给自己一个客观的认知。实际上，自己的天性、爱好、习惯和志趣却在无形中影响着对一切事情的看法，古希腊人早已认识到这一点，于是把一句箴言"认识你自己"，铭刻于庙堂之上。在赏玩石头的过程中，只有认清自己，才能够领悟到赏石的奥妙，这个说法有着一定的真理性。

每一个赏玩石头的人都需以自己的方式去看待石头，以自己的思想去解读石头，以自己的认识通过观赏石来发现与自己有关的东西。换句话说，赏石艺术不是纯粹的视觉艺术，也是一种心境艺术。然而，赏石还需要自我质疑，在强调以自己的方式去赏石的同时，还必须认识到赏石需要正确的理念。并且，赏石艺术既是纯粹的，又是属于艺术的。因此，赏玩石头需要人们在热情、理智和正确赏玩理念之间寻求一种永久平衡，只有远离喧嚣和摆脱尘世的欲念，平衡自己的心态，用一颗纯粹的心去发现和感悟石头的艺术之美，才能够使自己与石头融为一体,才能够做到观赏石是自己的,也是富于生命力的,更可能是艺术的。

法国哲学家笛卡尔说过:"我思故我在。"在赏石艺术中,自己的自由和自己的内在世界是最重要的,而赏石艺术又会使人不断地返回自身和思考自我,从而自觉和自省使得赏石艺术与自我实现一种良性的互动。

三 生活方式

古希腊哲学家伊壁鸠鲁说过:"追随自然的人,总能自给自足。"观赏石质朴、文雅和敦厚,表现一种感官的原始性,体现一种不朽的精神,使人们在蛰居和孤寂中沉思、内省和寄意于美。

如果说哲学是一种生活方式,赏石就是一种生活态度和品位的表达。实际上,哲学与赏石犹如一种共生体,两者从未曾割裂过。在赏石活动中,人们都在不自觉地诠释着"究竟要过一种什么样的生活"这个永恒的命题,犹如德国哲学家卡尔·雅斯贝斯在《时代的精神状况》里所说:"一般地说,哲学生活不是单一的,不是对一切人都相同的。它犹如星光放射、流星奔泻地掠过生活,不知来自何处、去向何方。"

倘若只在于愉悦情性,那么,赏石与赏玩者的文化高低无关,与审美的高雅与低俗无关,人们只需在乎石头的赏玩就足矣,这生动地体现了赏玩石头的体验价值。反过来说,赏石就成了一种有价值的体验,并有着某种生活哲学的意味,从而与人们的生活紧密联系在一起了。比如,有的夫妻都喜欢石头,一起捡石,一起赏石,一起卖石,其乐融融;而有人喜欢石头,买石和藏石,家人却并不喜欢石头,甚至偷偷地把石头给扔掉。生活难计较对与错,只是诠释了彼此不同的生活方式。

从社会意义上说,超越世俗存在的一个途径就是采取与社会相脱离的态度,这亦种生活哲学。人们可以在不同程度以不同方式去身体力行。正如庄子在《庄子·刻意所言:"隐逸山泽,栖身旷野,钓鱼闲居,无为自在罢了。这是优游江海之士、避离世事的人、闲暇幽隐者所喜好的。"不难发现,有人与其说是在赏石和藏石,倒不如说他正在通过赏石和藏石的行为,过着属于自己的一种生活方式,通过赏玩石头而拥有着自己的生活。

特别对于一些上了年纪、孤独和寂寞的玩石人来说，这句话更加合宜，因为人在孤独之中，总需要一点玩物。事实上，犹如少有所恋，老亦有所乐，对于一些老年人来说，孤独和寂寞才是赏石的真正动因。

明代赏石家林有麟在《素园石谱》里说："法书、名画、金石、鼎彝，皆足以令人自远，而石犹近于禅。"赏石者多以禅心入道，这里的"禅"就是人生态度吧。法国哲学家德勒兹说过："在哲学和艺术之间存在着一些相互呼应和相容相通的概念。"当空灵、自我、落寂和心性等哲学词汇与人们的赏石感悟勾连在一起时，难道不正是人们通过赏石传递出的人生的生命意义吗？赏石容易使人进入一种极似庄子之所谓"道"的思想状态，让人产生空与幻的感觉，而这些状态和感觉往往又与生死、永恒和淡泊等哲学命题相关。

英国艺术史学家贡布里希在《艺术的故事》里指出："东方的宗教教导说，没有比正确的参悟更重要的了。参悟就是连续几个小时沉思默想某一个神圣至理，心里确定一个观念以后抓住不放，从各个方面去反复体察。"相信每一个玩石的人都会有相似的经历，对于自己喜欢的石头反复观看，除了欣赏它的美之外，还会冥想悟道，无形中用赏石去体验禅机了。此时，观赏石变成了人们生活里的一个特别符号，成了被设想的有着神力的物体，也成了一种信仰的精灵。

古罗马政治家西塞罗在《论演说家》里认为："最能愉悦和最能打动我们感官的东西，恰恰也是我们很快感到厌倦而疏远的东西，这是为什么？很难说清楚。一般来说，新的图画在美和色彩的多样性方面和古画相比，显得更加光彩夺目，一开始会迷住我们的视觉。但是，这种愉悦不能持久，而古画的粗朴和古拙却仍然吸引我们。在唱歌时滑音和颤音比严净的音调更柔和、更优美，可使用太多，那就不仅具有严肃情绪的人会抗议，而且大众也会不满。我们的其他感官也是如此，会更长久喜欢具有平和气味的香料，而不是喜欢非常浓烈、非常扑鼻的那种，宁愿闻蜂蜡的气息而不愿闻番红花的香气。"赏石体现出来的是一种宁静的哲学观。赏石较少有如看戏般地给人以快乐、兴奋和热闹的情氛，而更多地像欣赏拉斐尔的绘画，所透出的是一种静谧与闲适，更如欣赏毕加索的画作，给人一种退隐和孤独的情感。

四 神秘的自然主义意识和朴素的观念

（一）神秘的自然主义意识

大自然的石头含藏着一种感官性的微妙神秘。观赏石有着无穷和不定的元素,任由人们自由体会和无限想象。因此,人们会说,"一石成器万念来"。

美国物理学家爱因斯坦说过:"人们可以经历的最美丽的事情就是神秘,它是所有真正艺术和科学的源泉。"因而,面对一切大自然产物的沉思也常能够激发出艺术家的情感。如同英国诗人拜伦的诗所言:"难道群山、波涛和诸天,不是我的一部分,不是我心灵的一部分,正如我是它们的一部分吗?"石头的神秘吸引人,在于它的某些方面无法超越,这固然是同人们的认识能力和创造能力相较而言及的。然而,人们的好奇心就像辛勤的蚂蚁一样没有节制,在面对一块高等级的观赏石时,人们情不自禁地会问:究竟是一种什么样的力量造就了如此神奇之物?

德国思想家歌德曾经质询:"大自然到底能否究诘呢?"他在《歌德谈话录》里指出:"自然界中存在着可理解的东西和不可理解的东西。人们应该区分、思考和尊重这两种不同的东西。如果我们在一切领域里都能知道,可理解的东西在什么地方停止,不可理解的东西在什么地方开始——虽然这始终是困难的——那么,这将对我们很有用处。谁要是不知道这一点,他也许毕生都将为不可理解的东西绞尽脑汁,而始终无法接近真理。可是谁要是知道这一点,他就会小心机智地行事,他就会以可理解的东西为根据,在这个领域里进行全面的研究,并巩固已获得的知识。通过这种途径,他甚至能弄懂某些不可理解的东西,虽然他最终不得不承认,某些事物只能在某种程度上是可以理解的,大自然始终蕴藏着许多秘密,而人类的能力不足以探索它们。"

大自然石头的形相暗示着自然法则和复杂性力量,如同西晋哲学家郭象在《庄子注》里所说的:"神器独化于玄冥之境。"然而,赏石艺术的奥妙恰恰在于试图破解这份神秘。在这份神秘之中,人们的发现能力和感悟能力有机地交融在一起,观赏石有时似乎又呈现出一种异乎寻常的清晰性。无论是造型石的造型的相像物,还是画面石的构图来自某些清晰的事物，都可以理解为是事物的再现，而这种再现根本上都是自然的再现，或者说是自然主义的。对此，英国艺术史学家罗杰·弗莱认为："所谓的自然主义是指循着自然的暗示，并在艺术中可见自然母题的意义。"同时，美学家朱光潜在《文艺心理学》里指出："自然主义起源比较近，各民族在原始时代对于自然都不是很能够欣赏。应用自然景物于艺术，似以中国为最早，不过真正爱好自然的风气到陶潜、谢灵运的时代才逐渐普遍。""从晋唐以后，因为诗人、画家和僧侣的影响，赞美自然才成为一种风尚。"

无论石头的形态多么神奇或雅致、质地多么坚硬或润泽、颜色多么秀丽或质朴，结构多么玲珑或精致，声音多么清脆或悦耳，打动人们的终究还是赏石人发自内心的感叹："这是天然的啊！""如此美妙竟是天然的！"近代思想家王国维说过："唯自然能言自然，唯自然能知自然。""以自然之眼观物，以自然之舌言情。"实际上，人们赞美观赏石，赞美的对象恰恰是大自然。对此，英国美学家赫伯特·里德在《现代艺术哲学》里指出："我们的注意力被一座特定山丘的轮廓，被一块岩石、一个树桩或一颗在海滩上捡到的卵石的形状所吸引。这些形状之所以有吸引力，不是因为任何表面的美，任何给人以美感的结构或颜色，而是因为它们是原型的。也就是说，它们是在物理规律作用下物质所采用的形式。"而且，"未知事物的吸引力常较已知事物的吸引力强，之所以强是因为它神秘，因为它没有被解剖和分析过。我们赋予这些形式以感情色彩，或同情或恐惧。认同无生物的可能性是原始万物有灵论的基础。我们过去常指责野蛮人崇拜'木头和石块'，但是，现在我们承认，这些木头和石块也许有着有意味的形式。"

于是，人们经常会说石头宛如"天然一幅画"和"天然之雕塑"，固有一种无须修饰的天然之魅力。这里的"天然"，是指纯乎自然的，是某事物中原有的或天赐的东西，而对于那些人类技艺的产品来说，它们充其量仅是大自然的可感知事物的摹本。对此，文学家林语堂在《人生不过如此》里指出："老子始终看重不雕琢的石头，让人们不要干触犯大自然的事，因为最优秀的艺术品和最美妙的诗歌、文学作品一样，是那些完全看不出造作痕迹的作品，跟行云流水那么自然，或如中国的文艺批评家所说的那样'无斧凿痕'。这种原则可以应用于各种艺术。艺术家所欣赏的是不规则的美，是暗示着韵律、动作、姿态和线条的美。"

石头的神秘性也使得它们变成了精神的东西。于是，赏石的自然主义幻想便成了人们内心平和与满足的巨大来源，如德国哲学家叔本华在《作为意志和表象的世界》里所说："自然的丰富多彩，在它每次一下子就展开在我们眼前时，为时虽只在瞬间，然而几乎总是成功地使我们摆脱了主观性，摆脱了为意志服务的奴役而转入纯粹认识的状况。所以，一个为情欲或是为贫困和忧虑所折磨的人,只要放怀一览大自然,也会这样突然地重新获得力量,又鼓舞起来而挺直了脊梁。这时情欲的狂澜,愿望和恐惧的急促,由于欲求而产生的一切痛苦都立即在一种奇妙的方式之下平息下去了。"

总之,通过石头使人们意识到了人同神秘世界的关系,理解到大自然力量的变幻莫测和不可思议,认识到在这个世界里一切生物的本分和命运。的确,人世间多少赏石人,见过了山长水阔的繁华,体味了时过境迁的落寂,目光与心灵最终落在了石头身上。在他们的心里,石中有万古苍寰,有千秋云月,有大漠孤烟,亦有镜花水月。

(二)朴素的自然观念

古代思想家孔子在《易传》里说:"天何言哉?四时行焉,百物生焉。天何言哉!"大自然创造了人类社会,大自然又是一个超自然的世界,赋予了人类认识世界和改造世界的力量。人们视石头为高雅和空灵之物,因为石头朴素和平静,给人以纯粹的自然美的感受。

就美的观念而言,"自然"本身就是一种美。自然美是美的重要范式之一。而从心理学上说,人们在潜意识里是崇尚自然的。因此,当原始的、自然的、朴素的、未知的和永恒的这些富有魅力的词语都集中于天然的石头身上时,人们的想象力就会被无限地放大,内心最原始的情感就会被激发出来。如同英国美学家沙夫茨伯里在《道德家》里所述:"我再也无法抗拒自身内成长起来的对自然之物的激情,不论是艺术还是人类的骄傲和任性,都尚未破坏自然之物的原始状态,也不能损害它们天然的秩序。粗粝的石头、布满青苔的山洞、龃龉不齐的怪诞洞室、横断的瀑布,以及野趣本身的一切粗犷的优雅,更能代表大自然。它们更迷人,也更庄严,超越于贵胄花园的常规笑柄之上。"

哲学家唐君毅在《中国文化之精神价值》里指出:"所谓中国艺术精神下之自然观,亦即中国哲学之自然观,表现于中国人对自然之审美的感情者,视自然万物皆含德性,人与自然又直接感通,且人当对自然有情,人在日常生活中亦重在顺自然而生活诸义。"因此,朴素与自然是石头能够成为观赏石的重要基础,也是赏石艺术区别于其他艺术的重要质征。这里的朴素和自然,一方面是指石头所具有的自然形态特征;另一方面,又与人们的审美认知等心理或精神相关联,从而兼具物质形态和美学内涵的双重意味。

为什么朴素和自然的事物就是美的呢?因为引起人们兴趣的对象是自然的,并且这一对象又是朴素的,两者结合在一起没有了矫揉造作。而所谓的矫揉造作,如同德国思想家阿多诺在《美学理论》里所说的:"矫揉造作像小魔鬼一样变化无常,无法界定。它所具有的一个持久特征便是：它诈取虚假的情感，从而使真情实感化为乌有。"

人们对朴素和自然的石头的兴趣和满意不单是审美上的，也是道德上的。正如德国美学家席勒在《审美教育书简》里所说："一朵朴实的花，一泓泉水，一块苔藓满布的石头，鸟儿的啁啾，蜜蜂的嗡嗡等还有什么使我们愉悦呢？什么能够使它们完全有权得到我们的喜爱呢？我们所喜爱的不是这些对象，而是由它们表现的一个观念。在它们身上，我们喜爱默默创造的生命，自发的平静创造，遵循自己法则的存在，内在的必然性以及自身的永恒统一。"而且，"因为这种对自然的兴趣以一种观念为基础，所以，它只能够在那些对观念敏感的人身上才会显示出来"。

总之，法国思想家伏尔泰说过："外表的美只会愉悦人们的眼睛，而内在的美却能感染人们的灵魂。"大自然的石头被人们所喜爱，不可避免地隐含着人们对原始状态的钟爱以及朴素的自然主义价值观的认知。也就是说，人们通过赏玩石头企图回归到崇尚朴素的价值、极度单纯和寂寥的境界与生活之中，并透过石头，从自然中看人生态度，从而把石头和自然人格化了，亦犹如美国哲学家杜威所说的："自然主义如果取自然的最广泛而最深刻的意义的话，是所有伟大的艺术，甚至最宗教程式化和最抽象的绘画，以及描写都市背景下人的活动的戏剧都必须具有的特性。"

（三）对大自然秩序的遵从

在所有艺术形式之中，空幻往往最难以被表达出来，犹如法国画家保罗·塞尚所说："在绘画中，要直接表现出空幻的观念是世界上最难之事。"所以，绘画、诗歌、文学和音乐等都试图通过自身的语言诠释着人类对于空幻的猜测，而观赏石却以它自身独特形式突破着它。

赏石偏于空幻，人们在赏石中的发现和感悟是一种静态的沉思。这种沉思来自人们的一种自为思想状态，产生于人们真正闲暇下来，去思考一些与吃饭、穿衣和睡觉毫无关系的问题，如人性、人的生命意义以及世间万物存在的意义等。正因赏石与人们的心灵和内心追求相关，从而成了一种完全彻底的心灵现象，如德国思想家歌德所说："在这个浮躁的时代，能够躲进静谧的激情深处的人确实是幸福的。"因此，赏石成了人们精神和情感上自省和自觉的隐蔽性革命。

图 8 《夔龙望日》 黄河石 20×31×15 厘米 冯少康藏

世谓龙升天者,必谓神龙。不神,不升天;升天,神之效也。

——(汉代)王充:《论衡》

在高度文明的社会里，人们都会给作为一种毫无用处的奢侈品、一种不求实际价值的文化以尊重。赏石即使被有些人视为无为的艺术，却有着无形的内在价值和无用之用。德国雕塑家希尔德勃兰特在《造型艺术中的形式问题》里就指出："人们对艺术品自然发展的重要性估计不足。在艺术中，一切'善'的和'真'的东西都取决于这种自然发展，只有当艺术家遵循创造的自然进程时，艺术才能够繁荣。"奥地利维也纳分离画派展厅里也有一句座右铭："每个时代都有它的艺术，艺术有它的自由。"

德国哲学家黑格尔在《法哲学原理》里指出："关于自然界我们承认：哲学应该照它的本来面貌去认识它；而哲人之石所隐藏的地方，就在自然界本身某处；自然界本身是合理的；知识所应研究而用概念来把握的，就是现存于自然界中的现实合理性；它不是呈现在表面上的各种形态和偶然性，而是自然界的永恒和谐，即自然界的内在规律和本质。"

当代社会里的人们有着崇尚含蓄与简约的审美导向。与其他艺术形式相比较，如在绘画、书法和雕塑中，人们也不难体会到平淡和简远之风格，只是观赏石作为独特的艺术品，积素凝华和不张扬，能够与人们的心灵相通，更能够在人们的自身文化经验和生活经历中收获认同感。

德国哲学家海德格尔在《存在与时间》里，有一个著名的论题：我们存在的本质始终存在着时间性。从时间的维度来看，人的一生是短暂的，而石头却是永恒的。这恰是每一个赏玩石头的人都必须面对的一条定律。此外，古希腊哲学家苏格拉底的名言告诫人们，不要对自己拥有的东西沾沾自喜。"孩子在成人的眼里是幼稚的，而成人在上帝的眼里也是幼稚的。"因此，一切须顺乎自然。观赏石是大自然留给人类的一份珍贵遗产，最终还要留给后人，赏玩石头的人们留下的只是一片热情和深沉的爱。

人们永远都会被无限的未知所包围着，不必为自己拥有几块好的观赏石而自以为是，更不要因为小小的"捡漏"行为，而脚步趔趄地在人群中欣喜狂奔。在大自然的造物面前，需要有一颗谦卑的心去敬畏石头的神秘和艺术，更不可忘却无垠宇宙的真精神。如同法国雕塑家罗丹所说的："神秘即是至美的艺术品所浸浴其间的氛围，美的艺术品的确表示一个天才对着自然所感到的一切情绪。它们以竭尽人的智力所能发现的光明与壮丽来表白。但是，它们必得要遇到这包围着'渺小的已知世界'的无穷的不可知。因为我们在此世界上只能感知到事物最微细的，为我们的知觉与灵魂所能感受的一部分，其余的都沉浸入无垠的黑暗之中。"

总之，人们生活在浩瀚的宇宙之中，每个人都无限渺小和微不足道。石头进入到人们的赏玩世界离不开机缘，更脱离不了个人的感悟。这种感悟既可以着眼于广大的宇宙，又可以落脚于个体生命永恒的律动。所以，如同美学家李泽厚所说："宁肯欣赏一个真正的历史废墟，而不愿抬高任何仿制的古董。"赏石如走进静谧的博物馆一样，在人们的心里产生一种与现实的游离感，这在深层次上融合了对大自然秩序的遵从。

五　审美的沉思

（一）审美化

蔚蓝的天空让人愉快，因为它是一种静谧心态的写照，或是人们把它视为纯洁的象征。一个事物之所以给人以美的感受，自然脱离不了人的真实感觉本身。

赏石是一种审美体验的活动。观赏石能够给人带来美感，并有着一种神奇之美，这种奇迹产生于自然美学观。德国哲学家康德在《判断力批判》里指出："尽管自然美就形式方面来说，甚至还被艺术超越着，但是，这种自然美对艺术美的优越性，仍然单独唤起一种直接的兴趣，并与一切人的醇化了的和深入根底的思想形式相协和。这些人是曾经把自己的道德情操陶冶过的。"

美的观念在不同时代和不同国家都在发生着流变。法国诗人波德莱尔在《美学论文选》里指出："如同任何可能的现象一样，任何美都包含某种永恒的东西和某种过渡的东西，即绝对的东西和特殊的东西。绝对的和永恒的美不存在，或者说它是各种美的普遍的、外表上经过抽象的精华。每一种美的特殊成分来自激情，而由于我们有自己特殊的激情，所以，我们有自己的美。"

就审美一词而言，德国美学家沃尔夫岗·韦尔施在《重构美学》里说："审美语义含混不清的问题，就像所谓的美学学科本身一样古老。它有时候涉及感性，有时候涉及美，有时候涉及自然，有时候涉及艺术，有时候涉及知觉，有时候涉及享乐，有时候涉及判断，有时候涉及知识。"实际上，审美本身就固有一种特殊张力和复杂性，它不是一个严格封闭的概念。对于一个事物到底美不美，由于个人的趣味不同而大不相同。因此，美是主观的，人言人殊，"一千个人有一千个哈姆雷特"；有人喜欢这个，有人喜欢那个；一切都是对的，一切都是不对的，亦如英国诗人莎士比亚所说："世上本无所谓好与坏，思想使然。"换言之，美是自由思想的表达。

　　然而，不管美的观念如何变化，审美语义如何含混不清，它都意味着个人的快乐。并且，美的东西都是感性的，需要诉诸人们的感官。人们喜欢摆弄石头和欣赏石头，通过赏石获得美的体验和感悟，恰是每一个赏玩石头人们的切实所求。那么，在赏石艺术理念下，赏石就被视为是一项审美化的活动。所谓的"审美化"，是指将原本非审美的东西转化或者理解为美的东西，即人们将石头视为审美对象，通过审美机制把本属自然之物的石头转化为了赏石艺术。

　　人们通常会把美与艺术相互混用。实际上，美不完全等同于艺术。意大利艺术史学家里奥奈罗·文杜里在《西方艺术批评史》里指出："当考察美学思想时，需要记住的是亚里士多德和柏拉图曾徘徊于美的理论和艺术的理论之间，而并未使这两种理论同一。我们对此无须大惊小怪，因为即使在今天，把美与艺术的完整性等同的看法也是很少的。"但是，美与艺术密切相连，而艺术总体来说也是美之学问。

　　有鉴于此，像对于大多数艺术的欣赏一样，对大自然石头的审美也需要注重于美的形象。在赏石艺术中，观赏石形相的美感是第一位的。反之，在面对一块观赏石时，如果过多地展开无休无止的玄思，强调其所蕴涵的玄学性，或者通过观赏石的组合来表达一个整体性的故事，而忽略了其自身的绝对美感，虽然对一部分人会有诱惑力和吸引力，却偏离了赏石艺术的根本方向——请记住，玄虚的词语容易掩蔽问题的实质，并且赏石艺术将是以单品为王的时代。

　　当人们在面对一块观赏石时，是否具备审美意识和审美情趣就至关重要了。而它们多少都与人们的想象和浪漫主义思想，以及富于自由和冒险的艺术家精神相关联。如果人们不能够对优美的事物有着感受的能力，不能够从美感中获得任何愉快，就不能欣赏观赏石艺术品。可以说，赏石艺术是人们心灵中的艺术感悟、审美意识、审美思维和审美经验在石头上的一种直觉、映射和联想，更是一种人文主义思想和浪漫主义的结合。它无疑是诗性的和开放性的，也是多元化和个性化的。

　　德国美学家沃尔夫岗·韦尔施在《重构美学》里认为："艺术品超越了单纯冥思这一维度，它包含历史感知的维度，同样，也包含语义的、讽喻的、社会的、日常生活的和政治的维度，当然，也包括情感和想象的过程。艺术品交织在人们的交流想象之中，每一件作品都以它自己的方式组织着审美特征的领域。"同大多数艺术品复杂的维度相比，观赏石的审美更为微妙,因为观赏石的美是内敛的和含蓄的,不是一下子从远处一眼就能够看出来,它蕴藏在观赏石的诸多细节之中。于是,它要求赏玩者有对大自然和日常生活事物的敏锐观察,有细致入微的艺术感悟力,并且具有一定人生阅历才能够体味到它的真正之美。

这种微妙之处会因人而异。比如,同样是山水,在人们不同的个性和趣味之中常有不同的把握。有人认为,南方山水有雄峻之风格,有一种高深回环和大山堂堂之气势;而有人却认为,南方山水险峻秀美、山云环绕和烟雨蒙蒙。再如,同样是下雨,在每个人的感受中却又有所不同,可谓各具情态,如同清代赏石家阮元在《石画记》里的描述,即有"层山烟雨""晦岩雷雨""霞天急雨"和"翠峰疏雨"的峰与雨的不同意境组合图景。正因如此,石头所透出的艺术美感才会因人而不相同,赏石给人们带来的感悟亦非趋同。

总的来说,观赏石的审美有着双重取向,既有自然美,又有艺术美。就两者来说,如同德国哲学家康德在《判断力批判》里指出的:"自然美是美的东西;艺术美则是将一件东西作美的呈现。"

其一,就自然美来说,自然美是天生地设的,不加任何人工而美妙动人,它蕴含着更多的精神性。用德国哲学家伽达默尔在《美的现实性》里的话说:"与一切艺术作品相区别,自然美是一种从自然中显示对人们的意义,那种很少人间意味的不确定的精神力量。"

其二,就艺术美而言,艺术往往是虚构的,也是来源于现实的,如同德国哲学家黑格尔所说的:"自然美是艺术美的一种反映。"因此,艺术史中有一种观点认为,对于艺术的实现,只有在自然里才能够认识美的最高实现。故而,艺术才会有"模仿自然是艺术的根本"这一说法。在赏石活动中,"模仿自然"并不是狭义上的,而是人们的生活经验和某种艺术经验在无形中发挥着的作用。

不管是自然美还是艺术美,赏石艺术的核心终究是审美。而美本身就是无法超越的。对此,文学翻译家傅雷指出:"凡是对于一件艺术品首要的要求它是美的人们,就不对它有何别的需求了。美已经是崇高的、足够的了,美感所引起人们的情绪,无疑是健全的、无功利观念的、宽宏的,能够感应高贵的情操与崇高的思想的。"同时,英国艺术史学家克莱夫·贝尔在《艺术》里指出:"无论生活中的感情在艺术中可以起多大的作用,艺术家完全不去关注它们,他们只关注一种特殊的、独一无二的感情,那就是美感。艺术品具有传达美学感情的特性,而它是通过'有意义的形式'来实现这种特性的。"

通常而言,当人们谈论赏石审美的时候,也往往与艺术的、感觉的和美的等词汇密切相关。比如,人们经常会说:这块观赏石很美,真的让人喜欢。这一情形,犹如英国思想家埃德蒙·柏克所说的："美基本上是物体的一种客观特质，这种特质使人产生对此物之爱，通过感官对人的心理发生着作用。"所以，人们又因对观赏石美的喜爱，赋予了它很多品质，比如小巧、雅致和质朴等。并且，人们对这些品质的描述，总喜欢用石头很有意境来表达自己的感受，比如，"石头的意境很好""石头让人看起来很舒服"。

那么，什么样的石头的意境才会让人感觉到是"好的"呢？人们还需要理解意境之说。美学家宗白华在《美学散步》里指出："艺术家以心灵映射万物，代山川而立言，他所表现的是主观的生命情调与客观的自然景象交融互渗，成就一个鸢飞鱼跃、活泼玲珑、渊然而深的灵境；这灵境就是构成艺术之所以为艺术的'意境'。"简约言之，所谓艺术的意境，就是情景交融和心物合一。观赏石意境的产生有赖于人们的情感，而情感的产生又依赖于人们认识的深度。通俗地理解，给人们最直接的感受，大凡有意境的石头都是"活的"，给人以和谐、灵动和愉快的感觉，以及很高的视觉享受和心灵震撼，还能够激发出人们的情感；相反，有些石头看起来却呆头呆脑、宛若木鸡、毫无生气，没有一点艺术感染力，总会给人一种别扭的感觉。

然而，在面对一块观赏石的时候，它给人们带来的美感能否用语言表达出来，恐怕没有一个确定的答案。这是由每个人的审美能力、语言能力以及不同的主观审美经验所限制和决定的。观赏石作为人们的审美对象，是人们的想象力所形成的某种形象的呈现。它能够让人联想到很多东西，却很难用明确的概念把它们充分地表达出来。不过，人们在观赏石中所认识到的东西，根本就不是人们所熟知的传统艺术语言所要表达的，而正是这种不同的参照，使得人们对赏石艺术产生了浓厚兴趣，也使得人们对观赏石艺术品的特殊含义充满着一种新意识。

（二）石德之美

古希腊哲学家柏拉图在《理想国》里说过："他不爱可感知的事物以及它们美丽的声音、色彩和形体，但是，想看到并且崇尚美的真正本质。"作为赏石审美的升华，人们除了欣赏石头的外观美之外，也在感悟石德之美。

德行是人世间之大美。以石喻德在中国石头文化中有深厚的传统。比如，古代思想家老子在《道德经》里曰："故贵以贱为本，高以下为基。是以候王自称孤、寡、不穀，此非以贱为本邪？非乎？故至誉无誉。是故不欲琭琭如玉，珞珞如石。"战国时期吕不韦在《吕氏春秋》里指出："石可破也，而不可夺其坚。"唐代诗人白居易在《青石》诗里云："义心若石屹不转,死节如石确不移。"北宋诗人金君卿在《怪石》诗里描述到:"我来不以尔貌取,所爱铿然最坚质。"近代法学家沈钧儒在《与石居》诗歌里亦写道:"我生尤爱石,谓是取其坚。"

清代赏石家诸九鼎在《惕庵石谱》里说:"石头只因为坚固,所以显得质朴;只因为质朴,所以显得其文采斐然。"天然的石头平朴而沉稳,真诚而恒久,它不会背叛任何人,犹如《诗经·国风》里所言:"我心匪石,不可转也。"又如清代赵尔丰所说:"石体坚贞,不以柔媚悦人,孤高介节,君子也,吾将以石为师;石性沉静,不随波逐流,然扣之温润纯粹,良士也,吾乐与为友。"

人们经常用石头之美作为人的道德情感的寄托。比如,赞美人的坚强品格如石之坚,赞美人的温润品性如石之润,赞美人们的友情坚若磐石,赞美人们的爱情海枯石烂。可以推想,石头或许在大自然里遭受过千百次的锤炼,似乎早已看透"石间百态",故生性就不会因为人们的喜欢和厌恶而表现出自己的情感——一种被称为沉默的情感,而当人们一旦拥有它之后,就会获得默默无闻的陪伴,从而成就了一种源于大自然,赠予人世间的永恒之美。

(三)艺术之美:一个实例

观赏石既是一种平淡状态的存在,也是一种美的存在,更是一种诗意和画意的存在。观赏石作为美的艺术,欣赏者自有纷纭之见。同者听其自同,异者听其自异。比如,面对一块肖像类的画面石,左右人们情绪的往往是人物的表现技法。人们喜欢自己容易理解,并且能够深深被其打动的表现形式。但是,人终究都是人,人的情感总是可以相通互感,正所谓"人同此心,心同此理""同声相应,同气相求",用德国哲学家康德的话来说,"谓人心所同然也"。

举一个例子,以便更好地澄清一些问题。比如,宋代绘画史学家郭若虚在《图画见闻志》里指出:"历观古名士画金童玉女及神仙星官中有妇人形象者,貌虽端严,神必清古,自有威重俨然之色,使人见则萧恭有归仰之心。今之画者,但贵其娇丽之容,是取悦于众目,不达画之理趣也。观者察之。"同时,法国画家亨利·马蒂斯在《画家笔记》里说:"感情要么在人物面部上反映,要么用一个强烈的姿势来显示。"此外,法国画家德拉克洛瓦在他的日记里,引用凯威夫人的话说:"在绘画中,特别是在肖像画中,乃是心灵和心灵交谈,而非技能对技能讲话。"简单地理解,一张粗俗的脸的喜怒哀乐与高贵的脸的表情所传达的东西是完全不同的。例如,这块《一个女子的头像》(图9)观赏石之所以美,主要美在情感的表达上——它是以纯天然的形式而出现的。正是这类观赏石美感超脱而不俗，能够在题材中表现出普遍性和本质性的东西，可以使人们的精神得以扬升，其创意之新奇，意境之深远，足以撼动人心。然而，欣赏这类画面石却需要成熟的想象力。

观赏石之美是一种极有深度的美。赏石的美学不仅能够培养人们的优雅情趣和爱美之心，而且还能创造出新的美的形式，丰富着美学的内涵，拓展着美学的领域。

值得明确的是，艺术史学家相当一部分兴趣在于探究绘画的自身表现和画家是如何创作的，以及画家通过一幅绘画表达了什么。对于观赏石的品鉴来说，似乎缺少了其中一半的乐趣，即人们永远无从知晓大自然的创作意图。但是，赏石艺术也有两面性：一面是观赏石呈现出了什么；另一面是赏石艺术家通过一块观赏石作品给人们传达出了什么。因此，只有重视观赏石拥有者的发现和感悟心境，才能够消除欣赏者各以为是的情感隔阂。

（四）赏石艺术之中的审美

英国哲学家亚当·斯密在《道德情操论》里认为："习惯和风气是支配我们对各种美的判断的原则。""习惯和风气不只是使艺术作品受到其支配性的影响，它们同样影响我们对自然对象的美的判断。""因而，在我们能够判断各种对象的美，或者了解适中而又最常见的形状存在于什么地方之前，需要凭借一定的实践和经验来仔细观察它们。""而那些习惯于用某种高尚的情趣来看待事物的人，对任何平庸或难看的东西都更为厌恶。"同时，英国艺术史学家罗杰·弗莱在《视觉与设计》里说："用'美'来表述对一件艺术品的审美评价时，它与我们所说的用来赞美一个美女、一次日落或一匹马所说的'美'是完全不同的。"

就观赏石的审美来说，无论人们欣赏的是石头的自然之美，还是艺术之美，均是实践赏石艺术过程中所获得的审美。只有着眼于赏石艺术，抛开自己固有的习惯，谨慎判断和对待流行的风气，合理地运用一定的审美经验，才能够获得赏石审美的纯洁性；反之，如果抛开赏石艺术，或脱离赏石艺术的范畴去讨论观赏石的审美，那么，所获得的审美必定是僵化的和空洞的，甚至是低俗的。

图 9 《一个女子的头像》 长江石 14×20×3 厘米 李国树藏

　　这块观赏石是一幅色彩优美和富有情感的正面女子头像作品。整幅画面充满象征主义,稳定而深刻。金黄的秀发渲染出画中的女子是一位有气质、婉约和文静的东方女子形象;双唇紧闭,透出高贵与坚毅甚至一丝忧郁的神情;被头发遮挡的谜一样的双眼,让人产生无限想象;画面大面积的留白,使人聚焦到了对该女子内心世界的关注。整幅画面仿佛正用绘画的语言叙说着一个凄美的人物故事。它就像是一位绘画大师未完成的一幅作品,只画出了模特儿的头像部分,画家突然意识到这已足够了。

六　文化的影子

（一）石头的唯灵论和原始物体论

当人们在讨论原始艺术、文化和宗教观念时,石头是不可以被忽略的。俄国作家高尔基说过:"文化只有在宗教的土壤里生长才能发展,才是真正意义上的文化。"崇拜自然的力量是一切原始宗教的共同特征。中国的石头文化多源于古人对山岳的崇拜以及原始祭祀活动。早在远古时代,石头就已经进入了自然崇拜、信仰崇拜和图腾崇拜的准宗教范畴,从而成为宗教文化的一部分了。

然而,德国艺术史学家威廉·沃林格在《抽象与移情》里指出:"原始人对'自在之物'的感知与我们对'自在之物'的哲学推演是根本不同的。"比如,1955 年在南京北阴阳营遗址出土的随葬品中,发现了几十枚雨花石,多含在死者口中,或放在陶罐里,这些距今五六千年前新石器时代中期的遗石,可以视为原始居民对石头崇拜的一个例证。

在远古社会里,主宰一切的是神秘主义和万物有灵的价值观。原始人大部分是万物有灵论者,他们崇拜大自然的力量,认为日月天地都有一种神的存在,并相信无生命的物体可以由精神赋予生命。对此,古代思想家孔子在《论语》里说:"山川之灵石足以纪纲天下者,其守为神,社稷之守为公侯,皆属于王者。"同时,艺术史学家滕固在《中国美术小史》里说:"中国古代人,崇尚自然神教;他们以为'天'这样的东西,是有知觉,有情绪,有意志,而直接支配人事的。其实这'天',就是他们心目中的大自然。"

法国社会学家涂尔干在《原始分类》里指出:"事实上,对于那些所谓的原始人来说,一种事物并不是单纯的知识客体,而首先对应的是一种特定的情感态度。在对事物形成的表现中,组合着各种各样的情感要素,尤其是宗教情感,不但会使事物染上一层独特的色彩,而且也赋予了事物构成其本质的最重要的属性。"作为大自然的一种符号,石头极容易触发人类那根儿最原始的神经。故原始居民多出于行施巫术的目的,在洞穴中雕刻壁画,在岩石上刻画各式图画或线条,甚至涂上颜色,视为自己心中部落的神祇和图腾。

原始人群在宗教和祭祀仪式上狂歌尽舞,观念和信仰附着在石头上,赋予了某种超乎石头本身的东西。而石头所独有的神秘气息,更会使人们远离尘世,享受到一种登仙般的飞扬感,用英国哲学家科林伍德的话说:"巫术艺术是一种再现艺术,因而属于激发情感的艺术,它出于预定的目的唤起某些情感,而不是唤起另外的情感,为的是把唤起的情感释放到实际生活中去。"因此,石头作为一种具有巫术功能的载体,以及自身的原始特性和万物有灵论的性质而获得了原始拜物教的意义。

在中国考古史上,河南安阳殷墟出土了用大理石雕刻的石虎和石鹗,在武官屯大墓中发现了线雕虎形纹饰的大石磬(注:灵璧石磬)。虽然它们都有一定的实用目的,但说明早在殷代社会的古人就依托石料有初步的雕刻和绘画艺术了。同时,在《尚书·禹贡》里,出现了"泗滨浮磬"的记载,证明早在周代灵璧石(注:古称"八音石")因具美妙的声音就被当作石质乐器了。此外,还发现了西周时期刻有文字的石鼓,上面的文字被称为石鼓文。对于石鼓文,宋代诗人苏轼有诗云:"旧闻石鼓今见之,文字郁律蛟蛇走。"所以,它们被视为代表着中国汉字艺术的起源。另外,画家黄宾虹在《古画微》里指出:"今所及见之汉画,惟以石刻存,传者犹夥。武帝元狩中,有凤凰刻石,嵩岳太室、少室,开母庙三阙诸画。永建中,孝堂山石室画像、武侯祠堂画像、李翕《黾池五瑞图》、朱长舒墓石,诸凡人世可惊可喜之事,状其难显之容,一一毕现,此画之进乎其技矣。"

古代中国人有厚葬的习俗,汉代出现的画像石和画像砖是用来堆砌墓室祠堂的石料,并在这些石料上面刻以图像以用来装饰墓室祠堂。据晚清金石学家叶昌炽在《语石》里记载:"汉时公卿,墓前皆起石室,而图其平生宦迹于四壁,以告来者,盖当时风气如此。"这些图像内容丰富,通常包括神话传说、历史故事、祭祀礼仪、乐舞百戏和天文星象等,大多描绘各种生动的社会生活场景,反映出了那个时代的一些生活和民俗。对此,画家陈师曾在《中国绘画史》里记述:"山东肥城孝堂山祠、嘉祥武梁祠、嵩山三阙之画像石刻尚存,多画帝王、圣贤、孝子、烈士、战争、庖厨、鱼龙杂戏等,刻画朴拙,亦可想见当时衣服、车马、风俗之制度。"

这些以石头为载体的原始艺术,能够被用来作为传递信息的工具,垂诸久远,还会给现代人一些神秘感。同时,汉代的石阙和石雕作为建筑的组成部分,也极具建筑艺术特色。此外,汉代三国时期墓葬里还出土了一些玛瑙和玉石等摆件。比如,河南安阳曹操高陵墓里就出现了玛瑙饼、玉珠、水晶珠和玉佩等装饰品。自然,这与中国人自古喜佩玉,故有"君子无故,玉不去身""君子于玉比德焉"的说法是一脉相承的。

早期与石头相关的艺术只是作为传递信息的一种形式,同时又兼具一些艺术的风格和内容。但是,这些与石头相关的文化与我们所讨论的石头的赏玩文化毕竟不在一个逻辑层面上，不可混为一谈。不过，可以尝试着把这种有关石头的文化现象归结为石头的唯灵论和原始物体论。

石头的唯灵论和原始物体论一直以来伴随着各式论调。石头也被各式人物穿上了各种神秘的外衣，甚至沦为了一种工具以服务于各式不同的目的。比如，在古代社会里，就有秦始皇"琅琊刻石"的记载。据《史记·秦始皇本纪》记述：秦始皇刻石自称"皇帝之功，勤劳本事，上农除末，黔首是富。"此外，还流传着有关石头的各种文学传说。诸如，《周易·系辞上》记载的"河出图，洛出书"、燧人氏以石钻木取火、女娲炼五色之石补天、禹生于石、精卫填海、望夫化石、汉武帝拜谒启母石和蒲松龄的"石清虚"等。其中，女娲补天的故事广为人知。据曹雪芹《红楼梦》（注：一说《石头记》）第一回记述："却说女娲氏炼石补天之时，于大荒山无稽崖，炼成高十二丈，见方二十四丈的顽石三万六千五百零一块。那娲皇只用了三万六千五百块，单单剩下一块未用，弃在青埂峰下。谁知此石自经锻炼之后，灵性已通，自去自来，可大可小。因见众石俱得补天，独自己无才，不得入选，遂自怨自艾，日夜悲哀。"

石头还被一些好事之人赋予了许多特殊的神奇功能。而从社会政治学的角度来理解，这些特殊的功能里往往隐藏着诸多"秘密"。比如，西汉刘歆在《西京杂记》里记载："元后在家，尝有白燕衔白石，大如指，坠后绩筐中。后取之，石自割为二，其中有文曰'母天地'。后乃合之，遂复还合，乃宝录焉。后为皇后。常并置玺笥中，谓为'天玺'也。"魏朝鱼豢在《魏略》里也有记述："梁州柳古，有石无故自崩，有文如马之状，后司马氏得天下之应。"此外，石头还可以用来赎罪。据北宋朱彧在《萍洲可谈》里记载："刘鋹好治宫室，欲购怪石，乃令国人以石赎罪。富人犯法者，航海于二浙买石输之。"这里，人们看到的石以载道的痕迹多是实用主义社会价值观的一个幌子罢了。

（二）中国古代赏石文化的孕育和发展

到了汉末、魏晋南北朝时期，伴随着佛教的传播、道教的流行和玄学的发展，以及士族制度的逐渐形成，意味着真正意义上的中国赏石文化开始萌芽。初期的赏石文化可以理解为这一时期各种思想混交的产物。

其一，在宗教意识方面，起源于印度，在东汉时期传入中国的佛教，在南北朝时经中亚和新疆、印度支那和南洋，大量教徒和佛教经典传入中国，并迅速发展起来。随之，南北朝的石窟艺术也成了佛教兴盛和广泛影响的一个缩影。其中，敦煌莫高窟、云冈石窟、龙门石窟、炳灵寺石窟和麦积山石窟的宗教意义和艺术风格都生动地诠释了南北朝时期的社会风情。同时,因东汉末年的黄巾起义而广泛流行的道教,在南北朝时期也成了社会各个阶层的宗教信仰。对于此两种宗教,美术史学家王逊在《中国美术史》里指出:"这两种宗教虽然彼此之间有冲突,但同时寄希望于未来、解脱今世痛苦的思想,却发挥其麻醉的作用。"

其二,在哲学思想方面,产生了玄学。美术史学家王逊在《中国美术史》里指出:"玄学最初是由于反对汉末政治腐败而产生的,反对虚伪腐朽的守旧思想,提倡理性和真实感情的新思想,是用老庄思想抨击僵死的礼教和繁琐的经学。但因为封建士大夫习惯于不事劳动和不务实际,所以也往往流于空疏和放荡,甚至虚无和颓废,这和士大夫的生活一同堕落下去了。"

其三,士族制度逐渐形成。历史学家余英时在《士与中国文化》里指出:"西汉自武帝以后,必然有许多强宗大姓逐渐转变为士族,此实属不容怀疑的事。""士族在西汉后期的社会上逐渐取得了主导地位,实是不可否认的历史事实。"

就此时期的社会和思想状况,美术史学家滕固在《中国美术小史》里作了概述:"魏、晋、南北朝之间,天下扰攘,生灵涂炭,儒家的纲纪观念,法家法理观念,渐渐失去它们的效力了。时人求解脱,所以佛教思想容易盛行。学士大夫尚清谈,而实行隐遁生活,所以,老庄的虚无思想也容易盛行。当时道教的力量,因此膨胀得不小。"同时,以文人雅士和士大夫为代表的士阶层在诗歌和绘画艺术领域里颇有建树。这些艺术形式使得他们的性情和精神得以一定程度的释放,并且,他们的人生观和真性情也为赏石活动的出现埋下了种子。

到了中国的隋唐时期,一方面石头与宗教之间产生了更为密切的联系,石窟和壁画艺术达到了顶峰,并且,以"昭陵六骏"为代表的石雕艺术也达到了超高水平;另一方面,石头也逐渐脱离了与巫术和神话的联系,并在玄学、道教、佛教和"中隐"思想的综合影响之下,文人雅士和士大夫们开始追求赏玩石头的雅趣,突出表现在园苑赏石之风大兴。从而,他们在赏石过程中,体验着一份田园情调,体味着一种新的快感和抒发着某种忧思情绪,并由此发展出一种对有趣以及惊异之物的私人品位。而且,在当时的历史环境下,赏石使得玄学因素拥有了一种具体的形式。

在中国的隋唐时期,真正意义上的规模性赏石活动才正式开始,并获得了可靠的文献史料的有力支持。自此,石头的价值和意义得以重新评估,人们与大自然石头的亲密接触,代表了一种体验大自然的回归,一种朴实和快乐的回归,一种对美好事物审美的回归,一种良好生命价值观的回归,以及对大自然敬畏感的回归。归根结底,大自然的石头成为赏玩对象,隐含着个人和社会深刻表现的可能性,才走进了中国赏石文化的中心舞台。

图 10　《岱岳》　古灵璧石　33×38×18 厘米　　杜海鸥藏

　　这块观赏石流传有序。刻有铭文。铭文是一则关于中国传统家庭祝寿与孝道的记述，猜想石头主人唯恐后世子孙不得而记，故刻之于石以重之。

　　总之,从文化层面上来理解,先有赏石文化和赏石精神的孕育和发展,然后才逐渐产生了真正意义的赏石活动。依据唯物史观,对赏石这一新生事物在历史上出现的逻辑推断是基本成立的。然而,这一观点与传统研究中国赏石文化史的方法不同,即通常研究中国赏石文化的方法把赏石的概念过分宽泛化了,或者说把最基本的赏石活动作为天然石头的"赏玩"扭曲了,进而把任何与石头相关的文化和艺术都与赏石联系起来了。显然,这种认识缺乏严谨的追求真理的精神,同时也混淆了人们对石头、石器与观赏石概念的真正理解。因此,在赏石理论上,应该严格地把宽泛的石头文化与赏石文化区别开来。

（三）古代绘画里的观赏石

　　在中国古代绘画里,石头是经常出现的意象之物。早在唐代,山水树石皆成为绘画的题材。比如,唐代张璪就以画松石而著名。而唐代阎立本的《职贡图》(图12)、卢楞枷的《六尊者像》(图13)画作里就出现了观赏石的身影。同时,孙位的《高逸图卷》(图11)画作里就已经出现形态为皱、漏、瘦、透的观赏石了。此外,五代时期周文矩的《按乐图》和《文苑图》(图14)、赵嵒的《八达游春图》(图15),以及卫贤的《高士图》中也出现了太湖石和灵璧石的形象。

图11　唐代　孙位　《高逸图卷》　　上海博物馆藏

　　画作描绘的是中国魏晋时期"竹林七贤"的故事。玄谈之风始于王弼、何晏,竹林七贤者助推之。史称西晋山涛、阮籍、嵇康、向秀、刘伶、阮咸、王戎七人,他们深受老庄思想的影响,亦不满现实腐败政治,常聚竹林之下,肆意酣畅,世称"竹林七贤"。此画刻画出了魏晋士大夫们高逸风度的共性,同时又刻画出了人物的个性。更为难得的是,画中出现了观赏石的身影。

图 12　唐代　阎立本　《职贡图》　绢本设色　61×191 厘米　　台北故宫博物院藏

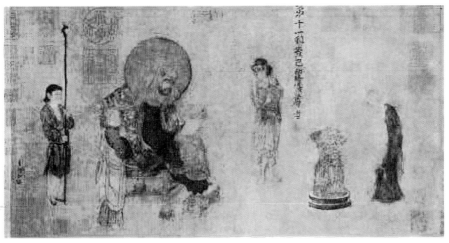

图 13　唐代　卢楞伽　《六尊者像》　绢本设色　　北京故宫博物院藏

图 14 　(传)唐代　韩滉　《文苑图》　　北京故宫博物院藏

　　就此画的断代,据历史文物研究家沈从文在《中国古代服饰研究》里考证:"历来传韩滉作。就衣着分析,本画产生时代必较韩滉晚些,宜为五代十国时人作品。""另图卷内容更能说明问题处,即茶具多朱漆台盏,重叠堆垛,和传世赵佶《文会图》中饮食具台盏及近年大量出土影青瓷台盏同一式样,和唐代茶具无共同处。披发童子与身前石头均属宋式。画题韩滉笔,只是人云亦云而未就衣着器物做具体分析的结果。"

图 15　五代　赵喦　《八达游春图》　绢本设色　161×103 厘米　　台北故宫博物院藏

　　特别是宋代以来,出现了较多以石头(有的为观赏石)作为主要题材的绘画。比如,苏轼的《枯木怪石图》(图84)《潇湘竹石图》、宋徽宗的《祥龙石图》(图17)、李成的《读碑窠石图》、李公麟的《会昌九老图》、刘松年的《撵茶图》、苏汉臣的《秋庭戏婴图》、郭熙的《窠石平远图》、徐熙的《雪竹图轴》,元代赵孟頫的《秀石疏林图》(图134)、倪瓒的《梧竹秀石图》(图135),明代徐渭的《蕉石图》、仇英的《汉宫春晓图》(图16)《四季仕女图》、文俶的《秋花蛱蝶图》,清代陈洪绶的《摘梅高士图轴》、高凤翰的《蕉叶》、管道昇的《水竹图》等。

图16　明代　仇英　《汉宫春晓图》　长卷　　台北故宫博物院藏

　　绘画作为艺术家的创作,有的画面是真实的,但这种真实并非都是历史的真实。此幅画作是明代画家描述汉代宫廷仕女的长卷画。画中出现的观赏石究竟是画家的想象,还是历史真实的还原?这需要仔细去研究。然而,其中的启示意义却不容忽视。

　　总之，作为特定时代和文人精神的反映，画家们往往通过石头烘托出一种荒寒、幽寂和高古的境界，以此衬托出孤独、寂寞的心境以及对世俗之外精神的向往；同时，又凸显了石头的自然形态所外显的美学形象，以及石头所体现出的人文主义象征意味。

　　如果古代绘画里有证据使人们相信，石与画的联系并非仅是个别的孤例，那么，就可以假定：赏石与绘画之间有着远比人们想象的复杂得多的关系。然而，试图通过中国古代绘画里的石头，特别是里面呈现的观赏石来窥探中国赏石是一条途径，但这需要持有一种谨慎的态度。其理由在于：其一，绘画是一种创作，而非写实记述；其二，一幅绘画本身也需要有确证的纪年作依据；其三，还要区分出画中的石头是否为观赏石。如果缺少理由，试图通过"石头的绘画表现"来考证中国赏石史就缺乏严谨的逻辑支撑和史学信服力了。但是，对于一幅有确切纪年的画作，出现了较为写实形象的观赏石，则为人们推测中国赏石历史的演变，以及对观赏石本身的审美认识提供了一个难得的实证视角。

　　北京故宫博物院单国强在丁文父主编的《御苑赏石》里就指出："代表作品即唐·孙位的《高逸图卷》（上海博物馆藏）。该图卷题材为东晋'竹林七贤'故事，画山涛、王戎、刘伶、阮籍四人闲坐于庭院之中。园中置放两块湖石，以细线勾勒后用墨色渲染，简练而形具，瘦秀、多孔的形态，一望而知是苏州所产，为唐人最为钟爱的南太湖石，也是赏石中的上品。此图可谓最早见到的园林石峰形象，有勾无皴、稍见渲染、用笔细劲、意趣古朴的画风，与唐代山水画面貌亦相一致。"

　　在中国传统绘画题材中，如果观赏石完全独立成体，且没有任何附加因素，即独立观赏石成为画作中的唯一主角，那么，通过它们就更能够品读出一些关于中国赏石的历史信息。比如，宋徽宗的《祥龙石图》（图 17）、明代吴彬的《十面灵璧图》（图 18）和倪元璐的《石交图》等。

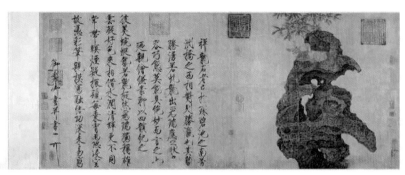

图 17　宋代　宋徽宗　《祥龙石图》　　北京故宫博物院藏

　　太湖石上生长出一植物，石身刻有"祥龙"二字。画中文字为祥龙石者，立于环碧池之南，芳洲桥之西，相对则胜瀛也。其势腾湧若虬龙，出为瑞应之状，奇容巧态，莫能具绝妙而言之也。乃亲绘缣素，聊以四韵纪之。

　　彼美蜿蜒势若龙，挺然为瑞独称雄。云凝好色来相借，水润清辉更不同。
　　常带暝烟疑振鬣，每乘宵雨恐凌空。故凭彩笔亲摹写，融结功深未易穷。

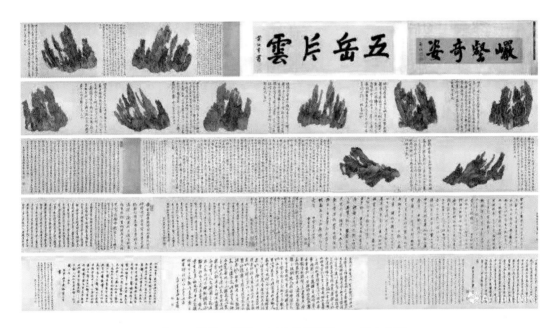

图18　明代　吴彬　《十面灵璧图》　私人收藏

　　《十面灵璧图》卷为纸本手卷，创作于约公元1610年，描绘的是明代赏石家米万钟所藏灵璧石的十个侧面。

（四）当代赏石文化的自觉

当代赏石主要是一种直接的消遣文化。对于部分人来说,赏石基本上是享乐主义的,这与人们的玩耍和炫耀性娱乐相关,也与崇尚个性有关,只因这种享乐的对象是天然的石头而更加别具一格。同时,赏石的流行还蕴含着一定的社会因素,也成了一种时代精神的反映。

就当代赏石艺术而言,在特定意义上,它彰显着赏石艺术家对原始风格的追求,可以理解为文学和艺术的原始主义的另类延伸。这种对原始主义风格的追求也是对现实文化本身的一种怀疑,以及对那些无病呻吟、装腔作势、众生喧哗和混乱不堪文化的一种抗拒。美国哲学家马尔库塞在《审美之维》里说:"艺术作为现存文化的一部分,它是肯定的,即依附于这种文化;艺术作为现存现实的异在,它是一种否定的力量。"赏石艺术的背后是人们以一种自然的法则和状态去看待世间万物,包括文学和艺术的创作等。

当代社会很多群体在物质意义上已经达到了中产阶层,但在文化现象上,这些中产阶层仍是"无产的"。学者郑永年指出:"在个人层面,中国需要创造文化中产阶层。""因为唯有文化中产阶层的真正形成,中国真正意义上的现代化转型和复兴才能够实现。"进而言之,社会的进步和文化的发展还需以史为鉴。对此,英国文学家韦尔斯在《世界史纲》里指出:"凡一个社会之智慧能向某方面有特种之进步者,必其中有一群超然于劳工世虑以外之人物焉,有充分之自由而又未至于流入奢侈淫佚矜夸残暴之途。有安宁之心而无妄自尊大之气。""考之历史,凡哲学能大放光明,科学能长足进步,恒有此种知识阶级或自由娴雅之人群存在其间。"

时代总需要朝着不断进步的方向去前行。同时,文化的复兴是全方位的。赏石既是作为对中国传统文化的追忆,又是当代的一种活态文化,其所透出的人文主义精神不可避免地对人产生深刻的影响。观赏石的主题和意境与文化也有着密切的关联。它们不可能脱离一定的文化语境,而文化语境多少都会意味着一定的社会性。因此,一部分极富个性化的观赏石必然也是富有社会性的作品。比如,在中国赏石文献中,古代人收藏的奇石大多拥有一个极富想象力和文化特征的名称,诸如银河秋水、寒溪松影、烟江叠峰、壶中九华、春山烟雨、江山晓思等,不一而足。德国哲学家伽达默尔指出:"我们的目的不是去发明一体性,而是使我们意识到它的存在。"人们赏石赏的是文化,这在中国赏石发展历史进程中有着深厚的根基。赏石尤其还包含着作为历史符号的古代遗存石所呈现出的历史和文化的传承性。

赏石作为一种文化现象和文化自觉,并不是在观赏石的展示过程中,充分利用装置艺术给予石头空间设计,配置相关字画或辅助一些现代科技手段,诸如灯光塑型以及道具做背景和陪衬就是赏石文化了。客观地说,这是对赏石文化的一种粗浅理解——这种做法只不过是赏石艺术与其他艺术形式之间的尝试性对话,为了更好地展示观赏石的欣赏效果的一种赏石表达艺术,以及如何使赏石艺术更好地融入人们生活之中的一种美学形式。当然,这并非有意否定观赏石的欣赏需要有适合它们的合宜展示手段和空间环境:一方面有利于突显观赏石的艺术内涵;另一方面更有助于增强人们对观赏石艺术品的身份认同。

赏石本身就是一种深刻的文化存在。赏石与中国传统文化维系着一种脐带关系。人们更应该关注观赏石的主题所显现的文化意义,重视赏石作为一种文化现象的自觉,以及赏石文化遗产的传承。英国诗人兼画家布莱克在《天真的预言》诗中云:"在一粒沙中看世界,在一朵野花中看天空,在你的掌中抓住无限,在一个小时里把握永恒。"石头虽小,但也极富学问;石头虽小,但也能穿透渺远的历史烟云。一切学问都是从文化累积中产生的,割裂了过去,就没有现在和未来。中国赏石因其与众不同,在一定意义上维系着中华民族的情感认同,承载着中国文化的独立价值,在一个微小的侧面见证着中华文明的生生不息,是中华民族文化的组成部分,早就成为独特的中国传统文化身份的一个代表符号了。

总之,德国哲学家海德格尔在《思的经验》里指出:"各民族之间真正的自然理解起于并基于这样一个事实:它要在创造性的交替往复的交谈中对它们的历史给定和历史弃留具有完备的沉思。在这种沉思中,各民族都自行退回到之所以是该民族的至为本真的地方,并以被提高了的清晰和决断力来自行判定所欲退回之处。但是,一个民族的至为本真之处是它领受的独特创造,并由此超越自己,将此一独特创造转化为刻骨铭心的历史使命,如此这般,它才能回归它自己。"所以,人们完全有理由把中国赏石作为一种特殊的文化现象来理解了,进而从文化的深层结构增强人们对中华民族创造力的认同,并为构建人类文明共同体发挥应有的力量。

图 19　《礼仪之邦》　长江石　27×18×12 厘米　　谢力藏

仁义礼智信,五常之道。

——(汉代)董仲舒:《贤良对策》

七　艺术：捡来的艺术？

（一）艺术的逻辑

德国哲学家黑格尔在《美学》里，在讨论艺术的逻辑时指出："对艺术表现普遍需要基于人类本性的理性冲动，人要把内心体验和外在世界作为对象提升到心灵的意识面前，以便从中认识他自己。他一方面把凡是存在的东西变成他自己可以认识的；另一方面，又相应地把认识了的外在体现变成别人可以认识的，借以满足对上述心灵自由的要求。借助这种自我复观，把存在于自己内心世界里的东西置于自己和别人面前，变成可认识的。这就是人的自由理性，它是艺术以及一切行为和知识的起源。"

遵照上述黑格尔对艺术逻辑的理解，人们总是以自己的方式来认识艺术。然而，英国艺术史学家贡布里希在《偏爱原始性》里指出："古代世界没有'艺术'这个专门术语。那时，艺术是一个宽泛的概念，包含了任何技巧，我们现在所说的'战争的艺术'或者'恋爱的艺术'仍然保留着它的老样子。不过，这种宽泛的用法并不排除人们在各种领域对技巧进步的理解，认为进步是从原始的野性向高级文明形式的迈进。""艺术这个名称用于不同的时期和不同的地方，所指的事物会大不相同。"

实际上，任何有生命的力量都在于普遍性。正如德国雕塑家希尔德勃兰特在《造型艺术中的形式问题》里所说："我们观念中这种赋予生命的力量绝非只限于活的东西，而且能够扩展至整个大自然。正是这样，我们能够使自己与一切事物都发生关系，把我们肉体的感觉渗透到每个物体之中。"而且，艺术存在着多种不同形式，同时，每一个时代都有着它自己的艺术。对此，文学家徐复观在《中国艺术精神》里进一步指出："人类精神文化最早出现的形态，可能是原始宗教，更可能是原始艺术。"准确地说，原始的宗教素材让艺术处在一种质朴的状态之中，而原始的和纯粹的史前艺术也给人类艺术和精神文化的发展带来了启蒙和影响。

艺术提供着各种美的样式和观念，融汇着各式文明。不同的时代、不同的文化和不同的人群所找到美的事物是不同的。因此，艺术作为一种形式语言，作为多样化的有意味的形式表达,不同的人通过不同的艺术形式感受着它们传达出来的情感和思想。

(二)赏石艺术:自然的东西转化为精神的东西

就人为的艺术而言,它们通常可以理解为是"自然的东西"变形为"精神的东西",比如雕塑和绘画等。因此,有的观点认为,艺术家们创作艺术作品的目的,并不是要唤起人们的审美情感,而是他们只有那样去做,才能够把某种自己特定的感受进行物化。相反,就赏石艺术来说,观赏石作为大自然的生成之物,其中那些可以被视为艺术品的石头,当人们在面对它们的时候,最核心的是它们能否引起人们的审美情感,以及能否体会到赏石艺术家把何种特定的感受传达给了欣赏他的观赏石作品的人们。

从严格逻辑上说,假定去试问大自然这位"艺术家"把何种特定的感受传达给欣赏它的人,必然属于无法臆测的问题,即人们无法去问询大自然:这块石头的布局有什么用意吗?动机是什么?诸如此类的问题。或者说,石头压根儿就没有任何意图使得人们把它视为艺术品的征兆,只是人类的一厢情愿而已。正如荷兰哲学家斯宾诺莎所认为,关于讨论事物是否一般都有目的的问题是毫无意义的,所谓事物存在的目的,大多是人们强加之上的;又如西晋哲学家郭象在《齐物论注》里所说:"物各自然,不知其所以然而然。"因此,当人们在面对观赏石时,就只剩下审美情感这个重要的核心了,以及赏石艺术家在赏石艺术里的核心作用了。所以,观赏石作为客观的艺术与那些人为的艺术迥然不同,它是"自然的东西"转化为"精神的东西",是大自然元素的"真"与人们合目的性的主观感受的"美"的合一。

进一步地理解,观赏石有着自己独立的艺术特质,即人们在偶然性的发现瞬间,它带给人们的是非同一般的感受力。同时,这种"偶然的艺术"的内容与石头的自然形态的完美结合,也给予了人们开放的想象空间。按照德国哲学家黑格尔的说法:"对艺术的向往,对想象所创造的审美虚构的向往,是对平庸乏味的'平淡现实'的否定。"同时,又如同英国历史学家西蒙·沙玛在《艺术的力量》里所说:"艺术的力量就是令人不安而惊奇的力量。即使它看起来是模仿真实世界,艺术也并非是要加强这个可见的世界与我们之间的熟悉关系。同样地,它也不能被现实世界所取代。艺术的使命不仅在于传达美,同样也在于击碎一切平淡无奇的陈腐之物。"把观赏石当作艺术品去欣赏,用艺术的思维方式和欣赏眼光去看待观赏石,从而使平淡的石头转化成为艺术品,这无疑是一种全新的艺术范式。

总之，人为的艺术是"自然的东西"变形为"精神的东西"，而赏石艺术是"自然的东西"转化为"精神的东西"。从表面上看起来，虽然只是"变形"和"转化"两个词语运用上的差异，但已然揭示出两种艺术的根本迥异。

（三）赏石艺术：本质与精神

法国艺术家杜尚把自己的签名置于小便池上，题名《喷泉》，当作艺术品来展览，而成为现代艺术史上一个具有里程碑式的事件。这个事件的意义在于，他对艺术的边界提出了质疑，促使人们重新看待一切艺术。同时，意大利作家翁贝托·艾柯在《美的历史》里，就把一种艺术称为"现成的艺术"或者"捡来的艺术"。他指出："事物自己存在，艺术家闲行海滩，发现一个小圆石，捡回家摆在桌上，仿佛那是令人惊奇之美的艺术品。""这类挑选，自然有其挑选的意图，但也内含某个理念，说明一切事物，甚至是最低下之物都有人们难得留意的形式层面。这些事物一旦被挑出，被聚焦，呈现于人们的注意力之中，就有了美学意义，仿佛受过一位艺术家之手的操纵。"

美是一切艺术的本质特性。此外，艺术也为欣赏者传达感觉和认识。正如俄国思想家普列汉诺夫所说："艺术不只限于表现美，还更广泛地表现美以外的许多追求。"对于赏石艺术而言，赏石艺术中的情趣不单包括审美的沉思，而且还蕴含着许多其他适意的情感和情绪。也就是说，人们在赏玩一块观赏石时，除了主要欣赏它带给人们美的愉悦之外，还有很多其他复杂性的情感，比如，获得安静、缓解压力和独处的奥妙等——这些情感和情绪通常被描述为"恰当的"，或者说是"适人意的"。

赏石艺术是宗教的、哲学的和艺术的。赏石艺术充满着生命的沉醉，犹如一种舞蹈，又似音乐里摇荡的旋律。它不是仅用来点缀生活的艺术，而是要求观赏者在陶醉里与其共同欢愉的艺术。赏石艺术的独特魅力在于欣赏者与石头间的情感互动以及引发的共鸣之感，这种感觉是石头的自身属性所承载的与欣赏者的内心状态和思想之间的一种碰撞。

法国雕塑家罗丹在《艺术论》里说："艺术就是默想。洞察自然，而触到自然运行的精神；瞩视宇宙，而在方寸之中别创出自己的天地；真是心灵的莫大愉快。艺术是人类最崇高和最卓绝的使命，既然它是磨炼思想去了解宇宙万物，并使宇宙万物为众生所了解的工具。"如罗丹所言，赏石艺术如同音乐谱曲，在于灵心妙悟；赏石艺术更似一种神秘主义的审美，重在想象与情感。对于作为赏石艺术载体的观赏石而言，无论是造型石中的造型艺术、类雕塑艺术，还是画面石的类绘画艺术，其实"像不像"并非特别重要，而它们所传递出的艺术感染力才是最重要的。因此,在一定意义上,赏石艺术更加关注的是人们的基本情感。

赏石艺术虽然有着自己的特殊性,但它与中国艺术精神相通共契,使人们的精神藏、修、息、游于其间,使人们在一种纯粹的感官中尽情游荡。中国艺术特别是文人艺术,长久以来都在追求雅致和微妙,而赏石艺术体现着一种精微的状态和人文精神,内含着人们的快乐与欢愉、兴奋与沉静、忧伤与落寂。英国画家雷诺兹在《艺术史上的七次谈话》里说:"艺术的全部美好和伟大之处首先在于如何发现特殊的事物、特殊的风格和每一种事物的特殊细节。"同时,德国哲学家卡西勒在《人间》里说:"科学家是事实和法则的发现者,而艺术家则是自然之形相的发现者。"因此,一切艺术均是复杂性的统一,不管是诗情、哲理还是美学意境,石头成为人们欣赏的对象,凭借着自身微妙的表现和幻化的再现而独树一帜。

法国画家亨利·马蒂斯在《画家笔记》里说:"我梦寐以求的是一种协调、纯粹和宁静的艺术,它避开了令人烦恼和沮丧的题材,它是一种为每位脑力劳动者的艺术,一种既为商人也为文人的艺术。它就像舒适的安乐椅那样,对心灵起着抚慰的作用,使疲惫的身体得到休息。"同时,德国哲学家尼采指出:"最高贵的美是这样一种美,它并非一下子就把人吸引住,不作暴烈的醉人进攻。它是那种渐渐渗透的美,它悄悄久留人们心中之后,就完全占有了人们的心灵,使人们的眼睛饱含泪水,使人们的心灵充满憧憬。"此外,文学家徐复观也曾说过:"一切艺术文学的最高境界,乃是在有限的具体事物之中,敞开一种若有若无、可意会而不可言传的主客合一的无限境界。"

赏石艺术拥有着一种极简主义和原始艺术之美,它蕴藏着人们强烈而生动的情感表达,产生出一种属于自己的特殊语言,让人们产生无限的遐想,传递出一种震撼人心的氛围,带给人们一种共同经验和欲望上的满足。

图20 《野渡无人舟自横》 长江石 24×18×7厘米 李国树藏

中国古代文人画家喜作烟江云山、秋山寒林、云壑烟郊、村居野渡、枯木竹石、屋阁涧水。这块观赏石堪称文人石的典范。它笔韵高简，犹如宋代寇准的诗歌"野水无人渡，孤舟尽日横"所描述的情境，带给人们一份静思。

第三章　赏石标准与赏石理念之辩

一　古代的赏石标准

（一）传统石：皱、漏、瘦、透、丑之来源

传统石作为一种纯粹的造型艺术，精髓在于似与不似之间，呈现的是抽象和意象之美。它与中国文人绘画所追求的意境有着相似的美学表达。犹如清代画家石涛所说："不似之似，似之。"又如画家齐白石在《论画》里指出的："作画妙在似与不似之间，太似为媚俗，不似为欺世。"在中国传统文化中，中国人的情趣无处不在规避所谓的界限而着意于无限。所以，欣赏传统石需要视觉想象、心灵感悟和精神领会的统一。

作为传统石的相石标准，"皱、漏、瘦、透、丑"从何而来呢？这一问题的考证，对于理解中国赏石文化史，特别对于厘清人们对古代赏石精神的认识有着重要意义。

第一，宋代书画家米芾的"相石四法"。

宋代渔阳公在《渔阳石谱》里记述："元章相石之法有四语焉，曰秀、曰瘦、曰雅、曰透，四者虽不能尽石之美，亦庶几云。"清代郑板桥在《题画·石》跋中写道："米元章论石，曰瘦、曰绉（注：通皱）、曰漏、曰透，可谓尽石之妙矣。东坡又曰：'石文而丑。'（注：郑板桥的错误引用）一丑字则石之千态万状，皆从此出。彼元章但知好之为好，而不知陋劣之中有至好也。东坡胸次，其造化之炉冶乎！"这是已知关于米芾相石四法最早和最可信的史料

记载。

至于四法之差异,即"秀、雅、瘦、透"与"皱、漏、瘦、透"的说辞之不同,已经成为中国古代赏石的一桩公案。此外,关于"皱、漏、瘦、透"的个体标准的运用,中国赏石史料中多有散乱的描述。比如,明代计成在《园冶》中,称石之妙在于"瘦漏生奇,玲珑安排"。明代画家董其昌在《画旨》里说:"昔人评石之奇曰透曰漏,吾以知画石之诀,亦尽此矣。"清代李笠翁在《一家言》里说:"言山石之美,俱在透、漏、瘦三字。"清代赏石家梁九图在《谈石》里说:"藏石先贵选石,其石无天然画意者不中选,曰皱,曰瘦,曰透,昔人已有成言,乃有时画工之妙却不在此,赏石当在风尘外也。"

第二,宋代诗人兼画家苏轼的"丑石观"。

宋代罗大经在《鹤林玉露》里说:"东坡赞文与可梅竹石云:梅寒而秀,竹瘦而寿,石丑而文,是为三益之友。""石丑而文"遂成了苏东坡丑石观的直接证据。同时,它也为人们对同期"文石"概念的理解提供了依据。

早在唐代,诗人白居易在《双石》诗歌里,就有"苍然两片石,厥状怪且丑"的诗句。同时,他在《太湖石记》里,在描述太湖石的形态时,就已经显示出"石丑"的概念,其描述如下:"如虬如凤,若跧若动,将翔将踊;如鬼如兽,若行若骤,将攫将斗者。"当然,白居易的"丑"字,只是描述石头的自然形态而使用的,并不能够与苏轼的"石丑而文"的丑石观相提并论。

苏轼和白居易相石的"丑",已经成了无上的美的表白,恰如清代文学家刘熙载在《艺概·书概》里所说:"怪石以丑为美,丑到极处便是美到极处,一丑字中丘壑未易尽言也。"实际上,他们的丑石观念已经站在艺术层面去理解石头了,从而丑的问题在石头上被消解了。犹如法国雕塑家罗丹所说:"在自然中被认为丑的事物,较之被认为美的事物,呈露着更多的特性。自然中公认为丑的事物在艺术中可以成为至美。"拓展到其他艺术领域,比如在中国古代文人绘画中,丑怪也多有其意象的表现。对此,画家陈师曾在《文人画之价值》里说:"文人画中固亦有丑怪荒率者,所谓宁朴毋华,宁拙毋巧,宁丑怪毋妖好,宁荒率毋工整,纯任天真,不假修饰,正足以发挥个性,振起独立之精神,力矫软美取姿、涂脂抹粉之态,以保其可远观不可近玩之品格。"然而,能够在艺术层面欣赏这种美的人是极少数的人。

图 21 《锁云》 古灵璧石 25×21×7 厘米 周易杉藏

这是一方从日本回流的古灵璧石，在它的身上散发着独特的文化、艺术和历史气息。同时，它也是中国中央电视台《国宝档案》栏目唯一专题介绍的一方观赏石。

（二）美学与哲学的统一体

后代人把宋代米芾的"相石四法"与苏轼的"丑石观"合并在一起，组成了押韵的五字赏石诀，于是，"皱、漏、瘦、透、丑"一直以来就作为传统石的审美标准而广泛流传了。

人们通常认为，古代赏石人习惯于把自己的学说弄得不易理解。事实上，那是因为古代文人赏石多以诗赋和题跋为形式，以描述和感悟为表征，其背后隐藏着深刻的思想。因此，传统石的皱、漏、瘦、透、丑的相石标准，虽寥寥几个字，却需要人们具备一定的艺术感悟力才能体其精神、行其所指。正如意大利作家德·佩勒斯在《画家生活简述》里所说："古代艺术值得赞美，却是在一定条件之下。人们好像对待一本被翻译成另一种文字的书那样来看它，这本书要能不受文学的限制，表达出其精神内容，那才是好的。"反之，如果没有深刻的思想去理解古人，那么，古人所表达的深刻思想，就会被误认为是晦涩而已。

依现在的观点来看，传统石是一种形而上的孤立艺术。在这种艺术之中，一切视觉上的逻辑性都被排除了，它们更多是象征性的、隐喻的和暗示性的，多属于想象的、感觉的和精神的，往往意蕴着大小、有无、离合、兴衰、消亡与再生等辩证法。所以，它们实际上是美学与哲学的统一体。换个角度来理解，如果纯粹从石头的自然形态上说，皱、漏、瘦、透、丑都是不完美的，但这种不完美并非是硬、板、秃、拙、朽的代名词。然而，荷兰哲学家斯宾诺莎说过："因为事物的完美性应该根据它们的本性来衡量，事物缺乏完美性，是因为它们满足或者破坏了我们的感官享受。"

可以说，传统石的皱、漏、瘦、透、丑，生动地诠释了存在着不同的美的形态及不同的审美哲学观念。

其一，就皱、漏、瘦、透而言，它们是古代文人从石头的自然形态的多样性中简化出来的抽象概念。在某种程度上，皱、漏、瘦、透渗透着无限性。所以，从空间意识上说，正如美学家宗白华在《美学与意境》里指出的："中国人对于空间和生命的态度却不是正视的抗衡，紧张的对立，而是纵身大化，与物推移。中国诗中所常用的字眼如盘桓、周旋、徘徊、流连等，哲学书中如《易经》所常用的如往复、来回、周而复始、无往不复，正描述出中国人的空间意识。"而且，它们不是真实物象的再现，而是对事物真实性的形而上的表达，是从石头的自然形态中抽取出来的美的状态——这个状态比石头的本身状态要完美。同时，皱、漏、瘦、透也彰显出一种自然的破坏性力量，暗藏并反衬着一种反理性和反人为的秩序，引发到人们的情感之中，似乎生活就变得不受规则的束缚和支配了，并且也在暗示着事物运动的一种永无止境的原因。

总之，皱、漏、瘦、透揭示着传统石是一种纯粹的艺术，没有惯例的艺术。因此，欣赏传统石要求欣赏者专心致力于感官和精神上的普遍性质的表达与追问。

其二，单纯就丑而言，在艺术的世界里没有任何东西本身是丑的。相反，"丑"通过它在艺术中的功能可以成为至美。如法国雕塑家罗丹所说："俗人往往以为，现实世界中他们所公认为丑的东西都不是艺术的材料。他们想禁止我们表现他们所不喜欢的自然事物，这其实是大错。在自然中，人以为丑的东西在艺术中可以变成极美。"

从艺术的功能性来理解，在丑的概念中却有着某种积极的东西。在一定程度上，它是美的替代物，而不能简单地理解只是美的反面。对此，德国思想家阿多诺在《美学理论》里指出："在艺术中，丑恶与残酷并非单单是对丑恶与残酷事物的描绘。""艺术中没有原来就是丑的东西。举凡丑的东西，在某一特定的艺术作品里有其自身的职能。另外，举凡丑的东西，一旦艺术摆脱了享乐主义的态度，便可扬弃自身丑的品性。""因此，艺术务必利用丑的东西，借以痛斥这个世界，也就是这个在自身形象中再创了的丑的世界。"

这里，丑的表现可理解为是精神的愚钝、滑稽，或是某种悖谬的欲望，通过丑的形象，人们就可以鞭笞恐怖、卑劣和疯狂的罪行了。显然，这里的丑既有美学意义，又有伦理学意义。德国哲学家哈特曼在《无意识的哲学》里说："丑与恶魔反映在两个不同的世界里，一个是美的世界，一个是道德的世界，这种反映是非理性的，可是终究又与理性有关。"通晓了这个道理，人们就会理解一些艺术家通过丑的作品所传达出来的东西了。

关于对丑在艺术品中的认识，英国艺术史学家罗杰·弗莱在《造型艺术中的表现与再现》里有着形象的解释："丑不会因其本身而为人们所承认，但可以因其允许情感以如此强烈而又令人愉快的方式加以表达，以至于我们会毫不犹豫地承认内于丑陋形象中的痛苦。丑，犹如音乐中的一个不和谐音，在任何一件完美的艺术作品中必须被加以克服。不过，就我们最痛苦的情感与生活中的斗争、命运的残忍和冷酷联系在一起，以及与人类同情心的温暖和安慰联系在一起而言，就所有这些生活力量倾向于产生脱离形式上的规律的扭曲而言，丑乃是一种诉诸情感的方法，经常为那些最大限度地穿透人类心灵的艺术家所采用。"

图 22　《灵动》　太湖石　90×75×30 厘米　李金生藏

　　这块太湖石清润灵动,犹如宋代胡宿在《太湖石》里的描述:"漱成一朵孤云势,费尽千年白浪声。"又如元代赵孟頫为自己石头的题铭所言:"太湖凝精,示我以朴。我思古人,真风渺邈。"

总之,皱、漏、瘦、透、丑的相石标准,实则确立了一套有关奇石和怪石的基本意象。然而,在母题意义层面上,又可以理解为是一种赏石精神。它可以用佛教禅宗的话来形容:"至小之物与至大之物一般大,因为这里没有什么外部条件;至大之物与至小之物一般小,因为这里不考虑什么具体的限制;全体中有一,一中有全体;只要认识到这一点,你就不再担忧自己的不完美。"事实上,正是这种赏石精神把人们仿佛带进了玄学的世界里。

(三)对传统石相石标准的认识角度

人们对传统石的相石标准的认识,应该用历史的眼光把它们还原到特定时期、人群和环境中去,才能够理解它们的内在意义。

其一,美国学者杨晓山在《私人领域的变形》里指出:"与其他形式的物恋和痴迷相比,石癖牵涉到一定程度的鉴赏能力。这种鉴赏力是建立在公元9世纪早期形成的某些审美标准之上的。"换言之,传统石的相石标准是古代文人雅士和士大夫的审美趣味、尘世激情和宗教情感在特定历史时期的结晶和体现。

其二,英国艺术史学家罗杰·弗莱在《视觉与设计》里说:"特定时期的一部分人,他们的生活已经上升到有完全的自我意识,并对周围环境有智力及本能的通常反应,体现在他们对整体宇宙的看法以及他们与周围同类的关系上。当然,他们对自然以及艺术作用的概念是生命中最容易变化的因素之一,并可能在某个特定时期深深地影响艺术与生命之间的关系。"对于喜爱石头的文人雅士、士大夫和帝王将相们来说,他们有着高度的文化修养、丰富的艺术创作力和优秀的艺术鉴赏力,他们的内心世界、审美情趣以及在道德上的取向毕竟与普通大众相去甚远。

其三,赏石的初始形式发生并呈现于古代的园林和宫苑之中,其品类主要是以太湖石和灵璧石等为主。它们窈窕和玲珑的自然形态与园林置景和点缀的空间形态极为吻合,仿佛通过它们,人们正在拥抱着大自然。因此,认识传统石的相石标准除了所蕴含的美学、哲学和精神因素之外,不能忽视当时的栖息环境以及所适合的具体石种品类。

总之,赏石审美只有不脱离它们的产生根源、赏玩主体、适应环境和特定石种才能够保持下去,而一旦赏石活动由极小范围的赏玩者扩大到很大的群体之后,并随着审美趣味的不断变化,尤其是伴随着时代的巨大变迁,那些被古代文人们所赋予的赏石审美标准就会变得离散了。

图 23 《小玲珑》 古铁矿石 17×30 厘米 杜海鸥藏

　　判断雕塑比理解绘画更难，特别是对于天然之雕塑的石头来说。很多艺术品可以和自然之物做比较，然而，自然之雕塑又应该与什么相比较呢？

（四）奇石和怪石的其他审美角度：形、质、色、纹、声

古代赏石除了传统石的皱、漏、瘦、透、丑的相石标准之外,对奇石和怪石的审美还有许多其他角度,比如,从形、质、色、纹、声等方面来欣赏一块石头。由于当代所谓赏石标准的存在,对于奇石的形、质、色、纹、声,赏石学者们已经论述得很充分了。这里,就不再过多赘述了。只是从文献考证的角度来做简单的重新梳理和检讨,以便澄清一些错误性认识。

其一,古代赏石多以新奇相胜,并以奇石和怪石而论,谓之"奇怪"之石。比如,宋代赏石家孔传在《云林石谱》里指出："天地至精之气,结而为石,负土而出,状为奇怪。""怪或出于《禹贡》,或陨于宋都。""崇宁间,米元章取小石为砚山,甚奇特。""两面多柏枝,如墨描写,石色带紫,或灰白,间有纹理,成冈峦遍列,林中有径路,全若图画之状,颇奇特。"明代文震亨在《长物志》里描述灵璧石："佳者如卧牛、蟠螭,种种异状,真奇品也。"值得指出的是,有的赏石学者在史料上把"怪石"追踪到《禹贡》(注:地理著作,属《尚书》中的一篇,王国维在《古史新证》里认为,《禹贡》为周初人所作),这并不错误,但那里的"怪石"与赏玩意义的"怪石"并非同一所指。

其二,从中国赏石文献史料上看,唐朝诗人白居易在《太湖石记》里,对太湖石的观赏就为形、洞、势、质、色、皱了。宋代赏石家杜绾在《云林石谱》里,就奇石和怪石的形、质、色、纹、声等方面均有生动的描述。

(1)关于灵璧石："石在土中,随其大小,具体而生,或成物象,或成峰峦,巉岩透空,其状妙有宛转之势。"(2)关于青州石："石色带紫微燥,扣之有声,土人以石药粘缀四面取巧,像云气枯木怪石欹侧之状。"(3)关于太湖石："平江府太湖石,产洞庭水中,性坚而润,有嵌空穿眼宛转险怪势。一种色白,一种色青而黑,一种微青,其质纹理纵横,笼络隐起,于石面遍多坳坎,盖因风浪冲激而成,谓之弹子窝。扣之,微有声。"(4)关于昆山石："其质磊魄,巉岩透空,无耸拔峰峦势,扣之无声。"(5)关于英石："一微青色,间有白脉笼络;一微灰黑;一浅绿,各有峰峦,嵌空穿眼,宛转相通,其质稍润,扣之微有声。"(6)关于莱石："莱州石色青黯,透明斑驳,石理纵横,润而无声,亦有赤白色。"(7)关于西蜀石："西蜀水中出石,甚坚润,色黔白,石理遍有扁纹,如豆大,中有纹如桃杏花心。"(8)关于雪浪石："中山府土中出石,色灰黑,燥而无声,混然成质,其纹多白脉笼络,如披麻旋绕委屈之势。"

另外,清代赏石家诸九鼎在《惕庵石谱》里,也多是从形、质、色、纹、图诸方面述文的;

并且,清代赏石家沈心在《怪石录》里,即有石头"质色文理,迥非凡品"的说法。

其三,到了民国时期,赏石家王猩酋在《雨花石子记》里记述:"形:东坡《怪石供》,大者兼寸,小者如枣栗菱芡,东坡立言之妙也。质:矿学书谓蛋白石成分为含水硅酸,似水晶,坚而逊之,不透明,有乳白黄青等色。色:石以色胜为第一要点,色胜则虽不成形,亦不失为美石,倘无颜色,虽形质可贵,终非尽善。故余之癖石也偏于好色。纹:石之有纹,莫奇于雨花。纹之美者,曲折变更,参差错落,方圆相衬。或三棱六角,或花瓣缤纷。绘画雕刻,艺出人工,人且爱之,今雨花石之绘画雕刻乃出于天然,岂非世界之大怪乎。"同时期的赏石家张轮远在《万石斋灵岩大理石谱》里,则将全书分为了"石形论""石质论""石色论""石纹论"。

因史实的存在,故不证自明,早在民国时期,上述两位赏石家就已经明确将"形、质、色、纹"作为奇石(雨花石)的相石标准了。

二 赏石标准:赏石的形式主义

当赏石活动发展到一定历史阶段,就会有人提炼出一些赏石标准。赏石标准通常是具体的、明确的和概念化的。如果能够引起赏玩石头人们的共鸣,并且提炼出该标准的人又是被后世所景仰的文化名人,那么,那些极富个性化、精炼化和诗意化的赏石标准就会广泛扩散,并被后人所称颂和传承。不过,赏石标准的出现使得赏石有了某种程式化的意味。

历史往往是由英雄人物写就的。中国赏石文化史也是由赏石家们汇聚而成,他们才是新事物的奠基者。实际上,公众总需要一个旗帜,不管是白居易、米芾、苏轼、黄庭坚、宋徽宗,还是其他赏石代表性人物。可以说,赏石标准渗透着人们对名人和名人式言论的崇拜,如德国思想家阿多诺在《美学理论》里指出的:"对于传统,我们习惯于错误地从一种往复不停的接力赛角度将其概念化,总以为是由一代人、一种风格或一位大师把艺术的接力棒传给后继者的。"

图 24 《皖南民居》 雨花石 10.5×8.5 厘米 骆嘉刚藏

一夜春雨,绿了多少田畴;一夜秋霜,黄了多少林壑;如此神奇! 怎不叫画师们惭愧!

——(诗人)刘大白:《旧梦·旧梦》

对于古代文人赏石家们所言说的东西,需要认真和虚心地看待,它们毕竟经历过时间的考验,必然有它们的道理。然而,由于人们对因果关系的无知,所以产生了对传统赏石标准和规则的肤浅化理解。实际上,古代文人赏石家们对赏石的认识之所以深刻,全部归因于他们的品质,以及他们所拥有的深厚文学和艺术修养所依托的高深哲学。

然而,一旦赏石活动出现赏石标准的明确取向之时,就会演变为对观赏石形式要素的关注压倒了一切,赏石的形式主义占据了重要地位。同时,赏石的形式在所有的客观性中最终化为了赏石技术,并为观赏石的雕磨和修治等行为提供了摹本。此外,人们只去关注观赏石的纯形式特征而不及其他,即只会专注于石头的造型形式,以及石头的形、质、色、纹;人们只注意发挥眼睛的功能,而忽视了石头的形相所表达的情感和精神,忽视了赏石的神秘核心。换言之,在应该看到石头美的地方,人们却只寻求真,过分地热衷于事物的相似性和准确性,坠入了单纯的科学推想和技术论证之中。遵循此逻辑,造型石理所当然地成了主流,并且逐步出现了赏玩石头具象化思维的泛滥。

如果人们的眼睛看到的全部是石头的外在形式,而离开了这些形式所传达出的内容和精神,那么,这些形式的存在就变得单薄并缺乏深意了。

当然,形式与内容不是完全相互对立的,两者具有整一性,即审美中的形式应当被视为与内容缠结在一起的东西,要知解内容必须先通过形式来知解。对此,德国学者米海里司在《美术考古一世纪》里指出:"形式实在只是外衣,然而也是自行制作内容的。所以,'无物内在,无物外在;凡是内者,亦即是外。'形式与内容是不可分的,而是同一物。只有两者相互的关系决定美术作品的价值,而为研究的真对象。"同时,东晋僧人慧远曾经说过:"形离则神散而罔寄。"此外,德国哲学家黑格尔也指出:"所有审美过程确与内容相关。"

因此,单纯就赏石标准来说,这些标准过于僵化,而与当代赏石活动的实际发展不相适应。反过来说,如果人们不能够从这些赏石标准里汲取丰富的营养和精髓,而变成了教条,那么,最多不过是往断了根的老树上不停地浇水而已。进一步来说,假如把观赏石视为艺术品,那么,赏石艺术就被这些赏石标准无情地阉割了。实际上,创造出一种赏石标准相对容易,因为它是赏石家们的个人意识活动的产物。但是,当这种标准应用于整个赏石活动之中,它必须符合现状才能够被推行无碍,而且,它也必须要适合赏石活动不断发展的新趋向,否则就会积重难返。

如果超越赏石的形式主义界限,去探索观赏石的主题和艺术表现,去关注人们在赏石过程中的内心情感和想象力,去重点关注观赏石的美感和艺术性,去理解赏石所传达出的精神性,以及赏石所蕴含的社会性,就意味着观赏石的主题和主题所表达的深层意义占据了支配地位。同时,赏石的形式也被赋予了新的美学意义。

按照这个逻辑,造型石中的传统石以其造型艺术特征,以及画面石所蕴含的类绘画艺术,它们就会受到人们的关注,而具象化的造型石就会得到相对地弱化,人们对具象化的观赏石渐渐地就会失去兴趣;同时,画面石会重新获得人们的重视——在世界艺术史上,绘画总体来说要比雕塑重要得多,而且,在已知全球拍卖的最贵艺术品中,十有八九都是绘画,人们绝不能够忽视其所传递出来的启示意义。因此,讨论赏石理念与赏石标准的关系,表面看起来是赏石理论的基础性问题,然而它对赏石实践的影响却深远莫测。

众所周知,艺术里一切守旧的东西都来源于公式化。而且,俄国艺术家康定斯基在《论艺术里的精神》里指出:"不管形式本身是否是个人的、民族的,或者是否具有风格,是否与当代主要的艺术潮流相吻合,是否与其他众多的形式或个别的形式有关,是否完全独树一帜等,这样一些问题都是无关紧要的。不妨这样说:在形式问题上,最重要的是形式的产生是否出自内心的需要。"就赏石来说,先辈们所运用的赏石方法并非能够真实地反映当代社会人们的感受和内心,先辈们的精神状态也非我们的精神状态,先辈们的理想也非我们的理想。所以,只有当人们不断扬弃那些陈旧的赏石标准和赏石公式时,才能有希望继续发现新的现实。

赏石艺术作为当代的赏石理念和新的艺术形式,作为其自身最终目的在引导着新的赏石实践,人们从文学、艺术和美学等视角开放而伸展地来看待观赏石了。赏石艺术更能够反映出人们对观赏石审美的多样性追求。自然,从赏石艺术的本质和赏石文化的底蕴来说,就没有任何标准可言了。倘若在赏石艺术面前,还在谈及固化的赏石标准,赏石的形式主义就会愈发变得僵硬,就会禁锢赏石艺术,从而压抑人们的艺术想象力,使得观赏石在这个变化和流动的世界里变得狭窄而趋于僵化。

德国艺术史学家温克尔曼在《希腊人的艺术》里指出:"凡是古代与当代人的争论,其结论肯定是对古代有利。"因为古代意味着文化和传统,而当代意味着传承和创新;古代由历史名人铺就,而当代需要由未来的历史去书写。人们早已习惯于厚古薄今。但是,德国哲学家伽达默尔在《真理与方法》里认为:"传统并不只是我们继承得来的一宗现成之物,而是我们自己把它生产出来的,因为我们理解着传统的进展并且参与在传统的进展之中,从而也就靠我们自己进一步地规定了传统。"实际上,从赏石的发展阶段上看,赏石的形式主义处于赏石的初级阶段,是相对简单和粗糙的;而在赏石的高级阶段,只有在艺术和美学的王国里,赏石的形式主义才会在一定程度上得以收敛。而且,如果说古代的赏石原则有着真理的意味,那么,今天的人们更应该以观赏石的艺术本性对这些原则背后深刻的观念给予重新认识,并以新的方式来看待它们。

唐代诗人杜甫的《戏为六绝句》有所言:"不薄今人爱古人,清词丽句必为邻。"当代赏石艺术理念并非是对传统赏石标准的彻底否定和摈弃,而是拓展和深化它们了,犹如法国画家亨利·马蒂斯所说:"艺术的发展不仅来自个人,并且也来自某种积累的力量,来自我们产生的文明。"

三 赏石理念:美与精神的关注

赏石理念与人们头脑中的观念相关,它是指导人们赏玩石头的观念和方法的混沌式统称。赏石理念并不是超绝的存在,而是视为包含在赏石实践之中,即赏石理念与赏石活动共生和共存。

其一,赏石理念不同,人们对观赏石的认识就会不同,赏玩石头的方式也会不同,对不同石种的偏好也会有所差异。或者说,有什么样的赏石理念,就有什么样的观赏石作品;没有任何赏石理念,赏玩石头就会陷入混乱。一言以蔽之,对于什么是好的观赏石以及对观赏石等级的认识就会出现截然不同的看法。

其二,个人的赏石理念容易受自己身处小环境的影响。对于绝大部分人来说,自己结识的赏石圈子会潜移默化地影响自己的赏石理念,特别是深受身边赏玩石头朋友的影响。因此,与什么样的人一起赏玩石头就变得重要了,特别是自己抱着虚心好学的姿态向别人请教时,这一情形就更加突显出来。

其三,专注力在赏石理念中扮演着重要角色。人们往往越专注,收获越多。为什么有人会执着于传统石,有人钟情于象形石,有人沉迷于画面石?事实上,赏石的专注力在发生着一定作用。比如,对于喜欢传统石的人来说,他会把自己的心思和兴趣都会放在传统石身上,随之就会发现其中的赏玩乐趣。这种正反馈愈发地激发和促使他专注于传统石,正是由于自己的喜好、集中的专注度甚至偏见等原因而忽略或者轻视了其他石种。但是,

图 25 《秋鸣》 长江石 21×28×10 厘米 刘百耕藏

这是一方构图充满诗意的画面石。画家们都在感受自然，观察自然和师法自然，然而，大自然同样以诗的精神创造出了无与伦比的作品。

正如生活中出现的很多偶然事件会影响人们的行为和决定一样,这种情形在赏石活动中也会时有发生。比如,偶然机会看到一块特别好的画面石,虽猝然相遇,但顿感默然相契,就会把专注力和兴趣转移到画面石的关注上,移情别恋就发生了。

其四,赏石理念是观念性的和思想性的。只有强化对赏石理念的认识,才能够解放石头和自己。再次强调的是,在赏石艺术理念下,牢牢抓住先辈们的赏石公式是无用的,犹如西班牙画家毕加索所说:"艺术不是美学标准的应用,而是本能和头脑在任何法规以外所感应到的。我们爱一个女人时,不会从测量她的四肢开始。""如果塞尚生活和想的都像布朗歇(注:法国路易八世的王后、路易九世的母后,两度担任法国摄政),就绝不会让我感到一丁点儿兴趣,即使他的苹果画得十倍的美。提起我们兴趣的是塞尚的焦虑——那是塞尚的教诲,梵·高的煎熬——那才是真正的人生之戏。"

当赏石似乎无可争议地意味着形式主义的时候,更应该给予观赏石以美学欣赏、艺术内涵和人文主义的关注,从而观赏石才会获得一种全新的观照。在艺术的观照下,人们的关注力聚焦到了观赏石的美学和精神层面,那么,观赏石的审美标准也就无迹可寻了。正如德国思想家康德在《判断力批判》里所说:"审美趣味在于判断一件作品是否美,可以要求这一判断具有普遍性,却不可要求对这一判断的正确与否给予理性的证明。"

图 26 《国粹》 长江石 14×16×7 厘米 苏东良藏

艺人是奇特的一群,在创造灿烂的同时,也陷入卑贱。他们的种种表情和眼神都是与时代遭遇的直接反应。时代的潮汐、政治的清浊,将其托起或吞没。但有一种专属于他们的姿态与精神,保持并贯通始终。伶人身怀绝技,头顶星辰,去践履粉墨一生的意义和使命。春夏秋冬,周而复始。

——(作家)张诒和:《伶人往事》

第四章　赏石现状的倾向和诸多问题

一　大众赏石的瓶颈化

（一）大众化赏石的特点

当代赏石出现了大众化的态势，大众赏石随之呈现出许多鲜明特点。比如：大众赏石尚意趣，往往追求一些直观的物象；大众赏石不以文化和艺术为圭臬，而多以自己的趣味和快适感为依据；大众所赏玩的石头虽丰富多彩，但以市井风情为主，大多是些稀奇古怪的东西；大众赏石偏好趋同性明显，多流行一些相同的喜闻乐见主题；大众较少有自己的独立思考，习惯性地谈论石头的形、质、色、纹；大众鉴赏石头多用"到位""水头""舒服""劲道""有味道"等虚幻的词汇来描述，较少用艺术的语言去细腻地品鉴它们；大众赏石容易盲目跟风，通常不去区分石种的固有特点，皆喜欢具象化的石头。

总之，大众赏石的最基本特征是保守性。他们只寻求观赏石给自己带来的惊异和快乐之感，并且，赏石成了以娱乐或赚取利润为目的的产物。可以说，纯粹大众化的娱乐和利益索求蒙蔽了追求赏石更有价值的能量和潜力。换个角度来理解，大众多依据日常生活的认知来赏玩石头，想象力多被自身抑制了，直接导致所赏玩的石头多滑向人们所熟知的事物，并且都在追求一目了然、易于接受的瞬间效应和心理经济原则。因此，他们的观赏石在一定程度上很快就会被认可，但也很快就会被遗忘。

图 27 《白菜》 葡萄玛瑙 43×34×15 厘米 郝惠亮藏

按陆佃埤雅云：菘性凌冬晚凋，四时常见，有松之操，故曰菘。今俗谓之白菜，其色表白也。

——(明代)李时珍：《本草纲目》

（二）艺术经验与生活经验的区分

对赏石艺术来说，由于观赏石的艺术性和审美性要求，欣赏它们需要一定的文学和艺术修养，否则，人们就很难发现和欣赏具有艺术性的观赏石。然而，在大众化赏石的时代，很多观赏石艺术品被埋没了，或者没有被真正地发掘出来。正是这个规律的存在，以大众为主体的赏石活动愈发地追求大众的趣味，追求暂时带来的玩石快乐，并不可避免地出现通俗化、世俗化和庸俗化的倾向。客观而言，这是大众化审美的必然结果，也是观赏石很难被主流艺术认同的原因之一。

有人会问：主流艺术如何看待观赏石重要吗？这个问题需要辩证地来加以思考。如果赏石纯粹是一种趣味化和娱乐化行为，可以勉强地称为是一种大众化的通俗艺术，那么，就与主流艺术关系不大；如果赏石被视为是一种高雅的艺术活动，把观赏石当作纯粹艺术品去欣赏，并尊重赏石艺术作为国家级非物质文化遗产项目存在的现实，同时赏石艺术在客观上已经成了一门独立的艺术门类。自然，无论从逻辑还是实证上，赏石艺术与主流艺术就本属于同一论域。赏石艺术必须从主流艺术中汲取滋养，这亦是赏石艺术的内在要求。

通俗赏石也有属于自己的繁荣时期，只是不能够得到主流艺术的关注。大众化通俗赏石是一种未被当作艺术给予认同和评价的活动，更没有经过主流艺术的检验。因此，把赏石区别为精英文化和大众文化，区分为高雅艺术与通俗艺术，进而要求把艺术经验与生活经验相分离，这是赏石发展到一定阶段的必然趋势，也是对大众通俗化赏石的一种有效修正。换言之，智者会运用艺术经验和想象力将自己的欣赏范围限定在高雅赏石，而普通大众由于缺乏文学和艺术修养，缺乏智性和审美，在寻求赏玩石头的乐趣中而去寻找便宜的石头。

这种分化客观上对于赏石来说具有双重影响：一方面追求高雅的赏石艺术使普通人望而生畏，无法接近，这就会逐渐地失去大众；另一方面，大众只能够用一些怪异的石头来满足自己的审美饥渴，而远离了品位。这种双重影响的背后，恰是艺术经验与生活经验之间的不同认识和冲突，甚至是割裂。事实上，希望所有人都能够把艺术经验与日常生活普通经验统一起来，简直就是一个乌托邦。而且，赏石中的艺术和趣味很难达成某种调和，犹如英国画家约翰·康斯太勃尔所说："真正的审美趣味是从来不掺杂任何水分的。"

图28 《较量》 吕梁石 30×28×20厘米 巩杰藏

密叶因裁吐,新花逐蕲舒。攀条虽不谬,摘蕊讵知虚。春至由来发,秋还未肯疏。借问桃将李,相乱欲何如。

——(唐代)上官婉儿:《侍宴内殿出蕲花彩应制》

然而，只要赏石活动最终产生的或希望的结果是艺术的，就总需要产生某种突破。因此，对于追求赏石艺术理念的人们来说，高雅是应所追求的。换言之，"雅俗共赏"这句俗语极具误导性，虽然高雅与低俗很难泾渭分明，但对于观赏石来说，"脱俗"是必须的。这种脱俗既是认识和理念上的，也是赏玩石头的准则。否则，难免会陷入落后，就会被无情地淘汰出局。

（三）"雅俗共赏"的修正

赏石中的"雅俗共赏"各异其趣，趣不同耳。但更重要的是，人们应该把观赏石赏玩的体验价值与观赏石自身的艺术价值区别开来。正如英国美学家马修·基兰在《洞悉艺术奥秘》里指出："凡是那些以观者体验来承载艺术价值的观念，不论这种观念本身是通俗易懂还是艰深晦涩，都必然是一种误导。这种观念要么是微不足道和平淡无奇，因为对某些作品体验的评价高度依赖于对其艺术成就的先前认知，要么根本就是一个明显的错误，因为一些艺术成就的性质和价值并不完全等同于我们希望获得的体验价值。"

绝大多数观赏石虽然在美学意义上不能令人满意，却能满足低级的欣赏水平，结果只能使赏石活动追求于普通的主题，适合于贫乏的想象，满足于一般人的趣味，适应于平凡之人的平庸接受力。这一情形，亦如英国画家雷诺兹在《艺术史上的七次谈话》里所说的："最为低贱的风格可能是最受欢迎的，就像无知者往往能够受到无知者的喜爱，而大多数人都是无知的。人们具有天生的局限，也很容易对自然的语言产生误解，因此，庸俗的东西常常会让他们感到愉悦。"的确，有人会喜欢这类观赏石，因为它们具有怪诞和奇异的形象，它们会给他们带来乐趣，但这些观赏石却缺乏思想性和艺术性，在审美价值等级中处于极低的地位。

普通大众的兴趣往往会走向歧途，甚至走向穷途末路。并且，他们也不可能会喜欢那些看不懂的东西。这里，有必要举一个简单的例子。有的赏石艺术家被一块石头的画面深深地吸引，因为画面极似俄国画家康定斯基的绘画风格，而普通大众会对一只小狗的形象产生极大的兴趣。人们会问：究竟是这块具有康定斯基绘画风格的画面石好？还是那只具象化小狗的画面石好？无疑，这会涉及观赏石的品鉴问题。显然，对于评判保罗·高更和梵·高谁的绘画更好，很难有定论。但是，对于一只形象小狗和康定斯基绘画风格的画面石来说哪个更好，对于艺术而言自有定论——即使很少有人知道康定斯基是谁。实际上,这就是赏石艺术家与普通赏石大众之间产生隔阂和误解的深层根源。

当然,现实中所倡导和宣扬的赏石"雅俗共赏",如果只是那些赏石领头人为了让所有赏玩石头的人们"打成一片",这应另当别论。但是,仔细体察时下的赏石风气,赏玩石头多迎合了低级趣味,并以满足物欲为乐,人们把时间和金钱绝大部分都浪费在凡庸上了。而且,随着真正意义上的文人在当代赏石话语中的缺失,以及赏石文化的普遍衰落,更加重了这一风气。然而,人们不得不深入思考以下逻辑:这种建立在一时趣味基础上的赏石风格,如果一时趣味消失了——恰恰"趣味"是随时会消失的,那么,这些观赏石自然也就随之而消失了。

退一步而言,就不同的赏石群体来说,似乎不宜一概而论,因为不同的人赏玩石头的目的不同,对趣味的喜好也不相同。古希腊哲学家柏拉图在《理想国》里论述了如下情形:"儿童比较爱看木偶戏,大一些的孩子喜欢喜剧,有教养的青年男女乃至全体观众,都会热爱悲剧,但只有年长而睿智的人,才能体会吟诵荷马与赫西奥德作品带来的最大乐趣。正是他们的判断而不是多数人的意见,应该得到认可。"这种情形同样也适合于赏玩石头。如果只是把石头当作玩具来消遣时光,只是通过赏玩石头获得快乐就满足了,或者赏石仅是作为一种简单的生活方式,那么,石头的雅与俗倒大可不必去计较;而对于那些把观赏石视为收藏和投资的人们来说,石头的雅与俗就至关重要了。总之,当赏石的不同目的得到充分认识和尊重时,通俗赏石就不会被指责为幼稚,高雅赏石也不会被认为是疯子行为了。

不过,英国美学家沙夫茨伯里说过:"凡是想成为有教养和优雅的人,都会仔细根据正确的完美典范来判断艺术和科学。如果他去罗马旅行,他一定会打听哪些是最可信的建筑,哪些是最好的雕塑,哪些是拉斐尔或卡拉奇的最美绘画。尽管它们一眼看上去,可能既陈旧和粗糙,又缺乏光彩,但他却下定决心一遍又一遍地审视它们,直到自己喜欢上它们,发现蕴涵于其中的优雅和完美为止。他还特别小心翼翼地让眼睛避开那些华而不实、只能满足感官享受的东西,以免养成坏趣味。"因此,人们更要撕开那层蒙在赏石上给人错觉的面纱,而去沉思方向的力量:没有哪一个赏石人不会真正地去想,既获得赏石的快乐,同时拥有的是精品观赏石,更是观赏石艺术品!

实际情形是"雅俗共赏"的赏石观念把人们引到了多么可笑的地步。回顾一下身边,有多少赏玩石头的人们靠着一些微不足道的营生过活,由于喜爱石头付出了极大热情、情感和金钱,但是,最终积累下来,手里却没有能够拿得出手的石头,纵然在赏玩石头的过程中收获了快乐,但终究没有收获观赏石艺术品。这着实也是一件遗憾和悲哀的事情。

由于自己喜欢石头的缘故,经常会逛各种观赏石市场。印象最深的一次是在四川的一个镇子,几乎整个镇子都是以卖石为生的人,平时生意不好,店铺几乎都关着门。当我这个外地人出现的时候,很多人闻风打开了门,店铺卷帘门刷啦啦的响声顿时给了我很大震撼。开店卖石头的大多是妇女和老年人,很显然他们都在挣扎地活着。看到这个情景,就会让人领悟到被社会的齿轮碾碎的穷人与寻求金钱的含义了。特别在一个店铺里,一个老妇人期待的眼神深深地打动了我。本想买一块石头带走,但店里全是四川话所说的"渣渣石",我没能带走一块石头。瞬间,我突然想:是他们的无奈与幻想?还是整个赏玩石头的文化出了问题?

据此不难得出另外一个认识:石头产地赏石群体的文化水平和赏石理念直接决定着观赏石的生命力,特别是那些以石为生的石农的经验性认识起到重要作用,正可谓皮之不存,毛将焉附?而这个观点也能够在古人那里得以印证,据民国时期邵元冲在《瀚海聚珍石考》里记述:"是其所据者,多在内外蒙古之沙碛中,益可证凡戈壁大漠之中,每多石之精英,历年概久,风日所炙,雨露所濡,霜雪所侵,则砂土之质,剥蚀净尽,而光华灿呈矣。唯此地多在塞外漠北,博文之士,罕所经涉,故石谱所叙,多不及之。"这里的"博文之士",指的就是观赏石被初次发现和发掘的一类群体了。

美国作家弗司各特·菲茨杰拉德在《了不起的盖茨比》里说过:"每当你觉得你想要批评什么人的时候,你要记住并不是所有人都有你拥有的那些条件。"事实上,每个人不可能都有画家、美学家、艺术家、诗人和雕塑家的素养。虽然有的赏石人对自身文化和艺术的幼稚和欠缺感到不安,也在不断地学习,然而文化积淀、审美经验和艺术感悟不是一般普通人所能够随意企及的。而且,当代赏石大众的素质参差不齐,大多抱着"玩石"的态度参与到赏石实践之中,还有相当一部分人纯粹是出于利益目的,他们往往只懂得迎合大众市场,追求满足客户的胃口,而并非真心地喜欢石头。所以,赏石的"雅俗共赏"观念的流行自有它的土壤和温床了。

图 29 《山人遗墨》 海洋玉髓 6.9×6.3×2.7 厘米 私人收藏

图 30 八大山人 画作 私人收藏

（四）赏石艺术：文化与高雅的回归

赏玩石头的通俗化沦为过目即忘的快餐文化，观赏石多粗糙、平庸和乏味，像撒了胡椒粉的饭菜一样供公众品尝，很难满足人们精神的高尚化需求。并且，由于功利心和利益的驱动出现了很多炒作石头的乱象。这一现状又无形中助长了一种精于石头包装的意识和技术效应，使得赏玩石头的人们更加适应于习惯性和标准化的统治。

实际上，虽然说文化和艺术从根本上是由劳动人民创造的，但代表文化和艺术高度的一定是精英文化和纯粹的艺术。对此，清代画家石涛在《苦瓜和尚画语录》里有针对性地说："愚者与俗同识。愚不蒙则智，俗不溅则清。俗因愚受，愚因蒙昧。故至人不能不达，不能不明。达则变，明则化。"在赏石艺术理念下，赏石需要正雅脱俗，需要回归纯净、高雅和品位，需要回归文人赏石传统，需要文化赏石的复兴，更需要走向艺术赏石的道路。可以说，赏石艺术代表着高雅艺术与娱乐趣味的剥离，精英赏石与大众赏石之间不可避免地存在着鸿沟。

然而，德国画家丢勒说过："我希望知道什么是美的形象，有人会这样回答，形象的美丑是由人们的判断来决定的。对于这样一种说法，别人不一定会同意，我也是不同意的。如果做出美丑判断的是一群无知的人，怎么办呢？那么，决定谁能够做出正确判断的依据又是什么呢？"事实上，这一困境也正是当代赏石所面临的。不过，近代思想家梁启超在《美学原理》里指出："审美观念是随着修养而进步的，修养愈深，审美程度愈高；而修养便不得不借助于美学的研究了。"因此，人们便不再去怀疑，那些有修养的人自身便能够形成高雅的品位，并且对各种艺术领域里的作品都会有一种良好的判断力。

总之，英国哲学家卡莱尔在《论英雄、英雄崇拜和历史上的英雄业绩》里指出："大自然及其真理，对于不道德的人，对于自私自利和胆怯的人来说，永远是天书；这种人对大自然的理解只能是平庸、肤浅和微不足道的；仅仅为了适应日常的需要。"观赏石不应该用大众的语言对大众说话，而应该用艺术的语言对艺术去表达。

图 31 《鸳鸯》 彩陶石(对石) 29×27×21 厘米 袁永平藏

生 命

生命！我不知道你是谁

只知道咱俩终究要分离；

可咱俩在何时，何地，怎样初会

我承认，这对我至今是个谜。

——(英国诗人)巴博尔德:《生命》

二　当代赏石标准的异化

当代观赏石的赏玩有一套国家鉴评标准。简单来说，即把形、质、色、纹、韵、命名、底座等几个要素作为衡量一块观赏石优劣的指标，并把各项指标赋予一定的权重，分别打分以计总分形式进行量化评判。

> 2007 年 9 月 14 日，国土资源部颁布《中国观赏石鉴评标准》（俗称 H 标准），这是我国有史以来第一个专门针对观赏石制定的全国统一鉴评标准。该标准对观赏石的概念和分类、鉴评要素、分值权重等基础性问题做了明确的规定。2014 年 2 月，为了引导观赏石文化事业和观赏石市场健康有序发展，促进观赏石鉴评工作实现标准化和规范化，科学地指导观赏石的鉴评工作，中国观赏石协会在 H 标准基础上，修改、完善并形成了新的国家级《观赏石鉴评标准》（GB/T31390-2015，俗称 G 标准）。

当代赏石为什么要制定出一套观赏石鉴评的行业和国家标准呢？又如何来看待其中所蕴含的可能性解释？

第一，从主观上促进观赏石的发展是题中之意。而从深层次上去探究，其逻辑起点或许在于与传统赏石的皱、漏、瘦、透、丑的相石标准相对应。然而，人们需要思考：该逻辑起点是否合理，即古人赏玩石头有标准，因而当代人赏玩石头也需有标准的二元论逻辑假定。

人们会问：当代赏石的赏玩对象涵盖传统石吗？如果答案是肯定的，那么，就意味着同一品类石种中面临两个赏玩标准的处境。退一步说，如果形、质、色、纹包含了皱、漏、瘦、透的话，那么，作为一种语言现象，传统石的赏石标准基本上给了人们如何审美地赏石以及判断石头"好与坏"的确切答案。因为皱、漏、瘦、透的含义基本是明确的，也具有鲜明的排他性语意特征，并且，就人们的一般常识性理解而言，基本上没有歧义。但是，就当代的赏石标准而言，其中的形、质、色、纹，只是衡量石头的几个要素而已，其本身并没有确定的内涵性指向。而且，这些要素只关涉观赏石的基本形式方面，而不能够触及观赏石的美学本质。这就犹如欣赏一幅绘画，倘若人们只关注画布、颜料的性质、线条、色彩和块面，不能算是对这幅绘画的真正欣赏。换句话说,这些标准只是如何看待一块观赏石的几个角度,而并不能够给出富有确定性的参考答案,因为不同的人会对这些要素有着不同的理解,不同的人对这些要素的"好与坏"的理解也会不相同。严格地说,古人的那个赏石标准是天经地义的标准,而不管它自身是否完美;而当代的赏石标准似乎不能称其为"标准",其最大弊端在于忽略了事物的含混性、判断美的事物的优先性和审美的本质性。

第二,当代赏石国家标准的制定,另外的合理解释是增加人们赏石的可操作性。然而,赏石有可操作性吗? 观赏石可以量化比较吗?

在根本上,这些问题会涉及赏石人奉行何种赏石理念。就赏石艺术来说,赏石标准显然与赏石艺术的本质是文化的和艺术的内在属性相背离,从而把文化、艺术与赏石割裂开来了。众所周知,在社会科学领域里对文化和艺术的评价是最为困难的,这种困难表现在多个方面,更何况谈及标准化和规范化了。事实上,正因为它们难点重重,所以才是个性化的、创造性的、开放的和自由的。赏石艺术是活的意识,赏石艺术理念在于有法而归于无法。如果赏石艺术受着规范化、程式化和量化的束缚,它就是一种技巧而非艺术,是一种单轨的能力而非知识和想象,是一套程序和方法而非理念了。

从中国赏石发展史的角度来看,当代赏石出现的两个事件深刻地影响着观赏石行业的发展。其一,2014 年 2 月中国观赏石协会颁布了《观赏石鉴评标准》;其二,2014 年 12 月,国务院以国发〔2014〕59 号文件印发了"赏石艺术"作为传统美术类,被列为国家级非物质文化遗产的代表性项目名录。然而,这两个事件发生的时间先后及其影响引人深思:赏石标准的制定和发生在前,"赏石艺术"的确立在后;同时,对于稍有常识的人们来说,标准和艺术明显是相悖的,这就如同一个人个性中的冷漠和热情相对立一样。因此,这两个事件在本质上具有紧张关系,甚至是冲突的。

赏石艺术作为国家级非物质文化遗产,标志着它作为独立的艺术门类在名义上取得了法理席位。并且,"赏石艺术"这一名词的诞生也具有了划时代的意义。需要指明的是,真正的艺术从本质上说是情感的和精神的,更是想象的,不可能是纯粹直观的东西。赏石艺术自然也不例外。因此,赏石的标准化并不是促进观赏石发展的灵丹妙药;相反,人们的赏石洞察力和想象力被赏石公式无情地规定了。用德国美学家席勒的话说:"死的字母代替了活的知性。"应用在赏石实践中,它无形地把人们的赏石审美降低到了满足需求的消费主义了,直接导致一些直观的"一眼货"大行其道,而真正富有艺术感染力的观赏石艺术品却逐渐被边缘化了。

当代的赏石标准在逻辑上和经验上都是脆弱的。准确地说,赏石标准异化了——这里的"异化",可以理解为向非本来存在的一种颓废。实际上,就赏石艺术理念而言,赏石艺术是自由的、创造性的和个性化的,试图用固化的标准去衡量、判断和欣赏观赏石都是徒劳的;反之,从长远来看,这种作茧自缚的意识和行为会严重束缚和扼杀赏石艺术的生命力。

诚然,智者需要互尊。任何学术上的探讨和争议均应该得到尊重。并且,还需要宽容地来理解已经出现的一切——因为任何探索在跋涉途中都会出现这样或那样的遗憾。不过,假如赏石标准是被强力意志制定出来的,当它不合时宜时,不符合事物发展趋向时,特别是不符合新事物本质要求时,那么,它也必然会被无形地打破。

总之,标准和量化评判需要远离赏石艺术,才能够真正还给赏石以审美和自由。

三　观赏石价格的困惑

在中国赏石发展史上,大约在唐宋时观赏石就已经出现了交易。比如,中唐诗人姚合(约公元 779—846 年)创作了《买太湖石》诗歌:"我尝游太湖,爱石青嵯峨。波澜取不得,自后长咨嗟。奇哉卖石翁,不傍豪贵家。负石听苦吟,虽贫亦来过。贵我辨识精,取价复不多。比之昔所见,珍怪颇更加。背面淙注痕,孔隙若琢磨。水称至柔物,湖乃生壮波。或云此天生,嵌空亦非他。气质偶不合,如地生江河。置之书房前,晓雾常纷罗。碧光入四邻,墙壁难蔽遮。客来谓我宅,忽若岩之阿。"从诗中不难读出,卖石翁虽"不傍豪贵家",但卖石仍需"取价复不多"。

宋代赏石家杜绾在《云林石谱》里记述:"顷岁,钱唐千顷院有石一块,高数尺,旧有小承天法善堂徒弟折衣钵得此石,直五百余千。"而且,杜绾在《云林石谱》里还指出:"峡州宜都县(注:今宜昌)产玛瑙石,外多泥沙积渍,凡击去粗表,纹理旋绕如刷丝,间有人物鸟兽云气之状。土人往往求售,博易于市。"此外,宋代淳祐在《玉峰志》里记载:"巧石,出马鞍山(注:属今昆山市)后。石工探穴得巧者,斫取玲珑,植菖蒲芭蕉,置水中。好事者甚贵之。他处名曰昆山石,亦争来售。"宋代陆游在《老学庵笔记》中记载,英州有出石处,"有数家专以取石为生,其佳者质温润苍翠,叩之声如金玉,然匠者颇秘之"。

到了当代社会,观赏石作为一种特殊的商品,完全走在一条交易经济的道路之上。

图 32 《八大笔韵》 大湾石 10×8×2 厘米 陈善良藏

　　这块观赏石展现的是一种纯粹的艺术,宁静、简洁而有一种文学美。犹如英国诗人莎士比亚所说:"集中所有语言的表现力于一点,以一种单一的、轻松的表现使审美想象在最期待和激动的时刻感觉到喜悦。"

（一）交易现状与价格的模糊

当代观赏石主要分散于产地交易、展会交易、石头市场里的零售交易、石头圈的私下交易，以及石商之间的内部交易等。总体来说，这些交易虽然规模较大，但缺乏可信度，影响力差，这也在侧面反映出高等级观赏石的整体交易刚刚处于起步阶段。

观赏石面对的最大困境是难以定价。这体现在缺少确定的依据，没有相对的参考价格，也不能够与成熟的艺术品比价，而多是依靠有经验的石商去定价，依靠买家财力和个人喜好程度来定价，依靠卖家是否急于出售等来定价。正如有人所戏言：有石头的人不想卖，有钱的人非常想买，于是石头就高价成交了；只要符合买家的心理预期，怎么卖都可以；好石头遇到了懂石头的买主，石头就成交了。总之，观赏石的定价体系紊乱、不成熟和不透明，导致高等级观赏石的交易多是在信息不对称、心理博弈或者偶然状态下完成的。

同时，观赏石的真实成交价格也很难被人们准确地获知。抛开那些"老鼠仓"式的交易不论，往往公众所获知的观赏石的成交价格，一般都会偏高于或远高于其真实成交价格，容易使人坠入假信息的陷阱。究其原因，这对于买卖双方来说都是双赢策略。比如，对于卖方来说，不管是否收入如此多的金钱，但石头成交了，无疑已经满足了自己的心理预期。而且，通过夸大石头的成交金额，不但能提高自己的成就感，还在侧面宣扬了自己的收藏水平。对于买方来说，既让外界知道了自己的财力和名气，同时也为这块观赏石未来的升值埋下了伏笔。因此，在买卖双方的合谋共赢策略下，对外宣传被抬高的观赏石的成交价格是有理论支撑的。事实上，在较少的高等级观赏石交易案例中，这种做法几乎成了惯例。

随着观赏石展会的不断涌现，以及人们精品意识的加强，出现了赏石家相互间交易观赏石的趋向。并且，有的收藏家有着自己的独立见解，只收藏那些已经成名的观赏石。同时，赏石圈外的艺术品收藏家只拥有一两块高等级的观赏石即满足了，他们只是把观赏石作为自己跨门类艺术品收藏的细微点缀，以此向同行展示自己的与众不同，但不会让它们成为自己收藏的焦点。

当然，这些是观赏石的个别交易现象而与探讨高等级观赏石交易的理想模式和规律并不密切相关。从根本上说，这种状况与不成熟的观赏石市场以及观赏石的特殊性紧密相连。特别是从历史维度来看，当代人们大规模赏玩石头才经历几十年的时间，把观赏石作为成熟商品甚至是艺术品来买卖终究还是太短暂了。

（二）观赏石定价的几个不适当主张

第一，有人主张，观赏石的价格应该与其他艺术品的价格进行比附性发掘，即运用比价效应理论。比如，"通俗一点说，艺术家用自己的艺术作品去换取喜欢的石头，或者借鉴石头来创作艺术品，那么，石头和这些艺术品就有价格的可比性。最典型的当属米芾的《砚山铭》（图133），它是艺术品收藏中公认的精品，其每一个字的价格都是所谓天价，而米芾最终用砚山来跟朋友换了宅地。它的价格具备了与艺术品挂钩的内在联系，进一步就可以参考定价了"。

显然，这个观点所列举的例子经不起推敲。主要在于它犯了以特殊个案来推究整体的逻辑性错误，因为一种案例并不能成为预料将来会有类似连续存在的理由。实际上，个案往往会引发人们的思考，这是它存在的意义。也就是说，这种比价效应的手段或标的物是偶然的和单一的，并且极具特殊性，只能够具有一定的启示意义，而没有实际操作或参考意义。比如，当代社会也出现过爱石人用房子换取观赏石的案例，人们总不能够依此说观赏石可以同房子的价格来比较论价吧。

无论是古代米芾用砚山换取宅地（注：米芾用"苍雪堂研山"换取了"海岳庵"），还是当代人用房子换取观赏石，只能说赏石人爱石成痴，或者从一个侧面反映出高等级观赏石是昂贵的这一现象，但绝不能把它们说成是等价交换的佐证。

不过，比价效应理论在观赏石艺术品的定价过程中有着一定的指导意义，但需要在"正确的比价物"之间才会有效。举例而言，如果《仿常玉侧卧的马》这块观赏石与常玉的绘画，特别是与常玉的"马的题材"绘画之间能够建立起联系，并经过赏石艺术检验法则的确认，那么，两者才能够成为正确的比价物，进而比价效应理论才能发挥一定作用。比如，常玉的《群马》（图33）画作以2.07亿元的价格被华艺国际拍卖机构于2021年拍出，那么，《仿常玉侧卧的马》这块观赏石与这幅画的价格就有了比较的基础。当然，两者不可能完全比价——观赏石艺术品毕竟有着自己的特殊性。

图 33　常玉　《群马》　纤维板油画　110×103 厘米　　私人收藏

　　第二，人们通常会以购买观赏石的价格去推定售卖的价格。实际上，观赏石的价值究竟几何，不是依据购入的价格而是由它的艺术价值和极度稀缺性所决定的。然而，以观赏石的获得价格去制定售卖价格却是人们经常犯的错误，其背后隐藏着一个基本事实，即这是一些石商的惯常做法——事实上，很多观赏石艺术品最初都是被石商首先发现的，正如英国艺术家朱塞佩·埃斯卡纳齐在《中国艺术品经眼录》里，引述克利夫兰艺术博物馆馆长的话所说："当一个馆长出差回来说：'看我发现了什么！'我跟他说，'记住，一个古董商在你之前就发现了它。'"总之，石商通过石头周转以赚取差价，低价格买入而较高价格卖出，有利可图是商业原则之一。

　　第三，"石因人而贵"观点的流行。最容易让人想到的例子为现存于中国台北故宫博物院的《东坡肉》（图34），因进入清宫内府被皇家收藏的经历而身价倍增。所以，"石因人而贵"的观点往往被人们视为真理。对于观赏石来说，石因藏家而贵虽然能够找到很多经验支持，但并不能够说明它就具有普遍性意义。此外，人们还需要清醒地认识到，某物"因人而贵"的"人"，多是历史名人或文化名人，而非简单地理解为是那些出了名的人。

　　然而，因为"石因人而贵"观点的流行，于是出现了在所谓名人圈里花钱买名的怪现象，以致出现了"名家比名石多"的悖论，这恰是一个假象。因为这个假象的存在，使之成了一部分人投机取巧的手段。当然，不可否认的是，观赏石在不同的人手里、不同的地域、不同的情景下、不同的时代、不同的流通环节，其价格必然迥异，特别是一些传承有序并经名家递藏的观赏石必然会吸引人们的眼球，也在无形中增加了可信度和知名度，若加之其中的故事或传奇色彩，就更为显得珍贵了。

（三）如何给观赏石定价？

　　艺术品收藏和投资本身就是小众。观赏石艺术品更是小众之小众，在它还没有进入大众投资范畴之前，其价格很难真正完全得以体现。然而，任何艺术品的鉴定、估值和流动都是不可缺少的重要环节，对于观赏石艺术品来说也同样重要。如何确定观赏石的价格，需要考虑它的特殊性和独有规律。

　　第一，市场的接受取代人们的主观判断。当前，"有价无市"是高等级观赏石艺术品的现实处境。从价值规律上讲，观赏石艺术品只有在不断地交易和流通中才能够实现自身价值并增值，只有在市场机制的约束下才能够真实地体现其价格，货真价实和"物以稀为贵"是市场的游戏规则。市场才是确定观赏石价格的最终场所，而没有市场价格的艺术品不但让人失去兴趣，也会令人沮丧。

图 34 《东坡肉》 玛瑙 5.7×6.6×5.3 厘米 台北故宫博物院藏

《翠玉白菜》《毛公鼎》和《东坡肉》，被称为中国台北故宫博物院的镇馆三宝。

第二,观赏石艺术品的价值需要赏石艺术理论的阐释才能够被人们所理解和接受。事实上,理论是世界上最实际的东西。古希腊哲学家亚里士多德在《形而上学》里指出:"一个有经验的人被认为比拥有无论什么感觉和知觉的人更有智慧,技艺家比有经验的人更有智慧,匠师比机械地工作的人更有智慧,而理论性的知识比起生产知识来,具有更多的智慧本性。"此外,法国艺术史学家丹纳在《艺术哲学》里指出:"艺术品表现事物特征的重要程度、有益程度和效果的集中程度,是衡量艺术品价值的尺度。"从逻辑上说,既然有的观赏石是艺术品,就理应属于艺术品的范畴,就应该以艺术品的属性来论价。同时,观赏石艺术品的市场价值也应该逐渐与艺术价值相接轨。当然,观赏石艺术品的需求也同其他艺术品一样,取决于整个社会的财富程度和人们对它们的认可程度。必须承认的是,那些极少部分的观赏石能够成为艺术品,并且被人们所认同,以及高等级的观赏石艺术品的空间价值被艺术市场所认可,都需要经历一个较漫长的过程。

第三,观赏石的等级决定它的价格区间。这也是在赏石艺术理论上给予观赏石等级以阐释的重要原因,而观赏石等级的背后是艺术性和稀缺性在起着决定性作用。

(1)最高等级的神品观赏石已经处在赏石艺术的金字塔最顶端,理论上它的价格能够与主流艺术的艺术品价格相媲美。然而,令人遗憾的是,在现实中还没有出现与主流艺术中的高端艺术品价格相当的观赏石成交的案例——但现在没有,并不意味着将来没有。

(2)高等级的珍品观赏石理应属于奢侈品,必然与奢侈品相类同,属于高消费能力的拥有者。实际上,一些高等级的观赏石多被富人阶层买走了,或者用于投资收藏,或者用于装饰私人居所。

(3)对于那些毫无等级可言的商品石,只是作为一部分玩石人消遣的对象,从而在赏玩过程中体味一份乐趣罢了,很难说它们有多大的市场价值。而绝大多数普通石头则没有任何价值可言,它们既不是严格意义的观赏石,更不是观赏石艺术品,根本就不值得拿来用作商品来看待。

最高等级观赏石与较高等级观赏石的价格级差可谓天冠地屦,即观赏石的价格差是随着等级的高低以几何级数递增的,正如有人俗称的"加零法则"。换言之,真正的收藏家愿意花更大的价格去追逐最高等级的观赏石艺术品,所以,马太效应同样适合于观赏石艺术品。

第四,考虑观赏石的附加价值因素。观赏石是一种极为特殊的艺术品,从它的可获得性来说,从表面上来看石头是人们从大自然里无偿获取的。其实不然,那些真正下过河或者去过荒漠捡石头的人都知道，想遇到一块好石头是多么困难，其中蕴含着太多的艰辛、运气甚至生命危险因素在里面。并且，对于观赏石收藏者来说，大多经历过买假石头和普通石头的痛苦过程。所以，对于许多赏石人来说，最后真正能够拥有几块高等级的观赏石简直是一种奢求，甚至最终都是一种梦想而已，往往背后付出的隐性成本是巨大的。因此，这些沉没成本因素在观赏石艺术品的最终价格中都需要得以体现。

第五，同类参考法。借鉴主流艺术品的规律，当代观赏石只有经历较漫长的发展过程，比如几十年或者更久的时间，其完善的价格机制才可能逐步确立下来。不过，可以预期，高等级的观赏石艺术品的价格最终会通过初次流通、二次流通和多次流通，直至进入到具有公信力的拍卖机构才能确立下来。在此过程中，观赏石真实的、可靠的价格记录才最为重要。依此，一种严格的经验分析方法才可以被运用，观赏石定价的同类参考法就可以发挥作用了，即与已成交的等级相同的观赏石的价格来比照，以大致确定某块观赏石艺术品的价格。换言之，同一石种且等级相同的观赏石的市场价格就具有参考意义——前提在于，只有几块高等级观赏石的价格被有公信力的机构鉴定并获得市场认可，只有真正高等级观赏石艺术品都浮出水面，才能够进行同类比较。当然，作为特殊的艺术品，观赏石的同类比较相当困难，更何况还会涉及不同类别石种之间的相互比较了。因此，只能够说这些观赏石的价格记录相互之间有着一定的参照性。

第六，对主流石种给予格外关注。有的石种之所以能够成为主流石种，必定有其深厚的历史和文化积淀、具备鲜明的特色、拥有较多代表性珍品以及较高的市场认可度等因素。所以，它们必然容易被主流艺术市场和赏石界所接受。当然，非主流石种里也会出现高等级的观赏石艺术品，但两者相比较，市场显然更容易接受属于主流石种里的高等级观赏石艺术品。同时，非主流石种只有经历时间过程，才可能会变成主流石种。

第七，充分考虑观赏石的独特规律性。它们表现为：（1）观赏石具有高风险与高收益的特点，这就决定了观赏石艺术品的价格有着极大的不确定性。（2）观赏石艺术品的价格是动态和剧烈变化的。其原因在于，一方面与整个大的市场环境和收藏者的审美情趣变化相关；另一方面，观赏石作为特殊的艺术品毕竟还是一个新生的事物。从实际经验来看，往往是那些赏石圈外的人更愿意出高价购买观赏石，因为相较于主流艺术品来说，有着天然性、唯一性、稀缺性、资源性、保值性、易保存性和艺术性等特点的观赏石艺术品的价值目前还是被低估了——还深处价值蓝海之中。而对于赏石圈内的人们来说，他们对于观赏石价格的接受程度往往取决于赏石水平的高低，他们所能接受的价格与眼光的高低成正比例关系。

此外，观赏石艺术品的市场价值在短期内还会受到多方面因素的影响，如经济环境、市场行情、通货膨胀率、市场情绪、流行趋势以及人性的攀比等。但从长期来看，起决定性作用的只能是观赏石自身的艺术价值和极度稀缺性，以及赏石艺术在整个主流艺术史中的地位。

（四）理想模式

传统艺术品市场的繁荣与发展离不开诸如苏富比、佳士得、保利和嘉德等著名的拍卖机构。因此，人们需要思考：观赏石艺术品是不是有必要，以及能不能与传统艺术品市场相接轨；同时，传统艺术品市场是否能够认同和接纳观赏石艺术品。

如果把赏石艺术视为传统艺术市场里的一个细分领域，或者尊重其作为一个独立艺术门类的现实，那么，接轨的方式无疑有两种：一是传统艺术品拍卖机构接纳观赏石，视其如同书法、绘画和古玩一样；二是创立属于观赏石自己的独立拍卖机构。从理想形态看，这两个方式对于观赏石艺术品的交易来说，都意味着是一种颠覆性的变化。

传统艺术品拍卖机构接纳观赏石并非没有先例。只是从数量和品种的选择上，这些机构都是尝试性的，即观赏石艺术品出现在主流艺术品拍卖机构基本上是现象级的。换句话说，具有公信力的主流艺术品拍卖机构面对新生的观赏石艺术品相当谨慎，主要在于主流艺术对当代赏石艺术还"不识庐山真面目"，它们对观赏石艺术品更是雾里看花。

然而，从以往较少的拍卖案例来看，一些流传有序的古代遗存石（主要是文人收藏的传统石）一经在主流艺术品拍卖机构出现，就会引起人们极大的关注和追逐。但客观地说，有明确记载，流传有序，能够经得起考证的古代遗存石的数量极其稀少，且多属园苑观赏石。而且，当代赏石人面对老祖宗留下来的珍贵遗产也没有尽心研究，导致"古石不古"和"新石乱古"的混乱局面。总之，不管对于观赏石自己的独立拍卖机构，还是主流艺术品拍卖机构来说，能够引起它们重视和被吸引的，必然是那些珍品和神品观赏石，以及那些有独特品位的赏石艺术家的作品，否则，谈及拍卖就没有意义。

参展和著录也会成为对观赏石艺术品价值认知与发掘的一条重要途径。值得借鉴的是，如记录了清宫旧藏的《石渠宝笈》的书画作品会得到人们的追捧。一方面皇家无形中提高了那些艺术品的品位；另一方面，也降低了人们对那些作品真伪的担忧。同样，高等级的观赏石艺术品的参展和著录也会为以后的交易、流通和传承奠定一定基础。特别对于观赏石艺术品的投资和收藏而言,有确定著录来源的名家藏品本身就是未来价值的加分项,增加了其传播性和潜在意义,对未来买家的吸引力会更强。而这一倾向在古代观赏石的流传中可以得到佐证。比如,北宋朱彧在《萍洲可谈》里记载:"近年拳石之贵,其直不可数计。太平人郭祥正旧蓄一石,广尺余,宛然生九峰,下有如岩谷者,东坡目为'壶中九华',因此价重,闻今已在御前。"

总之,观赏石艺术品的交易和流通有着特殊性,这又决定了其价格的不稳定性。随着赏石实践的深入发展,有的观赏石产地面临着资源枯竭的现实,它基本宣告了观赏石攫取的红利时代结束了。然而,那些从产地开发和转移出去的观赏石毕竟不是消耗品被消耗掉了,它们经过市场的隐性传递最终流散到各地藏家、有实力的企业家和观赏石藏馆里了。实际上,经过市场的不断淘汰和检验,极少数观赏石由于兼具文化和艺术属性,往往受到藏家的珍视。对于那些高等级的观赏石,人们大多希望把它们世代传承下去,除非生活中出现了重大变故,才会拿出来交易或转让。这些因素直接导致当前市面上高等级观赏石的尖货货源急剧减少,或者说好石头都藏而不露了。即使一些观赏石在等待着二次流通,但二次流通与初次流通会大不相同,诸如交易价格不同、等级要求不同、交易心理不同、价格期望值不同,甚至交易主体也不同了。

四 赏石具象化的随波泛滥

(一)具象化之思维

作为赏石特有的语言,如、若、好像、类、宛然、仿佛、似、看上去等比喻表达法,在中国赏石文献中随处可见。比如,民国时期邵元冲在《瀚海聚珍石考》里说:"瀚海聚珍石,获于敦煌西南古阳关及古玉门戈壁中。石分五色,而纹理形态各殊,有似人、似动物、似城堡、似木化石、似菌芝、似蒸云者。"忠于直观的物象、追求形似的具象化赏玩石头的思维由来已久,并根深蒂固。

当代赏石沿袭着这一遗风,"像什么"也成了人们最频繁的口头禅。人们都在凭借着一种以事物本来有的、似乎有的样子去再现事物的良好愿望赏玩石头,尽乎都要从抽象中

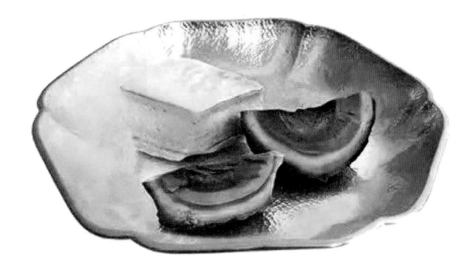

图 35 《皮蛋豆腐》 戈壁石 私人收藏

2017 年,当代戈壁玛瑙石《皮蛋豆腐》,在中国嘉德"文人漫生活——天地有大美而不言"专场,以 120.75 万元被成功拍卖。

图 36 清代 《锁云》 古灵璧石 23×13×24 厘米 私人收藏

这块古灵璧石充满了雕塑感,它在方向、体积与块面上呈现自由嬉戏的姿态,扭曲如舞蹈般地处于运动之中。北京保利 2020 年以 1345.5 万元成功拍卖,成为截至 2020 年世界最贵的文人观赏石。

寻求具象,在模糊中寻找正确性,在不可能中寻求着可能性,像搜寻一块钻石一样以获得发现的快感。在赏石实践中,人们对观赏石的具象化追求,对于造型石意味着与客观事物一模一样,逼真是其代名词;而对于画面石则意味着写实,能够像照相般欺目乱真。总之,不管是造型石还是画面石,人们都在热切地追求着石头的真实性,赏石把"忠实于真实"作为了追求的目标。用哲学语言来说,这种赏石幻觉教条的产生是过分运用哲学现实主义的结果。

赏石具象化在一定程度上不可避免地出现了泛滥化的趋向。夸张一点儿说,追求象形的石头越来越流行,观赏石越来越像动物(人是高级动物)的百乐园,而本该关注的观赏石的主题、艺术性、意境和美感被忽略甚至被丢弃掉了。严格来说,赏石对于"真"的排他性趣味,压抑了对"美"的追求,放弃了艺术形而上的魔力,致使观赏石题材被极大地束缚了,赏石艺术的张力也被窒息了,观赏石彻底掉进了真实的泥沼之中。对此,当代赏石学者丁文父指出:"在赏石的意味日益消淡时,赏石的形式愈加突显,这继而又使赏石的意味更加淹没在有关赏石形式的热衷中,从而致使观赏石的欣赏越来越拘泥在形式美的范畴。对赏石形式美的过分看重,最终导致了赏石向造型上的格式化、技法上的工艺化和功能上的装饰化方向发展。其结果便是赏石的得像忘意,已经失去了早期所注重的意味和意境。"

总之,过度追求具象化的赏石思维迫使人们仅停留在眼睛所见的真实上,从而堕入了照相式精确的技术论证的泥潭,多了些教条的意味,更多了些模仿的机械手法。观赏石成了与想象无涉的躯壳,远离了赏石艺术所追求的造型美和意境美,赏石也变成了一种低级能力。

(二)具象化之思辨

造型艺术多少都有些技术性的成分。那么,为什么说追求具象化石头的"真"会破坏和摧毁"美"呢?

客观而言,虽然真实在赏石审美上有着一定的优越性,但并不是有了它就完全足够了,因为真实的并非就是艺术性的,从而既使人愉悦又能感动人。以雕塑和绘画艺术为例,用模子浇铸是复制实物最可靠的办法,但一件好的浇铸品绝对不是一件好的雕塑作品。法国画家亨利·马蒂斯曾经说过:"照相机对于画家来说是很大的恩赐,因为它使画家免除了任何在外观上复制对象的必要性。"也就是说,照相机征服了视觉世界,反而使得艺术家们得以解脱,能够自由地探索人类隐蔽的心灵世界,并按自己想象的方式去抒发感受和情绪。实际上,具象化赏石更多的是运用赏玩石头的技巧或技术,而在艺术上正确的模仿并非是艺术,也更非艺术的最终目的。

那些具象化的观赏石虽然有趣、奇异和好玩,但对于喜欢艺术的人们来说,未免太直白了,因其多是喜闻乐见的事物而颇具凡俗的味道,而与真正的形象化艺术所追求的古典优美和情感朴素大相径庭,变得毫无吸引力。试想,当人们用艺术的眼光去欣赏石头呈现的具体物象时,如果体味不到它给人们带来的美感以及情感和心灵的触动,那么,这件具象化的物象又有何意义呢!如果观赏石与造型全部一般无二,还需要赏石艺术做什么呢!如果人们在观赏石展览会上,看到的都是石头相似的物象,除了给人们带来惊诧的感觉之外,不能够带给人们以艺术的感染、美的享受和心灵的震撼,即使抛开它们使人的审美疲劳不论,有谁会承认观赏石具有艺术性,以及观赏石是艺术品呢!

过度追求象形化观赏石的原因,除了赏玩的惯性、知识的褊狭和趣味的固执之外,还与不同人的欣赏习惯有关。比如,普通大众的艺术理解力往往欠缺,所以他们才喜欢具象化的形象,因为在观察中可以自如地运用自己的理解力去揣摩形象,以及这些形象在生活中像什么,据此能够获得快感;反之,对于那些非具象的,并且他们不能理解的事物和表现形式,则很难获得快感。因此,他们就把目光和关注点更多地放在了日常生活事物之上了,这对于他们来说是容易做到的,此种状况可以理解为是赏石与日常生活和常识的一种结合;而相对于知识分子和艺术人士等社会精英阶层来说,他们在赏石中除了关注日常生活事物之外,更喜欢去关注文化、思想、文学和艺术等富有想象力和内涵的物象以及属于精神和情感层面的东西。只是这类人群在当代赏石活动中所占比例极小,并且他们愈来愈被边缘化了。所以,赏玩奇石和怪石的趣味性和娱乐化成了主流,观赏石成了大众化产品,观赏石的艺术性和个性化变得暗淡无光了。

人们还应该视不同情况来深入认识。追求象形之石多始于戈壁石,这恰是由戈壁石这个石种的自身特点所决定的。事实上,在赏石界里也出现了一些珍品象形戈壁石,它们对于整个中国赏石界起到了巨大的引领效应。同时,追求象形之石基本能够满足赏石大众的能力,并且也能够被瞬间地接受。因此,极具猎奇心理的人们惊诧于石头之奇、之怪就不难理解了。但是,如果追求象形之石泛滥于各个石种就会出现很大问题,并且作为一种赏玩的思维惯性运用在所有赏石活动中危害更大。在根本上,它忽略了众多石种的自身赏玩特点,而且,一味追求趣味和怪异奇石的动机和行为,就会逐步脱离文化和艺术赏石的方向和道路。

图37 《太湖秋月》 太湖石 46×72×20厘米 顾建华藏

秋素景兮泛洪波,挥织手兮折芰荷。凉风凄凄扬棹歌,云光开曙月低河。万岁为乐岂云多!

——(汉代)汉昭帝:《淋池歌》

有人质疑，追求具象之石难道就不是赏石艺术了吗？显然，这个问题不宜一概而论。有的石种适合具象化赏玩，而有的石种却并不适合；赏石艺术有着自己的特征，任何石种具象化到了极致，或者说神形兼具的象形石理所当然是观赏石艺术品，并且是赏石艺术里的重要组成部分。正如人们常说的："是的，太像了，像得太可怕了""它们已经成精了"，不能说它们没有独特的美感，没有自己的艺术性，相反可以称之为赏石的具象极致化艺术。

最为重要的是，人们更需要对艺术的内涵多些理解，而不能仅是局限于谈论和认同观赏石的特殊性，才能够对观赏石艺术品有更深入的认识。比如，法国艺术史学家丹纳在《艺术哲学》里指出："艺术应当力求形似的是对象的某些东西而非全部。""艺术的目的是表现事物的主要特征，表现事物的某个突出而显著的属性、某个重要观点和某种主要状态。"同时，德国哲学家本雅明说过："艺术作品看起来都是佯谬的和伪装的。"因此，需要明确两个不同概念之间的区别：具象化与具象化艺术。显然，它们具有不同的语意特征，具象化艺术是具象化与艺术之间的一种微妙平衡。所以，无论是造型石还是画面石，在追求具象化的同时，更要兼顾石之神韵，那必然是赏石的理想化境界了，犹如近代思想家王国维在《人间词话》里所说的："上焉者，意与境浑；其次，或以境胜；或以意胜。"

人们还不得不面对另外一个核心问题：石头并非都是完美的。在这个前提下，如果只追求具象的一面而忽视了石头的神韵——恰恰很难达成共识，又恰恰是赏石艺术中最重要的部分，那么，观赏石就与呆板、畸形、不耐看、俗气和令人厌恶不可避免地联系在一起了。同时，赏石变成了纯粹的形式主义，赏石内容由微妙而流于空虚，赏石题材由丰富而陷入贫弱，观赏石的艺术性和美感荡然无存，趣味恶劣横生。如果说这也是赏石艺术，那么，赏石艺术就成了一种真正儿童式的艺术、空洞的艺术和颓废的艺术。

反观在艺术理论上，德国哲学家黑格尔曾经指出，艺术是对具体化或具象化的一种抗议。那么，非具象的观赏石必定是主观的，每个人都自己决定着对它的理解，即主观性的观赏石艺术品必然是欣赏者自己心中的镜像，而无论它到底意味着什么。

比如，欣赏灵璧石的皱、漏、瘦、透、雅、秀、丑，通常是赏玩的精髓之所在，也是传统石的美学精华，其所蕴含的抽象之美和意象之美令人回味无穷。在某种意义上，这种赏石审美也拓展了美学的领域而独树一帜。然而，在当代赏石活动中，一些象形类的灵璧石却被一些人所追捧，一些生硬、粗俗、怪异和毫无美感的象形类灵璧石，却被吹捧为"名石"而在赏石界大行其道。这恰是人们没有尊重石种的固有特点而机械跟风的典型表现。同样，在画面石的赏玩中也出现了相同的倾向，其中的一个现象就可以直接反映出来。比如，在

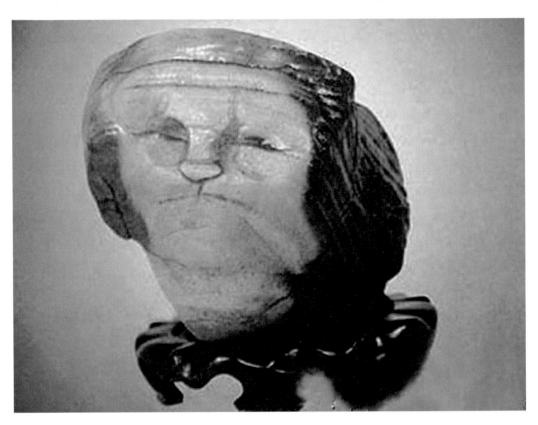

图38 《岁月》 玛瑙 8.5×8×6.9厘米 赵立云藏

所谓美,就是星光一闪的瞬间,两个不同的时代跨越岁月的距离突然相遇。美是编年的废除,是对时间的对抗。

——(捷克作家)米兰·昆德拉:《笑忘录》

观赏石展览会上,仔细观察人们欣赏画面石的表现,会发现一些人溜溜达达、漫不经心甚至以快速的步伐和犀利的目光"掠过"很多石头,然后会在一块有具象画面的石头面前停留下来,喃喃自语:"头部出来了,似乎还有眼睛。"无疑,这是笨拙的写实主义的一个缩影。此外,如果一块具象造型石与物象有所偏离,石头的拥有者不得不对这种"偏离"进行机械地解释和申辩,甚至对于一些"看上去理应正确"的无效性请求原谅。甚至,还有人认为,小孩子一眼能够看出是什么的石头才是好石头。相信,看过画展和雕塑展的人们面对此情此景会忍俊不禁。道理很简单,赏石艺术的美感多与雕塑和绘画相类同——比如,法国雕塑艺术家罗丹从不重视外形的"完成",反而喜欢把一些东西留给观者自己去想象,而这在公众看来却有些古怪。

通过上述对赏石具象化的分析,进一步可以总结以下几点认识:

第一,观赏石的审美与某个石种的固有特点紧密关联。某一石种具有何种审美特征,具有什么样的艺术性是由其自身特点决定的,这在赏石艺术实践中至为重要。

第二,人们在欣赏观赏石的时候,需要把自己的日常生活经验与艺术家所关注的审美经验两者做出一个彻底区分,从而在根源上为"如何艺术地赏石"找到某种客观依据,也能够从根本上为赏石艺术和主流艺术之间建立起一种直接联系。

第三,观赏石作品是赏石理念的最直接体现。秉承什么样的赏石理念就会有什么样的观赏石作品。如果人们在赏玩理念上追捧"像什么"的石头,则其必然流行。客观地说,人是一种有着各种需求的动物,且需求迥异,追求象形的奇石和怪石的理念未必不对,而且总有一部分人会喜欢,何况在赏石中追求一定程度的相似性也是必要的。然而,当代赏石需要拓展新的空间,需要转换一种思维模式和赏玩模式。假若真正希冀观赏石被主流艺术所认可,那么,就应该扬弃一些传统和流行做法而真正回归到艺术的本源。

总之,当代赏石艺术理念的萌发,对于那些最为内在的对赏石具象化的痴迷,在一定程度上暂获平息提供了新的思维。

五　当代赏石之殇

（一）小利益群体的群氓乱舞

美国经济学家奥尔森在《集体行动的逻辑》里指出，一个小集团必须建立一个组织形式，然后才能够获得小集体利益。通常这个小集团的成员数量很小，活动也很隐蔽，组织形式可以是正式的，也可以是松散的。而且，一个小集团做什么，取决于集团中的个人做什么，而其中的个人做什么，又取决于他们采取行动所带来的相对好处。当代赏石界的小圈子、小集团和小派别逐步盛行，在浮躁和喧嚣的气氛中你吹我捧，在同伴们的互相祝贺中对于圈子之外的观赏石极力贬低，更不屑说那些在最低级的境界下谋取生财之道的团体了。由于小集团带来了好处，一部分富有心机的人为了浮名实利，就不再忽视进入集团的活动了。由于集团内的一个成员的行为会对其他成员产生明显影响，像病菌一样快速地蔓延，"劣币驱逐良币"的机制无形中破坏着整个赏石圈的生态环境。

在抱有共同利益的小集团和小派别中，存在着少数掠夺多数人令人惊讶的行为。比如，有的小集团打着宣传赏石文化的旗号，却把私人谋利动机转移到公共赏石活动之中。形形色色的赏石活动家们为了各自目的画地为牢，试图通过信息不对称，收获剪刀差的方式搜刮石农和弱小石商。有的石商通过对炒方式哄抬石价欺骗旁观者。有人标新立异，弄些赏石的行为艺术戏弄着大众。有的冒牌赏石评论家也参与进来，"端谁的碗，唱谁的歌"便起着支配性的规律了，在写一些赏石的指导性文字时，极尽赞美之词，却配着一些拙劣的和毫无等级可言的石头图片，时时刻刻都会把一块平庸的石头捧上天。这无形中误导了很多赏玩石头的人们，直接导致大众鉴赏力的退化。有的赏石家根本不顾及自己的名望和身份，对一些难称经典但经常露脸的观赏石，极力涂脂抹粉。此外，有人总以为石头容易赏玩，特别在其他领域有一定作为和成就的人，闲暇之时，也混迹于赏石圈之内，冒充内行，甚至也顶上了赏石专家的光环，乱点石头鸳鸯谱，起了很坏的导向作用。

俗话说，那些冠冕堂皇的谎言才是真正的谎言，犹如古希腊哲学家柏拉图在《理想国》

里所说的："高贵的东西在它败坏的时候就会变得更加可恶。"至于大多数普通赏石大众，习惯于没有根据的盲从，思想模糊，即使少数有见解的人在面对不满意的现状时，也容易陷入庸俗的争吵和无聊的争执之中。同时，很多观赏石展览会也成了石头的大杂烩，糟蹋了赏石艺术。

事实上，这些赏石界里的怪现象有着它们滋生的土壤和根源，那就是赏石艺术和观赏石艺术品没有能力对这些现象进行内在的批判。人们一旦缺少了对赏石艺术的敬畏之心，就变成了喧闹和无知；赏石缺少了真正的艺术和艺术家的关注，就无形成了对一部分有强烈私欲的人的过分纵容。因此，人们需要认识到，赏石艺术要"破圈"，需要破除熟人圈、名人圈和利益圈，才能还其本色；赏石艺术要"跨界"，需要在更大的艺术舞台上去展示自己。理想地说，赏石艺术只有获得主流艺术的认可，真正的春天才会来临；只有破圈与跨界并举，观赏石艺术品才能够成为艺术舞台上的主角；只有跳出自家的赏石圈子，透过反差才能更好地反观自身；只有扪心自问，自觉反思当代赏石存在的一些问题，才能够建设一种良性的赏石生态和赏石文化。

（二）觉醒

当前赏石似乎显现出了一种明显的颓废和停滞不前的征兆。荷兰哲学家斯宾诺莎在《伦理学》里说过："一切事物都或多或少受着一种绝对的逻辑必然性的支配。"现时代的观赏石是在蓄势调整，处于休养生息之中，静候一次复兴？还是观赏石的内在生命力正在不断衰竭？这是对当下观赏石行业发展的两种截然不同的认识，也是观赏石未来发展的两种截然相反的趋向。实际上，人们目前无力判断。

然而，人们却有理由去反思：当代赏石究竟该走向何处？

赏石艺术作为国家级非物质文化遗产，它为赏石群体所共享且属于群体性传承。因此，这个问题不属于赏石界某一类人，而是属于每一个喜欢石头的人们。然而，犹如印度诗人泰戈尔所说："雪崩时，没有一片雪花觉得自己有责任。"面对当代赏石的诸多乱象，却缺少富有理性的和建设性的声音，甚至连赏石界自我反思的声音也没有。

真实的情况或许是知者不言。很多有良知的赏石者都成了沉默的大多数，他们试图在麻木中"不违如愚"，在自己的一片赏石天地里寻求着快乐和慰藉，也成了"精于沉默的人"。这让人想起了俄国作家契诃夫《装在套子里的人》里的那句经典，"千万别闹出什么乱子来。"或许，更犹如法国画家德拉克洛瓦在他的日记里写道的："随着年龄的增长，我们

图 39 《不做井底蛙》 沙漠漆 18×13×9 厘米 黄笠藏

　　说话说道有人厌恶,比起毫无动静来,还是一种幸福。天下不舒服的人们多着,而有些人却一心一意在造专给自己舒服的世界。这是不能如此便宜的,也给他们放一点可恶的东西在眼前,使他有时小不舒服,知道原来自己的世界也不容易十分美满。

——（文学家）鲁迅

才被迫理解到,几乎样样东西都戴着一副假面具,而我们自己面对这种虚假的外貌,不但逐渐地不感到那么讨厌,反而日益习惯于把我们所见的东西设想为最美好的东西来看待了。"然而,又确如美国作家海明威在《丧钟为谁而鸣》里所说:"没有人是离群索居的孤岛,每一个人都是欧陆大地的一部分,都是大海中的一部分;如果有一小片地被大海冲走,欧洲会因此短少些许,仿佛地岬会被海水冲走一般,也仿佛友人的住宅或是你自己的房子会被海水吞噬;任何人消失都会令我怅然若失,因为我是芸芸众生中的一员。于是,不要差人探询丧钟为谁而敲响,它是为你而响。"

总之,赏石大众的思想贫困化在赏石艺术面前踌躇不前了,这是当代赏石停滞和深显疲态的主因;而小利益群体的群氓乱舞,无形中充当着当代赏石衰微的助推器。在一定程度上,这种态势也与艺术批评理论在赏石中还没有土壤密切相关。而批评理论通常是知识分子的专利,当代赏石界多么需要批评家啊!——"即使他们通常被比作闯进陶瓷店里的驴子,伴随着驴蹄的响声,正在阳光下晒干的精致艺术品被踏得粉碎。"反之,正如英国艺术史学家马修·基兰在《洞悉艺术奥秘》里所说:"理想的艺术批评家能够成为我们最佳艺术价值的引导者。"实际上,在当代赏石语境中,犹如中国赏石的发轫一样,文人知识分子的话语永远不可能被忽视甚至抛弃,只是如果文人知识分子没有同情之心,没有善良之心,没有责任之心,没有恻隐之心,没有道德之心,没有高贵的品格,更很少说出真理,那么,即使存在着又有何意义呢!

当然,这不应该是真正喜欢石头人们悲观的理由,也不能怨天尤人,自怨自艾,更不能在抨击一些丑陋现象的时候而否定一切,如同不能在倒掉洗澡水时把小孩子也一块倒掉一样。换个角度来理解,赏石的兴衰或许有其背后的逻辑,犹如清代美术理论家藤固在《中国美术小史》里指出的:"沉滞时期绝不是退化时代。文化进展的路程正像流水一样,急湍回流,有迟有速,凡经过一时期的急进,而后此一时期便稍迟缓,何以故?人类的思想才能不断地增加,不绝地进展,这源于智识道德艺术的素养之丰富;一旦圆熟了以后,又有新的素养之要求;没有新的素养,便限于沉滞的状态了。"

人们常说的"赏石界"是指与赏石活动有关的所有人,它本来就是一个虚无的存在。当代赏石之殇不是由某个人造成的,每个赏玩石头的人都有责任。所以,要想从根本上解决这个弊端,单纯凭借有意识地乞求于权威性的规范方式是行不通的。而且,赏石永远是一个辩证的发展过程,历史经验和时代实践必然会起到一定的启发作用。当赏石活动渐趋呆滞死板不能表现时代趋向的时候,必须要汲取新的艺术营养,或者进行一场新的革命。正如美国物理学家爱因斯坦所说:"问题永远不能在问题产生的那个层面上得到解决,需要的是升维解决。"反之,用英国文学家卡莱尔的比喻来说,"我们的衣服不再合身了。"人们迫切需要新的赏石理念。因而对赏石大众来说,在面对一种不熟悉的、困难的和全新的赏石艺术的形式时,必须比以往进行更多的思考,而不是简单地学会表示赞赏的行话和显示出懂行的腔调,或者未明其深义就断然拒绝。也就是说,赏石艺术作为一种个人抉择的艺术需要承担一种新的意义;同时,赏石的生命力在于那些已经出现或必然会出现的珍品观赏石,并且赏石的活力在于高尚趣味和高雅品位的诞生。

赏石艺术也会产生令人难以预料的多样性和不确定性,人们近乎无法想象到最终会发生什么。不过,一个开放的头脑必定会以艺术趣味发现某些新的东西,而赏石艺术要求不同的观赏者以新鲜和天赋的热情使得它能够深入发展。伦敦郊外马克思的墓碑上有一句墓志铭:"哲学家们只是用不同的方式解释世界,而问题在于改变世界。"一个小小的松散线头足以拆散一幅精美的织物。当代赏石艺术理念的萌发是对传统赏玩石头惯性思维的一种反叛,正如意大利雕塑家贝尼尼所说:"不敢打破规则的人,永远不可能超越规则。"所以,人们只有从束缚自己的规则和偏见中解放出来,才能够真正做到赏石自由。

虽然自我意识和观念的转变不会立刻改变现状,但对于所有艺术而言,创造性和杰作往往诞生于混乱。并且,往往与人世间的疏远和间离也是艺术实现跨越的一个新契机,作为新艺术的赏石艺术也不例外,犹如法国诗人波德莱尔所说:"艺术中的每次开花都是自发性的和个体性的。"赏石艺术像风筝,有风,它才会起舞,但它有着自己的天空。或许,在纷繁复杂的赏石表象之下,质变已经发生。

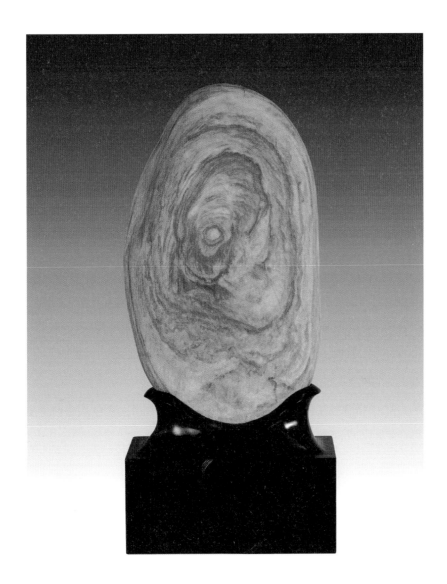

图 40 《呐喊》 长江石 35×20×9 厘米 黄盛良藏

挪威画家蒙克的《呐喊》有四个不同的版本。大自然的石头中也诞生了《呐喊》作品。这块画面石以流畅和急剧变化的线条,以象征性手法和夸张的艺术表现,勾勒出一个变形的、充满恐惧的和焦虑的呐喊者形象,仿佛正在对现实、理想和生命忘情讴歌,可谓有声有色。借用蒙克的话说,这一惊呼"刺破了整个自然"。

第五章　赏石艺术的载体：观赏石

英国艺术史学家佩特在《文艺复兴》里指出："不同艺术有着自身独特的、不可翻译的审美魅力，有着自身特殊的想象方式，对自身材料有着特殊的处理方式。"同时，文学翻译家傅雷在《世界美术名作二十讲》里说："每种艺术，无论是绘画或雕刻，音乐或诗歌，都自有其特殊的领域和方法，它要摆脱它的领域和方法，总不会有何良好的结果。各种艺术可以互助，可以合作，但是，不能互相从属。如果有人想把一座雕像塑造得如绘画一般柔和，一般自由，那么，这雕像一定是失败的了。"

石头，从自然存在物转化为艺术品，从纯自然转化为艺术，赏石艺术有着自己的理论和方法，被视作新的艺术范畴。

一　观赏石是什么

德国哲学家莫里兹·石里克在《普通认识论》里指出："任何一门学科在能够开始其工作之前，必须对它所要研究的主题形成一个确定的概念。做任何探究之前必须对它所要研究的领域进行某种界定。因为我们必须先弄清楚将要研究的是什么，希望回答的是什么问题。"此外，魏晋哲学家王弼在《老子指略》里说："夫不能辩名，则不可与言理；不能定名，则不可以论实也。"人们都知道，最基本的概念也是最重要的概念，对观赏石定义的讨论是整个赏石艺术理论的基础，对赏石艺术方法具有决定性的影响。

关于观赏石的概念有很多争论，纷争不已，很难达成统一与共识。不过，法国哲学家笛卡尔在《谈谈方法》里指出："我们的意见之所以分歧，并不是由于有些人的理性多些，有些人的理性少些，而只是由于我们运用思想的途径不同，所考察的对象不是一回事。"实际上，"观赏石是什么"的问题，不只是一种理论问题，也是一种利益问题。

观赏石概念之争不完全是纯粹理论上的分歧，也是话语权关系的争斗。于是，人们往往出于不同的动机和抱着各式目的参与观赏石定义的争论。

观赏石产业涉及的链条很长，包括发掘、运输、配座、销售、鉴赏、培训、研究和展会等诸多环节，以及所谓的相关宝玉石的雕刻和加工等产业链条的延伸，其中的每个链条都是一个利益体。事实上，利益往往属于强者的利益，同时触动利益比触动灵魂更让人难以接受，动了谁的奶酪，谁都会据理力争，正如德国哲学家托马斯在《效法基督》里所说："为了自己的利益，人性会激烈争执。"而且，由于大多数赏玩石头人们的本性，他们除了现实的物质目的之外，根本不会有其他目的，甚至也不会理解其他目的，更不会去思考一种理想目的。

英国哲学家罗素在《西方的智慧》里指出："论混乱纷纭的各种对立的狂热见解当中，少数起协调统一作用的力量只有一个，那就是科学的实事求是。"那么，究竟应该如何定义观赏石？用哲学语言来说，如何探究隐藏在观赏石背后的那个内在的本质呢？

赏石艺术作为一门学问，有着自己的客观属性。对于观赏石的定义，应该从最客观的角度和最一般的方面来确定观赏石的语义场：

观赏石是从大自然中被人们有目的地发现，引发人们的感悟，天然形成而具有唯一性和稀缺性，供人们赏玩的、有一定艺术表现的独立石质艺术品，是大自然留给人类的珍贵遗产。

如果把上述观赏石的定义作抽象化分解，不难发现，它内含着十个特性：发现性、感悟性、天然性、唯一性、稀缺性、赏玩性、艺术性、独立性、石质性和遗产性。观赏石的上列属性就把自己的内涵和外延确定了下来，从而体现了方法论上的本质主义要求。通俗地理解，不能把所有石头都称为是观赏石，因为俯首皆是的东西必定没有生命力，而是否具有艺术性是衡量一块石头能否成为观赏石的决定性要素，即艺术性是观赏石所有特性中最本质的属性。

图 41 《拼》 长江石 13×9×3厘米 林同滨藏

　　这块画面石的构图充满着激情的韵律感,局部细节又有着夸张的变形。力量是拼的
基础,而更多需要的是智慧。

无疑,观赏石定义的确立有着超凡的意义:

第一,如果观赏石不能够被准确地定义,或者充斥着含糊,那么,赏石艺术作为一门独立的艺术形式就失去了合法性。这里的"合法性"是指,究竟是什么使得它成为正当的理由,如同建一座高楼,坚实的地基都没有,或者地基不牢靠,犹如沙上楼台,即使建立起来了,也会摇摇欲坠,直至轰然倒塌。从根本上说,观赏石的定义是赏石艺术成为一门独立艺术门类的法理基础,并且,正因为观赏石自身独特属性的存在,才使得赏石艺术与其他艺术门类区别开来。

第二,赏石的边界问题在赏石实践中一直困扰着人们。上述观赏石定义明确地把石头与观赏石、观赏石与工艺品石、艺术性观赏石与非艺术性观赏石区别开来,并为观赏石自身开拓出了一片新的领地。观赏石有了属于自己确定的边界,人们赏玩石头就能有的放矢了。客观而言,观赏石的定义表面上看似把观赏石的范围缩小了,却为赏石艺术打开了一扇窗,而窗子之外,一个通向未知领域的新世界就被无形地打开了。

第三,观赏石的定义告诉人们,大自然中可以供赏玩的且具有艺术性的石头是极为稀缺的,它们无疑是珍贵的。观赏石除了获得赏玩石头人们和从事主流艺术人士的珍爱之外,也必定属于大自然留给人类的一份珍贵遗产。人们须站在历史遗珍的视野下去审视和珍爱这份人类文化遗产。同时,从社会性功能上来理解,面对极富稀缺性的观赏石艺术品遗产,也能够不断唤醒人们尊重自然、珍爱自然和回归大自然的意识。

第四,属性实为物之物性,观赏石的属性是被抽象和派生出来的。古希腊哲学家亚里士多德认为,事物的本质须由其属性见之。正是从观赏石的基本属性出发,人们才认识到赏石艺术是观赏石这一客观事物与欣赏者主体之间的一种互动。这种主客体之间的互动意在彼此接近,从而决定了赏石艺术既是经验的和再现的,又是感知的和表现的。所以,只有在认识观赏石最本质属性的基础上,才能够对赏石艺术进行更为深刻地理解。

总之,上述观赏石定义为赏石艺术理论和赏石艺术形式的阐释,以及为赏石艺术理念和方法的讨论铺就了坚实基础。

二 观赏石的十个属性

（一）发现性

大自然里的每一块石头都有着自己的命运，像芸芸众生一样。观赏石的发现虽说带有目的性，但客观上还是偶然性或机遇使然，即那些碰巧被人们所看见、捡取和挖掘，并能够为人们提供画面和造型的石头才能够进入人们的赏玩视野。进一步来说，观赏石的存在是一种可视的形式，如果一块石头被一位目光敏锐、有审美经验且富有艺术趣味的人所发现，那么，它就具有了某种艺术的外观。

石头转化为观赏石，必须被观看。这里，运用"转化"这个词语，意味着那些被人们当成艺术品的观赏石，实际上是人们将它视为审美对象，转化成具有非人工性质的自然作品了，正如德国哲学家康德要求人们去思考，人们所凝视的一朵玫瑰花是美的一样。同时，法国雕塑家罗丹说过："美是到处都有的，并非美在我们的眼目之前付之阙如，而是我们的眼目看不见美。"然而，人们发现了什么，不只是人们眼睛的肌肉收缩了一下那么简单。因此，法国艺术家杜尚则说："是观看者在创造一件作品。"总之，这也意味着要欣赏观赏石，就需要特殊的感官，而这种感官与人们通常理解和判断其他艺术品的感官完全不同，即观赏石的发现和鉴赏是同一个过程。

在赏石艺术中，观赏石艺术品的具体性是通过某种艺术表现形式来实现的，而其中的具体性包含美，也蕴含着其他情感。仅就美来说，美只能寓于事物的形相之中。观赏石的形相是人们的一种想象力视觉语言，它存在于人们眼睛的思维之中。因此，观赏石的发现性属性可以理解为赏玩者（赏石艺术家）依据自身的文化、文学和艺术修养，以及对生活的观察和感悟等内在的审美能力和审美经验，发现了天然石头的形相所具备的某些艺术特质，促使石头完成了一个华丽转身，使得石头这个自然之物转化成了艺术品。随之，石头的身份也发生了根本性的改变，天然的石头就被视为欣赏的艺术品了，欣赏者成了观赏石艺术品的见证人。进而，欣赏者借助观赏石就把一些基本价值观、美好和愿望等通过赏石艺术表达了出来。在这个过程中，要求欣赏者具有内在的思想、审美和自我反思，这样，通过赏石就获得了发现世界的乐趣，发现文化和艺术的乐趣，甚至在一定程度上人性也获得了解放。

进一步而言，观赏石拥有着自己的内在发现机制：

其一，观赏石的发现并非一次而完成，还存在着观赏者对观赏石的再认识和再创造，甚至是重新认识和重新创造的过程。比如，对于同一块观赏石来说，第一个发现其艺术特质的人可能就它的总体特征把握得很准确，但有的细节却被忽略了，而这块观赏石在面对别的观赏者时，又被发现了某些新的艺术特质，从而对原来的主题或艺术表现的理解有更大的提升；或者干脆对原来的主题完全推倒重来，赋予这块观赏石以新的艺术生命。

观赏石的发现有着多重性和重复性的特性。这一特性的背后有着自身逻辑，犹如英国哲学家艾耶尔在《经验知识的基础》里所说："物质事物对不同的观察者，或在不同境况中对同一观察者，可能呈现出不同的外观，这些外观的性质在某种程度上是由诸种条件和观察者的状态决定的。"

其二，观赏石的发现是一种创造性和想象性的视觉能力，它考验的是欣赏者和赏石艺术家的认知和再现性知识的能力。这个过程与其他艺术家的创作一样，犹如英国艺术史学家罗杰·弗莱在《弗莱艺术批评文选》里所说的："在绘画或雕塑里，自然的真实世界是如此充斥于我们的视觉，并生动活泼地诉诸我们的想象力——我们内在与静观的生活如此重要的组成部分是经由视觉形象的手段实现的，以至于视觉的这一自然世界召唤着艺术家持续不断地、生动地加以把握。画家的大部分乐趣及其灵感的主要源泉，都来自这一现实的视觉世界以及艺术家与它之间的关系。"总之，观赏石的发现过程，也就是欣赏者特别是赏石艺术家记忆中的某些知识、想象和感情投射到石头上的过程。

然而，赏石艺术会面临一个难题：每个人的文化和艺术修养是不同的，要使所有欣赏者面对同一块观赏石艺术品时都获得相同的观感，简直是异想天开。而且，赏石艺术的特性在于很难在当下得以确认，并且观赏石又有着自身独特的表现，因此，欣赏者的感悟就变得特别重要了。

图 42 《东方神韵》 罗甸石 40×78×26 厘米 李振坤藏

　　如同抒情诗使一切甚至激情变得高贵,真正的雕刻使一切甚至运动变得庄严。它给予一切与人类有关的事情以某种永恒的东西,并且具有使用的质料的坚硬性质。愤怒变得宁静,温柔变得严厉,绘画波动的和发亮的梦变成了充实和执拗的沉思。

——(法国诗人)波德莱尔:《美学论文选》

（二）感悟性

观赏石会在存在与所见、形象与观念之间存在差别。换言之，外观和实在与感觉世界不可分割，如法国心理学家孔狄亚克在《论感觉》里主张的，一切认识来源于感觉，一个不是来自感觉的信息的知性是不可能凭空发生作用的，所以，在认识的范畴内，判断、思考和理解等都是感觉的方式。

外观与实在是一回事，被感知是另外一回事。石头成为人们的观赏对象，石头所呈现的意象是什么，都会因人而异。只有观赏者心里有的，石头上才会有，犹如佛教《无常经》所曰："相由心生"，又如庄子所云："吾游心于物之初。""秉物以游心。"观赏石的外在形象须由欣赏者内心的感觉而决定，呈现在人们眼前的观赏石只属于欣赏它的人。

在赏石活动中，只有先给予自己自由，石头才能够享有自由。不同的欣赏者在面对同一块石头时，自然会有不同的观感。这种不同的观感既是石头给予的，又是欣赏者自身赋予的。这种对观赏石的不同感悟是赏石艺术所具有的一个鲜明特征。据此，古代赏石人又称石头为"劝人石"。清代汤蠡仙在《幻石记》里有着形象描述："索此石而观者不少，而或见仙佛，或见圣人，或他无所见，或他有所见，而不见三教，或一无所见。人皆以为幻，而蠡子独以为真，曰此劝人石也。能修身立命从事于儒则见圣人矣，能忘形造命屏诸妄想则见仙佛矣，能守份安命心耽泉石则见武陵源矣。能体此石，不以为幻而以为真，则大千世界各以明心见性为本，人人可圣贤可仙佛也，非劝而何？"

南朝画家宗炳在《画山水序》里说："圣人含道映物，贤者澄怀观道。"赏石既然是一种心灵活动，那么，就离不开人的静观体悟。只有透过石头的表象才能够理解它的内涵和奥秘，才能够透过敏锐的感受力去再现和感知外部的世界。赏石还需凝神观照，去想象观赏石物象所呈现出的艺术性，那些看似平淡的观赏石才会深刻起来，才会获得一种无可比拟的艺术境界。然而，如同参禅悟道一样，赏石也会经历"看山是山，看水是水"的段论式循环往复。事实上，山还是那个山，水还是那个水，石头还是那块石头，只是赏玩石头人们的品位和感悟不一样了。自然，石头在自己头脑和心灵里的映像就完全不同了。

对于观赏石的感悟性特征，我理解颇深。我有一石，石上有一马，结实而丰腴的身躯、洁白的颜色、闲散安逸的姿态、悠然从容的神情，显得寂静而优雅，孤独而美丽，极富浪漫诗意，有着魏晋雕塑和汉唐绘画之风格，犹如韩干画马，"画肉不画骨"，又似曹霸之马，精神优于形似，更具油画大师常玉绘画之风骨：丰韵、婀娜、线条、留白、充盈、含蓄，故命名

《仿常玉侧卧的马》(图 43),属我珍爱。一日,一位朋友来观赏,说道:"很像小孩子画的嘛。"可见,此马在彼人与吾人心目中的美感差距大矣。这个事例也生动地验证了德国思想家康德在《纯粹理性批判》里所说的:"悟性为知识之能力。"这就不难理解,赏石艺术只能够存在于欣赏者自己的思想、知识和境界之中了。

图 43 《仿常玉侧卧的马》 黄河石 29×22×9 厘米 李国树藏

就赏石的感悟性特征而言，一块观赏石有没有艺术性以及等级几何，既取决于它自身，又取决于欣赏者的审美和艺术感悟能力。当然，如果两个人面对同一块观赏石艺术品时都有相同的理解，或者同样的审美感受——前提是没有阿谀奉承的话，无疑是一件非常幸运的事情。然而，在赏石生活中这种情形几乎是很少发生的，这实际上就是欣赏者之间的心理距离问题，亦是赏石艺术中的审美错位问题。

艺术和趣味虽然讲不清楚，并且对于悟性的敏锐程度来说，人与人之间也存在很大差别，但悟性可以通过学习而获得。犹如德国美学家席勒所相信的，通过"感觉能力的训练"进行审美教育而高贵化一样，赏石可以通过听取拥有者的解释，比如，"这块观赏石的艺术性体现在哪里"等方式，再结合自身的实际，从而基本能够认同或者理解这块观赏石所拥有的艺术美感。当然，这里是指"基本能够"而非"完全能够"，毕竟人们的知识和素养是分层级的，并且个人之间的艺术感悟力总会存在着细微差别。

在赏石艺术实践中，感悟性作为人们赏石情感上的一种表达，其意义在于对创造性的激发，从而通过赏石艺术不断地拓宽人们的认知世界，使得人们的审美不断地重塑。准确地说，赏石艺术既高级又通俗，把最高级的内容传达给大众，从而赏石艺术也在培育能够懂得艺术的普通大众。

如何引领人们进行赏石艺术的审美就是一个严肃的问题了。比如，自己的观赏石作品如何能够让人看懂，真正让别人领悟到其所蕴含的艺术之美，需要言传身教和耐心讲解。当然，解释并不意味着描述同样的东西，起码也得重视暗示的力量——虽然暗示唤不起深奥与秘密的东西。形象地比喻，这个过程可以借用文学语言中的"追体验"来描述。所谓的追体验意指石头的欣赏者寻根探源，去体味观赏石拥有者的发现心境，以及对这块观赏石的真正理解，从而最终与拥有者心灵相通，与拥有者达成情感上的共鸣。所以，在赏石交流中，虚心地请教观赏石的拥有者："你自己是怎么看这块石头的？""这块石头好在哪里？"等问题就大有益处了。而且，在赏石交流中不仅相互倾听，还要彼此听见，这才是真正意义上的理解。

赏石活动中的发现、学习、领悟和分享也并非完全割裂开来，而是一个有机整体。在赏石过程中发生分歧是正常的，因为这里一定会涉及美、艺术、观念和感觉方面的东西。然而，很多人通常面对赏石分歧，往往无言以对，甚至还像古罗马帝国皇帝马可·奥勒留所说的，"不同无知的人作无谓的交谈"。这显然是出自一个帝国皇帝的自傲。相反，欣赏者相互之间交谈是必要的，如同德国哲学家伽达默尔在《对谈之无能》里所说："就像我们对世界的感官知觉不能不是私人性的一样,我们的内驱力和兴趣也是个体化的,而且,那个对所有人都是相同的、有能力去把握对所有人而言的相同的理性,最终还是无力对抗我们自身之个体化所培育的屏蔽。因此,与他者的对谈,无论他者持反对意见抑或赞成意见,理解以及误解,即意味着对于我们个体性的一种拓展,对于可能之相同性的一个探查,理解并鼓励我们去做这样的探查。"

俄国艺术家康定斯基在《回忆录》里认为:"体验别人作品的能力可以使人更敏感、更易激动,从而变得更加丰富、纯净和心胸开阔,更能实现自己的目的。"当许多人独自欣赏观赏石的时候,往往对观赏石的美不确定,而一旦经人指点,他就能够欣赏观赏石之美了。这里,赏石艺术家的作用就突现了出来,优秀的赏石艺术家会使人们看到一块观赏石最初没有感动人以及被忽视了的东西,会让人们重新获得审美情感,直至人们确实承认这块观赏石是真正的艺术品。

俄国作家托尔斯泰在《托尔斯泰论文艺》里说:"对'美'的认识所产生的分歧取决于人们不同的审美趣味,而审美趣味却是可以培养的。我们应该相信那些'最有教养和最有鉴别力的人'的判断,因为是他们培养了下一代人的审美趣味。"因此,只有向珍品观赏石典范学习,向一些具有高素质的赏玩石头人们学习,向那些真正的赏石艺术家学习,才能够如沐春风,如沾化雨,不知不觉地受到熏陶,才能够理解赏石艺术的正确追求,才能够不断提升和扩展自己的认识和思想层次,提高自己的思考能力、发现美的能力和艺术感悟能力。如果没有这些能力,赏石艺术作为一门特殊的石头与人互动的艺术,就会拒人于千里之外。总之,观赏石范例的价值在于,它们并非要求欣赏者去发现同样的观赏石,而在于把自己的观赏石与其相比较,能够明显地感受到自己的不足,这是仅靠学习赏石艺术理论所无法获得的。然而,观赏石的典范并不容易辨识,它们分散于各式各样的观赏石之中。

观赏石的领悟性在赏石过程中时刻都在发生着作用。赏石艺术的本质是人与石头的互动艺术。从表面上看,观赏石欣赏者作为主体似乎掌握着主动性,而石头作为被欣赏的对象是被动的,但是,观赏石作为一个客观的存在又是无法改变的,变化的只是欣赏者的发现和感悟。因此,在赏石艺术的载体里,没有任何真实的东西被"制造",只有某些无形的东西被"创造"。

在面对一块观赏石时,不同的人不可能出现完全相同的视觉和心灵感受,以及获得完全相同的美学和艺术的感染,并且人们的感悟和经验从来都不是准确可靠的。然而,法国思想家卢梭在《行动中的美》里指出:"我们有素养,才会看,会感觉。应该说,一个精美的风景就是一个精细的情愫。因此，一位画家会因欣赏一幅美丽的画作而狂喜，令他狂喜的却是一个粗俗的观赏者根本不会留意的事物。很多事物，一个人必须有此情愫才会感受，而且，此事物是无从言喻的。"所以，观赏石所表现出来的东西，从审美和情感意义上说，很大程度上取决于观赏者以自己的审美机制和感情机制带给它的是什么东西。

不过，人们的审美感受在质量和强度上都是不相同的，并且人们的境界和人格亦有高低之分，观赏石作品自然也会有优劣和等级之分，正如大画家的作品与画匠和画工的作品不同，贝多芬的音乐与流行音乐不同，戏剧不是闹剧，裸体画不是春宫图一样。对此，文学家徐复观在《中国文学精神》里，从文学的视角阐述了类似主张，"对客观事物价值意味着所含层级的发现，不关乎客观事物的自身，客观事物自身是'无记'的、无颜色的，而决定于作者主观精神的层级。作者精神的层级高，对客观事物的价值和意味所发现的层级也因之而高；作者精神的层级低，对客观事物的价值和意味所发现的层级也低。决定作品价值的最基本准绳，是作者发现的能力。作者要具备卓异的发现能力，便必须有卓越的精神；要有卓越的精神，便必须有卓越的人格修养。"实际上，无论是绘画或文学，还是赏石艺术，事物的美的发现与感悟皆取决于欣赏者的能力。因此，在某种意义上，理解了观赏石的发现性和感悟性特征，基本就理解了赏石艺术的要旨。

总之，观赏石是欣赏者的一种感悟凝结，而感悟性这种东西毕竟是虚无缥缈的。同时，赏石艺术又与确定性没有必然的联系，这恰体现了观赏石作为一种发现和感悟艺术的本质，也使得赏石艺术呈现出极强的生命力。所以，当人们在欣赏观赏石时，如同法国画家德拉克洛瓦所说的一样："我认为唯有想象力，或者照你所喜欢的，或者说只有细腻的感觉，才使你看到别人所看不到的东西。"

（三）天然性

观赏石被人们所喜爱的最大原因在于初始的天然性。古代思想家庄子在《逍遥游》里说："天地以万物为体，而万物必以自然为正。自然者，不为而自然者也。"西晋哲学家郭象在《庄子注》里曰："自然而然，则谓之天然，天然耳，非为也，故以天言之，所以明其自然也。""凡所谓天，皆明不为而自然。言自然则自然矣，人安能故有此自然哉？自然耳，故曰性。"观赏石因大自然的力量而生成，单纯地由于自然力的作用而分离出来，或经磨损而成型，或经矿物浸染而积色，不为而自然，是原汁原味没有经过任何人工雕琢和着色的自在之物。

　　天然性蕴含着人们所追求的真,而观赏石的真是自然精粹的表现,是大自然法则的体现,是顺应了天地间万物运动变化的规律。因此,"真"是观赏石最基本的物质形态,也是观赏石最美丽的特质。法国雕塑家罗丹在《艺术论》里指出:"在艺者的眼里,一切都是美的,因为他锐利的慧眼,注视到一切众生万物之核心,如能发现其品性,就是透入外形,触到它内在的'真'。这'真',也即是'美'。虔诚地研究罢,你一定会找到'美',因为你遇见了'真'。"石头转化为观赏石,进而转化为艺术品,皆从"真美合一"的观念生发出来。因此,观赏石艺术品属于自然而然的维度,是大自然已经完成的艺术,它自身已经是"完成品",而非"半成品",不能够容忍任何人为的物质介入,从而要求一种纯粹客观的真实性。

　　然而,由于人们对观赏石的天然性属性认识不足,观赏石出现了泛化的倾向。一些经过雕刻本属于工艺品的石头,以及一些名贵的宝玉石和玉石器也混入了观赏石的行列,各类石头都被部分赏石人赋予了暧昧的态度,只要物理形态是石质的都被称为"可观赏"的石头了,被牵强地列入观赏石范畴之内了。但是,关键在于工艺品石有工艺品石的玩法,宝玉石有宝玉石的玩法,玉石器有玉石器的玩法,观赏石终究有观赏石自己的玩法。简单来说,"石之至美乃玉,琢而成器;石之至奇堪赏,彰而弥珍"。工艺品石赏玩的是人们的艺术创造;宝玉石赏玩的是珠光宝气;玉石器赏玩的是历史留下的痕迹;观赏石赏玩的是天然石头匪夷所思的自然天成之趣,以及所蕴含的艺术和文化。

　　观赏石的天然性蕴含着大自然无穷的原始创意和鬼斧神工,隐藏着大自然的无尽奥秘,所以,赏石艺术才有别于其他艺术形式。此外,观赏石的天然性属性也把造假的石头剔除出赏玩的范围了。事实上,赏石艺术不像其他艺术形式有抄袭之说,却有造假之情形。在实际生活中,大多数人都经历过假石头的磨难,赏玩石头的喜悦瞬间变成了无尽的尴尬与酸楚。人们都熟知,古代观赏石特别是有的园林石多经过人为雕饰和修治。比如,南宋赏石家赵希鹄在《洞天清录》里就指出了修治方法:"太湖石出平江,太湖土人取大材,或高一二丈者,先雕刻,置急水中舂撞之,久久如天成,或用烟熏,或染之色,亦能黑。"但是,这种雕饰和修治也是在观赏石的天然形态基础上而完成,并且古人对此也有清醒的认识,而对那些完全没有人工修治的观赏石给予极高的审美评价和价值认同。比如,赏石学者丁文父在《御苑赏石》里指出:"《云林石谱》记载的上百种观赏石多为天然生成的奇石。天然奇石倘若具备种种美感,当为稀世瑰宝,属赏石的最高品位。"不言自明,人们赏石在根本上崇尚的是自然之美,这与欣赏人工创造之美有着天壤之别。

　　有人会问:大理石画等经过人工切割或打磨过的石头属于观赏石的范畴吗? 如果它

们是观赏石，那么，宝玉石和珠串等经过人工雕刻的工艺品石为什么就不符合观赏石的范畴了呢？回答这个问题的基本前提在于，必须连贯地理解观赏石的天然性和唯一性两个基本属性：天然性，即"天然形成的"；唯一性，即"只此一块"。一些经过打磨的石头从本质上来说仍具有天然性，而且，正因为其天然性而具有唯一性，不因为使用打磨这个外力手段而改变了观赏石的天然性和唯一性属性。而宝玉石和珠串等工艺品石基本上不符合天然性和唯一性的属性要求了。换言之，经过人为地艺术处理和加工，在某种程度上改变了石头的天然物理属性及化学性状，从而在实践中能够制作出完全相同的另一和无数的工艺品了。当然，虚假的辩论不等同于真理。这个认识要从哲学上事物的主要矛盾和矛盾的主要方面去辩证理解，而不能去作绝对化的诡辩论，正如同去辩论说天底下没有完全相同的两片树叶，去辩解石头无论怎么改变它都会完全不同一样。顺带强调的是，对画面石原石的偏爱不能成为对打磨石持有偏见的理由。但客观地说，相较于原石的价值却需要对打磨石打个折扣，理由在于经过打磨的画面石的画面是可以"选取"的，包括主题、大小、厚薄、质地的平整以及干扰因素的人为剔除等，而画面石原石必须尊重其初始的天然性，人们无从选择去改变它的任何自然形态。

观赏石作为发现和感悟的艺术形式，自然离不开人们的思想和感官的创造，但这属于精神和意识层面上的创造，而与石头的自然形态创造无关。

总之，观赏石的天然性属性为赏石边界的确定奠定了最为坚实的基础。观赏石的泛化从表面上看观赏石行业是热闹的，但唯有把赏石活动限定在观赏石自身的语境和边界范围之内，观赏石作为一种新的业态，它的特色和生命力才能够真正显现出来，正如在森林里，植物学家的眼里只有植物王国而与那些顽皮的猴子们无关一样。反之，对于那些由观赏石衍生出来的工艺品石，恰恰从一侧面体现出了观赏石自身的影响力。

（四）唯一性

所有的艺术品均要求独创性。一件艺术品的性质必须是独一无二的，并且不可重复。与其他物品的同质性和可复制性截然不同，观赏石是一种没有重复的存在物，所以，唯一性构成了观赏石艺术品的独特品质。观赏石的唯一性也使得它获得了一定的原初意义。在赏石艺术语境下，这些原初的大自然之造化物，被人们运用自由的想象力和审美经验所发现和感悟，从而变得精巧和有意味起来。

图 44 《提花篮的小女孩》 草花石 20×18×10 厘米   张舜梅藏

　　这块画面石以宁静的色彩刻画了一个小姑娘提着小篮子站立在田野上的情景。画面中虚幻似梦境般的背景增添了一份天真的童趣和恬静,她是多么清新,多么专注,内心充满着希望。欣赏它禁不住会唤起人们对大自然的向往,以及对真挚的自由和理想生活的追求,这恰是大自然的一种表露。

然而，绝不能够因为观赏石的唯一性，而成为人们任性幻想的理由。比如，世界上就这么样的一块观赏石，其价格必然就贵；观赏石这么独特，必然就好。这些都是人们对观赏石唯一性属性的引缪理解。换言之，观赏石的唯一性与价值高低和品质好坏之间没有必然联系。举一个艺术上的反例来理解，比如，法国印象派画家莫奈垂爱睡莲，共画过大约 40 幅《睡莲》油画；荷兰后印象派画家梵·高一生也画过 11 幅《向日葵》作品，它们无一例外地受到世人的赞誉。对于所有艺术品而言，独创性、艺术性、思想性、稀缺性以及艺术家的传奇色彩等才是决定其价值的诸多因素。

（五）稀缺性

大自然既是丰饶的，又是俭约的。一块称得上艺术品的观赏石，必定在同类石种中极度稀缺，有着突出特点，绝对与众不同，并且属于佼佼者，才可能会脱颖而出。

对于艺术品收藏来说，英国艺术家朱塞佩·埃斯卡纳齐在《中国艺术品经眼录》里指出："对于洛克菲勒的收藏而言，知识、敏感度和财富缺一不可。他有两条原则：任何被批准收藏的物品必须在美学上赏心悦目，同时，其品质也要能够媲美已知的同类精品。"那么，人们对于某一石种的深入理解就非常重要了，否则，就会出现把普通商品石当作珍品石，甚至视为"无价之宝"的笑话，而这类让人啼笑皆非的趣事在赏石圈里并不鲜见。

就观赏石的主题性而言，往往同一个石种里会出现很多相同主题的观赏石，人们会面临一个困惑：究竟哪一块同主题的观赏石是最好的？这个问题的答案往往会依不同人的喜爱程度来决定。然而，在此情形下稀缺性概念和珍品石范例就发生作用了，同时与观赏石的等级观念密切相关了。

观赏石是不可再生性的资源品，也决定着它的稀缺性。显然，这一特性又与书画和古董等艺术品有所不同。比如，中国五百年可以出一个张大千式的人物，正如徐悲鸿称赞张大千为艺术史上"五百年来第一人"一样，但一块高等级的观赏石却要大自然亿万年的时间才能够造就而成。所以，由于稀缺性所决定的观赏石艺术品的价值需要人们慢慢地去认识。

图45 《蓦然回首》 灵璧石 36×72×26厘米 陈鸿滨藏

回车驾言迈,悠悠涉长道。四顾何茫茫,东风摇百草。所遇无故物,焉得不速老。盛衰各有时,立身苦不早。人生非金石,岂能长寿考?奄忽随物化,荣名以为宝。

——(汉代)佚名:《回车驾言迈》

图46 《大千意韵》 大湾石 10×12×3厘米 徐文强藏

　　这块画面石类似一幅素描作品，素描水平达到了出神入化的境地。线条灵活生动，寥寥数笔饱含着诸多转折和变化，刚柔并济。其中，以线带面，体面关系表达得淋漓尽致，立体人物形象跃然石上。人物表情传神，大面积的留白，黑白相衬，堪称画面石里的人物石典范。大自然的完美以一种特殊的形式呈现在世人面前。

（六）赏玩性

人们经常说石头好玩，对于观赏石而言，这句话只说对了一半。事实上，观赏石不但可以玩，更重要的在于赏。只有把"赏"字摆在前面，才能够真正把握住赏石艺术的真谛，只有通过"赏"，才能够发现和感悟到观赏石之美，而这远非简单的"玩"字所能涵盖了的。反之，如果一味抱着"玩"的态度去搜寻石头，所拥有的石头就不会成为艺术品。从表面上看起来，这似乎是在咬文嚼字，然而，其背后恰蕴含着不同的赏石理念。

观赏石作为特殊的艺术品，赏与玩是统一的，可以喻为值得把玩的艺术品。观赏石的赏玩性充分体现在人们可以用眼睛去欣赏，用心灵去感悟，还可以用手来把玩，从而给人们提供视觉和触觉的双重感受，而这是其他绝大多数艺术品所不能实现的。

观赏石的赏玩性并非意味着它没有表现严肃内容的特质和潜能，正如战国时期思想家乐正克在《礼记·学记》里的记述："凡可玩者，皆必待人精神真入乎其内，而藏焉、息焉、修焉、游焉，乃真知其美之所在。"同时，又如近代思想家王国维在《古雅在美学上之位置》里指出的："而以吾人之玩其物也，无关于利用故，遂使吾人超出乎利害之范围外，而惝恍于缥缈宁静之域。"

就观赏石的两个大的类别而言，从"玩"的不同意义来理解，画面石并不适宜把玩，包浆一说在画面石里并不适用，即画面石只可观赏而不可亵玩焉；而造型石的包浆向来被人们所褒奖，它实则是石头与人互动的明证，对于一些古代遗存石来说，它是经历时间洗礼的表白。但是，不管人们对这种神秘幽暗的微光赋予多少赞词，包浆虽美，也只是附着在美的本质表面之上，它自身并不能够独立地成为人们沉思的对象。

总之，观赏石的赏玩性意味着它有着文玩和艺术品的双重性质，理应视为美学"珍玩"与"清玩"。

（七）独立性

观赏石的独立性意指它作为赏玩对象是独立成体的，即观赏石是人们沉思和欣赏的唯一对象。这一特性对于观赏石的展示特别具有启示意义，因为观赏石的展示与底座往往不能够截然分开。

其一，从艺术角度来理解，底座是为观赏石的艺术欣赏而创立的合适共生环境。合宜的底座会使观赏石的美得以充分展现，从而使观赏石的审美价值和艺术价值均能够得以提升。特别对于园林石来说，观赏石的底座与观赏石作为一个有机整体与园林环境相协调，甚至能够起到相得益彰的整体审美效果。

其二，从文化角度来说，观赏石的底座能够反映出特定历史时期的文化因素和审美风格。比如，观赏石的须弥座式（多在御苑赏石中出现）就是受佛教艺术的影响而产生的。而清代的观赏石底座，通常较为奢华；而宋代的观赏石底座一定是简朴的，只是存世稀少，人们很难猜其全貌。

其三，从功能角度来理解，观赏石的底座用来固定石头的角度和起支撑作用，这也是底座诞生的初始功能。

理想的观赏石底座追求的是一种"不饰之饰"，底座绝不能掩盖观赏石所透出的本质之美。然而，当代观赏石特别是画面石出现了繁复的底座配置现象，同时，有的造型石底座的设计元素也远超越了人们对观赏石的自身欣赏，可谓之体奢。究不知，大的艺术技巧恰在于隐藏技巧，并且，奢华的底座无形中把观赏石自身本有的质朴之美掩盖掉了。退而言之，至于那些为了"遮丑"或"画蛇添足"而刻意设计的工艺品底座，实则是对石头不自信的表征。

相反，天然平底无座之石更为完美。对此，清初文学家李渔在《闲情偶寄》里说："予性最癖，不喜盆内之花，笼中之鸟，缸内之鱼，及案上有座之石，以其局促不舒，令人作囚鸾絷凤之想。"换言之，没有任何底座支持的完美观赏石，等级却是较高的。

总之，观赏石的独立性属性在一定程度上有利于匡正观赏石过度包装的伪艺术倾向。

（八）石质性

观赏石的石质性是对于其物理成分而言的。石头乃世界上物质性最重者和最实在的东西。观赏石的石质性可以从多个方面来理解：

其一，从文化意义上说，中国赏石的很多文化内涵都是从观赏石的石质性演化和引申出来的，如有力、单纯、朴素、坚强、不屈和永恒等。

其二，不同的艺术承载着截然不同的生命意蕴，给人们不同的感官之美。观赏石形相的呈现依托于天然的石头之上，它带给人们的感官之美自有别具一格的魅力。

其三，不同的艺术也表现不同的精神，观赏石的石质性本身呈现出一定的原始性。这种原始的魔力与人们的情感相融通，传达出一种独特的情绪，有了一种宗教式的意味。

其四，观赏石的石质性决定了易于保存性，这与书画等艺术品所要求的保存条件和环境也截然不同。

图 47 《天雕神壶》 灵璧石 21×18×14 厘米 高琦藏

平生唯酒乐,作性不能无。朝朝访乡里,夜夜遣人酤。家贫留客久,不暇道精粗。抽帘持益炬,拨簧更燃炉。恒闻饮不足,何见有残壶。

——(唐代)王绩:《田家》

总之，观赏石的石质性为赏石艺术造就了先天性的物质条件。同时，人们还通过它品味出迥然不同的感官享受，以及代表和体现出的迥异艺术精神。

（九）艺术性

讨论自然艺术品这一观念，必然涉及艺术和艺术作品的真实性起源问题。在艺术领域里，确实存在着诸多艺术品与通常的艺术起源的概念不相吻合的现象。德国思想家阿多诺在《美学原理》里指出："该问题在于艺术并非是适合各种门类艺术的一个全称概念。这些艺术门类均各有特征，同时又相互联系。""艺术不可能离开艺术作品而存在，甚至也不会离开其有意识的反思而存在。功能形式及其膜拜对象不是艺术，但可以历史地成为艺术。如果否认这一点，那我们就是听任自以为是的艺术摆布，而意识不到蕴藏在艺术概念中的东西是一种生成过程。""客观来说，某些产品是艺术，那是无心插柳的结果。"

观赏石在历史上彼时没有成为艺术品，基本已是定论。到了当代社会，观赏石成为艺术品。但观赏石为自然艺术品这一命题是否成立，却是困扰人们最为核心的问题，也是赏石理论分歧的根源。那么，如何来认识这个问题呢？

其一，依据有目的地转化和审美对象理论，一个自然艺术品是存在的。从逻辑上说，与所有的艺术一样，观赏石的艺术性在于它的表现性。观赏石作为人的审美对象，它是否具有表现性，以及表现了什么，要因其自身的存在和欣赏者的想象力和审美经验而决定。

通常而论，大理石必须被雕琢才能够成为雕塑，色彩必须被涂到画布上才能够成为绘画，词必须被组合起来才能够成为诗歌。大自然的石头是一个偶然的自然产物，它能够成为观赏石必须是有目的性的与审美的，即石头本身具有一定的表现性以适合于欣赏者的接受性或想象性知觉；反之，用美国哲学家杜威的话来说："艺术作品只有在它表现某种专属于艺术的东西时，才是表现性的。同时，任何艺术都因表现而传达情感。"

观赏石的表现性问题才是赏石艺术的真正核心，而表现性恰是一切艺术的根本。如果石头不具备表现性和欣赏性，它至多属于自然奇观，而不是一件艺术品。假如人们一定要把它们送进博物馆，它们应该属于自然博物馆，而不属于艺术博物馆。事实上，大自然里真正具有表现性、审美性和艺术性的石头极其稀少，然而，正是这些极具稀缺性和艺术性的观赏石才能够跻身于艺术的殿堂。

其二，画家林风眠在《艺术随笔》里指出："艺术原是人类思想情感的造形化。换句话说，艺术是要借外物之形，以寄存自我，或者时代的思想与感情，古人所谓心声心影即是。而所谓外物之形，就是大自然中的一切事物形体。艺术假使不借这些形体以寄存思想感情之工具，则人类的思想感情将不能借造形艺术以表现，或者说所谓的造形艺术者将不成其为造形艺术。"因此，观赏石的艺术性还取决于欣赏者，特别取决于赏石艺术家。这里，借用美国哲学家杜威的话说："为了使作品对于感知者来说成为表现的，所需要的另一个因素是从先前的经验抽取出来的意义和价值与艺术作品直接呈现出来的性质融为一体。"

其三，赏石艺术的发生过程就是欣赏者的发现和感悟的过程，而发现和感悟作为赏石的本质特征，使得石头转化成了艺术品，这个过程又与人们的想象力和审美经验有机地联系在一起。因此，谈及赏石艺术就不能够脱离赏石艺术家。换言之，赏石艺术家一旦通过经验视石头为艺术时，石头的属性就发生了转变，而成为具有艺术性的观赏石。这种经验通常不仅仅是理智和外在的判断，而是存在于他们的知觉之中，更是一种审美经验的运用。通常来说，与一般人相比较，赏石艺术家往往都具有对事物的异常敏感，特别是对艺术有着天生的敏感性，或者这些素质是通过教育和学习而得来。

总之，观赏石的艺术性在于如何把观赏石形相呈现出来的表现与可能解释这些表现的事物关联起来。此外，欣赏者对观赏石的表现性还怀有许多独特的感受。更重要的是，赏石艺术家通过具有艺术性的观赏石也在向一切欣赏者传达着一种讯息。那么，从相反的方面来理解，就如同美国艺术史学家迈耶·夏皮罗在《现代艺术》里所说的："只有对事物的品质非常开放的心灵，随时做好辨别准备的心灵，经验丰富且对新的形式和观念做出积极反应的心灵，才有可能欣赏这种艺术。"

（十）遗产性

中国古代社会里流传着一个有趣的现象，石头可以作为陪嫁的嫁妆。比如，唐代段成式在《酉阳杂俎》里记述，在唐代婚礼中，纳采的礼物就有双石，"双石，义在两固也"，即祝愿一对新人的婚姻像石头一样坚固不移。此外，近代社会有名的庭院和园林里流传下来的观赏石，也是主人送给女儿的嫁妆。总之，在重义轻利的社会里，父母给儿女的是一种"非石"的精神意义上的寄托和传承。另外，有的观赏石是祖上收藏，被后世子孙世代珍藏下来，可谓"蓄自我祖，宝兹世泽"。可见，在中国赏石文化中，就留存着观赏石的遗产性和传承性。

图 48 《朝圣》　大理石画　77×27 厘米　　陈明举　田桂和藏

我们把自然美都指派给人、物、地，正是由于它们对心灵的作用，才能向诗歌、绘画、雕塑及其他艺术靠拢；承认这种自然艺术品并非难事，因为正如诗歌的交流过程，凭借人工创造的载体实现，同样可以凭借自然提供的载体实现。恋爱中男子的想象力创造出心中的美女，并把她体现在西施身上；朝圣者的想象力创造出迷人的风景和人间仙境，并把它体现为一湖碧水或一座青山。

——（意大利美学家）克罗齐：《美学纲要》

古代流传下来的遗存石多为园林和皇家宫苑之石。据赏石学者丁文父在《御苑赏石》里记述："现存御苑赏石,数目约百尊,主要分布于北京的紫禁城、颐和园、西苑(今北海公园)等处;也有流散于中山公园、北京大学、旧北京图书馆、旧王府(如宋庆龄故居)、私宅,甚至海外者;更有不少御苑赏石随朝代更迭而毁坏或遗散。"至于园林石之外的古代观赏石,通常按摆放地点的区分,把它们统称为文房石。它们多属于私人收藏,这些藏石之人多是厚富之家,并有才情和闲情逸致。但由于朝代更迭、战乱、家族败落和移风易俗等原因,石头极易流落民间,遂多不得而知,导致有明确文献记载的观赏石存世数量极为稀少。

收藏讲究传承有序,如同题画诗一样,那些由古代名人刻铭题咏并有原配底座的观赏石因有一定的古玩性质而更加显得珍贵,正可谓水淡而明,石老而润。中国赏石的这个历史沿袭做法,对于当代赏石有着极大的启发意义。令人遗憾的是,在当代社会寻求像古代集诗、书、画于一身,并且又喜爱石头的文人雅士变得越来越困难,当代很多观赏石虽然也有赋诗颂文,但大多缺少文学和古韵意味。

总之,观赏石的赏玩主要基于传统文化的内在吸引力和对生活品位的追求。观赏石作为难得的大自然瑰宝,为人们认识大自然的秘密提供了一份生动素材。观赏石又因自然之美、艺术之美和文化之美而独树一帜。因而,赏石作为中华民族的遗产,作为一种文化现象,为人类的文化多样性,特别对于中国传统文化的传承和发扬有着重要意义。因此,人们需要保护好这些大自然的遗珍,否则,一些观赏石艺术珍品就会流失,无法得以流传。而且,更需要人们不断地去弘扬赏石文化和赏石艺术,因为只有文化和艺术的传承才具有更为深远的意义,而远非仅是保存些好石头留给子孙后代那么简单。

图 49 《石藕》 古灵璧石 32×12×8 厘米 杜海鸥藏

这块古灵璧石,清代中期的原装配座,旧刻清代画家、篆刻家、赏石家、"扬州八怪"之一的高凤翰题铭,更显弥足珍贵。

三　观赏石所表达的能够达到多数欣赏者的统一认识吗？

赏石作为一门发现和感悟的艺术，无形中对赏玩者提出了特定要求，需要一双发现美的眼睛和感悟艺术的心灵。观赏石注定会体现出赏玩者鲜明的个性化风格。

那么，观赏石所表达的能够达到多数欣赏者的统一认识吗？观赏石所表达的就是人们对观赏石的鉴赏和审美判断，它们指向的是人们某种主观的东西，即个人的想象力和个人情感的自由活动。但是，它们所表现的又不仅只是个人的纯粹偏好，同时也取向于不同主体间的共鸣。

（一）辨识度

由于不同的禀赋、个性和文化上的差异，人们对于一件艺术品看法不一。我们知道，事物之美往往由人们理解一个事物的方式以及人们的反应来确定。那么，人们对一块观赏石的审美有依据吗？观赏石真像有些人所说的那样"仁者见仁，智者见智"吗？这是人们在观赏石的鉴赏过程中需要思考的问题。

对于观赏石的鉴赏，一方面存在着观赏石这个客体，另一方面又属于欣赏者的主体认知和情绪，而认知和情绪又与欣赏者的情感和经验有千丝万缕的联系，同时又会因审美和情感的不同而各有所偏。因此，在赏石过程中，主体与客体之间不可避免地处于一种交织和纠缠的状态。这里，有必要讲述《庄子·秋水》里的一则故事：庄子与惠子游于濠梁之上。庄子曰："鯈鱼出游从容，是鱼之乐也。"惠子曰："子非鱼，安知鱼之乐？"庄子曰："子非我，安知我不知鱼之乐？"正如故事所暗示的：不同的心灵能否感知同一件事情呢？

就赏石艺术来说，有必要做一个基本假定：赏石艺术与共同经验密不可分。否则，就不可能对观赏石艺术品谈及共识，即只有共同经验性的认识和审美才能够对观赏石达成一定的共识。但是，经验与常识不一样，你的经验是你自己的经验，我的经验是我自己的经验，两者不可能同步和相同，用哲学语言来描述，主体、客体、兴趣和目的等都是不连续的和变化的，而且，赏石艺术作为一种高级艺术形式，其生命力又在于个性化。

人们不会以同样的眼光去看待同一事物，同一事物也未必能唤起人们相同的思想。

正如去欣赏一幅裸女的绘画，有人看到了色情，有人勾起了欲望，有人欣赏了女性的美，有人想到妓女和交际花，有人会联想到女神维纳斯。所以，认知并不一定意味着共识，有共识也未必是广泛的共识。因此，这会涉及赏石中的"辨识度"与"共识度"的探讨。其中，辨识度解决的是"是什么"的问题，即高等级的观赏石必须有鲜明的辨识性。准确地理解，这种辨识性既要有观念上的统一性，又要有印象上的一致性；既需要可理解性，又要有对人们心智的适宜性。就赏石艺术而言，辨识度往往隐含着人们对生活事物的常识性和经验性认识，而且，最为重要的是，它暗含着人们对艺术和美学原则的认同。

然而，法国哲学家笛卡尔在《谈谈方法》里说："人们最常见的错误就是以为自己的观念与外界事物相像。"赏石艺术还需要共识度原则的确认。

（二）共识度

人们不能以一种孤立的和绝对的个人方式来看待赏石艺术。在赏石艺术中，共识度关涉人们的普遍判断力和理解力，它解决的是"多少人认同是什么"，以及"多少人认为好不好"的问题。也就是说，一块观赏石的艺术表现力如何，以及有没有艺术感染力，不能自说自话，更不能滥情。

在赏石活动中，共识度往往被人们通俗地形容为一块观赏石是"公认"的好石头。在某种意义上，赏石艺术与学者胡适所主张的"大胆地假设，小心地求证"的实验主义精神相类似。而且，从认识论的角度来理解，人们认识世界上的事物要通过感觉和经验，所以，感觉加上经验才是认识事物的基础，犹如英国哲学家弗朗西斯·培根所主张"一切靠实验"，而实验就意味着需要验证。

能否通过欣赏同一块观赏石引起人们共同的视觉愉快和艺术享受，能否引起人们共同的联想与共鸣，能否引起人们的共同情绪，这是衡量一块观赏石是不是好石头，以及判定观赏石等级非常重要的因素。值得借鉴的是，德国美学家席勒在《审美教育书简》里指出："某一门类艺术以及这一门类艺术的某一作品，给予我们心灵的那种心境越普遍，给予我们心灵的那种倾向越少受到限制，那一门类艺术就越高尚，那一作品也就越杰出。"这里蕴含的假定在于，人们的意识具有统一性，以及情绪和审美是共通的，并且具有某种共振点。

图 50 《万世师表》 灵璧石 10×16×5 厘米 周磊藏

云从龙，风从虎，圣人作而万物睹。

——《易·乾·文言》

　　然而，确实存在着不同个体间的认识和感受上的心理距离差异化问题。比如，两个同样伟大的音乐家，也会对同一乐曲的理解大不相同。在艺术领域里，这是一种普遍存在的现象，否则，就不称其为艺术而是科学了。英国经济学家罗宾斯在《经济科学的性质和意义》里指出："科学法则的一个特征是它们与现实相关联。无论它们表现为假设的形式，还是表现为范畴的形式，它们都不同于纯逻辑和数学的命题。从某种意义上说，它们是与存在的事物或可能存在的事物相关联，而不是与纯粹的形式相关联。"事实上，艺术与科学对于事物的理解有着本质的区别。比如，德国思想家阿多诺在《美学理论》里就指出："把科学用作理解艺术的工具是行不通的。科学概念与艺术内部的种种现象风马牛不相及。若将它应用于艺术，非但不能澄清什么，反而会使人更为困惑。"

　　对于观赏石来说，同所有的艺术品一样，时间往往是最好的试金石。只有那些经历时间的检验，大多数人认为"好的"观赏石，能够最终使人折服的观赏石，才可能是真正的观赏石艺术品。而且，由于观赏石的特殊性，只有那些自身具有艺术性的观赏石才是艺术品，即观赏石还需要艺术的法则来得以确认。然而，艺术法则的独特性又在于，普通人都认为好的东西，未必就是最好的东西；极少数人认为好的东西，普通人未必认可。这又回到了艺术只是属于少数人的论断了。因而，从逻辑上来说，虽然观赏石有着自己的特殊性，但赏石艺术需要主流艺术的认同就顺理成章了。

　　人们往往还会带着不同的兴趣去观照观赏石。然而，德国哲学家本雅明在《机械复制生产时代的艺术品》里说："大众要的只是消遣，艺术要的却是专注。"实际上，赏石艺术是专业化和职业化的：所谓的专业化，即有人专注于古石的赏玩，有人专注于戈壁石的赏玩，有人专注于灵璧石的赏玩，有人专注于画面石的赏玩，有人专注于摩尔石的赏玩，等等。这在实践层面深刻地解释了赏石艺术的专业化过程；所谓的职业化，是指赏玩者需要具备一定的专业技能和综合素质，只有那些职业玩家，准确说只有赏石艺术家才能够更好地实践赏石艺术。因此，在赏石艺术理念下，普通大众如何赏玩石头就需要引导、启蒙和学习了。

　　通常来说，在对观赏石艺术品的初始认识过程中，赞成者与反对者会各趋极端。但是，对于一块真正的观赏石艺术品，这也只不过是暂时的现象，最后仍会归于一致，从而得出一个相对客观的结论。人们最终会就一块观赏石艺术品的某些品质达成相对一致的共识，因为任何知识都会随着专业化程度的增加而确切性也在增加。尤其需要指明的是，赏石艺术确实存在着审美的任意性，但不能武断地认为，赏石艺术就存在着审美的虚无主义，从而跌进一种完全不能确定的美的虚无之中。反之，正如法国哲学家萨特在《论艺术》

里所说的:"我们通过别人所体验到的,也就是别人通过我们所体验的;对于我们的同伴来说,我们彼此就更需要一种共同的体验。"

因此,赏石艺术理论关注的是赏玩石头人们的各种高级素质,而不仅仅只是赏玩石头的单轨能力。

(三)辨识度与共识度的统一

观赏石的辨识度与共识度是一对矛盾体,对立中有统一,统一中有对立。这种微妙关系只有在具体的赏石活动中才能够得以体会。然而,生活中有人喜欢淡淡清香的丁香,有人喜欢鲜艳似火的牡丹,有人偏爱罂粟自杀般的迷醉,这一切均源于个人的不同品位。所以,赏石存在着一种说法:萝卜白菜,各有所爱,只要自己喜欢就好。此外,还经常出现两种说辞:"我知道我喜欢什么,这块石头是我喜欢的。""这块石头是好的。"

自然会出现疑问:自己喜欢的石头就是好石头吗?实际上,人们需要新的赏石认知,才能够澄清不同的认识和判断。

第一,赏石艺术需要检验法则。

主张赏石艺术的个性化和自由化,这是从赏石艺术的本质方面来认识的。显然,不能由此推论出自己喜欢的石头就是好石头的唯心化和唯我论的论点。自己喜欢,只能说明石头在自己的心中是好的,但并不涉及别人的感受,更不涉及赏玩石头的人们和其他主流艺术人群的共同感受。因此,一块观赏石能够成为艺术品,成为好的艺术品,还需要经历惊险的一跃——需要基本的假设法则来检验:时间的验证、艺术本身的确认、多数人的认可和主流艺术的认同。

在此意义上,赏石艺术就有了稳定的常数,又有了不断创造的变数。犹如在绘画艺术中,有的人喜欢张大千,有的人喜欢齐白石,这是由个人的偏好所致。然而更要去思考,为何喜欢的是张大千和齐白石,而不是别人?这个问题对于赏石艺术来说有着特别的意义。一言以蔽之,赏石艺术必须遵从艺术的规则与赏玩石头人们的共同感受。赏石艺术是一种文化和艺术的实在,而不是一种单纯的个人臆造和任性幻想。

第二,观赏石是供有思想的人所欣赏。

英国哲学家休谟在《论品位的标准》里指出:"如果批评家缺乏敏锐度,他就会不加区别地对作品做出判断,结果他只注意到了对象那些大致而易见的属性,而忽略了那些细致和微小的属性。如果不经过训练,他的意见就显得混乱和犹疑;如果不对对象加以对比,

图 51　《烛龙》　大化石　160×108×45 厘米　　高景隆藏

烛龙在雁门北，蔽于委羽之山，不见日，其神人面龙身而无足。

——（汉代）《淮南子·地形训》

图52　《青萝卜》　玛瑙　9×5×5厘米　梁大卫藏

密壤深根蒂,风霜已饱经。如何纯白质,近蒂染微青。

——(宋代)刘子翚:《田蔬十咏·萝卜》

他就会对那些最为浅薄、其实质为缺陷的美仰慕不止；如果受到偏见的影响，他的自然态度就会腐化变质；如果缺乏敏锐的感觉，他就无从辨别最高形态的美和最美之美——构思之美和推断之美。正是因为有了这样那样的缺陷，普通人虽做出了努力，但仍然达不到理想的境界，即使是在文化素养最高的时代，我们都很难觅得一位真正的美学批评家。感觉敏锐、态度细腻统一、拥有实践经验、善于对比分析、不抱任何偏见，只有这些可贵的素质才能够成就这样的批评家。无论他们在哪里，只要把他们的意见合在一起，就构成了真正的品位之标准和美之标准。"然而，当下真正能够对观赏石艺术品做出恰当评判的人很少。所以，观赏石艺术品只是为懂得欣赏的少数人而存在着。事实上，观赏石艺术品也的确是给有思想的人欣赏的。

第三，赏石艺术非简单的赏石技能和激情的体现。

艺术界流行一句谚语："只拥有技巧者是个傻子，企图丢弃技巧的想象力是个疯子。"通常而论，理性企图撕下观赏石脸上的面纱，而想象则时刻准备着去打扮观赏石。所以，赏石艺术要兼顾想象力和悟性与判断力和理性之间的统一；对于一块观赏石，既不能体验太多，也不能体验太少，要确保人们的感觉能力和理智能力之间的微妙平衡。

在赏石实践中，无论对于观赏石的内容还是形式，都不宜过度地具象化解读，主题刻画和描述也不宜过度拔高，更不能天马行空和听任想象力的狂热摆布。否则，这些行为就会被视为"幻想"和"做梦"，被认为是赏玩石头人们无聊想象的产物，因为那些生硬的牵强附会就会堕落为荒唐可笑的东西，就会产生出虚伪的赏石艺术。

第四，美学至上是观赏石欣赏的最基本准则。

人们需要谨慎看待那些超越美学之外的赏石认识。在赏石活动中，有人出于用哲学和宗教而不是艺术的理念来指导赏石，故弄玄虚地夸大石头的玄学意味和情感依托，而忽略了观赏石自身的美感和艺术性，一些毫无等级可言的观赏石似乎经过他们口里，就全然变成宝贝了。实际上，这种泛玄学化、感情泛滥和不着边际，以牺牲美感去强调观赏石的体验价值的做法是值得警惕的不良倾向。

如果对于一块观赏石的解读像破解谜语似的，或者任由自己的幻想去恣意无度和随心所欲地构建自己适意的形象，而一旦进入经验特别是美学经验不能检验的领域，就可能成为"附会"和"忽悠"的代名词。特别在赏石实践中，以"艺术"为名陷入诱惑力极强的幻想和谬误推想之中，那么，赏石艺术就会变得空泛而毫无意义。

总之，当自己能够断言一块观赏石是美的，并具有艺术性的时候，这种判断要求一种客观性和普遍性——特别是艺术家们基本能够认同这个判断。因此,共识度在一定程度上是人们在赏玩观赏石时能够引起共鸣的前提和基础。赏石艺术中的辨识度与共识度的统一,蕴含着哲学上的普遍性与特殊性的辩证关系,犹如德国哲学家黑格尔在《精神现象学》里指出的:"普遍性与特殊性的互动作用无意识地发生在艺术作品之中,它迫切需要一种辩证的艺术观,从而这种互动作用被提升到意识的水平。"

四 观赏石的等级观念

观赏石的分级是对观赏石进行客观比较的一种实证方法,即需要区分观赏石中的好之更好,它是赏石发展到成熟阶段的必然产物。观赏石等级的确立取决于欣赏者整体眼界的广狭,以及总体审美品位和人格境界的高下。自然,它也永远处于一个变动的过程之中。

(一)观赏石等级观念探源

观赏石的等级观念,最早可以追溯到唐代诗人白居易在《太湖石记》里,关于"品第鉴别"的论述:牛僧孺所藏太湖石,"石有族聚,太湖为甲,罗浮、天竺之徒次焉。石有大小,其数四等,以甲、乙、丙、丁品之,每品有上、中、下,各刻于石阴。"同时,宋代赏石家常懋在《宣和石谱》里记述,右宝晋斋(注:米蒂斋号)把石头按其品第分为甲、乙两个等级,每一石品都按其审美形象"赐号"命题,并将其"奎画(注:多指帝王的墨迹)刻于石品之阳",甲级的饰以金,乙级的则饰以青黛。对此,明代赏石家林有麟在《素园石谱》里,也有相关记载:"右宝晋斋以甲乙为品第,悉与赐号。守吏以奎画字刻于石之阳,皆用石青饰字。"

此外,民国时期赏石家张轮远在《万石斋灵岩大理石谱》里,将雨花石分为九品三等次:上三品"奇品、珍品、绝品";中三品"淑品、纯品、清品";下三品"常品、驳品、净品"。同时期的赏石家王猩酋在《雨花石子记》里,也对雨花石进行了等级分类:"物之高下,皆有定衡,唯雨花石品格不齐,千状万态。甲之所爱,适为乙之所憎,彼以为鹿也,此则以为马。石友尝欲第石高下,列为等次,余所拟与轮远略同而稍异,其三等九级如下:上等'灵品、奇品、隽品';中等'幽品、精品、纯品';下等'别品、常品、庸品'。"上述两位赏石家对观赏石的等级分类,不禁让人想到中国汉代选定官员的九品中正制。

（二）当代观赏石的分级

对于当代观赏石等级的讨论，既要尊重人们在赏石活动中的通俗称呼，又要考虑到普识性。同时，观赏石等级是系统化概念，在确定一块观赏石等级时，需要综合考虑它的艺术性、稀缺程度和同类比较等诸多因素——其中的艺术性和稀缺性是决定性因素。此外，如同英国哲学家休谟在《论品位的标准》里所说："欣赏者唯有摆脱影响其判断的习俗和成见，始能决定品位的标准。而且，在方法、素养和经验之外，应以良好的辨识力和免于偏见为基础。"特别地，观赏石的等级还会涉及人们对不同石种的认识和各自的偏好，因而不能够片面化和绝对化。

综合以上因素，可以尝试把观赏石分为三个等级：

观赏石的等级：精品、珍品和神品。

其一，观赏石的三个等级犹如金字塔的层级，处于最塔尖的是仅有的几块神品级观赏石。如同在音乐界里，人们一下子就会想到贝多芬、巴赫、肖邦、舒伯特和莫扎特；在唐诗中，人们会想到李白、杜甫和白居易一样。神品级观赏石在赏石界里的地位也是如此。它们是不可超越的孤立高峰，是尊贵的和伟大的，是神的造化，天机迥高。它们是中国赏石艺术不可动摇的标杆，如同伟大的艺术作品一样，会给欣赏者以巨大的空间感和时间感，仿佛被邀请进了一座思想的殿堂。

其二，在神品级之下，就是稍逊一筹的珍品观赏石了。但是，就绝对数量来说，它们也像伟大人物一样是极其稀少的。珍品观赏石是逐渐积累起来的，它们绝不是一下子就从石头堆里涌现出来，它们因独特的美感和艺术性而有着稳定性和长久性。并且，它们也仅非因怪异而满足人们的某种奇特口味，而是符合人类的审美和心灵的共性。

其三，精品观赏石是那些具有文学性和艺术性，被绝大多数人所认可，并且基本上完美无瑕的观赏石艺术品。

总之，随着精品和珍品观赏石不断地出现，并经过赏石艺术检验法则的确认，整个金字塔的塔形会极其缓慢地向上移动。同时，随着整个金字塔的塔基变得越来越宽大，赏石艺术也会越来越圆熟。

图 53 《金橘飘香》 雨花石 5.6×4.6厘米 丁凤龙藏

　　这块雨花石展现的是结满金黄色果实的橘树的局部形象,硕果累累掩映着一片缥缈景象。艺术家会把这种美视为一种理想美。它告诉人们:秋天来临了。

图 54　《西江月》　长江石　15×13×5 厘米　　刘开富藏

夜登赖希瑙山

一缕银白色的光,从海上

向遥远幽暗的岸边逐去,

在夏日夜晚潮湿倦怠的花园。

夜,在迟疑中下沉

像欲言又止的爱语。

迷离月光下的山峦,

缠绕着最后的鸟鸣,

向古老的钟塔发出——

明媚的夏日,于我

却是生息着果实的沉重——

从这夏日的永恒里,

一种迷人感知的往返——

永恒这灰蒙蒙的荒原,于我

却是伟大的单纯。

——海德格尔:《思的经验》

（三）观赏石等级的确立因素

观赏石永远都是不完满的，也很难达到十全十美的境地。人们都在用挑剔的眼光欣赏石头，赏玩石头越久和欣赏水平越高的人，这种倾向越明显。所以，"还差一点""还可以更好"，这是人们经常挂在嘴边的话，正可谓追求极致审美是折磨人的心灵的最坏疾病。然而，它却成就了赏石艺术。

在赏石艺术实践中，观赏石等级的确立需要考虑如下因素和规律：

其一，观赏石的艺术含量。石头作为大自然的产物，符合赏石艺术检验法则的观赏石微乎其微。当然，这并不意味着有些石头不能够拿来赏玩，只是用艺术来观照它们时，需要深刻意识到观赏石等级的决定性因素是其自身的艺术厚度。

其二，全面考虑稀缺性。首要考虑这块观赏石在同类石种中是否属于极度稀缺，如同唐代文学家柳宗元在《与卫淮南石琴荐启》散文里指出的，叠石要"稍以珍奇、特表殊形，自然古色"。赏石艺术的规律在于同类之中只要有更好的出现，那么，等级之分的趋势就愈加强烈。赏石艺术同样受自然淘汰法则的支配，那些最高等级的观赏石才能够称为珍品和神品。以绘画为例来理解，比如仕女的题材，很多画家都有创作，但最基本的常识是，普通画家与阎立本、张萱、周昉、周文矩、李公麟、唐寅、傅抱石、张大千、林风眠的仕女画无法相提并论，更何况谈及仅是绘画爱好者的仕女作品了。

其三，不同石种之间出现高等级观赏石的概率区别非常大。而且，特别还会涉及主流石种与非主流石种之间的差别。当然，人们只有对不同石种已经出现的高等级观赏石进行认真比较和思考之后，才会有这个认识和判断。比如，戈壁石里的似珠宝质地的玛瑙和拥有漆面质感的沙漠漆就容易产生精品；摩尔石里就会出现抽象性和艺术性较强的观赏石；灵璧石里的纹石就是高贵品种；画面石里的水墨画石容易出现高等级的观赏石；雨花石的色彩又是其他石种所无可比拟的；从中国赏石传统来看，太湖石和灵璧石则有着深厚的赏石文化作依托。

其四，从整体上衡量一块观赏石在一定完备数量的珍品石中处于什么层次。南朝梁代文学家刘勰说过："凡操千曲而后晓声，观千剑而后识器。"那么，赏石就不能没有一个参考系——即使这个参考系是不断变化着，需要人们不断地去充实和修正。所以，在自己头脑里尽可能地存储一定数量的珍品石信息就是基本的前提了。反之，对于那些初涉观赏石行业的人们来说，往往囿于自己的见识，极容易管窥蠡测，夸大一些观赏石的等级，甚至主观地认为自己的石头就是最好的。

其五,重视细微感知力和精细辨别力在等级判断中所发挥的作用。精品、珍品和神品观赏石之间的差别是微妙的。观赏石上了一定等级,表面上看起来差别似乎是微小的,但任何细微的"进步"都极其难得,而它们之间的艺术价值差别却存在着巨大鸿沟。形象地说,观赏石等级关系中的"好"与"更好"可能就差一丁点儿,但恰恰就是那么"一丁点儿的差距",决定了它们的艺术价值的级差往往是几何级数的。因此,在确立观赏石等级的时候,特别是从精品中遴选珍品,从珍品中确立神品时,细微的感知力和精细的鉴别力就特别重要了,而具有丰富赏石体验的人们都知晓,细节和微妙恰是赏石艺术的核心要素。实际上,对于具有艺术敏感力的人来说,总能够从一些细微差异中识别出哪些是重要的,哪些是可以忽略的,哪些绝对会影响到它的等级。正如俄国艺术家布留洛夫所说的:"艺术始于细微之处。"

其六,赏石艺术的趣味在于从不完美中寻求相对的完美,所追求的是一种理想美。所以,完美不是美的全部成因,人们一定要有包容之心,但这种包容之心要有的放矢,需要在赏石实践中培养一种潜意识或第六感,自动辨别出哪些缺点不会影响到这块观赏石的等级。反之,必须给予一块观赏石是否有明显的缺陷以足够重视,因为恰恰某一缺陷才是决定一块观赏石等级的致命性因素。正如有人所说的:"赏玩石头要做减法,要挑毛病。"

总之,在确定一块观赏石等级的时候,最简单和最有效的思考和应用方法是去考虑如下问题:它是艺术的吗? 它在同石种里是极度稀缺的吗? 它属于主流石种吗? 它能够与那些珍品石相提并论吗? 它在细节上都是完美的吗? 它有明显的缺陷吗? 它能够经得起赏石艺术法则的检验吗? 此外,还需要对一些赏石艺术家所拥有的观赏石给予足够的重视,因为观赏石作为赏石艺术家的极富个性化作品,他的思想深度、审美境界和人格高下直接决定着观赏石作品的品位。

图 55　《云崖》　英石　33×38×33 厘米　　梁啟振藏

　　英石多斧凿，司石殊怯脆。拳然太湖出，始有岩壑意。弹窝数峰绿，欲与仇池对。永念灵璧巧，嵌空劳梦寐。

——（宋代）曹勋：《山居杂诗》

五　当代主流观赏石种

如果想拥有和欣赏高等级的观赏石,就必须对主流石种有全面和理性的认识,否则,就如同盲人摸象,或一叶障目,而不见森林。同时,自己所拥有的观赏石只有属于主流石种,才能够更容易被市场所接受。

法国美学家狄德罗在《狄德罗美学论文选》里认为:"鉴赏力是学习和时间的产物,它立足于对大量确定或假定法则的认识,导致产生一种常规的美。按照鉴赏力的标准,一件美的东西必须是娴雅的、完整的、精雕细琢而天衣无缝的。"此外,德国哲学家莱布尼茨在《人类理智新论》里指出:"认识还有一种更普遍的意蕴。甚至在人们尚未进入命题和真理之前,这样一种认识就已然存在于想象与表达之中。可以说,倘若一个人聚精会神地浏览了更多动植物的画片,更多机器的图样,更多房屋或城堡的素描,倘若他阅读了更多有丰富洞见的小说,也即更多兴味盎然的故事,那么这个人,在我看来就会比另一个获得更多的认识,即使在他所接触的摹画或描述中,没有一星半点的'真实'。"可以说,人们是否有丰富的赏石实践,有对观赏石知识的正确理解,有广泛的见识和宏大的格局,这些通常是决定赏玩石头成败的重要因素。

另外,还需要认清一个基本事实:每个石种都有自己的石理和石性,每个石种都有优点和缺点,每个石种里都会有佼佼者,每个石种都有适合于自己的赏玩方法。所以,认清某一石种的固有特点就至关重要了,并且不同石种之间的比较也有优劣之分——即使相互间比较极为困难。

什么样的石种才能够称得上是主流石种呢?这里所说的"主流石种",是指曾经在历史或当代比较流行、受众多、交易量大,且出现一定数量的精品和珍品观赏石,而具有一定赏石文化影响力的石种总称。人们只有熟悉中国赏石文化史和当代的赏石实际,才能够对主流石种有一个客观的认识和归纳。当然,每个石种都有自己的流行区域、盛行时期和赏玩群体,而且,新的石种也在不间断地出现,自然很难有准确的归纳。如同英国哲学家休谟指出的:"归纳从来就不能产生逻辑结论,因为总是存在一个未知领域,它又有可能推翻那种自以为是的一般规律。"

赏石艺术理论是变化的理论，主流石种不是静态的，也会随着时间而变化。然而，概括主流石种的出发点在于，从根本上客观和理性地认识各石种的特点，以及人们在不同时期的赏石偏好，从而在自己独立认知和判断的基础上，做出最优选择来更好地指导和决定自己的赏石活动。

大体来说，当代赏石呈现出东边传统石、西边画面石、南边红水河石和北边戈壁石的四方格局，它们基本上构成了当代主流观赏石种的代表。

（一）传统石

以太湖石、灵璧石、英石和昆石等为代表的观赏石被俗称为传统石，它们在中国古代赏石文献中有繁多的记述。

（1）对于太湖石，唐代诗人白居易有《太湖石》诗歌："烟翠三秋色，波涛万古痕。削成青玉片，截断碧云根。风气通岩穴，苔文护洞门。三峰具体小，应是华山孙。"同时，他在《太湖石记》里，有着如下描述："厥状非一：有盘拗秀出如灵丘鲜云者，有端俨挺立如真官神人者，有缜润削成如珪瓒者，有廉棱锐刿如剑戟者。"此外，唐代诗人吴融亦作《太湖石歌》："洞庭山下湖波碧，波中万古生幽石。""何必豪家甲第里，玉阑干畔争光辉。"唐末五代诗人王贞白的《太湖石》诗歌："谁怜孤哇质，移在太湖心。出得风波外，任他池馆深。不同花逞艳，多愧竹垂阴。一片至坚操，那忧岁月侵。"宋代陶谷在《清异录》里记述，太湖石自五代后晋时始有人玩赏，到唐代时特别盛行。明代文震亨在《长物志》里说："太湖石在水中者为贵，岁久经波涛冲击，皆成空石，面面玲珑。"值得指明的是，唐宋的太湖石多指洞庭湖的水石，如苏州留园的"冠云峰"、上海豫园的"玉玲珑"和杭州西湖的"皱云峰"，皆属园林太湖名石。而清代的太湖石多指京畿的房山石，一方面由于洞庭湖水石资源的匮乏和昂贵；另一方面房山石又极似太湖石，特别是深受清代乾隆皇帝的喜爱，而被人们所接受。

（2）对于灵璧石，宋代赏石家杜绾在《云林石谱》里描述到："石体清润光滑，形态变化多端。"宋代方岩在《灵璧磬石歌》里赞："灵璧一石天下奇，声如青铜色碧玉。秀润四时岚岗翠，宝落世间何巍巍。"此外，明代王守谦在《灵璧石考》中指出："石中堪作玩者，吾灵璧石称最。谓其峰峦洞穴，浑然天成。骨秀色黝，扣之有声。"

（3）对于英石，宋代诗人杨万里有《出真阳峡十首》诗歌："只言英石冠南中，未识真阳一两峰。遮莫坡陀将不去，将诗描取小玲珑。"宋代诗人白玉蟾有《示英州风僧》诗歌："谁道南能无一物，如今英石尽铜腥。"明代文震亨在《长物志》里指出：英石"出英州，倒生岩下，以锯取之，故底平起峰，高有至三尺及寸余者。小斋之前，叠一小山，最为清贵，然道远不易致。"此外，清代谢堃在《金玉琐碎》里描述："皱而多纹，透而玲珑，瘦而耸削。"

（4）对于昆石，宋代诗人陆游在《菖蒲》诗歌中描述："寸根蹙密九节瘦，一拳突兀千金值。"南宋诗人范成大称赞："蝉脱泥涂，同于绝俗。直于高节，此君之独。"元代张雨有《得昆石》诗歌："孤根立雪依琴荐，小朵生云润笔床。"明代林有麟在《素园石谱》里记载："昆山石：苏州府昆山县马鞍山于深山中掘之乃得，玲珑可爱。"此外，清代归庄有《昆山石歌》："江东之山良秀绝，历代人才多英杰。灵气旁流到物产，石状离奇色明洁。"

传统石排名的主要之争在于太湖石和灵璧石哪个居首的问题。这里把太湖石排在灵璧石之前，依据在于主流石种在中国赏石起源和发展中所涉文献史料的记述。严格来说，中国赏石活动起源于汉末、魏晋南北朝时期，并且赏石真正的起源是园苑石的呈现。这在唐代诗人白居易的诗文中已清晰表明，那时的园林观赏石主要是太湖石。到了赏石逐渐成为一种社会风尚且达到顶峰的宋代，灵璧石获得了盛誉。比如，宋代赏石家杜绾在《云林石谱》里，就把灵璧石放了第一位；明代文震亨的《长物志》里，灵璧石也是居第一。可见，在宋代赏石真正繁盛之时，灵璧石无疑是最负盛名的。至于当代赏石人关于传统石的排名之争，实则是为了利益和虚名，而较少真正从赏石文化史的角度去考量的。

传统石赏玩历史悠久，作为赏石初始形态的独立园林置景石和稍晚的文房石深受文人雅士、士大夫、皇家贵族和帝王将相的喜爱。因此，文人雅士和士大夫们的审美取向与道德自省在某种程度上奠定了传统石赏玩的基本特性。同时，传统石又因其古典特征和文化底蕴也深受当代赏石群体的喜爱。特别在中国的江南地区，由于受江南文化的影响，传统石广泛流行。此外，流传有序的古代遗存传统石，由于有的铭刻古代文人的题铭、题咏与品赞，历经岁月蹉跎，因具文化性、文玩性和艺术性而成为人们的珍爱，也是传统收藏界追逐的文房清供对象之一。

总之，英国文艺批评家福斯特说过："历史在向前演进，艺术却仍然如故。"从中国赏石脉络上来说，中国赏石始于江南，盛于江南。传统石因其深厚的历史和文化积淀，以及似与不似的艺术形象，从古至今一直延续和流行着，极富生命活力。

（二）戈壁石

中国内蒙古和新疆等地戈壁滩（注：古称瀚海）与大漠深处出产戈壁石。戈壁石赏玩追求的是形神兼似之奇、巧、怪石，基本要求石头须在某个角度或某个面可以观赏，如果四面可观，则堪称完美之石。

图 56　《玲珑璧》　灵璧石　108×58×178 厘米　　胡宇藏

　　用浑厚华滋和雍容华贵来形容这块观赏石是贴切的,它突破着人们对赏石语言的认知。它会让人莫名地想到法国画家亨利·马蒂斯的绘画。这块天然的雕塑能够让人想象到绘画,这不就是它呈现出的独特魅力吗!

图57 《法螺》 沙漠漆 28×18×18厘米 邓思德藏

瀚海沙中生玛瑙石子,五色灿然,质清而润,或如榴房乍裂,红粒鲜明;或如荔壳半开,白肤精洁。如螺、如蛤、如蝶、如蝉,胎孚分显,眉目毕举。三年刻楮之巧,未能过也。

——(清朝)康熙帝:《瀚海石子》

　　戈壁石的突出特点是质地绝佳、色彩古拙、造型多变、形实逼真、意趣生动。有的戈壁石出奇的小而精致,用古代人的话来描述,"可以随意出入于怀袖间""袖石亦奇",享有"袖里乾坤、掌上珍玩"的美誉。仅戈壁滩石头的颜色变化,就会色诱心扉。据一位赏玩戈壁石的老前辈述说,在内蒙古戈壁滩奇石尚未大规模开发初期,身处戈壁滩之中,会惊奇地发现,戈壁滩上的戈壁石在清晨露水的沁润下呈现一种颜色,随着阳光的照射又会是一种颜色,而在太阳落山的余晖照射下则会变成另外一种颜色,可谓晨、午、夕诸景不同,戈壁石一日三色。

　　戈壁石虽处大漠深处,但大约在清代就被人们当作奇石和怪石赏玩了。据清代孔尚任在《享金簿》里描述:"塞北瀚海中产石,五色陆离,奇形肖物,或不可名状,藏之斋中,以为怪石。"此外,民国时期邵元冲在《瀚海聚珍石考》里记述:"所集诸石,其形之尤殊者,有若美利坚林肯像者,有若犀牛者,有若重楼复阁者,有若熊抱子者,有若西妇阅报者,有若梅根者,有若珪璧者,有若云峰者,虽博涉未周,而一斑可睹,大雅闳达,其览观焉。"

　　在当代社会里,把戈壁石喻为观赏石的明珠一点也不为过。颗颗明珠如中国台北故宫博物院的《东坡肉》(图 34)《小鸡出壳》(图 1)和《岁月》(图 38)等可谓冠绝尘世,闪耀整个赏石界。此外,其中的名贵品种如沙漠漆、红绿碧玉、葡萄玛瑙(注:出产于地下)和各色玛瑙成为人们争相收藏的对象。在当代赏石艺术中,观赏石的具象极致化艺术多由戈壁石演绎而来,使得赏石艺术更加别具一格。

（三）红水河石

　　广西红水河流域出水的石种众多,诸如彩陶石、大化石、来宾石、摩尔石、天峨石、梨皮石、大湾石等。它们的主要特点是色彩丰富、造型独特、质地极佳、纹路优美。对此,园林古建筑艺术家陈从周在《柳州石记》里描述:"柳州之石顽中寓秀,小中见大,云影华枝,仿佛画本。品石者但知雨花石,未有以柳州石入品者,盖所见无多。平心而论,柳州之石,产于溪中,得之随手,非开山破景而求之,亦不必以水碗映之,体形较大,可作案头清供,而变化之多,色泽之润,把玩生趣,发人遐思者,故品石、赏石,自古成风,诗人咏之,画家绘之,寓文学、艺术和哲理于其间,珍贵几同珠玉和文物。"

　　早在唐代,文学家柳宗元就将柳州奇石"柳砚龙壁"赠送给好友刘禹锡——元代辛文房在《唐才子传》里记述:"元和十年(注:公元 815 年),徙柳州刺史。时刘禹锡同谪,得播州。宗元以播非人所居,且禹锡母老,具奏以柳州让禹锡而自往播。"刘禹锡赋诗《谢柳子厚寄叠石砚》:"常时同砚席,寄砚感离群。清越敲寒玉,参差叠碧云。"遂已传为文人赏石之佳话。

图 58 《毕加索》 大化石 25×36×22 厘米 何丽珍藏

好的艺术家模仿皮毛,伟大的艺术家窃取灵魂。

——(西班牙画家)毕加索

神奇的广西红水河曾经创造过当代石市的短暂辉煌，极大地推动了中国当代赏石活动的发展。然而，随着红水河石头资源的消耗，红水河下幸存不多的石头是略感落寞？还是深感幸运？唯有滔滔不绝的河水自己在诉说着。

（四）画面石

画面石以欣赏画面为衣钵，包括平面画面石和立体画面石。它们主要包括长江石、黄河石以及汇成两大河若干支流出水的画面石，还有大理石画、雨花石、清江石画和舶来品巴西玉髓等。

宋代诗人司马光已有对精美石屏（注：石屏为石画和家具的混体，宋代以前石屏少见）的欣赏。他在《括苍石屏》（注：括苍山脉处于浙东中南部）诗中写道："主人小石屏，得之括苍山。括苍道里远，致此良亦难。层崖万仞馀，腾出浮云端。吴儿采石时，萝蔓愁攀缘。石文状松雪，毫发皆天然。置之坐席旁，清风常在颜。愿君善藏蓄，永日供馀闲。慎勿示要人，坐致求者繁。将使括苍民，吁嗟山谷间。"

大理石画在中国古代赏石著述中有更多的述及。比如，明代文震亨在《长物志》里指出：云石"出滇中，白若玉、黑若墨为贵，白微带青、黑微带灰者，皆下品。但得旧石，天成山水云烟如米家山，此为无上佳品。古人以镶屏风，近始作几榻，终为非古。"明代屠隆在《考槃余事》中记载："有大理石镶者（注：指榻），或花楠者，或退光黑漆，中刻竹，以粉填之，俨如石榻者佳。"明代地理学家徐霞客盛赞大理石画："云皆能活，水如有声"，"故知造物之愈出愈奇，从此丹青一家皆为俗笔，而画苑可废矣。"同时，他还在云南大理三文笔村"以百钱市一小方""黑白明辨"的大理石。清代于敏中在《日下旧闻考》卷三十四，引《泉南杂志》说："明代宫苑中大理石屏颇有名，乾隆曾有数首诗作咏之。"清代谢堃在《金玉琐碎》里记载："见元瑜刘先生家有大理石插牌，黑纹如米家山水，远近两山，中设一桥，人持伞于桥上，风雨之势，恍然在目，桥外一舟横斜，若野渡状，远山则烟雾迷离，中悬飞瀑。余每卧读移晷，因悟天工所以能胜人工者，此也。"此外，民国时期鞠孝铭在《大理访古记》里记述："开采如掘井，现已掘至六七丈深，其价较昂……三类石中，水墨花最为名贵。"

图 59　明代　杜堇　《陶穀赠词图》　　大英博物馆藏

　　"陶穀赠词"是中国五代时期一则有趣的历史故事。这幅画作中出现了古代的传统石形象,同时又出现了案上石屏。古代石屏有的是人为绘画,有的为天然石画,细观此石屏,实为石画。在一幅明代画作里造型石和画面石同现,实属罕见。

出产南京地区的雨花石绚丽多彩，享有"通灵宝玉"的美誉。宋代诗人刘克庄在《雨华台》诗里曰："昔日讲师何处在，高台犹以雨华名。有时宝向泥寻得，一片山无草敢生。"明末清初史学家张岱在《雨花石铭》里记述："大父收藏雨花石，自余祖余叔及余积三世而得十三枚，奇形怪状，不可思议，怪石供，将毋同。"民国时期赏石家张轮远著述《万石斋灵岩大理石谱》，并赞之："至其文色之美妙，皆出自天然。精如鬼斧，妙似神工。群芳不能喻其艳，锦绣何足比其容。可谓兼人间之至色，备天地之神奇。心领神会，色受魂与，以为世间无有媲美于灵岩石者。"

关于长江石，唐代诗人杜甫有诗曰："蜀道多草花，江间饶奇石。"宋代文学家、赏石家黄庭坚将长江石称为"文石"，并创作了《戏答王居士送文石》诗歌。宋代赏石家杜绾在《云林石谱》里，把长江石称为"西蜀石"。清代赏石家诸九鼎在《惕庵石谱》里记述："……今偶入蜀，因忆杜子美诗云：'蜀道多草花，江间饶奇石。'遂命童子向江上觅之，得石子十余，皆奇怪精巧。"然而，"长江石"似乎缺少一种把卑微化为高贵的天分，或许更是水善利万物而不争，直到 2000 年，第一份以"长江石"命名的报纸在四川泸州创刊，"长江石"的名称正式在中国赏石文化中出现。长江石如诗如画，不食人间烟火，虽素面朝天，但楚楚动人。人们在长江画面石面前，都会顿觉自己的渺小，一切固有的赏石模式已然显得陈旧。

长江石自古以来就深受文人雅士所喜爱。比如，画家陆俨少在《自叙》里记述：

"我一有空即到长江边捡石，前后六七年之间，取精汰劣，最后得七枚。最佳一枚，作鸡心形，淡石绿色，上有翠竹一竿，挺然而立，下有兰草一丛，如同天成，极为难得。又一枚质如白玉，墨绿花纹，梧桐之下，一古装仕女独坐吟诗，神情宛肖，栩栩如生。又山水一枚，石质极细，黑色花纹，林峦村舍，曲折可见；背面'平沙落雁'，平沙一带，秋雁一行。此外，尚有'秋林夕照''梅雀寒林'图等，皆属上品。同时也拾得一些螺纹五色石，皆如南京雨花石所产者，不成物象，虽也可观，但多看乏味。亦犹画中之抽象派，品下一等，终不若有形象可求者为无上神品。我一向主张作画宜在似与不似之间，所以反对完全抽象画派。此虽细物，但可悟到抽象与具象之优劣。"

不难看出，陆俨少的简短几句话，却蕴藏着丰富信息，既有对长江画面石的题名和艺术品鉴，也有对石头等级的表述。更为难得的是，他以一个画家的眼光把画面石同绘画中的具象和抽象联系起来，并道出了自己的赏石所悟。

图 60 《唐卡》 长江石 19×12×6 厘米 罗庆敏藏

　　大海波心,磐陀石上。直观净观,是相非相。如月在天,无水不现。水月俱捐,如何瞻仰。咄,切忌妄想。

——(宋)释原妙

在画面石的诸多品类中，它们都有着自己鲜明的特征。实际上，不同画面石种的特性和气质多与它们的地质成因和栖息环境有关。比如，长江画面石大多以线条为基础，线条节奏感鲜明，多通过线条来表现事物。我们知道，线条往往是艺术和生命的基本法则。英国诗人兼画家布莱克在《概览》里说："艺术和生命的基本法则是弹性的线条，线条愈是独特、鲜明、坚韧，艺术作品就愈是完美。"同时，英国艺术史学家罗杰·弗莱在《视觉与设计》里指出："线条的意义在于使我们在想象中重建一个逼真的而无须是现实的物体。这种性质最完美的体现是将真实形式中最活跃的联想以最单纯、最易理解的线条去表达，既不会混乱多余，也不会是机械的、无意义的单调。可将线条看作一种印象深刻的姿势，就像笔迹一样可呈现艺术家的个性。"长江石的线条也与中国绘画强调线条的运用极具相似之处。因此，长江石才会给人想象的空间，呈现出一种独特的画意和个性，拥有一种含蓄和朦胧美。它像极了大家闺秀，让人想亲近，又无法接近。再如，黄河石则以色块为主，多通过块面来表现物象，画面大多是块体与轮廓相结合的产物，颜色以红白、黑白和黄黑等二色为主，黄河石如同黄土高原的汉子，总会给人一种粗犷的感觉；而偏于一隅，鲜为人知的怒江水墨石既有石皮，又有肌肤般的细腻质地，色彩晕染的感觉强烈，画面里的故事性极强，精致的如同一小幅真正的浓缩版中国水墨画，像梦中的情人，虚幻而缥缈；雨花石则贵在质地和色彩，被誉为石中皇后，其高贵之气即使置于水碗之中也难以被掩饰。

总体来说，画面石以古拙为主基调，以文气为内涵，以不拘一格的创意和丰富的表现形式为特色。对它们的欣赏主要是以具有画意、绘画技法和表现方式，以及具有某种绘画风格和绘画题材的绘画为参照，以是否具有类绘画颜色、类绘画的艺术生命力和自己的个性表现为审美考量。其中，对于立体画面石来说，它们作为画面石里的组成部分，重在欣赏石头的形态、色彩、线条和图案的构造结合而产生的整体美感和气韵。实际上，立体画面石可以视为是把绘画与雕塑两种艺术黏合在一起的艺术形式。

早在古代，画面石基本上就与造型石的赏玩分庭抗礼了。以古代三大石谱为例，宋代杜绾在《云林石谱》里，记述的造型石有40种，而画面石多达31种；明代林有麟在《素园石谱》里，记述的造型石有67例，画面石14例；清代诸九鼎的《惕庵石谱》记述名石19例，全部为画面石。特别指出的是，画面石绝大多数属于文人书房石，并且，从中国赏石文献史料来看，文人们多以诗情画意品鉴之，并被清代赏石家阮元直接称为"石画"。

在当代赏石活动中，画面石作为后起之秀，声名鹊起，无疑与人们的审美情趣和追求雅致的生活更为密切相关。

（五）不同石种间的比较

当代的赏石活动面对着千余石种品类。比如,寿嘉华主编的《中国石谱》里,共收录和配有 691 幅岩石类观赏石石种图片。然而,究竟哪些石种可玩、可鉴和可藏,无疑会涉及诸多选择困境,而无不时刻考验着赏玩者的偏好、判断、审美和理智。其实,古代有的赏石人就已表现出对不同石种的偏好,甚至干脆给出了自己的主观判断。比如,明代文震亨在《长物志》里说:"石以灵璧为上,英石次之。然二种品皆贵,购之颇艰,大者尤不易得,高逾数尺者,便属奇品,小者可置几案间,色如漆、声如玉者最佳。"实际上,对于不同石种之间优劣的比较,除了对不同石种的千差万别的特点认识之外,以及个人的不同审美情趣,终究还需要一份清醒的理性和成熟度。不过,最终哪些石种及其代表性珍品将会永载中国赏石艺术史册,只有在时间的长河里才能给出答案。

值得指出的是,当新的石种乍一出现时,极易出现高等级的观赏石。当然,这取决于人们对新鲜事物的认识和接受程度。正如明代赏石家王守谦在《灵璧石考》里所说:"盖物之尤者,多见于始出时,而其后渐消落也。"然而,不可否认的是,新的石种被认可需要较漫长的过程,它同主流石种相比较,最大的劣势在于缺少赏石文化的支撑,所以极不容易被市场最终所接受。这一点对于初涉观赏石的人们来说特别重要——不要幻想在自己身边发现一个石种就认为是值得收藏的。

事实上,任何石种里都有可能出现高等级的观赏石艺术品,并且不同石种有不同的玩法,有变于形的,有坚于质的,有润于肤的,有艳于色的,有玄于纹的,有似于画的。因此,观赏石应该英雄不问出处,赏石需要持有开放的心态,最忌画地为牢和持有某种偏见——一种基于有限的信息而做出的判断,这种判断使得自己的态度变得毫无根据。经验地说,某个石种产地的赏玩者,或积年累月固定赏玩某一石种的人极易持有一种趣味的固执和偏见,认为自己身边的石种或者自己所赏玩的石种是最好的,因为在人们的潜意识里,总会认为最熟悉的就是最好的。总之,在赏石活动中持有偏见和妄想是无知的行为。但是,这也在一定程度上解释了恰是一些不产石头的地方往往会出现一些著名的赏石艺术家。

第六章　赏石艺术理念

一　赏石艺术理念的萌发

改变自己赏玩石头的意识和习惯是困难的,唯有理念才是行动的先导。当代赏石艺术理念是赏石活动发展到一定历史阶段的产物,或者说这种赏石思维和赏石风格的变化是有意识的。赏石艺术理念关涉当代赏石新的发展方向,以及重新审视传统的赏石标准能否适应新的赏石实践的问题。不过,赏石的新理念自身并不是最终目的,而是使赏石符合时代要求,使赏石更接近自己的心灵,使赏玩的石头无限地接近成为一件艺术品。

赏石艺术理念有一定的超前意识,实践赏石艺术理念并非没有危险。这个判断源于当下赏玩石头的实际。

其一,赏石艺术是一种有意识地抛弃模仿和具象的赏石理念。因此,实践赏石艺术理念而产生的观赏石作品,往往会让很多人"看不懂"和"没法玩",失去了法则和准则,甚至超出了普通大众的审美能力。

其二,观赏石是一个充满争议的事物,因自身没有完备的理论且发展不成熟而充满迷雾。赏石艺术理念对于很多人来说,可能更会加重疑惑——因为阳春白雪而曲高和寡,因为习惯固有的赏石标准而对没有标准的赏石艺术惶惶然了。

其三,当代社会人们的价值观念和审美意识也呈现出多元化的特点,人们对很多事物的认识和评价都很难达成统一，体现在赏石活动中，不同的人有不同的赏石观念。对于一部分人来说，赏石观念没有先进与落后之分，只要在赏玩石头过程中获得快乐就足矣，正可谓自得其乐。但对于观赏石收藏者来说，正确的赏石理念的重要性不言自明。

其四，赏石艺术既是一种新的艺术形式，又是新的赏石实践。赏石艺术也处在不停地流变之中，充满着不确定性和复杂性。赏石艺术不只是一种仅以取悦为务的艺术，而是极为崇高的，除了美的承载和创造是它的最根本使命之外，它还关注赏玩石头人们的思想、情感和灵魂的升华。

赏石艺术自身是感性的，而实践赏石艺术理念的观念却是理性的。赏石艺术理念意味着赏石思维和赏石风格出现了方向性的转变，必然伴随着观赏石由论数量转向了拼质量，由对高等级观赏石的深入认识转向对其价值的审视与挖掘。它宣告了绝大多数观赏石的死亡，同时也宣告了极少部分高等级观赏石将获得重生。

赏石艺术理念意味着对低级品位和表面趣味的远离，对庸俗文化和流行审美的隔绝，对赏石的形式主义和僵化的赏石准则的淡化，对所有一切短暂和怪癖赏石行为的剔除，从而在根本上使得观赏石摆脱纯粹的奇怪之石的娱乐化范畴而进入到真正艺术领域。

总之，在实践赏石艺术的过程中，由于挤出效应，值得人们赏玩的观赏石数量会极大缩小，必将伴随着观赏石市场在某一特定时期的极度萎缩。随之，观赏石的交易模式也会出现新的变化。同时，它有可能会增加赏玩石头人们的焦虑和痛苦，因为它无形中会强迫人们采取一些违背自己原始能力的行动。在这个如分娩般的阵痛过程中，观赏石会出现巨大分化，高等级的观赏石艺术品就会浮出水面，它们的价值慢慢就会显现出来。而随着高等级观赏石价值的体现，以及对赏石艺术的深入认识，又会吸引更多的人参与到观赏石的赏玩之中。伴随着这种波浪式的演进，观赏石将不断实现着自身的良性发展。

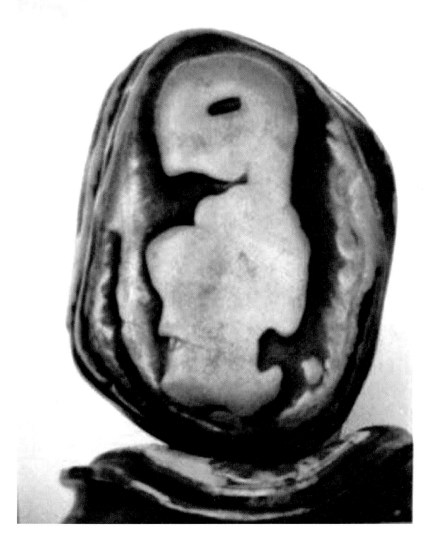

图 61 《人之初》 黄河石 13×15×8 厘米 私人收藏

是啊,这是一幅多么可爱的画!在这幅画里,精神、朴素、天真和感性生活都在一起了。这神圣的题材获得了通俗的意义,成为我们所经历的某一生命阶段的象征。这样一幅画是永恒的,因为它追溯到了人类最早的时期,同时也面向人类今后的时期。

——(德国思想家)歌德:《歌德谈话录》

二 赏石的两个历史转变趋向

（一）奇石到观赏石的转变

在不同情景下，人们会不经意地谈及奇石或者观赏石。当然，这些名称不是从天上掉下来的。究竟奇石和观赏石的称呼是人们随口而出？还是两者之间有着本质的区别？

有人对此嗤之以鼻，如同英国文学家莎士比亚笔下的朱丽叶说过的："一个名字究竟包含什么内容呢？我们称之为玫瑰的东西，如果我用另外一个名字来叫它，它同样散发出馨人的芳香。"的确，思考这类细微的问题会引起部分赏石人的嘲讽。但是，越是看似简单的问题，越难以回答。而这恰是赏石理论思考的问题，否则，人们看到的很多赏石现象就无从解释。

奇石，可以理解为天然的石头在形、质、色、纹、声等方面很奇异，超出了人们的常识性想象，使人们感到很新颖和奇特，它通常是与那些普通石头相比较来说的。然而，赏玩奇石所体验到的惊异感，并不一定完全是审美的感受。较早有关"奇石"的称谓，在中国赏石文献史料中多有描述。比如，南朝梁萧子显在《南齐书·文惠太子传》里记载：南齐文惠太子的拓玄圃园，"其中楼台塔宇，多聚异石，妙极山水。"唐代诗人钱起在《仲春晚寻覆釜山》诗歌里写道："古岸生新泉，霞峰映雪巘。交枝花色异，奇石云根浅。"宋代赏石家孔传在《云林石谱》的序言里写道："天地至精之气，结而为石，负土而出，状为奇怪。""物象宛然，得于仿佛。虽一拳之多，而能蕴千岩之秀。大可列于园馆，小或置于几案。"总之，在中国赏石文化里奇石是对一切可以赏玩石头的俗称。

观赏石是当代社会人们对奇石的称呼。按字面来理解，即那些能够赏玩和观赏的天然石头。这些石头因具有一定的文化内涵和艺术特质，能够激发人们的情感和想象，给人们以美感和精神的启迪，而赏玩石头的艺术性是其中的要义。

从奇石到观赏石概念的嬗变，表面看起来简单，但概念演变的背后却蕴含着比较复杂的关系，犹如一只看不见的手，指导着不同历史时期人们赏玩石头的活动。准确地说，这种概念的演进是巨大变化，它呈螺旋式上升，恰恰蕴含着人们在不同赏石历史阶段的赏石理念——从传统赏玩奇石到当代赏石艺术的根本性转变。

（二）赏玩奇石到赏石艺术的转变

从中国赏石发展史来看,赏玩奇石到赏石艺术的转变有着深刻的不同历史时代背景。

第一,从古代的文人赏石到当代的大众赏石。古代社会赏玩石头的群体主要是文人雅士和贵族士大夫,他们多喜欢为奇石赋诗题咏,以此陶冶情操。然而,由于受奇石的发掘、运输和交易等因素的限制,赏玩石头的人数很少。到了当代社会,"旧时王谢堂前燕,飞入寻常百姓家",赏玩石头逐渐成为社会的一种流行风尚,呈现出大众赏石的面貌。既然普通大众参与赏玩石头了,那么,对观赏石的需求是庞大的,诞生了专门交易观赏石的市场,并且随着现代信息的迅速传播,赏玩石头方兴未艾,赏石也成了人们追求美好生活艺术化的一种新方式。

第二,从古代的赏玩雅趣到当代的艺术收藏。在古代社会里,奇石主要是体型较大的庭院和园林置景石,还有一些是作为案头清供的文人书房石。文人雅士们赏石主要是满足情趣,寄托情思,获得愉悦之感和美化风景之用。当代社会赏石的趋向性发生了改变,观赏石的品质极为精致,人们除了享受赏玩石头的乐趣之外,还把观赏石当作收藏品,特别视为艺术收藏品,观赏石具有了收藏和投资功能。

第三,从古代的私人赏石到当代赏石文化的复兴。古代社会赏石基本上是文人雅士的私人活动,以及作为文人小圈子之间论道和激发雅兴的另类形式。当代社会观赏石的文化和艺术属性被人们逐渐挖掘出来,并且,赏石艺术成为国家级非物质文化遗产。同时,赏石艺术呈现出个性化风格,特别是赏石艺术家的趣味逐渐脱离了公众的趣味。此外,赏石文化作为中国传统文化的组成部分也正在逐渐复兴。

总之,时代在不断变化着,人们的审美情趣也在变化,赏玩石头的功利性也随之变化,石头的属性也随之而改变,客观上要求人们赏玩石头的理念也要随之而变化。记得在中国云南,曾与一位不善言辞的年长者聊及石头,他只是淡淡地说:"书法和写字不同,石头光好玩不行,只有那些具有文化性和艺术性的石头才值得去赏玩。"简短一句话,却道出了当代赏石的真谛。

图62 《泼墨仙人》 彩蜡石 15×28×10厘米 张建宇藏　　　　图63 南宋 梁楷 《泼墨仙人图》 台北故宫博物院藏

　　况若身处世胄之家,志抱坚贞之节,如梁楷者,本东相羲之后,画院待诏(注:按宋代习惯,为官方服务多称为"待诏"),赐金带不受,挂于院内,嗜酒自乐,号"梁风子"。玄之又玄,简而又简,传于世者,皆直草草,谓之"减笔"。

——黄宾虹:《古画微》

三 赏石艺术的界定

（一）全新的艺术形式

当代大众化赏石趋向于过多地追求利益，而不讲究观赏石的艺术性和精神性。绝大部分人把观赏石看作是商品对象，从而忽视了观赏石的艺术、文化和精神价值。但是，艺术不可能像普通商品那样完全用于消费，同时，理想的艺术也必须要离开现实，并以足够的勇气去超越人们的现实需要。犹如德国美学家席勒在《审美教育书简》里指出的：“因为艺术是自由的女儿，她只想从精神的必然而不想从物质的需要去接受她的规范。”

并非一切事情在任何时候都可能会发生，时代的文化和精神状况决定一个时代特有的艺术。如同思想家蔡元培在《美学文选》里指出的：“一时代有特别的文化，就有一时代的美术。六朝的文辞与两汉的不同，宋人的绘画与唐人的不同，就是这种缘故。欧洲也是这样。文艺复兴时代的美术与中古时代的不同，现代的又与中古时代的不同。而且，一时代又常常有一种特占势力的美术，如周朝的彝器、六朝的碑版、唐以后的文学。欧洲也是这样，希腊人是雕刻，文艺复兴时代是绘画，现代是文学。”

特定的时代会产生特定的艺术形式和特定的艺术品。赏石艺术作为一种独立的概念、独立的艺术形式，以及观赏石作为艺术品是现时代的产物。换言之，特定的赏石风格只能产生于赏石发展的特定历史时期。犹如美国艺术史学家迈耶·夏皮罗在《艺术的理论与哲学》里所说：“一种文化能否在其艺术形式中成功地表现它的观念、希望和经验，不仅仅取决于某一种艺术的主题，而是取决于所有的艺术。”

（二）赏石艺术的定义

众所周知，音乐、绘画和雕塑等都被称为艺术。赏石艺术是真正的艺术吗？它又应该如何来界定呢？

赏石艺术成了国家级非物质文化遗产，似乎已经成了一种具有定论性质的陈述。当赏石艺术成为一种口号，很多激进者就把它看作是一个惯例论和不证自明的东西。然而，口号不会把问题一劳永逸地加以解决，赏石艺术需要赏石理论给出令人信服的解释。如果没有正当的理由，或者不能够说明究竟是什么使得赏石艺术得以成立，那么，就不能够授予一块观赏石以一件艺术品的地位——尽管人们称呼"观赏石艺术品"是非常简单的事情。

然而，人们面对的最大困难在于艺术是所有人都知道的东西，却很难对它赋予一个完美的定义。对此，德国思想家阿多诺在《美学理论》里指出："艺术的界说尽管确实有赖于艺术曾经是什么，但也务必考虑艺术现已成为什么，以及艺术在未来可能会变成什么。""艺术具有变化的余地，其本身也可能无意严格界定其内外成分。"如果陷入艺术定义之争的漩涡，就很难把赏石艺术解释清楚，就只能局限于讨论赏石与艺术的关系等。显然，"赏石艺术"与"赏石与艺术"两个概念并非同一逻辑——再次重申：赏石艺术是一个独立的概念、一种独立的艺术形式，而赏石与艺术是关涉赏石与艺术的关系。

为了绕开争议的陷阱，避开文字游戏引发的混乱，而需要认清艺术的本质，或者在把握艺术本质的基础上来讨论赏石艺术。这里，就艺术的本质来说，艺术是属于情感的和想象力的。那么，作为赏石艺术的载体，观赏石是属于情感的和想象的吗？赏石艺术家通过观赏石作品能够给欣赏者传达出一些东西吗？

其一，艺术是一种表现情感的活动。画家林风眠指出："艺术的根本是情感的产物，人类如果没有情感，自也用不到什么艺术。换言之，艺术如果对于情感不发生任何力量，此种艺术已不成为艺术。"也就是说，艺术是一种情感表现的观念，艺术的主要目的在于表达人性中最为深沉和普遍的情感。正如英国美学家赫伯特·里德在《艺术的真谛》里所说的："艺术的目的旨在传达感受。"

观赏石能够激发观赏者的情感是明证的，而表现感情与唤起情感又是一切艺术的特质。并且，真正的艺术家尽力解决的是表现某一情感的问题，而对于激发一定情感的艺术来说，正因为艺术家所具备的某种天赋和能力，所以他们占据着绝对的主动地位。对于观赏石来说，赏石艺术家如同其他艺术家一样，在赏石艺术化的过程中通过他们的发现和感悟能力，获取了石头所具有的艺术特质，从而激发出了自己和观赏者的情感。

其二，艺术是一种激发想象的活动。一件艺术品绝不是真实的事物，也不是简单模仿的事物，而是人们想象的事物。如果石头与真实的事物相似，或是简单地模仿了某一事物，那么，这块石头可以称之为奇或怪，但不完全是艺术品；正因为在似与不似之间，才能够激发人们的想象,它才可能是一件艺术品。

事实上,观赏石恰恰被人们视为想象之物,追求理想性和完美性是它的最大特点。也就是说,观赏石中的造型石犹如造型艺术和雕塑艺术般激发着人们的想象,而画面石犹如绘画般地引发人们的神思。因此,在艺术的范畴里,观赏石能够激发人们的想象是容易理解的。准确地说,赏石艺术就是欣赏者运用想象力所领会和意识到的审美活动,在此过程中,欣赏者的审美经验如影随形地发挥着作用。

因此,在把握艺术的本质、理解观赏石的属性和认识赏石艺术家功能的基础上,可以把赏石艺术定义为:

欣赏者(赏石艺术家)在赏石活动中,通过发现和感悟的能力,运用审美经验来激发自己(欣赏者)的情感和想象,即为赏石艺术;而观赏石作为欣赏的对象,就被称为观赏石艺术品了。

(三)赏石艺术的发生过程

在艺术理论上,存在着看上去可信的物理对象能够被视为艺术品,被有的艺术理论家称为"艺术其物"。那么,应用在赏石艺术之中,此物理对象即为观赏石。换言之,观赏石作为物理对象是真实的、确定的和独一无二的。而且,观赏石作为物理对象被视为审美对象,被有目的地观照而转化为艺术品,基本前提在于赏石是一种表现情感和激发想象的活动。

观赏石又有着自身鲜明的特征,既是表现性的,又是再现性的。观赏石作为艺术品,兼具表现性和再现性的双重属性,而这一特征与绘画、雕塑、音乐和诗歌又有所不同。并且,观赏石的表现属性和再现属性恰构成了赏石艺术的立基根本。正是从观赏石的表现属性和再现属性出发,才可以把造型石视为是造型艺术和类雕塑艺术,以及造型石的具象化极致艺术,把画面石视为是类绘画艺术了。

由于观赏石的表现性属性和再现性属性的双重根基的存在,赏石艺术就获得了合理的解释。于是,观赏石作为赏石艺术的载体,就如同美国哲学家杜威指出的:"每当任何材料找到一个媒介表现其在经验中的价值——即它的想象性与情感性的价值——之时,它就成为一件艺术作品的内容。"反过来说,一件艺术品的存在,总会具有属于自己的特殊属性。所以,要准确理解赏石艺术的定义,就必须完整地理解观赏石的两个最基本属性。

观赏石的两个最基本属性可以理解为观赏石是可触、可视和可感的。分而言之：其一，观赏石的可触性，是指在造型石中得以完全体现；其二，对于观赏石的可视性来说，无论是造型石还是画面石，都如雕塑和绘画一样，都是一种可视形象艺术，都需要人们凝视欣赏；其三，观赏石的可感性，体现为对于一个艺术敏感的人来说，在面对观赏石这个可视形象时，都会唤起一种独特的情感，而这种情感之所以独特，恰恰是赏石艺术的独到之处。

所有艺术的天职都是给作为理念或理想化的美赋以某种形式的表达。如果一块石头本身就禁不起欣赏，或者在欣赏这块石头的时候，自己不会有任何情感反应，即自己没有感觉到它是艺术品，它就不是艺术品。因此，观赏石是不是艺术品，或者说它是否具有艺术性，需要建立在个人的赏石体验和审美经验之上，即它必须是主观的，因为除了感受，人们没有其他的途径去认识观赏石艺术品。然而，这里须存在一个基本假设前提，如果欣赏者不具备一定的文化、文学和艺术修养，那么，在面对一块观赏石时，就不会引起共鸣；相反，如果欣赏者具备　定的文化、文学和艺术修养，在面对一块石头时没能引起任何的审美情感，那么，这块石头就不能称之为观赏石，更无从言及观赏石艺术品了。因此，赏石艺术中的表现和再现是合理地向精通艺术人们的显现。

但是，不能因为赏石艺术的个人感觉的主观性而否认人们具有相同的审美共识，即人们对同一事物有着某种一致的看法和共感。如果对于一块观赏石，在某一方面或者许多方面会引起人们的共鸣，那么，就可以说这块观赏石具有一定的审美共识了。如果人们都否定有"审美共识"这个说法，那么，世界就完全变成了神秘主义。

对于艺术品来说，所有伟大艺术的标识就在于普遍性和永恒性。石头产生于大自然，观赏石因为天然性而具有客观性，又因为欣赏者的自我意识而赋予其主观性，正是在客观和主观可感悟的对立统一之中，赏石艺术成了一种高级的艺术形式。这一情形犹如德国思想家阿多诺在《美学理论》里所说："观众越是凝神观照，就越能深入到艺术作品中，直到他入乎其内，意识到作品的客观性。在他体味到客观性之际，他使作品充满了主观的活力，包括那些外射的异常活力。异常的主观性可能会完全迷失艺术作品的本质，但若无这种异常性，客观性可能仍然讳莫如深和难以辨认。"

综上所述，在用艺术观照自然，从而使自然转化为艺术的整体逻辑之下，赏石艺术的发生过程可以大致描述如下：

　　石头(大自然的存在物)→被赏石艺术家有目的地视为审美对象→艺术地观照→运用发现和感悟的能力→应用审美经验→转化为观赏石→激发情感和唤起想象→观赏石艺术品→表现性和再现性→与主流艺术中的造型艺术、雕塑和绘画相交融→欣赏者与观赏石的互动→赏石艺术精神→赏石艺术家通过观赏石艺术品向欣赏者所表达的东西。

　　在这个过程中,石头就从"物的自然"转化成"心的自然",进而成了"艺术的自然",而"转化"就生动地体现在人与石头的互动关系之中。人与石头之间的互动并非盲目的,而是有目的的,同时又是在主流艺术的土壤中进行的。最终,观赏石凭借其艺术性以表达内在和纯真的感受体现并凝聚于赏石艺术精神之下,而赏石艺术精神又传达着赏石艺术家通过观赏石艺术品向一切欣赏者所表达的东西。

(四)赏石艺术的独特性

　　大自然形成的石头是独特的,观赏石总会给人以出其不意的美感。然而,不管它符不符合人们的审美要求都是一个客观的存在。用德国哲学家海德格尔的话说:"艺术品绝非是对那些在任何给予的时间里显现的个别存在物的再现;相反,它是对物的一般本质的再现。"——这里,顺便再强调一下,从海德格尔的话语中,人们再去体会古代文人赏石家们所言说的皱、漏、瘦、透、丑、雅、秀,他们对石头在艺术层面的认识是何等深刻。

　　艺术的形式是多样化的,它们都使得人们在审美情感的道路上释放着自己。赏石艺术的核心在于石头的形相与艺术相融合,同时,赏石艺术依托的是赏玩石头人们的自觉心灵。

　　对于赏石艺术来说,其特殊性大致表现在如下几个方面:

　　其一,赏石艺术是一种原始的暗示性艺术。观赏石有着远比人们所想象的丰富得多的暗示性内容。赏石过程就是把这种暗示性的内容转化为精致化的艺术需要,并诉诸观赏者的情感和感悟的过程。犹如音乐家对纯音乐的感受与一般音乐爱好者对音乐的感受有差别一样,要想纯净地欣赏观赏石,就要不断地提高自己的修养,特别是文学和艺术方面的修养。

图 64 《秋山望酬》 长江石 12×11×3 厘米 李静藏

见青烟白道而思行,见平川落照而思望,见幽人山客而思居,见岩扃泉石而思游。

——(宋代画家)郭熙:《林泉高致》

其二,赏石艺术是多维度的。它并非是指单纯的艺术,而是文学、美学和艺术等的一种柔性综合。任何好的艺术品都是没有公式的。德国思想家歌德就曾指出:"艺术的通法,乃是不拘定法,不依成法。"对赏石艺术来说,不能谈论任何程式化的赏石标准,不能受控于那些极端的量化和固定呆板的公式,而只能够尝试用系统式的多因素、多元化和多维度审美去理解观赏石的艺术性。反之,那些试图将赏石艺术锁定在有框架的金丝笼里的想法和做法,表面上看来是在善待观赏石,实际上是对观赏石的禁锢。真正的赏石艺术拒绝这种封闭和陈规旧例,因为这至多也只能算是一种拙劣的唯理经验的盲目运用,是妄图用工具理性和绝对一体化来驾驭赏石艺术;或者,毫不客气地说,它是非艺术的操纵罢了。因此,赏石艺术遵循的是多元而非单一的美学原则,这基本上也同"美的本性在于自由"的观点相一致。

其三,赏石艺术是个性化的。对赏石艺术来说,个人的看法、趣味和天赋在观赏石的发现和感悟中发生着重要作用。观赏石又因拒绝同质化而丰富多彩和五光十色,从而赏玩者会突显出自己的个性化赏石风格。所以,衡量一位观赏石收藏者的水平,往往要看他的观赏石整体风格的内在连贯性与整体品位的一致性,即这些观赏石是否拥有相似的审美法则,并且这个法则是否相对稳定的。

其四,赏石艺术是一个自由的世界。观赏石既是拙朴的,又是精致的,往往有着难以驾驭的性质,恰恰这种性质能带给人们获得解放的自由。赏石艺术是一个极度开放的自由王国,这既是对赏石艺术本质的描述,也是人们对待赏石艺术的应有态度。同时,观赏石拥有着自身特有的表现力和感染力,又会因人而异。所以,赏石艺术既是自由的,又是自主的。正如俄国艺术家康定斯基在《论艺术里的精神》里所说的:"只有在获得自由的土地上,才能再一次生长出东西来。"换言之,赏石艺术只有在自由的氛围下才能得以发展。

其五,赏石艺术是赏石艺术家的艺术。主流艺术界里流行一句话:"艺术往往与大众无关。"这句话对于大多数赏玩石头人们来说,听起来或许不顺耳和不友好,但并不意味着它不带有真理的性质。对于该观点可能引发的争论,可以用德国思想家歌德的话给予解释:"当人们局限于自己的专业领域时,便会表现出固执;而当超出自己的专业领域时,又会显得无知。"所以,赏石艺术本属于赏石艺术家的艺术,最终会走向专业化和职业化的道路。

其六,赏石艺术极富张力。观赏石是无限的,而人们的认识却是有限的。人们对观赏石的认知可以用"黑洞"来形容,更何况言及观赏石的文化和艺术性了。因此,对于同一块观赏石,不同生活阅历和审美倾向的人会有不同甚至相反的观感。诚然,"人有多深,石有多深",这就是赏石艺术的张力之所在——正如文物为何厚重,在于背后隐藏的历史和文化基因一样。

其七,赏石艺术是一种艺术触觉。观赏石既是审美的,又是感性的和精神的东西。人们只有真正喜爱石头,全面地认识观赏石,深刻地理解艺术,并有着自己的真正领悟,从而培养出一种精细的艺术感觉,才能够很好地认识赏石艺术。所以,赏石艺术需要拓宽知识的维度,需要培养赏石灵感,需要审美情趣、艺术敏感性和一定的天赋,更需要赏石理念的指引。

四　赏石艺术的检验法则

什么是真正的好石头? 什么样的观赏石能够被视为艺术品? 什么样的观赏石艺术品才是高等级的? 在思考这些问题之时,需要明确的是,即使在赏石艺术的概念下,并非所有的观赏石都是艺术品。这一情形,如俄国作家托尔斯泰在《托尔斯泰论文艺》里所说的:"'艺术是什么? 这个问题问得好! 艺术是建筑、雕塑、绘画、音乐和诗歌等各种形式的总称。'普通人、艺术爱好者甚至艺术家本人一般都会这样回答,而且认为这个问题极为清楚,大家都会这样理解。但是,有人可能还会问,在建筑上难道没有不能成为艺术品的平凡建筑? 难道没有虽称之为艺术却是不成功的、丑陋的,因而不能被看作艺术品的建筑? 艺术的独特标志是什么?"

艺术品得以流传的因素恐怕永远都是一个谜。所有的艺术都会被某个时代的人们和某些艺术家所喜爱,也会被同时代的人们和某些艺术家所嫌弃。观赏石艺术品的创造和欣赏,像风一样有着自己确切的条件和规律。一块石头成为观赏石起初只是拥有者的一种假想,这块观赏石能够成为艺术品还需要依据一定的法则来确认。准确地说,赏石艺术的确认法则是一种假设检验理论。

图 65 《胭脂盒》 玛瑙 8.5×7×5 厘米 李国树藏

我幻想在哪儿(天河里?)

捞到了一只圆宝盒,

装的是几颗珍珠:

一颗晶莹的水银

掩有全世界的色相,

一颗金黄的灯火

笼罩有一场华宴,

一颗新鲜的雨点

含有你昨夜的叹气……

——卞之琳:《圆宝盒》

赏石艺术的检验法则包含时间的验证、艺术法则的确认、多数人法则以及主流艺术的认同。然而,这四个检验法则不是孤立存在的,而是有机地融合在一起,即要坚持法则的全体性。

赏石艺术的检验法则抛开了个人对观赏石的偏好、情绪化鉴赏和玄虚的解释,而被放置在一个客观的检验条件之中,它放弃了个人情感和感觉是赏石审美判断的唯一基础,而把赏石审美的普遍观念与个人的直觉紧密结合了起来。反之,如果人们都依据自己的主观偏爱或者随机标准去看待观赏石,就会陷入彻底的混乱,高等级的观赏石艺术品亦将不可预期。

(一)时间的验证

俗话说,时间会揭示出真理。任何一件有价值的艺术品,都需要费很长的时间才能够获得它的地位。因此,德国思想家阿多诺在《美学理论》里才说:"艺术的过程本性是其时间的核心。"简单来理解,什么是持久的艺术,什么是短暂的时尚,唯有时间才能够给出答案,犹如德国思想家歌德所说的:"在时间的绘画长廊中,一度不朽的东西,将来总会再次受到人们的重新温习。"所以,在艺术发展史上,数百年来人们会看到很多例子,艺术家同时代的人们所欣赏不了的艺术作品,后来却被认为颇有价值。

时间对观赏石艺术品的证明也将胜过人们的主观臆测。德国哲学家伽达默尔说过:"经典总是能够跨越时空的间距而一直地对我们说着什么。"真正高等级的观赏石艺术品一定是那些在长久的时间之流中不知不觉地选拔出来的作品,是受过时间的考验而仍然被人们所承认的观赏石作品,而那些一时流行和炒作的观赏石,自然会随着时间的流逝而被淘汰掉——这一现实情形,让人不禁想起了画家吴冠中面对某时期绘画的炒作现象时所说的:"艺术品市场冷下来了,画卖不出去了,好!"

对于一块观赏石艺术品,欣赏者也需要花时间去理解它。法国画家亨利·马蒂斯说过:"当一幅画完成以后,它就像一个新生的孩子一样。艺术家自己也必须花时间去理解它。"并且,观赏石艺术品的特性在于不是一下子就能够为人们所接受,对它的认识需要一个较长久的过程。当然,任何伟大的艺术作品在刚一出现之时,也不会让过路人一目了然而认同。犹如英国艺术批评家约翰·罗斯金在《透纳与拉斐尔前派》里所说:"没有一个伟大的事实或一个伟大的人,一首伟大的诗,一幅伟大的画,任何可以称得上伟大的东西,让人能够在一瞬间可以透彻地理解;并且没有任何高层次的愉悦,不管是欣赏画作还是做别的工作,是通过懒散而低级的理解能力就可以达到的。"

图 66 《孤禽图》 长江石 12×12×6 厘米 王毅高藏

　　缺月挂疏桐,漏断人初静。谁见幽人独往来,缥缈孤鸿影。惊起却回头,有恨无人省。拣尽寒枝不肯栖,寂寞沙洲冷。

——(宋代)苏轼:《卜算子·黄州定慧院寓居作》

（二）艺术法则

美国哲学家马尔库塞在《审美之维》里指出："在漫长的艺术史中,撇开那些审美趣味上的变化不论,总存在着一个恒常不变的标准。这个标准不仅使我们能够区分出高雅的与低俗的文学作品,区分出正歌剧与轻歌剧,区分出戏剧和杂耍,而且在这些艺术形式中,还能进一步区别出好的和坏的艺术。"

在赏石活动中,通常会出现一种情形,买石头的人说："我不知道什么是好的观赏石,但我知道我喜欢什么。"卖石头的人会反驳说："你喜不喜欢无关紧要,重要在于观赏石本身是不是好的。"的确,人们经常会面对是买自己喜欢的石头,还是买那些本身就是好石头的两难困惑。这一困惑的背后隐藏着一个基本现实:某一特定事物会使某一特定的观者感到愉快或不感到愉快;而真正的艺术不是娱乐而是高雅的品位。

观赏石的怪异并非是艺术,即使生活中很多人都会喜欢奇怪之石。这一观点在解释奇石和观赏石的语义时已经阐述过了。而且,高等级的观赏石在意境和艺术表现上必是卓绝的,它们不仅能够打动人们的感官,还能够触动人们的心灵。高等级的观赏石总是耐看的,越看越让人喜欢,而那些本身就不是艺术品的观赏石,即使有时表面看起来很吸引人,但仔细品味,却寡然无味。其中的缘由,犹如法国思想家孟德斯鸠在《罗马盛衰原因论》里指出的："造成伟大和美丽的情况是这样的:一件事物在开始的时候引起的惊异是平常的,但这种惊异保持并增长,而最后竟使我们惊叹不已。拉斐尔的作品在刚刚一看的时候,并不特别引人注目。他描绘自然描绘得这样好,以致人们在看到他的绘画时,犹如看到实物而并不觉得吃惊,因为实物是不会引起任何惊讶的。但是,较差的一个画家的一种特殊的表现方式,一种较强烈的色调,一种怪诞的姿势,在刚刚看到的时候却能够抓住我们的注意力,因为我们在日常生活中是不习惯于看到这类事物的。"

观赏石的艺术法则是绝对的和永恒的——"艺术自身的确认",对于赏石艺术来说并非同义反复。对于一切艺术而言,虽然被公认的艺术基础是以人们的主观反应为条件的,但不能够否定艺术自身的客观性。正如德国思想家阿多诺在《美学理论》里所说："艺术作品中的每个主观契机如同其他东西一样,均是由艺术对象激发出来的。艺术的敏感性在本质上是倾听艺术作品所言内容的能力,同时也是从作品自身的眼光出发来审视作品的能力。"

不可否认,在赏石艺术中,"个性本身"也是法则之一,即我是用我自己的品位去加以判断的。实际上,正是赏石艺术家们的不同个性才使得赏石审美趣味中的若干要素不断累积并获得了永久性的标记,而最终成了"艺术的法则"。然而,人们还需深刻地认识到,虽然每个人喜欢什么,不喜欢什么,无须别人的批准,但即便同样是艺术品,它们也是分层级的,如同英国艺术史学家罗杰·弗莱在《视觉与设计》里所说的:"艺术史明确地说明,最伟大的艺术总是公共的,是以高度个性化的方式表达了共同的愿望和理想。"

总之,人们永远要牢记,真正的艺术家对艺术品的判断力是在进行长期实践、观察和思考之后才日臻完善的。只有当观赏石的艺术法则完全得以确认,赏石艺术才能够获得真实而绝对的秩序。在这个秩序的制约下,那些非具艺术性的观赏石、伪艺术的观赏石、功利性的观赏石就会逐渐淡出公众的视野。

（三）多数人法则

观赏石艺术品在时间的验证和艺术法则的确认前提下,还需要遵从多数人法则。反过来说,多数人法则是有先决条件的。从长远来说,观赏石艺术品需要多数人的认同,这个原则是较为合宜的。

当然,它不是绝对的法则。多数人法则的一端是赏石人自己的认知,另一端则是全体欣赏者的一致性认知。多数人喜欢的观赏石一定是比较好的作品,但并不意味着它就是高等级的,这个判断源于艺术品的特性。艺术规律还在于,没有艺术品会被瞬间所知觉,在一件艺术品诞生初始,还没有被广泛认可之前,对它的艺术性的认识只掌握在极少数人手中,或者说只有创作者才能够真正地懂得它。

有趣的是,赏石大众所赞美的观赏石也可能只是一时的兴趣,随着时间的推移,这块观赏石是不是艺术品才能够被越来越多的人所认知。所以,真正高等级的观赏石在诞生之初很可能被极少部分赏玩石头的人们,特别是赏石艺术家自己所发现,以及被那些属于主流艺术的人士所喜爱。

在一定程度上,"多数人法则"应该正确理解为是少数人的艺术为多数人所分享。至于全体赏玩石头人们的一致性认同的说法,这只是理论上的一个理想化状态,"全体"只是形而上学家们的理念。这种情形在赏石实践中很难实现,也并不符合赏石艺术的基本规律。

（四）主流艺术的认同

所谓的主流艺术,在赏石艺术中大致涉及如下艺术形式:绘画、雕塑、诗歌、文学、园林和音乐等。分而述之,从观赏石属于可视形象的艺术来说,赏石艺术更接近于绘画与雕塑;从观赏石属于感悟性艺术来说,赏石艺术更趋近于诗歌、文学和音乐;而从观赏石适宜存在的环境来说,赏石艺术与园林一直以来都有着密切的关系。

总之,观赏石只有经过"艺术"的筛选,它才有可能最终是艺术的,而只有艺术性的观赏石才有其艺术价值。在赏石实践中,倘若没有合适的检验法则,真正的观赏石艺术品一直埋没着,而一些没有任何艺术性可言的石头大行其道,去空谈观赏石行业的发展无疑是在拔苗助长。当然,在赏石艺术理念还没有深入人心之前,这一论断想要得以验证还是需要理想精神——犹如英国哲学家休谟所说:"反正没有什么经验知识能够推知未来。"

五　关于赏石艺术的偏见

许多年以前,有人主张赏玩石头需要文化,遭到了很多人的讥笑。然而,时事变化得太快,现在几乎所有赏玩石头的人们都认同,赏石确实需要文化。历史总会惊人地相似。当前论及赏石艺术也会面临诸多偏见。

很多人容易把赏石艺术与娱乐混为一谈,认为赏玩石头是一种纯粹的娱乐化行为,赏石艺术至多是一种娱乐化艺术。持有这种观点的人很难公正地评价观赏石的艺术价值,因为在他们的潜意识里,认为用来赏玩的东西不会很高贵,特别是随处可见的石头。假如赏石艺术仅是所谓的娱乐艺术,它也只能限于个人和民间的活动,而不可能登上艺术品的大雅之堂。同时,这种观点还会衍生出一个有趣的现象:如果你把它当石头看,它就是一块石头;如果你把它当艺术品来看待,它就是艺术品。所以,有人认为,石头是否为艺术品取决于个人的认识,全凭个人的一厢情愿。

上述偏见终究可以用"观赏石是否为艺术品"这个疑问来囊括。既然出现这个疑问,从语境上来分析,至少意味着在当下观赏石还没有被广泛地当作艺术品;即使有人把有的

图 67 《春江水暖》 灵璧石 30×33×19 厘米   徐文强藏

鸭子陂头看水生,蜂儿园里按歌声。天公用意谁能测? 未许吾曹醉太平。

——(宋代)陆游:《书感》

观赏石当作了艺术品,也缺少令人信服的理由。经验地说,这里所说的"有人",指的仅局限于赏石圈内的有识人士,而大部分赏石圈内的人们还是停留在把石头当作玩物;至于不懂石头的普通人群,基本上是把观赏石当作有一定美感和寓意吉祥的装饰性物品来看待。同时,对于从事主流艺术的人群来说,他们难以理解赏石艺术的性质和规律,也难以掌握赏石的历史经验。所以,他们大多凭着自己的直觉,认为观赏石"太不艺术了"。退一步来说,即使有的主流艺术人士认可观赏石的艺术价值,也局限于把观赏石作为传统书画等的配角来对待——如同传统赏石在古代皇家宫苑中的角色一样。然而,这种情形对于实践赏石艺术理念的人们颇感困惑:"我们把石头当作独立的艺术品,你们却把它当作艺术的陪衬。"显然,这种获得主流艺术重视的方式是这部分人所不愿乐见的。换言之,如果赏石艺术成了一种被假搞的和绣绣花边的艺术,还不如不是"艺术"。

人们需要思考:出现这些偏见的深层原因是什么? 又应该如何来看待这些偏见呢?

其一,艺术品往往具有很高的标准和深厚的底蕴。

通常来说,真正的主流艺术品都暗含着历史、文化、美学、艺术、社会和人性的知识与基因。如果说每一种艺术都有着自己的价值和境界,那么,观赏石能够达到同样的高度吗?

前文已述,不是所有能够观赏的石头都能够进入到艺术品的行列,只有那些经过赏石艺术检验法则的观赏石才能够被视作艺术品。也就是说,只有那些具备文化诠释、美学理解和艺术生命力的观赏石能够被视为艺术品,即那些最终能够被主流艺术所认可的观赏石才是当之无愧的艺术品。因此,笼统地讨论所有的观赏石是不是艺术品没有意义,正如不能说所有的画家创造出来的绘画都是艺术品一样,只有那些具有很高艺术成就的画家的作品才能被称之为艺术品。这里,特别值得强调的是,在赏石艺术理论中,赏石艺术作为一门纯粹的并自成一体的艺术门类与每块观赏石是否属于艺术品是两个完全不同的概念。

其二,观赏石作为艺术品没有艺术传统或习俗的经验性支持。

这个论断需要理解中国的赏石历史传统。引申开来,探究古人赏玩石头的动因和目的是一件有意思的事情。然而,意大利艺术史学家里奥奈罗·文杜里在《西方艺术批评史》里指出:"历史不能确定事情的原因,只能确定它们的条件。"因此,研究古代人赏玩石头的缘由和目的应该与他们所处时代、个人生活经历、个人性情和趣味追求紧密相连,方得始终。也就是说,当时的社会状况、政治氛围、宗哲思想、文化兴衰、时代心理和个人际遇等所导致的个人赏石偏好是人们应该仔细研究的。

　　然而,仅从观赏石在历史上是否为艺术品这一命题的角度来认识,中国古代赏石的代表性人物和赏石典籍没有支撑赏石成为独立的文化和艺术体系,赏石文化只是作为一种碎片式的历史记忆存在着。因此,中国赏石没有被艺术史和文化史广泛认可——当然,人们断然不可否认其所蕴涵的赏石精神的存在和影响。

　　古代人远没有当代人幸运,由于交通运输条件、信息的闭塞以及发掘石头资源能力的限制等原因,即使是帝王将相所赏玩石头的品质,也未必抵得上当代的精品观赏石,犹如南宋诗人辛弃疾所言:"不恨古人吾不见,恨古人不见吾狂耳。"当然,抛开古今所赏玩石头的品质好坏和等级高低不论,如果用当代赏石艺术来比照古代赏石,也不能错误地认为,古代人赏玩石头就比当代人赏玩石头无趣和低俗。按照逻辑来说,正如近代思想家梁启超在《情趣人生》里指出的:"因为艺术是情感的表现,情感是不受进化法则支配的。不能说现代人的情感一定比古人优美,所以,不能说现代人的艺术一定比古人进步。"而且,人们也无法准确判定古代人理想中的快乐及其普遍性。

　　赏石艺术只能够理解为具有文化连续性和历史性。这实则是针对"石头何时成为艺术"这一问题的理论回答。美国符号论美学家苏珊·朗格在《哲学新解》里指出:"艺术的最初成分通常是文化环境中发现的偶然形式,它们作为可利用的艺术要素作用于想象力。"可以设想,古代赏玩石头的人们不可能把石头当作艺术品来看待,或者说如果古代也有人把石头视作艺术品,那也是无法确定的现象。这一判断,正如英国美学家赫伯特·里德在《艺术的真谛》里所说的:"每个时期的艺术都有自己的标准,这一点只有当我们学会识别具有普遍性的形式因素与具有时间性的表现因素之时,才会认识到。"只是到了当代社会,赏玩石头的客观条件完全变化了,人们有理由把观赏石作为审美对象而转化为艺术品了,赏石艺术理念在实践中萌发了出来,才称观赏石为"当代"的赏石艺术。

　　不容忽视的是,这里还隐含着另外一个基本假定:某物在确定的时期是艺术品而在其他时期则不是。也就是说,从艺术的功能来理解,艺术品仅是它们已被意识到它们是作为艺术品时而存在。对此,英国哲学家理查德·沃尔海姆在《艺术及其对象》里指出:"艺术的稳定属性要依据艺术的断续功能才能得以理解。"或许,用西班牙画家毕加索对艺术的阐述,更能够理解赏石艺术的历史性。他在《形式》杂志里指出:"艺术无过去与未来之分。目前无力确立自己地位的艺术永远不会自成一体。希腊和埃及艺术不属于过去,但它们在今天比以往更富有活力。"如此一来,这也解释了当代人把古代遗存石视作艺术品来拍卖的理由了。

艺术的特殊规律还在于，任何艺术品被认同都需要经历时间和波折。这在世界绘画史中表现得淋漓尽致。比如，荷兰画家梵·高一生总共创作了约 2300 幅作品，而在生前只卖出 1 幅画——1890 年 1 月，梵·高的《红色的葡萄园》被比利时安娜·伯克以 400 法郎购买，这是梵·高在世时唯一得到出售的作品，而梵·高的作品现在却被全世界所追捧。而且，熟悉艺术史的人们都知道，很多绘画流派也需要经历几个世纪后才被认可，并逐渐被后人视为独立的艺术流派。那么，谁又敢肯定，现在人们把观赏石视作艺术品，未来的历史又将如何来看待之？这恐怕是一个谜了。

其三，观赏石与主流艺术品之间的粗略横向比较。

中国赏石艺术虽说是官方的艺术，但赏石艺术没有国家观赏石艺术馆，赏石艺术基本上没有受到正统文化和艺术部门的支持，也没有得到国家富有影响力阶层赞助的观赏石艺术展。然而，从现象上来说，艺术品往往都会在最高艺术殿堂和博物馆得以陈列，随之，其艺术价值才会获得社会的认可并广泛传播。

事实上，抛开中国的传统书画、古玩瓷器和古老的青铜器等，就石头相关的仅有中国古代的石刻、石经和佛教造像可以在世界级的艺术殿堂和博物馆里存在着，它们代表中国古代杰出的雕刻艺术、汉字书法艺术和宗教艺术等。就观赏石而言，虽然在大英博物馆和美国大都会博物馆（图 69）等存在着中国传统石的实物，但是，从数量上来说寥若晨星。而在中国的国家博物馆里，除了上海博物馆（图 70）之外，真正意义上的观赏石更难觅身影。

当然，观赏石有自己的私人收藏馆。在中国赏石发展史上，唐代宰相李德裕在东都洛阳城外建有平泉山庄，藏奇石千方，可以视作古代私人奇石收藏馆的雏形；清代实业家张謇建立专门的博物苑以陈列奇石。据张謇在《博物苑美人石记》里记述："阅七年丙午，营博物苑于师范学校之河西，以语今总兵李祥椿，归我所往，度置苑内，群石之幸存者皆腾焉，俪以华产异卉珍花，与众守之。"到了当代社会，中国的民间观赏石收藏馆也有序发展起来了。

图68　《中国龙》　摩尔石　166×120×126厘米　黄云波藏

　　龙族的诸夏文化才是我们真正的本位文化,所以数千年来我们自称为"华夏",历代帝王都说是龙的化身,而以龙为其符应,他们的旗章、宫室、舆服、器用,一切都刻画着龙文。总之,龙是我们立国的象征。直到民国成立,随着帝制的消亡,这观念才被放弃。然而说放弃,实地里并未放弃。正如政体是民主代替了君主,从前作为帝王象征的龙,现在变为每个中国人的象征了。

——闻一多:《伏羲考》

图69 《虎》 古灵璧石 35×52×17厘米　　图70 清代 "小方壶"石 上海博物馆藏
美国大都会博物馆（原罗森布罗姆藏）　　　　　　　　（王一平捐赠）

如果尝试与传统主流艺术品相比较，观赏石与中国古老的瓷器从气质上最相接近，所以，有人把石头又喻为"最老的古董"。诚然，如果把一件宋代瓷器和一块高等级的观赏石放在一起，对于具有艺术感的人来说，都会有一种妙趣天成的感觉。并且，古人就曾有意把石头和瓷器做过类比。比如，清代陈矩在《天全石录》里说："余得十数枚，分赠友人，以充文玩。小者可洗，大者可瓶，养花能久。虽古之官哥窑不能过也。"此外，宋代赵希鹄在《洞天清录》里，就把怪石列为文房古玩收藏的类别，"怪石小而起峰，多有岩岫耸秀嵌嵌之状，可登几案观玩，亦奇物也"。而且，当代一些主流艺术拍卖机构也把传统古石置于瓷器等文玩雅集序列予以展示和参拍，似乎也在昭示着观赏石与中国瓷器精神气质的契合。

　　总之，当人们既能对观赏石的艺术属性有着客观的认知，又能在赏石实践中多些理论思考，这才是人们传承中国赏石文化的应有作为，而只有赏石艺术理论才使赏石艺术获得合理的解释，才能够在根本上增强人们的赏石自信。如此，所有对赏石艺术的偏见最终都会在观赏石艺术品面前得以臣服。

六　赏石艺术家

（一）赏石艺术家与观赏石艺术品互为本源

谈及赏石艺术家这一说法,不禁会让人想到是疯子还是天才的问题。在艺术上,疯子与天才总有着一种亲近关系,犹如古希腊哲学家亚里士多德所说:"没有一个伟大的天才不是带有几分疯癫的。"然而,赏石艺术家与独创性紧密联系在一起,赏石艺术家是观赏石艺术品的本源;同时,观赏石艺术品又是赏石艺术家的本源,即赏石艺术家只存在于他的观赏石作品之中。

法国诗人波德莱尔在《美学珍玩》里认为:"相对于天才来说,公众是一架走慢了的钟。"因此,赏石艺术家不一定在当世就被人们所公认,甚至也不会被多数人所理解。这是由赏石现状以及观赏石艺术品的身份和特性所决定的,也是赏石艺术检验法则的延伸。英国艺术史学家罗杰·弗莱在《视觉与设计》里指出:"对于一个艺术家而言,发现自己实际上能被同时代有教养的人所理解和欣赏,并为了同一目标共同前进,是非常少见的一种幸运。"

真正的艺术家起初都是卑微的。这让人联想到法国画家塞尚的一桩往事。有一次,他的作品没能够进入官方举办的沙龙展览,甚至连落选者沙龙也没能够进入。当他听说沃拉尔先生正在画廊里举办他作品的第一个展览时,他和儿子立刻偷偷地前往参观。当离开画展时,他对儿子说:"想想看,它们都装上了镜框!"

（二）赏石艺术家的角色与功能

当天然的石头转化为艺术品时,人们需要去思考:赏石艺术家的角色是什么? 反之,如果不能正确理解赏石艺术家的"功能",就很难合理地解释赏石艺术。

英国艺术史学家罗杰·弗莱在《弗莱艺术批评文选》里指出:"艺术家是一群有着十分不同气质的人,他们当中的有些人受到完全不同的动机驱使,有着与别人完全不同的精神活动。"此外,英国艺术史学家贡布里希说过:"实际上没有艺术这种东西,只有艺术家而已。"人们所看到的艺术品都是艺术家的创造,不同时期、不同艺术家所创造的艺术品汇集在一起就是所谓的艺术发展史了。

观赏石是赏石人的作品。然而,这个观念一直以来处于某种未经阐明的笼统之中,而这种观念恰是赏石艺术家这一说法得以成立的前提。而且,正因为赏石艺术家的存在,他们通过观赏石作品向人们传达着一些东西,才使得赏石艺术这门学问获得了一种合理解释。进一步来说,如果赏石人的一系列极富个性化的观赏石作品都具有艺术生命力,得到艺术的确认,时间的验证,获得多数人的认可和主流艺术的认同,那么,就可以称他为赏石艺术家。

不过,对于任何一个赏石艺术家来说,在其一生中数得上的观赏石艺术品也就五六块,其余的就是一些填充物了。这与其他艺术领域的艺术家所创作作品的性质和数量决然不同。但是,赏石艺术家终究要拥有自己的高等级观赏石代表作品,尤其是那块最具代表性的。举个简单的类比,犹如在绘画领域里,毕加索的《亚威农少女》、塞尚的《大浴女》、梵·高的《向日葵》、莫奈的《日出·印象》是他们的代表作品一样。

观赏石是赏石艺术家的发现和拥有之物,体现他的人格、个性和艺术修养。赏石艺术家依据赏石艺术理念,通过自身的不断实践,以及随之产生的观赏石艺术品确立着自己的地位。英国哲学家理查德·沃尔海姆在《艺术及其对象》里说:"每个艺术家的工作所依据的艺术理论,都包含艺术家从事生产的那种艺术品的概念,而且,这种概念必须包括对其作品所隶属范畴的参照,或者对确定标准的参照。"同时,英国哲学家休谟在《人类理解研究》里指出:"一个艺术家如果除了他的细微的趣味和敏锐的了解以外,还精确地知道人类理解的内部结构和作用,各种情感的活动,以及能够分辨善和恶的那种情趣,那他一定更能刺激起我们的各种情趣来。"此外,俄国作家托尔斯泰在论述艺术生产的过程时说:"艺术是一项人类活动,其过程往往是这样的:艺术家有意识地利用某些外显记号,把个人曾经体验过的感受传达给他人,以此来感染他人,并使他们产生同样的体验。"

赏石艺术毕竟与绘画和雕塑等艺术的创作不同,自然,对于艺术家的认识和界定也会不同。比如,梵·高的绘画无论怎样在全世界里流转,那些绘画都是"梵·高"的绘画。在这些艺术领域里,一朝成为大师,就永远都是大师。而由于观赏石的发现性、感悟性以及形象多重性等特性的存在,一块观赏石从赏石艺术家之手转移到另一人手里,那么,同一块观赏石由于流动性,是不是会创造出无数的赏石艺术家呢?这是一个难以界定的难题。不过,观赏石是赏石艺术家的作品,这是从作品初始诞生和旧藏角度而言的;而观赏石是收藏家的藏品,则是从递藏和传承的角度去理解的。至于其中的细微辩证关系,只能留给人们仔细去揣摩了。

无论如何,那些真正属于赏石艺术家的高等级观赏石作品,一定是具有可理解性和可传达性的作品。人们在欣赏赏石艺术家的观赏石作品时,必然会引发出一种发自内心的情感,而这种情感会让人们产生一定的共鸣。正如奥地利心理学家弗洛伊德在《美学》里所说:"艺术家的目的在于,唤醒我们内在的与他相同的情感态度和同样的心理品质。"当然,共鸣并不是所有欣赏赏石艺术家的观赏石作品时每个人都会拥有的。

真正的艺术家都有着才华的复杂性和多样性、深刻的想象洞察力和过人的专长。而所谓的专长,借用德国思想家阿多诺在《美学理论》里的说法:"艺术中的专长指艺术家用来完成或实现某一审美观念之任务能力的总和。"事实上,艺术中的专长是各种因素混合在一起滋养出来的。比如,一些伟大的雕塑和绘画艺术家通常都对哲学、科学、数学、文学、音乐和艺术史等十分内行。

那么,对于有着自己独特性质的赏石艺术来说,什么样的人才可能成为赏石艺术家呢?

凡是能够洞悉万物之美的人,通常被称为画家、诗人。那么,能够洞察石头之美的人,就可以称为赏石艺术家。从理论上讲,奉行赏石艺术理念的每一个赏玩石头的人都有成为赏石艺术家的追求和倾向,但决定能够成为赏石艺术家的却是他的人格和某种特定才能,即拥有丰富的知识储备,高贵的品格,博学多才,尤其对广泛的文化、文学和美学有较深的造诣。同时,必须对赏石痴迷,对诸多石种的鲜明特点都有着深刻的理解。而且,只有自己拥有真正高等级的观赏石艺术品,才能够配得上赏石艺术家的称号。因此,从严格意义上说,只有观赏石收藏家才具备成为赏石艺术家的资格,至于那些纯粹的赏石理论家、赏石活动家和赏石评论家,以及普通的石头商人是与这一称呼不相匹配的。借用古希腊哲学家亚里士多德的话来说,"一个暴发户就是一个没有受过用钱训练的人",而一个真正的赏石艺术家必须是经过石头训练过的滚过一身泥巴的人。

艺术史学家滕固在《唐宋画论》里指出:"哲学家追求'物'与'道'的内在联系,而艺术家则通过'情'来感受'物'。"那么,赏石艺术家需要有哲学家的天性、道学家的修为、艺术家的趣味、美学家的素养,有对石头的痴迷,有纯洁的情感,有丰富的想象力,才能够以其独立性不断地创造出有自己独特风格的观赏石作品。那么,人们实践赏石艺术,必然要丰富自我。反之,正如奥地利诗人里尔克在《论塞尚书信集》里所说:"没有这样的恒心,艺家将永远待在艺术的外围,只能够有偶然的成功。"换言之,如果人们感受不到赏石艺术的艰难,就创造不出更有价值的观赏石作品。

北宋《宣和画谱》里曰:"'志于道,据于德,依于仁,游于艺。'艺也者,虽志道之士所不能忘,然特游之而已。"赏石亦艺也,进乎妙,须知艺之为道,道之为艺。美国美学家苏珊·朗格在《感受与形式》里指出:"艺术作品往往是感受的自发表达,也即艺术家心灵状态的征候。"因此,人生的境界不同,观赏石作品自然有高下,犹如歌德在《歌德谈话录》里所说的:"在艺术和诗中,人格确实就是一切。"赏石艺术同其他艺术一样,都是属于艺术家自己的艺术,而真正的艺术家不会取阅任何人,他只是通过艺术作品表达自己而已。

(三)赏石艺术家的观赏石风格

随着赏石艺术家的出现,会引发对赏石艺术家与其观赏石作品关系的研究。实际上,只有理解赏石艺术家自己的真实感受,才能洞悉他的观赏石作品的品位。所以,如何通过赏石艺术家的代表性观赏石,去窥见他的赏石风格以及艺术感悟等个性化的东西,这是赏石艺术理论研究的重要范畴。

对于赏石艺术家的内在心理过程与其观赏石作品中体现出的思想之间的关系、赏石艺术家的内心状态与观赏石作品的表现,以及赏石艺术家审美风格的转变等属于现象解释学问题的研究,将有助于人们加深对赏石艺术的理解,从而丰富整个赏石艺术理论。如同法国艺术史学家丹纳在《艺术哲学》里指出的:"艺术家的创造和观众的同情都是自发的和自由的,表面上和一阵风一样变化莫测。虽然如此,艺术的创作与欣赏也像风一样,有着许多确切的条件和固定的规律,揭露这些条件和规律应当是有益的。"

赏石艺术家的作品就是他所拥有的观赏石,而它们必然体现出独特的个人风格、审美情趣和独立的精神世界。不同的赏石艺术家所拥有的观赏石的风格会大不相同,不同的赏石艺术家的境界和品位不同,观赏石作品的高下也决然不同,而正是这些赏石艺术家们才使得赏石艺术变得深刻和丰富多彩。并且,从赏石艺术家所收藏的观赏石作品中,人们也能够发现某些与赏石艺术家的心境和精神富有启发性的对应关系。

图 71 《牧归图》 江西潦河石 26×14×6 厘米 罗昆仑藏

　　这块观赏石似一幅版画作品,不工不简,恰有笔趣。它所描画的农家女、提篮和耕牛带给人们田园梦般的幻想,给人们一种田园式的安逸,对于那些在城市里生活的农村出身的人们来说,不可避免地感受到一种乡愁。

七 赏石艺术的传承

（一）代际传承的困境

当代社会最早开始赏玩石头的群体逐渐步入"夕阳"期，出现了老龄化的趋向。马克思说过："一个时代的精神是青年代表的精神；一个时代的性格是青春代表的性格。"当代赏石一方面是赏石群体越来越老龄化，另一方面面临后继无人的窘境。这一现状与韩国、日本的赏石流变如出一辙。早前韩国、日本赏石蔚然成风，随着老一代赏石人的谢幕，新一代年轻人未能及时跟上，导致赏石活动萎缩，赏石文化逐渐衰落。

客观地说，赏石文化虽是中国传统文化的一部分，但社会的整体认可程度并不高，并且赏石文化向青少年普及和推广更鲜有人问津。因此，中国赏石文化如何实现代际传承是亟待解决的问题。

（二）赏石艺术的传承

国务院在公布国家级非物质文化遗产代表性项目名录的通知里，对赏石艺术有着如下要求："保护为主、抢救第一、合理利用、传承发展。"那么，无论是从对大自然的环境保护，还是从文化传承的角度来看，这些要求都应该是赏石人肩负的使命。然而，当观赏石能够带来金钱和财富时，如果保护没有及时跟上，观赏石资源就会被人们一窝蜂似地进行掠夺性挖掘、破坏、倒卖和珍藏。

如何有序、合理和保护性地发掘观赏石资源，是一切有远见的人们值得深思的问题。观赏石资源的保护不仅是个人的认识问题，同时也是社会利益和公共政策问题。值得借鉴的是，英国历史学家汤因比在《历史研究》里就指出："在当前反对人类污染自然环境的潮流中，人们也许会重新肯定古代对大自然神圣性的信仰。我们的祖先凭直觉懂得，人类若侵犯大自然，是不可能不受惩罚的；现代人的经验再次证实了这个真理，即自然界不是一个可以供人类无限度利用的公共设施，而是一个生态系统，人类本身与之息息相关，若是胡作非为，必然会伤害自己。"

图72 《迎客松》 长江石 11×9×3厘米 赵育和藏

　　松之生也,枉而不曲遇,如密如疏,匪青匪翠。从微自直,萌心不低。势既独高,枝低复偃。倒挂未坠于地下,分层似叠于林间,如君子之德风也。

——(晚唐画家)荆浩:《笔记法》

　　令人遗憾的是,当代赏石界很少有人从保护资源的角度出发,倡议保护本身就具有稀缺性且承载着文化和艺术属性的观赏石。然而,在社会领域里往往思想的力量比公共政策的力量更强大,在国家政策还没有真正意识到观赏石资源保护的紧迫性时,从思想层面唤起人们自发的保护意识就显得迫切和必要了,而只有思想先行,新的行动主义的种子才能播种下来。

　　总之,赏石艺术作为国家级非物质文化遗产是一种活态文化,依赖于人们的观念和精神而存在。非物质文化遗产广泛而多元,赏石艺术需要逐步提高公众对自己的认知,而不能只停留在赏玩石头的娱乐化层面,而且,赏石艺术还要遵循代际传递的原则传承给年轻人和下一代。同时,通过赏石艺术活动要不断地唤醒人们去构筑人类与自然生命共同体的自觉意识。

图 73 《小熊猫》 玛瑙 8.5×5×3 厘米 杜学智藏

　　憨态可掬,姿态温暾,惹人怜爱,神奇倍圣。熊猫自古生长在中国的陕西和四川。作为中国的国宝,也是中外交流的使者。

第七章　赏石艺术语言

　　语言在艺术面前是苍白无力的。瑞士文化史学家布克哈特在《意大利文艺复兴时期的文化》里认为:"如果一件艺术品能用文字作充分的描述,那么,这件艺术品也就毫无价值。"反之,对于艺术品的任何描述性和解释性的语言都只能够将它部分地表达出来。观赏石的特性在于发现性和感悟性,赏石艺术是一种视觉和感悟的综合性艺术。赏石艺术也会面临同样的问题,试图将视觉和感悟用语言来表现会遇到非常大的困难。尝试用语言来描述观赏石艺术品,往往会因为语言本身的逻辑及其表达能力的限制而无法触及它的灵魂。

　　语言能否描述艺术品是一回事,艺术拥有自己的语言是另外一回事,前者涉及艺术鉴赏问题,而后者是艺术自身的问题,这是不容混淆的。实际上,每一种艺术都有自己的游戏内容和游戏规则,有着自己的独特语言,而不同艺术的语言方式所表达的意义也不相同。因此,赏石艺术家的语言肯定有别于画家和雕塑家们的日常谈论。

　　然而,人们大多都会有"石头竟能长成这样"的触动,但每个人都在说着没有共同理解的私人式语言,人们所谈论的赏石词汇和表达法大相径庭,导致在赏石交流中出现很大障碍,毋宁说赏玩石头的人们与主流艺术人士之间的交流了。假如赏玩石头的人们相互间说的都是陌生式语言,那么,就不能够理解彼此通过赏石艺术所要表达的东西。

　　赏石艺术需要新的共同语言,只有赏石艺术语言发生作用,才是让别人接受的更好方法。并且,普遍性的艺术观念与一件具体作品之间的关系更为密切,赏石艺术与观赏石艺术品的关系也必然有相应的语言概念。语言通常是理性的产物,赏石艺术语言不是归于个人主体性的东西,因为语言性意味着集体性。同时,赏石艺术只能以自身的语言形式去揭示赏石艺术的内在与现实。正如德国哲学家伽达默尔在《解释学》里所说:"语言的就是解释学的,因为语言的本性就是对经验的共享。"因此,赏石艺术理论需要澄清人们赏石语言中的混乱,需要对属于赏石艺术自身的语言进行阐释,才能够在共同语境下理解和交流赏石艺术,才能够理解赏石艺术的发生机制,才能够赋予赏石艺术更多的一致性,亦犹如德国哲学家海德格尔所言:"语言是存在之家。"

赏石艺术语言通常包括:目的性、观照、转化、审美对象、适意、朴素、自然、原始性、等级、发现、感悟、辨识度、共识度、形象多重性、检验法则、赏石艺术家、观赏石作品、视觉、形相、审美意识、审美经验、情感、想象力、感知力、表现性、再现、看似、表现力、美感、意境、主题、自然形态、吻合、造型艺术、具象极致化艺术、类绘画艺术、类雕塑艺术和赏石艺术精神等。它们基本上构成了赏石艺术的核心语言范畴。实际上,只有这些语言链条不断地丰富和发展,赏石艺术作为一门新的艺术形式,才能够逐步确立起自己的研究范式。

一　视　觉

知识是理解一切艺术的基础,但人们的眼睛更是反映艺术的拓荒者。对于赏石艺术,视觉作为人们对观赏石进行审美感受的重要渠道起着直接作用。人们通过视觉感官直面石头这一原始素材,通过审美机制进行系统加工和意象投射使其转化成为艺术品。这里的"系统加工"和"意象投射",意指一种形成观念的能力。

这个发生过程,类似德国雕塑家希尔德勃兰特在《造型艺术中的形式问题》里指出的:"唤起对一个物体观念的意识能把视觉投影中的一部分统一起来,并使之与其余部分相分离。这说明为什么一些单纯的斑点,当它们偶然与我们对一个物体的观念联系起来时,就开始成形并向我们暗示出这个物体的形象。这样的形象之所以具有高度的统一性,盖因对该物体的这种观念是从这些斑点中渐渐形成的,而不是靠我们必须虚构出斑点以构成图画的观念。诸如此类的斑点的纯粹偶然效果,很容易成为艺术家的想象力的出发点。"

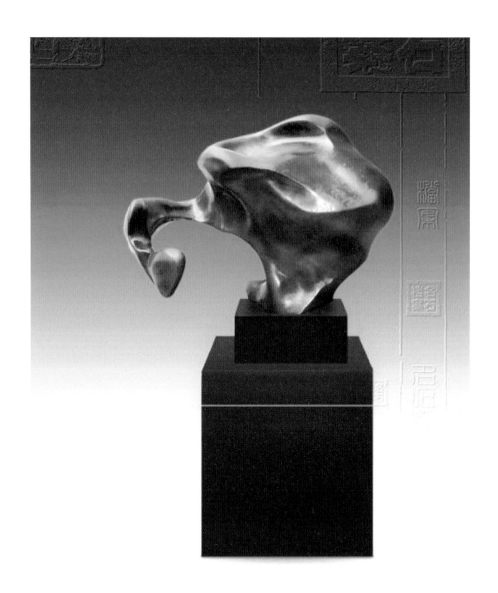

图 74 《史前霸主》 摩尔石 133×108×95 厘米 徐伟崇藏

这块摩尔石既富有变化又老练,线条的美和肌肉般的力量感表现得尽乎完美。试想,如果雕塑家罗丹看后,会有何感呢?大自然的力量如此美妙,给人们提供了多么舒适的心灵必需品啊!

　　赏石审美是一种隐秘的活动,它往往从欣赏者自我开始延伸,一直波及整个视觉和意识世界,然后按照美的规律和范式,并借助于想象力和审美经验,通过联想和想象来改造欲求的对象——视觉里的石头。

　　人们发现和欣赏一块观赏石的过程,亦是一个审美建构的过程。这个过程如美国哲学家杜威在《艺术即经验》里指出的:"作为在人体中起主宰作用器官的眼睛,产生出一种经受性和一种回复的效果;这呼唤着又一次看的行动,以新的适应和再次增加了的意义与价值作为补充,如此反复,成为一个持续的审美对象建构的过程。所谓一件艺术品的无穷尽性,正是这种总的知觉行动持续性的一个功能。"形象地说,那些最具视觉想象力的欣赏者总能够在充满含混性和不确定性的石头身上,凭借着尖锐和精微的视觉能力寻找出某种清晰性和确定性。同时,观赏石似乎也在考验着不同欣赏者的视觉想象力。

　　在赏石视觉发生过程中,人们的情感得以释放。这犹如英国美学家赫伯特·里德在《艺术的真谛》里所说:"艺术是情感的宣泄过程,却也是感情振奋或升华的过程。"反过来说,没有个人情感和社会联系的赏石艺术注定是枯燥无味和没有生命力的。

　　在艺术发展史上,无论是绘画和雕塑等视觉艺术,还是音乐与诗歌等心灵艺术,都在主题上会重视表达一种极端的情感,比如同情、恐惧、震惊、愤怒、爱慕和悲伤等。赏石艺术不但刺激人们的视觉,更能够呼唤人们的情感,成为人们内心表白的一种方式。如同美国知觉心理学家鲁道夫·阿恩海姆在《视觉思维》里所说:"视觉形象永远不是对于感性材料的机械复制,而是对现实的一种创造性把握,它把握到的形象是含有丰富的想象性、创造性和敏锐性的美的形象。那些赋予思想家和艺术家的行为以高贵性的东西只能是心灵。"

　　因此,在赏石视觉发生作用过程中,人们绝不能陷入普遍视觉经验的表层认知上,而要给予审美视觉以足够的重视。值得借鉴的是,英国艺术史学家罗杰·弗莱在《艺术家的视觉》里,就把视觉区分为"日常视觉"和"审美视觉"。他指出:"日常视觉是为了满足现实生活的实际目的需要而发挥的功能,因此,它只会注意与现实生活需要相适应的那些信息,比如,对象可识别的具体特征等,但这些特征往往不是'审美视觉'所看到或应该看到的。""审美视觉是艺术家用以观察他周围任何事物的视觉,艺术家在他的余暇中可以沉醉于其中。如果有人也能采用这种视觉,他就可以和艺术家一样获得正确的判断。"在赏石艺术理念下,当人们面对一块观赏石时,恰恰需要充分调动自己的审美视觉,以一个艺术家的视角去发现和欣赏它,而非仅像一般大众只能够用日常视觉去寻求石头里的普通物像。

人们的视觉力也会充斥各种含混性,单纯依靠纯粹的视觉功能在赏石时也会引发混乱。美国艺术理论家克拉里在《知觉的悬置》里说:"视觉的功能变得依赖于观者复杂而偶然的生理构造,使视觉官能变得不可靠,甚至,正如有时候人们所争辩的那样,变得任意了。""视觉注意的方式能够瓦解和扰乱世界,因此,需要艺术家对世界进行根本性的重建。"

在赏石过程中,视觉应该与人们的想象力、审美经验和审美情感等共同作用,才能够完成对一块观赏石的整体艺术认知。

二 想象力

古代思想家韩非子在《韩非子·解老》里记述:"人希(注:通'稀')见生象也,而得死象之骨,案其图以想其生也,故诸人之所以意想者,皆谓之象也。"这可能是"想象"一词最初的来源。法国美学家狄德罗在《狄德罗美学论文选》里说:"想象是一种素质,没有它,人既不能成为诗人,也不能成为哲学家、有思想的人、有理性的生物,甚至不能算是一个人。"此外,法国诗人波德莱尔也曾说过:"想象是各种能力的王后。"

想象是一切艺术的根本。比如,在绘画领域里,许多伟大画家都会凭借着纯粹的想象去创作。对此,法国画家亨利·马蒂斯在《画家笔记》里说:"我们看到的每一事物都在视网膜前经过,它们被铭刻在一个小小的暗盒里,然后由想象力把它们放大。一个人必须找到色调准确的数量和性质,才能使眼睛、嗅觉和心灵产生印象。"观赏石是人们情感抒发与想象呈现的混合物,亦是真实与想象的结合体。观赏石的表现力是石头这个客观事物与欣赏者主观想象的统一。

想象是一种追忆形象的能力。英国文学家文捷斯特在《文学批评原理》里指出:"想象有三种:第一种是创造性的想象,是从经验所得的各种要素中自动地选择某些要素,加以概括综合以创造出某种新事物的作用;第二种是联想的想象,是对于某种事物和观念与情绪上的相类似的心像加以连接的作用;第三种是解释的想象,是认知对象的价值

图 75 《龙龟》 沙漠漆 50×18×30 厘米 张志强藏

　　神龟虽寿,犹有竟时。腾蛇乘雾,终为土灰。老骥伏枥,志在千里;烈士暮年,壮心不已。盈缩之期,不但在天;养怡之福,可得永年。幸甚至哉,歌以咏志。

——(汉代)曹操:《龟虽寿》

或意义,把价值或意义之所在的部分或性质加以阐明,由此以描写其印象的作用。"某种程度上,当人们在面对一块观赏石时,想象力可理解为创造性的想象、联想的想象和解释的想象等一切与头脑和心灵相关的东西。

关于想象在艺术中的作用,法国雕塑家罗丹在《艺术论》里说:"在这等作品中,人们很容易体会其精神了。它们不用任何解释,即能直接唤醒观众的想象,然而,并不限制想象于一个狭隘的范围之中。这些作品所引起的感觉,仅够观众们活跃的心灵自由活动了。艺术所创造出来的形只是给予情绪一个引子,由此引子,情绪可以由觉醒而扩大,而幻出无穷的变化。"同时,法国诗人波德莱尔在《美学论文选》里指出:"想象不是幻想,想象力也不是感受力,尽管难以设想一个富有想象力的人不是一个富有感受力的人。想象力是一种近乎神的能力,它不用思辨的方法而首先觉察出事物之间内在的和隐秘的关系、应和的关系和相似的关系。"在赏石艺术中,想象力与审美经验相伴,这种"再现的想象"在人们头脑里有时是有意识的,有时是无意识的,即人们通常所说的赏石灵感或赏石直觉。赏石艺术一定要靠想象,而想象也必须看起来似乎很真实。总之,艺术想象力承担着使观赏石的主题和艺术性呈现在人们脑海中的任务,并从心灵感知上把它们放飞出来,观赏石与艺术之间就产生了一种最佳和有效的关系。

一切艺术品的特质在于创造性。赏石艺术的创造性生动地体现在人们想象力的充分发挥——准确地说,艺术想象力是赏石艺术创造性的源泉。爱尔兰作家詹姆斯·乔伊斯指出:"整个有形宇宙只是一座意象与符号的仓库,想象力派给这些意象与符号一个适其位置的价值,这是想象力必须消化与转化的一种营养。"人们在赏石时需要插上想象力的翅膀,像蝴蝶一样飞舞,像蜜蜂一样执着,充分发挥个人所拥有的独特艺术气质,才能够捕捉到观赏石的艺术之美。在此过程中,敏锐就是人们所需要具备的一种基本能力了,犹如英国哲学家休谟在《论品位的标准》里所说:"许多人没有美感情操,一个明显的原因是缺乏想象力的细致。要传达精微的情绪感受,想象力细致是必备的条件。"

文学家徐复观在《中国文学精神》里认为:"想象的合理性不应当用推理、考证的眼光来加以衡量,而是要由想象中所含融的感情与想象出来的情景,是否能够匀称得天衣无缝来加以衡量。"事实上,没有一个艺术门类存在着严格意义上的模仿。赏石艺术与过度追求具象化的赏石意识是截然不同的——反之,对具象化观赏石的过度甚至唯一追求恰暴露了人们想象力的惰性。同时,对于观赏石而言,艺术想象力又与理性和逻辑并非严格对立和冲突。如英国艺术批评家约翰·罗斯金在《现代画家》里所说:"艺术想象力不是单凭视觉、声音和外部特征来观察、判断和描绘对象,而是从对象的内部实质出发,对其进行论证、判断和描述。"所以,赏石艺术可以理解为是想象的、文学的和逻辑的了。

总之,德国作曲家卡尔海因茨·施托克豪森说过:"想象力并非是某种恒量,而是一种变因。"在某种意义上,赏石艺术的使命就是让人们去感受一个新的艺术世界,从而在与观赏石的互动中不断解放感性、理性和经验以获得某种理想性和完美性。

三 感知力

英国哲学家休谟在《人类理解研究》里指出:"我们在心中所感觉到的这种联系,我们的想象在一个物象和其恒常伴随间这种习惯性的转移,乃是一种感觉或印象,由这种感觉我们才生起能力观念或'必然联系'的观念来。"当人们在面对一块观赏石时,在判断过程中有某种东西被判断,在想象过程中有某种东西被想象,在感知过程中有某种东西被感知。总之,这个复杂过程浓缩出来的是一种形象的直觉。观赏石的形相实为欣赏者感知并被美化的视像化。

赏石艺术需要超常的敏感力和感知力,否则,就很难谈及对观赏石艺术品的微妙性感受。这里,引用英国艺术史学家罗杰·弗莱在《塞尚及其画风的发展》里的一段话,能够较好地理解赏石艺术家的感受性,"我们可以做一个最简单的实验,就是在一道借助直尺画出的直线,与一条徒手线之间进行一下比较。直尺线纯粹是机械的,而且正如我们所说是无感性的。而任何徒手线则必定会展现书写者的神经机制所独有的某种个性。这是由人手所画出并为大脑所指引的姿势的曲线,而这一曲线至少从理论上可以揭示:第一,艺术家神经控制能力的某种信息;第二,他的习惯性神经状况的某种东西;第三,在做出那个姿势的瞬间,他的心智的某种状态。而直尺线除了两点之间最近距离这一机械概念外,什么也不能表达。""但是,如果我们像观看艺术品那样来观看一条徒手线,那么,它就会告诉我们某种被称之为艺术家的感性的东西。"

观赏石的发现所需的感知力要始于一切事物——包括日常生活事物、存在的各种艺术品和各门类艺术的知识等,特别是对每一块所见过的高等级观赏石进行的一种综合艺术知觉性的考虑,随着这些知觉性考虑的日积月累,就会逐渐形成知觉经验从而潜在地影

图76 《混沌初云》 灵璧石 128×108×50厘米 孙凯藏

　　从大自然的存在到审美的观照,从混沌到有序,人与自然的对话永远延续着,只是存在于不同的艺术形式之中。

响人们的赏石活动和审美判断。这个过程犹如英国美学家赫伯特·里德在《艺术的真谛》里所说："人的头脑中积淀着无数以往的知觉经验，每当偶然受到有关联想的诱发时，它们就会再次浮现在意识的表层上。这些积淀物由于长期隐藏在心灵的深处，一旦重见天日，有时竟能放射出绚丽动人的五彩光芒。"

人们的赏石感知力与直觉密不可分。赏石是个复杂的视觉和心理活动的发生过程，对于赏石经验丰富的人们来说，直觉在其中起着重要作用。关于直觉，借用法国思想家柏格森在《思想与运动》里的话说："直觉首先意味着意识，但这是直接的意识，是与所看到的客体略有区别的幻象，是作为接触甚至巧合的认识。"

赏石直觉发生的背后是移情共感的过程，也是人们充分发挥想象力的过程。法国画家亨利·马蒂斯在《画家笔记》里说："直觉在我们和其他生命之间建立的同感交流，通过它造成我们的意识的扩展，把我们引进生命本身的领域，这个领域就是相互渗透和永无止境地持续创造。"当人们在面对一块石头时，就会在直觉的导引下，极可能由一种任意存在的、被人忽视的状态而转化为一种理想化的存在了。

知晓了感知力在赏石中的发生过程和作用，那么，观赏石需要诉诸人们的感性生活和想象以被欣赏就完全可以理解了。德国美学家席勒在《审美教育书简》里认为："心灵的敏感性的程度取决于想象力的活跃，而它的范围取决于想象力的丰富。"同时，法国艺术史学家丹纳在《艺术哲学》里，对艺术的欣赏也表达过自己的观点："每个人在趣味方面的缺陷，由别人不同的趣味加以补足；许多成见在相互冲突之下获得平衡，这种连续而相互的补充逐渐使最后的意见更接近事实。"然而，个人的教育和知识程度越高，他们的见解和趣味就越不相同，就越难以达成一致性和相似性的观念，但是，他们的领悟能力和学习能力却是最强的，这在赏石艺术活动中表现得特别突出。

总之，英国美学家赫伯特·里德在《现代艺术哲学》里指出："艺术是不可描绘的，它是一种辩证活动，一种更新活动。艺术更新视觉，更新语言，但最重要的是更新生活本身，使之扩大感受性，使人更意识到恐怖和美，对各种可能的存在形式感到惊奇。""如果要保持我们对诗歌、绘画和音乐的美学判断并清除一切不相干的事实，那么，这种判断必须建筑在有效的感受力的基础之上，而且，只是单单建立在这一种感受力的基础上。"在赏石艺术中，任何思想都能够加以阐述，但赏玩石头人们的内心感觉却不能；强调人们的感知力必须要有的放矢，即要通过这种感知力去再现外部的世界和理解艺术表现的世界，那么，赏石艺术作为新的艺术形式，才能够引起人们的广泛共鸣。

图 77 《锦云碧汉》 戈壁石 125×78×78 厘米 陈德宝藏

　　这块景观石生动地诠释了对于某一特定石种而言,在自然形态中,大小是决定其等级的极其重要的因素。并且,极度稀缺性决定观赏石的等级从它的身上也得以体现。

四　审美经验

德国思想家康德在《纯粹理性批判》里指出："吾人所有一切知识始于经验,此不容疑者也。盖若无对象激动吾人之感官,一方由感官自身产生表象,一方则促使吾人悟性之活动。"一切艺术,用古希腊哲学家柏拉图的话来说,就是"回忆",即"对于我们所不知道的,但我们早已熟悉的东西的记忆"。赏石艺术如果失去了与整个人类经验的联系,就变成了纯粹的形式游戏。

德国美学家耀斯在《审美经验与文学解释学》里认为:"审美兴趣不同于一般的好奇心,不只是对新鲜事物的惊诧,它是一种类似发现新大陆的观察方式。"石头作为大自然的造化之物,在人们的观照下,把它拿来用作赏玩之物,并在艺术的观照下把有的观赏石视为艺术品,在此过程中人的活动成了中心。石头成为自主的人的审美对象,必然会极大地引发人们的审美兴趣。

美国美学家布洛克在《现代艺术哲学》里阐明:"对于物体本身来说,并不具有一种特殊的称得上'审美'的东西,审美特性取决于'经验'的典型。换言之,'审美对象'是通过'审美经验'来确定的,当你具有审美经验时,你所经验到的东西就是审美对象,不管它是一幅画、一座湖泊、一朵云或一辆摩托车。"对于赏石艺术来说,人们是否拥有审美兴趣和审美经验就至关重要了。

所以,在面对一块石头时,富有审美兴趣和审美经验的观赏者会受到视觉上石头的造型或所呈现的东西的感染,于是,放纵自己被激发起来的情感,并为这种激情的宣泄而感到愉悦,甚至似乎经历了一次心灵的净化。而且,无论是视觉感受,还是心灵感悟,观赏石给欣赏者的都是一种朴素的感官感受和心灵解放。总之,赏石艺术所透出的是一种纯然的美——这种美是通过观赏者沉思的目光,它才变得美。

图 78 《烟村晚渡》 大理石画 45×45 厘米 张宁藏

法国美学家狄德罗说过："为什么古人的画作品格这么伟大呢？因为他们都承蒙过哲学家的教诲。"这块大理石画似乎在诉说着："大自然也是画家啊！而且是最古老和最玄哲的画家。"

德国思想家歌德说过："真正的鉴赏家不仅看到模仿之真，而且看到选择之妙、构造之精和小小艺术世界的美妙无穷。"然而，在赏石活动中，绝大多数人往往只善于发现平凡的事物。但是，当人们用艺术和审美来欣赏观赏石，并从观赏石中发现隐藏和潜在的艺术之美时，就会无形中充斥着矛盾。这种矛盾表现为或是冲突，或是分歧，均源于人们的审美能力的差异以及审美经验的不同。于是，在面对同一块观赏石时，有人沉默不语，有人欢呼雀跃；有人安静如石，有人无动于衷；有人用眼睛看，有人用心灵读；有人用理智审视，有人用艺术鉴赏；有人用逻辑推理，有人用情感品味。正所谓，石非石，境也。而"境"恰如近代思想家梁启超所说："境者心造也。一切物境皆虚幻，惟心所造之境为真实。"

艺术经验与其他经验不同，小孩子的和成年人的不同，男人的和女人的不同，不同生活经历的人对经验的认识也会不同。然而，谈及艺术经验，只是极少一部分人才会拥有。因而，在赏石艺术理念下，对艺术经验强调的重要性就不言自明了。实际上，人们的艺术经验理应在赏石实践中尽可能地发挥它的功能作用，从而通过人们的回忆和联想把现实中存在的石头造型，以及石头的画面与某些事物，特别是某种艺术形式和内容的"巧合"对应起来，以取得审美上的一致性。这一情形犹如美国哲学家杜威在《艺术即经验》里的叙述："一般人都同意，雅典的帕台农神庙是一件伟大的艺术品。然而，它仅仅在成为一个人的一种经验时，才在美学上具有地位。""雅典公民并非将帕台农神庙当作一件艺术品，而是当作城市纪念物来建筑的。"

然而，有一个问题不可回避：如果人们用赏石艺术的理念去赏玩石头时，每块石头都可能变成艺术的，那么，人们所谈论的赏石艺术不就是变成虚无的吗？对于这个问题的回答，在于深入思考赏石艺术是如何以人们的经验为源泉的。值得强调的是，德国思想家康德在《纯粹理性批判》里指出："经验为吾人悟性在改造感性印象之质料时所首先产生之产物，此无可疑者也。"赏石体验深刻的人们会意识到，对赏石艺术的认识越是深刻，就越需要对经验的认识。因此，赏石艺术理论必须要研究审美经验中的"经验"是什么。请必须记住，审美经验是指一种经验性的内涵，它需要已经见过的事物，或者说需要已经知道的事实。同时，视觉心理学告诉人们，没有纯粹客观的观看，所谓的"观看"，往往被先验的成见所决定或左右。而且，更重要的还在于，借用一位艺术家的话说："无论如何，所有伟大和典范的艺术都是关于艺术的。"这里，"伟大和典范"就与审美经验密切相关了——经典之所以成为经典，乃因其自身的强大生命力和说服力。

英国哲学家休谟在《人类理解研究》里认为："因果之被人发现不是凭借于理性，乃是凭借于经验。"在赏石过程中,最为理想的情形是欣赏者借助审美经验,并通过回忆、比较、反馈和想象,把石头的形相与其他伟大和典范的艺术品相联系,并获得一定的吻合性。事实上,这个过程就是人们在面对一块观赏石时,人们的知觉产生了作用,此时联想唤起了比较的记忆意象,而这些意象重合起来就会产生一种特殊的或经验性的已知事物。

观赏石异常复杂,人们不能够仅仅依靠审美经验去"复制"观赏石艺术品,而是在审美经验这一意识之下,以一种更加宽泛的思维来运用它。换言之,审美经验不是单纯机械的模仿,或者以简单化的类似与之相关联,更不是一种虚假的个人隐私式的赏石体验。从更深层的角度来说,人们的审美经验往往从生活中来,也从知识和传统中来。法国雕塑家罗丹曾经指出:"德拉克洛瓦曾借助于拜伦的一首诗,创作了《唐璜的覆舟》油画。画面是表现一只小舟漂浮于怒涛汹涌的海面上,水手们在一顶帽子中抽纸签。要懂得这幕悲剧,必得知道这些不幸的溺者正在请问命运,在他们之中谁应该牺牲给大家做粮食。"也就是说,要理解这幅绘画作品的美感和意义,必须依靠拜伦的文学解释才能够明白;反之,如果不了解拜伦的诗,就很难读懂它的艺术内涵。

审美经验在赏石艺术中的运用语言是类似,或者简称为"类",即在多大程度上表现出一种相关性,以及体现出一种相似性。正如文中所运用的赏石艺术的术语表达"类雕塑艺术"和"类绘画艺术"一样,这种语境背后的深层逻辑恰蕴含着人们对赏石艺术自身特殊性的认知。换言之,人们对赏石艺术里的范畴不能作绝对化的理解。如果说赏石艺术被比喻为一个立方体,那么,所讨论的许多范畴就是构成这个立方体的点、线和面。事实上,赏石艺术这个立方体是作为一个整体而构成的,其自身的每一个审美成分都在发挥着微妙作用。

德国思想家康德在《纯粹理性批判》里指出:"经验从未以真实严格之普遍性赋予其判断,而仅由归纳与之以假定的、比较的普遍性。"因此,经验也并非赏石艺术审美的万能钥匙,犹如所有的天鹅并非都是白色,黑天鹅也存在着的一样。赏石艺术不能因为对审美经验的强调而完全陷入经验主义的泥沼,那种唯经验论的赏石观是对赏石艺术的一种偏颇性理解。换句话说,即使存在着个人的不同审美经验这个前提,赏石艺术也并非是把个人的审美经验强加于其上的。相反,在生活中人们所知道的东西、看过的东西、感受过的东西,甚至想象中的东西,这些认识都会作用于人们的意识,都可以转化为赏石艺术。准确地说,审美经验可以广义理解为既是已经被经验到的东西,又是能够被经验到的东西。因此,人们从审美经验中所获得的观察力、洞察力和理解力,更加有助于对赏石艺术的理解和运用。正如同德国思想家阿多诺在《美学理论》里所说的："审美经验的这一连续体受到经验主体之经验与知识总和的影响。但究其本质，审美经验只能由实际的艺术现象来确认或修正。"

总之，天然的石头不可能与绘画和雕塑等艺术品的精致相提并论，两者在审美经验上的运用不只是内容上的，更多是审美意识上的。同时，这也在一个侧面印证了只有极微小的一部分观赏石才能够进入艺术品行列的论断了。用德国哲学家谢林的话来说："艺术，就整体而言乃是无限者凭借有限者，理念者凭借现实者的一种呈现。"又如美国哲学家杜威在《艺术即经验》里所说："在作为一个经验的艺术中，实际性与可能性或理想性，新与旧，客观的材料与个人的反应，个体与全体，表层与深层，感觉与意义，都综合进了一个经验，其中所有因素都从孤立思考时从属于它们的意义中得到了变化。"在一定程度上，这段极富深度的话语对于理解赏石艺术再合适不过了。

五　情　感

当人们用审美的眼光去观照观赏石时，它们并非都是完美无瑕的。美国艺术史学家罗伯特·威廉姆斯在《艺术理论》里指出："既然理想中的东西并不存在于自然之中，我们就不能用我们以视觉辨认事物的一般方法识别它，我们识别的判断力应从我们整个情感生活的深处浮现出来，常常以突然显示的方式从我们的内心猛烈地喷发出来。"可以说，情感亦是决定赏石的因素之一；反之，观赏石艺术品必须能够感动人。

人的情感毕竟是变动不拘和飘忽不定的。当人们在全面理解观赏石的时候，可能产生不止一种情感。但是，德国思想家康德说过："一个判断如果只是与主体情感相关，它就必定是审美的。"在此意义上，赏石的审美情感意味着通过欣赏观赏石的艺术形象来激发欣赏者的情感。

赏石艺术的情感体验，一方面建立在欣赏者对于观赏石的真正理解，另一方面又建立在欣赏者自身独特的审美经验之上。欣赏者只有具备这两方面的基本能力和素质，才能够谈及属于自己个性化的赏石审美情感。反之，如果一个人根本就不了解观赏石这个特殊的艺术载体，光凭借有丰富的艺术修养和感悟能力；或者一个人只了解观赏石，而没有丰富的艺术修养，那么，就很难谈及真正意义上的赏石审美情感的激发。总之，对于赏石艺术而言,前者是基本的前提,而后者则是必备的要求。通俗地说,懂石头是赏石艺术的基本前提,而赏玩者的艺术修养则是赏石艺术的必备要求。

艺术往往是超验的浪漫主义的土壤。赏石艺术无疑存在着浪漫主义的成分。这种浪漫主义是欣赏者的思想、精神、情感和心灵上的,从而与观赏石的艺术趣味相得益彰。在赏石艺术之中,浪漫主义包含着变幻莫测、无法界定和"我不知道是什么"的模糊美。这里,美已然不再是一种纯粹的形式,而是变成神秘的和隐晦的,它青睐于不确定的意象以及支离破碎的风格,所以,赏石艺术不只是简单呈现出自然之美和艺术之美,还是一种体验和感受。

所有的艺术都是抒情的。赏石艺术以激发欣赏者的情感为根本,而欣赏者也必须依据自己的情感去理解观赏石。正如英国美学家赫伯特·里德在《艺术的真谛》里指出的:"当我们对受难者表示同情时,我们重复着他人的感受;当我们凝视观照一件艺术品时,我们把自己外射到艺术品的形式中去了,我们的感受取决于我们在对象中发现了什么东西,占据有多大的范围。这种体验不完全局限于艺术欣赏。概而言之,当我们自然而然地'把自己感入'到任何观赏对象中,移情与同情之间几乎不存在什么差别了。"

总之,那种认为赏石艺术只是关于"美的艺术"的观点是不全面的。赏石艺术肯定涉及美,主要涉及美,但非它的全部;赏石艺术还涉及人们的心灵,而心灵的各个层面都与艺术相关——不管是认知、审美还是动机层面上的。

六　形象多重性

艺术品并非意味着某种固定不变的东西,用德国哲学家伽达默尔的话说:"艺术作品是存在的增殖"。因此,艺术品没有唯一正确的分析方式。观赏石的艺术性离不开人们的想象,否则石头就是没有生命力的呆物。观赏石会因观赏者的不同而产生不同的形象性联想,而这种不相雷同的联想在观赏石的艺术欣赏中都有合理性,可以称之为赏石艺术的形象多重性。这种形象多重性是一种语言上的隐喻,而"隐喻"多源自形象的相似性,亦源于人们认知的多元性。

图 79 《五彩祥豕》 大湾石 16×11×7 厘米　胡君达藏

浪漫主义恰恰既不在题材的选择,也不在准确的真实,而在于感受的方式。

——(法国诗人)波德莱尔:《美学论文选》

一块观赏石可以为特定的欣赏者传递一些特殊的信息，也可能为生活在不同时空的欣赏者传递一种不同的意义。例如，人物肖像石因其具有确定性的形象，比如，人物形象像列宁、鲁迅、梵·高和英国女皇等公众人物而被人们所认可。但是，一个真实的例子可以引发人们对赏石艺术形象多重性的思考。

有一个不怎么懂石头的人去逛石头市场，当他看到一块画面石时，顿时就被吸引住了。而这块石头在店家看来却是一块比较普通的石头，毕竟这个人物画面石并非"禅石"，也与一些名人们联系不起来。可是，客人为什么看到这块石头时会如此激动呢？原来，这块石头里的人物形象非常像他的父亲，而父亲节快到了，正犹豫送父亲什么礼物呢！而这块天然的石头不就是送给父亲最好的礼物吗？可以想见，他的父亲收到这个礼物时会是多么地高兴啊。

赏石艺术的形象多重性与人们所追求的"确定像什么"是相悖的。比如，无论是造型石里的肖像石，还是画面石里的人物，去模仿和推测具体像谁意义不大，它只是一个人像而已，而真正让人痴迷的是人物的神韵。这不禁让人想到艺术里的一则趣闻，当雕塑家、画家和建筑家米开朗基罗被人问到，他的美第奇家族半身像雕塑作品为何其中的胸像看起来好似他常用的模特。米开朗基罗则回答说："不出一千年，没人会知道并去在乎这些雕像到底像谁！"因此，在赏石艺术过程中多一份想象，多一份罗曼蒂克，再加上石头本身所具有的神秘性和多重意象，观赏者从中所获得的快感和愉悦是其他艺术所无可比拟的。

人们总是习惯于把某种事物看作是自己知道的东西，总是只看见自己希望看到的东西，这是人们的习惯性思维使然。而且，从观赏石的不同观者来看，即使都是从事艺术创作的，赏石圈内的人们看待石头是一个角度，而赏石圈外的人们看待石头又是另外一个内容。因此，赏石艺术如果最终能够融入主流艺术，就绝不能忽略从事主流艺术的人群是如何看待观赏石的。毕竟，他们看待石头的眼光会同赏石圈内的人们大相径庭。这也属于赏石艺术的形象多重性范畴。而这种不同观者所产生的赏石艺术的形象多重性的碰撞火花，更加有利于赏石艺术的发展，赏石艺术的张力也更能真正地释放出来。

图 80　《潘天寿鹰石图》(又名《北国之恋》)　怒江石　14×7×6 厘米　李国树藏

　　这块观赏石给观者的第一印象是巨石上方，雄踞一鹰。此鹰雄俊披纷，嘴爪坚硬如铁，居高临下，转侧睥睨，雄视远方。整幅画面构图绝妙，可谓泼墨淋漓，英气袭人，恰与潘天寿所绘"鹰石图"形神兼似。如果换一个视角，它又似一幅《北国之恋》画卷：北国之冬，一对恋人相拥而语，引发人们去猜想：她们是久别重逢？还是依依不舍久离别？

七 表现性

从艺术的逻辑上说,一切事物都有着自己的表现性。在此意义上,英国哲学家理查德·沃尔海姆在《艺术及其对象》里指出:"我们把无生命对象考虑为有表现的意向,就是植根于特定的自然趋向之上,即这类所产生的对象缓和了我们的内在状态,或者发现了这些对象匹配于我们的内在状态。"

就绘画而言,画家所追求的是"表现什么"以及"如何去表现",故不同的绘画艺术家的表现方式才会各不相同。那么,对于观赏石里的画面石来说,在面对一块画面石的时候,欣赏者就需要去辨识出这些"表现",以及画面呈现出来的表现是否属于绘画的表现。这实际是绘画作为赏玩画面石的一种最佳参照物的实践。如果把画面石的表现与绘画放在一起来比较,还需要认清一个基本前提,即赏石艺术与绘画艺术根本不同。当人们谈论绘画作品的表现性问题时,通常会陷入"艺术家创作的表现与艺术作品自身的表现"的复杂游戏之中。比如,荷兰画家梵·高在《梵·高手稿》里说:"表现两个情人的相爱,可以用两种互补色的相配、相混、相对立以及相似色调的神秘颤动。表现深思者的表情,可以用浅色调的光辐射到昏暗的背景上。表现希望,可以用几颗星星。表现心灵的渴望,可以用落日的余晖。"这里,人们很难完全区分出梵·高所论述的是艺术家创作的表现还是艺术作品的表现。然而,观赏石作为大自然之存在物,人们无法探究大自然的创作意图,即"大自然创作的表现",而只需要去关注观赏石的自身表现就行了。同时,赏石艺术家则成了一块观赏石艺术品的创造者了,人们的关注点反而转向了赏石艺术家通过他的观赏石作品向人们传达出了什么的思考维度上了。

这个论点有充足的依据吗?可以通过一个例子来加以说明。比如,德国美学家立普斯认为,审美的特征在于对象受到主体的生命灌注,美感的根源不在对象而在于人的主观情感。这无疑是关于艺术和美学的"移情说"理论。所谓的移情是指:"个体将先前对某人或某物的某种情感,转移到其他新对象上的潜意识的心理过程。"立普斯对此作了详细的解释:"当我观看一根立柱时,以往的经验就会告诉我,如果我自己的身体也像立柱那样承受压力,会有些什么样的感觉。在这个时候,我也就将自己的动觉经验移入到立柱上。更进一步地说,这种由视觉唤起的记忆所引发的压力或拉力经验,还会自动地引起大脑另外一些区域的反应。当我将自己体验到的压力和反抗力经验投射到自然当中时,我也就把这些压力和反抗力在我心中激起的情感一起投射到了自然中。这就是说,我也将我的骄傲、勇气、顽强、轻率,甚至我的幽默感、自信心和心安理得的情绪,都一起投射到了自然中。只有在这样的时候,向自然所作的感情移入,才能真正称为审美移情作用。"当然,观赏石的表现性又不能够完全理解为欣赏者的单纯自我表现,否则,就会大大压缩观赏石的表现和再现的范围。

表现性为一切艺术的本质要素,并且艺术的表现性又纷繁复杂。赏石艺术关注的是观赏石的形相所呈现出来的表现性。然而,当人们在面对一块观赏石的时候,如果眼睛里只有石头的大小、形状、质地、颜色和纹路,虽说这是最基本的和必要的,但也是浅显的和表面的。事实上,由这些外在要素所汇聚成的形式和物象所呈现出来的表现性,以及表现性所透出的纯粹美感才是这块观赏石最根本性的东西。换句话说,在谈论观赏石的时候,如果仅涉及观赏石的可衡量的自然要素,就极有可能忽视其表现性。而观赏石的表现性并不局限于人们的外部感官上,还活跃在人们的精神活动和内心情感之中,折射出难以穷尽的变化,有着流光溢彩和曲尽玄微的无尽意味。所以,人们对观赏石的欣赏就是如何抓住这些表现,以及通过这些表现而引发出自己的情感。于是,在一块观赏石面前,有的观赏者会无动于衷,而有的观赏者却被深深打动,就不难理解了。同时,它也折射出观赏石的表现性是按照观赏者的特定心灵和感受状态而产生出来的。

观赏石的美虽然说是客观存在的,但是又有着主观性,即观赏石的美主要取决于欣赏者的主观,取决于观赏者在观赏石身上主观创造出来的物象,以及对这些物象的个性化理解。

八 再 现

赏石艺术中的再现观念与"看似"的描述紧密联系在一起。从语义上来理解,再现与抽象相对应;再现代表着某物成为另一物,用德国哲学家莫里兹·石里克在《普通认识论》里的话说:"再现就是把认知的东西同被认为所是的东西相等同。"

在赏石艺术中,再现一方面可以理解为两者完全一致,如同人们看到一块"青萝卜"(图 52)的观赏石与菜市场里的萝卜一模一样,即两个萝卜已经酷似至极致了;另一方面,再现又不可能是某物完全成为另一物,而是约略性的再现,是"看似"的,即指向的东西的相似之处。正如英国哲学家理查德·沃尔海姆在《艺术及其对象》里所说:"虽平常但不可否认的事实在于,对某物的再现就是一种对它的视觉标记或指示。""将某物当作某物所再现的东西,或者我们如何再现某物,都是由文化决定的问题。"同时,他又指出:"从根本上说,'看似'就其本身而言,就是从一种呈现给各种感觉对象的视觉兴趣抑或好奇当中出现的。"

赏石艺术中的再现是对某一再现物的正确知觉。如果一个欣赏者是懵懂无知的和蒙昧迟钝的,或者是不能胜任的,那么,摆在眼前的观赏石不能够与相关的再现物相对应,就不会引起他的任何情感。因此,"看似什么",实际上是人们的再现观念在赏石活动中的一种运用。

赏石艺术中看似什么并不仅仅局限于某些具象化之物象,还包括石头的造型和画面属于精神特质方面的东西,即神似的东西。换言之,在赏石艺术中,"看似的"并非都是有形之物,还包括一些无形的东西。总之,看似的对象不只是形式上的,还是内容、精神和神韵上的,故其所涉范围是无穷尽的。而且,在造型石的特例中,"看似"似乎又不能够完全准确表达造型石里的具象极致化艺术,所以,在再现观念中使用极具逼真性的"酷似"来表达,更能够符合造型石中的具象极致化艺术。

英国艺术史学家贡布里希在《木马沉思录》里认为:"观看从来不是被动的,它不是对一个迎面而来的事物的简单记录,它是像探照灯一样在搜索和选择;我们头脑中有一种固有图式,我们正是靠图式来整理自然,让自然就范。"在赏石艺术理念下,当欣赏者面对一块石头,试图寻求一种有说服力的审美经验时,应该以一个雕塑家、画家和美学家的眼睛和心灵去发现和感悟它,一旦发现石头的表现性与自己头脑中再现的东西相吻合时,并确认会引发多数人的共感时,这块观赏石就变成了自己心中"巧合"的艺术品了。因此,观赏石艺术品是再现的,或者必定具有几分再现性的,而观赏石的再现又多少具有理性和客观的成分,犹如美国哲学家杜威在《艺术即经验》里所说:"艺术以某种方式拥有理性内容的蛋糕,而又拥有吃这块蛋糕时的感性的快乐。"

任何成熟的赏石艺术家都不会抛弃再现的观念。倘若没有再现的观念,他就无法自由地发挥自己的联想,以及通过观赏石作品来表达自己的所思和所感。那么,对赏石艺术的再现性的关注就是理解观赏石的艺术性的关键了。而且,再现并不只是真实的模仿,更是一种意象投射。这种机制犹如考古学家伊曼努尔·洛维在《早期希腊艺术对自然的再现》里指出的：“早期艺术中的再现是从建立在回忆图像基础上的概念性再现，到依据直接感知对象的知觉性再现的进阶。”这里，知觉性再现无疑会涉及知觉主体的情感、思想和想象力在感知对象里发生的重要作用。

人们在对赏石艺术的再现观念运用过程中，通常会出现两种主要倾向：一种是客观地再现事实；另一种是主观地再现现实。如荷兰画家彼埃·蒙德里安所述：“虽然基本上各处皆有艺术，而且总是相同的，然而，两种截然相反的人类倾向却出现在艺术的多种多样不同表达方式中。一种目标是直接表现普遍的美；另一种目标是自我的审美表现，即一个人认为他自己经历的东西的审美表现。前者的目的在于客观地再现事实，后者的目的则是主观地再现现实。所以，我们在具象艺术品中看到了客观地再现美的愿望，只是通过形式、色彩和关系在我们身上唤起的东西的尝试。后一种意向必将产生个别的表现，从而蒙蔽了美的纯真再现。虽然如此，这两种相互对立的普遍和个别因素，如果作品都能引起情感，则又是不可缺少的。艺术需要求得正确的解决。”

只是令人不安的是，在赏石活动中那些具有平庸审美能力的人很难显示出对非具象的观赏石的审美反应；同时，人们往往又更多地倾向于主观地再现现实。而这两种倾向无形中都在决定或影响着对观赏石的不同等级和审美上的判断。实际上，这两种倾向都是有缺陷的。

在赏石艺术之中，不是造型石一定都要像什么，也不是画面石与物像“画得”像不像，最重要的是观赏石的艺术性的再现。对此，英国艺术史学家罗杰·弗莱在《艺术与生活》里有所言：“只要将再现性作为艺术的目的，那么，深受赞赏的艺术家的技术以及他所精通的这种特殊的写实技能，实际上大多是非审美的。以冷淡的目光来看待写实手法，我们对技术的兴趣就减少了，对这种学问就毫无兴趣。我们不再脱离大量蛮族与原始艺术，这些艺术的意义被某些人的判断力所忽视，他们总是将以写实技术为标准作为严肃思考艺术品的前提。”罗杰·弗莱的这段话虽然针对的是绘画中的再现性，他的批判同样也适合于观赏石的赏玩。换言之，如果艺术并非写实技能，原始艺术也非幼稚的艺术，那么，人们更应给予观赏石这一“原始艺术”的原初状态以尊重和重视。

总之，在赏石艺术理念下，观赏石一方面要达到物似、逼真或酷似是十分重要的；另一方面观赏石否定其物似性也更加重要。换言之，观赏石艺术品反叛自身有着更为本质的意义——艺术性的再现才是赏石艺术的根本。

图 81 《芦雁图》 巴西玉髓 6.2×9×1厘米 庄承源藏

这块观赏石颇似北宋画家崔白的《芦雁图》。画面之雁或憩或立,或呈背向摇摆、曲颈仰面之姿,或回首而望,如沐风荡漾,生动有趣。

九　美　感

任何艺术品只要缺乏灵气和动感，就很难谈得上有美感，也就不会引起欣赏者的兴趣。美国知觉心理学家鲁道夫·阿恩海姆在《艺术与视知觉》里指出："在艺术家的眼里，任何物体或物体的组成部分都是一种能动的'事件'，而不是一种静止不动的物质；物体与物体之间的关系，也不等同于几何图形与几何图形之间的静态关系，而是一种相互作用的关系。"此外，法国画家亨利·马蒂斯在谈到自己的一系列自画像时说："应该使鼻子看上去像是在脸上生了根似的，耳朵应该看上去要像是向头颅内部盘旋而入，下颌应看上去像是悬置着似的，两只眼睛应看上去像是同时落在鼻子和耳朵之间，要表现出眼睛凝视时的张力，并且要使它在所有的线条画中都具有一种一致的强度。"毫无疑问，上述观点对于观赏石美感的发现同样适用。

美感是观赏石的绝对灵魂，美学价值才是赏石艺术的根本。所以，人们必须认识到观赏石本质上是美的，给人以美感，给人以情感的共鸣，给人以生命的领悟，给人以内心深处的感慨，给人以视觉上的震撼。

总之，观赏石的赏玩既需要人们的热情，更需要艺术修养。这样，人们的心灵才会运用一切能力去理解观赏石所传递出的美感，赏石艺术才会成为人们观照自然世界和理解大自然的一种特殊方式。

图 82 《天鸡》 灵璧石 37×21×30 厘米 徐文强藏

观人者必曰气骨,石乃天地之骨,而气亦寓焉。故为之云根。无气之石,则为顽石,犹无气之骨,则为朽骨。

——(清代赏石家)李渔:《芥子园石谱》

第八章　赏石艺术的实践范例：画面石

一　画面石与造型石之根本不同

造型石和画面石作为观赏石的一种严格分类,在艺术的观照中,它们是两种不同的艺术类型,呈现出两种不同的艺术风格,好像两种不同的语言,都在表达着物象的艺术性,但各自的方式却根本不同。

造型石是三维的,既满足正面观赏,又满足侧面观赏,故真实主义这一观念所揭示的内涵对于训练有素的眼睛来说是相对容易理解的。对于画面石来说,石头上的画面是二维的,二维的视觉艺术除非经过特殊的训练,并且拥有一定的艺术素养,才能够被更好地理解,因为其艺术展现所再现出来的物象与人们所熟悉的事物不一样。正如法国艺术史学家萨特所说:"绘画艺术能反映万事万物,但它并不与现实一致。艺术和现实没有必然的一致性,而常常具有的倒是分裂性、荒诞性和混乱性。"法国画家德拉克洛瓦在《德拉克洛瓦日记》里也指出:"绘画这种艺术和音乐一样,比思想要高一筹;由于它需要意会,难以言传,所以更胜于文学。"

为了更好地赏玩画面石,需要深入地理解艺术,特别是绘画艺术。我们知道,在画家们的眼里,艺术的全部意义在于将自然理想化。犹如法国画家保罗·塞尚所说:"绘画不是追随自然,而是和自然平行地工作着。"荷兰画家梵·高也说过:"画画不是画物体的原状。""而是根据画家对事物的感受来画。"西班牙画家毕加索也认为:"自然与艺术既然是两码事,也就不可能混为一谈。我们正是通过艺术来表达'自然不是什么'的概念。"此外,法国画家亨利·马蒂斯在《精确并非真实》里指出:"在油画和素描中,甚至在肖像画中,打动人的力量并不依赖于精确地复制自然的形态,也不依赖耐心地把种种精确的细节集合在一起,而是依赖艺术家面对自己选择的客观对象时的深沉感受,依赖艺术家凝聚在其上的注意力和对其精神实质的洞察。"

综上所言,理解了绘画艺术的内在逻辑和外在表现,那么,画面石就可以理解为是对真实主义赏石方法的一种浪漫式反叛。

然而,由于长久以来深受赏玩石头追求具象化思维的影响,大部分人在赏玩画面石的时候,也在刻意追求着形似,或者只在画面形态的停留上。而极少富有洞察力的聪明赏玩者,已经依照一定的绘画观念去品鉴它们了,从而把关注点聚焦到石头画面的类绘画颜色构成、表现技法、主题与内容的艺术表达以及情感和精神的传达上了。自然出现不同结果:那些画面"形似"的画面石大多直白和呆滞,有的极似小孩子们的涂鸦(这里并非在讽刺儿童艺术),有的看久了让人生厌,有的会使人感到腻味;而那些有着绘画颜色构成、画意和某些绘画表现技法的画面石,却显得非常耐看,值得慢慢去品味,其中一些不乏极似绘画大师的作品。

高等级的画面石是描绘的而非描述的,是艺术表现的而非物象的真实再现。所以,好的画面石极度稀缺,它们有着严格的构成要件且要求因素众多。通常来说,既有石头的形状、大小、质地、平面、对比度、水洗度和颜色等自然形态方面的硬性约束,更有主题和艺术表现方面的柔性要求。

经验地说,一块高等级的画面石会有深刻的艺术感染力,并且,令人难以捉摸,相较于造型石而言,画面石更容易让人们沉静下来,更容易与人们的审美相融通,似乎更能直截了当地传达情感。因此,画面石被越来越多的人,特别是文化人和艺术家所喜爱。这从另一个侧面也反映出,画面石与赏石艺术之间有着高度的内在契合性,对于具有艺术感的人来说,人与画面石的互动是直接的、深沉的和强烈的。

抛开那些画面简单形似的画面石不论,单就有画意的画面石来说,一块画面石好不好,对于不同的观赏者会有不同的看法。如同瑞士美学家大卫·苏特所描述的:"观者到画的距离是一个任意的距离,因为它根据一个人对待一个主题的本质方式不同而变化。"

同时，每一块画面石都是独一无二的，赏玩画面石很难让人找到似曾相识的感觉，即同类比较在画面石的赏玩中较少存在。因此，除了兴趣和嗜好之外，对于赏玩者的文化、美学、文学和艺术修养要求也更高，这些因素共同决定了赏玩画面石是一件艰深的事情；反之，夸张一点儿说，与不知画者讨论画面石不可与论。

这里，不禁想起了一件赏石生活中的趣事。一位观赏者看了我非常喜爱的《仿常玉侧卧的马》（图2）观赏石后，一头雾水地问我："常玉是谁？"我只好作答，他是一位画家，并且是一位世界级画家。同时，又联想起了另外一则艺术趣闻。一位数学家在读完法国剧作家拉辛的《伊菲琴尼》之后，耸着两肩问道："可是这证明了什么呢？"这两个故事生动地说明，不可能每个人都会有相同的知识，并且每个人都会有自己的心理定向和思维方式。

究竟如何来欣赏一块画面石呢？这里仅简单引用美国艺术史学家潘诺夫斯基对达·芬奇的《最后的晚餐》画作的讨论，来引发人们的思考："以《最后的晚餐》为例，如果仅停留在对作品纯粹形式的单纯直观层面来理解，那么，这幅画只能被感知为一幅有十三个围在桌边的一定光线下的体量而已。"但是，如果从主题和文化上来理解，"一个西方观众会明白，围在一张桌子坐着的十三个人的绘画，再现了基督最后的晚餐这一事件。而没有西方基督教历史知识的观众不一定能够理解这一习俗层次上的主题。"而且，如果从艺术的内在意义上来认识，"需要思考这位艺术家为什么要选择这样的方式来再现最后的晚餐""这一切究竟意味着什么"之类的问题。由此，在潘诺夫斯基看来，艺术作品至少可以从三个层面来加以理解：一幅画的纯粹形式关系、一幅画的主题内容和一幅画的深层意义。这个例子给予人们的启发在于，欣赏一块画面石，如同欣赏一幅绘画一样，需要欣赏的是画面形式、主题内容和深层意义等的综合。

总之，造型石与画面石是两种截然不同的体系。赏玩画面石需要文学修养、画家的技巧和画家的心。依此，人们所发现、寻觅和选择出来的画面石才可能是艺术品，以及更好地对它们进行艺术品鉴和形成等级上的认识。

图 83 《听松》 大理石画 32×63 厘米 杨松鹤藏

山水大物也,鉴者须远观,方见一障山水之形势气象。

——(宋代画家)郭熙

二　画面石与绘画

（一）文人石与文人画

在中国赏石语境下，理解文人赏石需要讨论士人画、僧人画和文人画的概貌。只有理解了文人绘画才能够较好地理解文人赏石，才能够更好地赏玩画面石。

在中国绘画史上，崇尚文人画的风气自古有之。比如，唐代画家张彦远在《历代名画记》里说："夫画者，成教化，助人伦，穷神变，测幽微；与六籍同功，四时并运。""自古善画者，莫匪衣冠贵胄，逸士高人，振妙一时，传芳千祀，非闾阎贱之所能为也。"宋代绘画史学家郭若虚在《图画见闻志》里指出："窃观自古奇迹，多是轩冕才贤，岩穴上士。依仁游艺，探赜钩深，高雅之情，一寄于画。人品既已高矣，气韵不得不高。气韵既已高矣，生动不得不至。"

文人画的兴起是宋代绘画的主要特征。宋代文官当政，文人画的产生主要是部分文人在官场上遭受痛苦，在排遣这种痛苦中所形成的。所以，文人画骨子里是出世的和逃避的。在文人兴盛的时代，在朝的和在野的文人，意志自是不同，更有大多在野的文人，他们的精神世界自然是平民化的。明了这个状况，基本可以理解文人画的绘画风格了。

简要言之，文人画重士气，尚古雅和自然，多有诗意倾向，极具简逸空灵之意境，以得天趣为高。

其一，在中国绘画史上，北宋文学家苏轼首次提出了"士人画"的概念。比如，他在《跋宋汉杰画山》中说道："观士人画，如阅天下马，取其意气所到，乃若画工，往往只取鞭策、皮毛、槽枥、刍秣，无一点俊发，看数尺许便倦。"自从苏轼提出士人画概念之后，文人绘画的精神基本就明确了。对此，明代画家沈颢在《画麈》里说："今见画之简洁高逸，曰：士大夫画也，以为无实诣也，实诣指行家法耳。不知王维、李成、范宽、米氏父子、苏子瞻、晁无咎、李伯时辈，皆士大夫也，无实诣乎？行家乎？"从沈颢的话语可以看出，中国古代绘画史基本上是以士大夫阶层为主的绘画史。

图84　宋代　苏轼　《枯木怪石图》　私人收藏

黄庭坚《题子瞻枯木》曰:"折冲儒墨阵堂堂,书入颜杨鸿雁行。胸中元自有丘壑,故作老木蟠风霜。"

其二,僧人画属于僧侣艺术的范畴,它是僧侣生活的写照。僧侣生活是一种精神上的体验、禁欲和修行。他们选择隐遁和离群索居的生活方式,寻求缄默、高洁和宁静,其真谛在于通过出家而寻求彻底的自省,以期在精神上有所为,从而彻底地摆脱世俗生活。画家黄宾虹在《古画微》中论隐逸高士之画时指出:"贤哲之士,生值危难,不乐仕进,岩栖谷隐,抱道自尊,虽有时以艺见称,涸迹尘俗,其不屑不洁之贞志,昭然若揭,有不可仅以画史目之者。"这种情形,恰如唐代诗人吕温的《戏赠灵澈上人》诗歌所言:"僧家亦有芳春兴,自是禅心无滞境。君看池水湛然时,何曾不受花枝影。"又如唐代诗人无可诗云:"听雨寒更尽,开门落叶深。"总体来说,僧侣艺术直接关涉于生命态度的表达,主张通过内省的神秘主义,从而造就出一种宁静主义的美学艺术。

其三,这里所讨论的文人画,实则包含了士人画和僧人画。值得指出的是,明确提出"文人画"的名称是在明代末期,当时的概念主要是承袭水墨渲染一体的山水画而言及的。

正如美术史学家王逊所说：“事实上，它是在特定历史条件下，持有一定的艺术观点和主张，具有一定思想倾向的一部分士大夫画家的自我标榜。”

在中国绘画史上，明代画家董其昌在《画旨》中，第一次提出了“文人画”的概念。他把绘画以禅分南北宗，李思训为北宗之祖，为行家之画；以唐代王维为南宗鼻祖，为文人画之祖。他指出：“文人之画，自王右丞始，其后董源、巨然、李成、范宽为嫡子；李龙眠、王晋卿、米南宫及虎儿，皆从董、巨得来；直至元四大家黄子久、王叔明、倪元镇、吴仲圭，皆其正传；吾朝文则又远接衣钵。”同时，他在《画禅室随笔》里指出：“禅家有南北二宗，唐时始分；画家有南北二宗，亦唐时始分。但其人非南北耳！北宗则李思训父子着色山水，流传而为宋之赵幹、赵伯驹、伯骕以至马、夏辈；南宗则王摩诘始用渲淡一变勾斫之法，其传而为张璪、荆、关、董、巨、郭忠恕、米家父子以至元之四大家。”

画家黄宾虹在《古画微》里指出：“南宗首称王维。维家于蓝田玉山，游止辋川。兄弟以科名文学冠绝当代。其画踪似吴生（注：吴道子），而风标特出。平远之景，云峰石色，纯乎化机。读其诗，诗中有画；观其画，画中有诗。文人之画，自王维始。”此外，元代辛文房在《唐才子传》里记述：“维（注：王维）诗入妙品上上，画思亦然。至山水平远，云势石色，皆天机所到，非学而能。自为诗云：‘当代谬词客，前身应画师。’后人评维‘诗中有画，画中有诗’，信哉。”

关于王维的诗里有画意，名不虚传。比如，他的《山居秋暝》诗：“空山新雨后，天气晚来秋。明月松间照，清泉石上流。竹喧归浣女，莲动下渔舟。”他的《鹿柴》诗：“空山不见人，但闻人语响。返景入深林，复照青苔上。”他的《使至塞上》诗：“大漠孤烟直，长河落日圆。”他的《送梓州李使君》诗：“万壑树参天，千山响杜鹃。山中一半雨，树杪百重泉。”不都是一幅幅画卷吗？然而，王维虽画学吴道子，但在唐代并非首屈一指的画家，然因苏轼赞之，“味摩诘之诗，诗中有画；观摩诘之画，画中有诗”，又说“吾与维也无间然”；同时，王维又主张“意在笔先”“先看气象”的写意绘画理念，并崇尚以理和灵性为绘画之基础，特别是他把绘画与诗歌无形地联系在一起了。所以，王维被推崇备至，而成了文人画的代表性人物。

绘画史学家俞剑华在《中国绘画史》里说：“中唐以来，佛教之禅宗独盛，士大夫皆受其超然洒脱之陶养，出世思想因以大兴。艺术乃时代之反映，故山水画一变金碧辉煌而为水墨清淡，王维之泼墨山水遂应运而生，为中国文人画之滥觞。”简而言之，文人画即为写意画，唯有文人才能够具备创作写意画的素养。对此，画家陈师曾在《文人画之价值》中指出：“何谓文人画？即画中带有文人之性质，含有文人之趣味，不在画中考究艺术上之工夫,必须于画外看出许多文人之感想,此所谓文人画。"此外,"画之为物,是性灵者也,思想者也,活动者也,非器械者也,非单纯者也。"

关于文人画的精神,则是赏石艺术关注的重点。概而言之,文人画的精神可以简单理解如下:

第一,文人画注重主观情感的抒发和自我表达,极为推崇"以士气入雅"。文人画在审美观念上重视主观体悟,为追求天然的笔墨意趣而突显画家自己的个性,反对人为束缚,鄙视画工匠气;文人画的笔墨往往充满士气,多具枯寂幽淡之风格。对此,画家董其昌描述其为"寄乐于画",亦如艺术史学家张曼华在《中国画论史》里所说:"从禅宗的角度看,在'乐'境中,万物的对立与冲突都消失了,从而远离得失和是非。'寄乐于画'之'乐',并非世俗情感中的'喜怒哀乐'之'乐',它是无视世俗功利得失的天真烂漫,是无妄念之心的妥帖安放。"

第二,文人画以意为尚,重水墨渲染。与文人画相对应的是作家画,多指院体画。院体画致力于对客观物象的精雕细琢,对形似的追求达到了极致。对此,清代盛大士在《溪山卧游录》里说:"画有士人之画,有作家之画。士人之画,妙而不必工;作家之画,工而未必尽妙。故与其工而不妙,不若妙而不工。"当然,人们也不要由此误解为文人画就都非不精细。画家张大千说:"我国古代的画,不论其为人物、山水、宫室、花木,没有不十分精细的。就拿唐宋人的山水画而论,也是千岩万壑,繁复异常,精细无比。不只北宗如此,南宗也是如此。不知道后人怎么闹出文人画的派别,以为写意只要几笔就够了。我们要明白,像元代的倪云林以及清初的石涛、八大他们,最初也都是经过细针密缕的功夫,然后由复杂精细,变为简古淡远,只要几笔,便可以把寄托怀抱写出来,然后自成一派,并不是一开始随便涂上几笔,便以为这就是文人写意的山水。不过自文人画盛行以后,这种苟简的风气,普遍弥漫在画坛里,而把古人精意苦心都埋没了。"

第三,文人画多借物抒情,赋予自然事物以独特的人文属性。画家傅抱石在《中国绘画变迁史纲》里说:"所谓文人画,所谓南宗,自是在野的。所谓北宗,自是在朝的。"比如,明代文人画家徐渭经常画黑葡萄,以寄托明珠被抛的思想,自比怀才不遇,徐渭说:"半生落魄已成翁,独立书斋啸晚风。笔底明珠无处卖,闲抛闲掷野藤中。"同时,画家陈师曾在《文人画之价值》中说:"文人画有何奇哉?不过发挥性灵与感想而已。试问文人之事何事耶?无非文辞诗赋而已。文辞诗赋之材料,无非山川、草木、禽兽、鱼虫及寻常目所接触之物而已。其所感想,无非人情世故、古往今来之变迁而已。"

图 85 　《黑裙女子》　怒江石　8×8×2 厘米　　李国树藏

　　英国剧作家莎士比亚在《哈姆雷特》里有一句对白,哈姆雷特:"你没看到那里有什么东西吗?"王后:"什么也没看见;我看见的就是这些。"观赏石就像一面镜子,镜子里反映出的,仅仅是人们看到的和知道的东西。

第四，文人画接近平民，更近人心。宋代画家郭熙在《山水训》里指出："君子之所以爱夫山水者，其旨安在？丘园养素，其常处也；泉石啸傲，所常乐也；渔樵隐逸，所常适也；猿鹤飞鸣，所常观也；尘嚣缰锁，此人情所常厌也；烟霞仙圣，此人情所常愿而不得见也。""世之笃论，谓山水有可行者，有可望者，有可游者，有可居者，画凡至此，皆入妙品。但可行可望，不如可居可游之为得。何者？观今山川，地占数百里，可游可居之处十无三四，而必取可居可游之品，君子之所以渴慕林泉者，正谓此佳处故也。"

大部分文人画家都是极富诗心的哲人画家。美学家宗白华在《美学与意境》里说："中国古代画家，多为耽嗜老庄思想之高人逸士。彼等忘情世俗，于静中观万物之理趣。"关于文人画所体现出来的境界，可以引用美国艺术史学家罗伯特·威廉姆斯在《艺术理论》里的话给予阐释："当一幅画成功地创造了幻觉时，就可以说它指向了自身以外。当它表示的是有形的存在时，它指向的是自身；当它再现了一个故事或一种情感状态，抑或一种性格时，它指向的更远；当它赋予物质美或道德完善的理想以形式，或试图表现复杂哲理时，它指向的更远一些。"

之所以讨论文人画的概貌和文人画的精神，文中的意图和意义主要有以下两点：

其一，如果文人画的倡导者和实践者也赏玩石头，那么，文人赏石与文人绘画就不可避免地纠缠在一起了。当然，这个假想需要中国赏石文献史料的支持。通过梳理中国赏石文献史料，恰得出一个结论：文人赏石与文人绘画一脉相承，两者无论是在各自的主体和精神上，还是在美学和哲学层面亦出自同源。

其二，为讨论文人画的"画理"与天然画面石的吻合性奠定了基础，从而为后文论述"绘画之于画面石"埋下伏笔。如果从"画理"上来观照中国的文人画和院体画，显然，文人画与天然的画面石更有暗合之处，因为天然的石头画面不会宛如院体画般的"金碧辉映"和"精雕细琢"，而多具文人画"妙而不工"的特点，犹如王维在《论画山水篇》里所说："夫画道之中，水墨最为上，肇自然之性，成造化之功。"

关于文人绘画与文人赏石同宗同源的观点，考察中国赏石史可知，由于王维、苏轼、欧阳修、米芾、黄庭坚、赵佶和李煜等人既是文人画领袖，又是当世的赏石名家，因此，大约在宋代，文人赏石与文人绘画就一同出现了。这一推断在中国赏石史料中可以获得直接的证据。比如，北宋黄庭坚于宋哲宗绍圣四年（注：1097年）途经四川泸州时，获得知州王献可赠送的江石一枚。黄庭坚创作了《戏答王居士送文石》诗歌："南极一星天九秋，自埋光影落江流。是公自乐江中物，乞与衰翁似暗投。"可见，"文石"名称的出现已有千年历史了。

如何来深入理解黄庭坚所说的"文石"呢？从文献史料上看，古代文人会把"文"与"石"两字放在一起。比如，宋代罗大经在《鹤林玉露》里说："东坡赞文与可梅竹石云：梅寒而秀，竹瘦而寿，石丑而文，是为三益之友。"此外，清代郑板桥在《竹石图》的题跋中说："米元章论石，曰瘦曰皱曰漏曰透，可谓尽石之妙也。东坡又曰：'石文而丑。''一丑'字则石之千态万状皆从此出。彼米元章但知好之为好，而不知丑劣中有至好也。东坡胸次，造化之炉冶乎！"这里，需要逐层来加以分析：

（1）依据宋代罗大经文中表述的语义逻辑，即"梅寒而秀""竹瘦而寿""石丑而文"，三者表述的逻辑是清晰的和一致的。清代郑板桥所谓的"东坡又曰：'石文而丑'"，则是明显的引用错误，正确的引文应该是"石丑而文"。

（2）"丑"虽然很难描述，但通常与美相对应，这是绝对讲得通的。然而，"石丑而文"的"文"字不可能理解成是"美"的意思，并且，人们不能曲解既是画家又是诗人的苏轼的文学才华，他不可能通过"石丑而文"来表达"石丑而美"的思想。不过，今人把它理解为是石丑而美，只是肤浅地按字面来理解了。此外，再加上有的赏石学者的解释，比如："在汉字中，'文'是'纹'的本字，它本指纹理，形容文章灿烂，而'丑'是它的反面；同样，汉语中，'文'的意思是美，就是契合某种美的规律，而'丑'则是不符合一些基本审美标准。"这样，石丑而美的思想就引发出来了，人们自然也就深信不疑了。然而，苏轼的"石丑而文"的"文"字绝不是美的意思，而应该与文人画里的"文"联系在一起来思考，这就与文人画的精神相一致了。总之，通过这个"石丑而文"的考据，再联系前文章节已述的"丑石观"，可以窥见古人的赏石精神远比人们想象的深刻得多。

（3）黄庭坚的《戏答王居士送文石》中的"文石"到底是什么意思呢？其一，通常理解为"戏答王居士送美石""戏答王居士送画面石"，即戏答王居士送纹石似乎能够说得过去，但忽略了诗歌的创作主人是黄庭坚，他是画家和诗人，又是赏石家，而且，古代文人很少有直抒胸臆的表达习惯。其二，联系到上述的文人绘画和"石丑而文"的考证与解释，黄庭坚诗歌里的"文石"理应理解为文人赏玩的石头之意——它符合文人之趣味，引发文人之感想，适合文人之性格。于是，全诗的意思可以解读为，知州王献可赠送给我的虽然是普通的石头，却是极富内涵的文化信物，体现了文人之间情感的交流，所以，诗歌用了"戏答""文石""暗投"的字眼。因此，"文石"基本与文人画意思相近。

这样，人们就可以理解古代文人的赏石观念和赏石精神了。在中国赏石历史上，第一个明确提出文人石概念的是黄庭坚,并且最初的文人石之称来源于画面石。对此,元代虞集在《道园学古录》里记述:"天子在奎章阁,有献文石者,平直如砥,厚不及寸。其阳丹碧光彩,有云气人物山川屋邑之形状,自然天成,非工巧所能模拟。"可见,虞集所说的"文石者",也指的是一块画面石。同时,明代清初学者姜绍书在《韵斋石笔谈》里记述:"米万钟任六合县令时,薄书之暇,觞咏于灵岩山,见溪中文石累累,遣兴臺寨掇之。"这里的"文石"显然指的是南京雨花石。但是,文石之称虽源于画面石,但非特指画面石,比如,清代《钦定日下旧闻考》卷十六里就记述:"文石耸立,佳木丛生。"

初步解释了"文石",再回到宋代苏轼、欧阳修、米芾、黄庭坚、赵佶和李煜等文人画家和赏石家们的私人活动。这些名贤雅士纵乐琴棋书画,同时也把赏石作为余兴和雅趣,以及论道之手段,如同文戏和墨戏一般代去杂欲,这在情理上完全讲得通了。

兹举几例。从苏轼的绘画创作以及米芾和黄庭坚的评论,可以得到印证。就苏轼的《枯木怪石图》(图84)画卷,米芾在《画史》中评论到:"子瞻作枯木枝干,虬屈无端,石皴硬亦怪怪奇奇无端,如其胸盘郁也。"黄庭坚在《题子瞻画竹石》诗中云:"风枝雨叶瘠土竹,龙蹲虎踞苍藓石。东坡老人翰林公,醉时吐出胸中墨。"由此可见,对于这些文人雅士来说,无论是文戏、墨戏,还是赏石雅兴,都是一种有意识和自觉的产物。

南唐"后主"李煜(注:号钟隐,莲峰居士,开宝八年,李煜降于宋)最爱灵璧研山——三十六峰研山。同时,这位后主的文学、书法和绘画也颇有造诣,被称为"千古词帝"。脍炙人口的《乌夜啼》:"无言独上西楼,月如钩,寂寞梧桐深院锁清秋。"《虞美人》:"春花秋月何时了?往事知多少。""问君能有几多愁?恰似一江春水向东流。"就出自这位李后主之口。并且,"画院"的出现也肇始于他,对此,画家傅抱石在《中国绘画变迁史纲》里指出:"'画院'的胚胎,是南唐后主李煜肇始设置。因为后主文学工夫极好,又会写字,又会画画,有了这丰富的天才,所以对于艺术特有兴会,单就收藏书画,集英殿不是琳琅满目吗?"

最直接的证据莫属欧阳修的紫石屏了。欧阳修的紫石屏为虢州(注:今河南灵宝)刺史张景山所赠,因欧阳修喜爱有加,而写下《月石砚屏歌》,并作序记之。对此,《欧阳修全集》记载:"张景山在虢州时,命治石桥。小版一石,中有月形,石色紫而月白,月中有树森森然,其文黑而枝叶老劲,虽世之工画者不能为,盖奇物也。景山南谪,留以遗予。予念此石古所未有,欲但书事,则惧不为信,因令善画工来松写以为图。子美见之,当爱叹也。其月满西旁微有不满处,正如十三四时。其树横生,一枝外出。皆其实如此,不敢增损,贵可信也。"

各门类的艺术在创作上都是相通的。艺术家们通过不同的事物所引发的兴致各有所得，其妙处不可言说。比如，遇奇树怪石，画兴亦可不期而至。明代顾凝远在《画论·一树一石》里就说："入山得一奇树，一怪石，是逢知己，可般礴终日矣。若无事而空行，不过如邻家乞火，归治一餐而已。何益！故'兴来每独往，胜事空自如'，不诬也。"

综上所述，在理解文人画的基础之上，就可以对文人石作下述理解了：

其一，文人石按字面来理解，就是文人雅士和士大夫所赏玩的石头；而在深层次上，可以理解为石头有着被文人雅士和士大夫所欣赏的精神气质，满足了文人趣味和性情，并引发情思。在古代社会里，称得上文人的是那些兼具人品、才情、学问和思想于一身的人，文人石就可以喻为一种特定精神的象征了。同时，反观西方赏石学者把中国古代赏石称为"文人石"，其道理也就不言自明了。

其二，在特定意义上，文人赏石所内含的赏石精神才是重要的。中国文人认为自然、朦胧、含蓄、内敛、简单的东西才能够经得起欣赏，这种审美取向的背后往往隐含着文人习性、禅宗和深刻的哲学意味。正如清代沈朝初《忆江南》词所云："苏州好，小树种山塘。半寸青松虬千古，一拳文石藓苔苍。盆里画潇湘。"总之，文人赏石追求的是天人合一之境和物我两忘之感。因此，文人赏石更多的是对人的生命意义和生活态度的表达，意味着与凡尘俗世相脱离，追求着一种纯粹的和自然的美学意蕴。

其三，文人赏石与文化色彩、文学意味和文人精神，特别是与文人的艺术和审美价值取向密切相关。文人赏石终究是一种观念艺术的表达。正如画家陈师曾在《文人画之价值》中所说："盖艺术之为物，以人感人，以精神相应者也。有此感想，有此精神，然后才能感人而能自感也。""文人又其个性优美、感想高尚者也；其平日之所修养品格，迥出于庸众之上，故其于艺术也，所发表抒写者，自能引人入胜，悠然起澹远幽微之思，而脱离一切尘垢之念。然则观文人之画，识文人之趣味，感文人之感者，虽关于艺术之观念浅深不同，而多少必含有文人之思想。"

总之，中国古代赏石作为文人之趣味，意蕴在石头身上必有文雅脱俗之气。在赏石精神上，雅致、高洁、宁静与孤寂等则是古代文人雅士和士大夫们留下来的赏石精神传统了。

图86 《寒松图》 怒江石 10×13×3 厘米 李国树藏

深山穷谷之中,人迹罕至。其古柏寒松,崩崖怪石,如人之立者、坐者、卧者,如马者、如牛者、如龙者、如蛇者,形有所似不一而足,不特因旅客久行山谷心有所疑而生,亦山川之气,日月之华,积年累月,变幻莫测,有由然也。此景最难入画,须如宋代石恪不假思索,随意泼墨,因墨之点染成画,庶几得之。若有意便恶俗。

——(清代画家)蒋和:《学画杂论》

（二）绘画之于画面石

人们常用"图纹石"来囊括石头上的图画和纹路。然而，这一称呼是初级的，因其仅停留在对石头画面的简单描述的初始层面。事实上，"画面石"的称谓明显比"图纹石"更进了一步，人们开始意识到石头上的图画和纹路不只是简单的图画（Picture），而应该把它当作一幅绘画（Painting）来看待，这样就有了人的主观能动性，赋予了人的认识和审美，从而把大自然的图画和纹路与人们的审美相融合了。

退一步说，不管石头上的画面与绘画是否有着内在逻辑关系，是否属于同一论域里的范畴，人们往往会通过关联性想象，自然而然地把石头上的画面与绘画联系起来，这是人们的习惯性思维使然。因此，人们经常会说："石头如画"。所谓"如画"，即像一幅画，从而让人们联想到相关的绘画和一些绘画技法。

比如，清代赏石家阮元在《石画记》里记述："大理石四时山水四幅，每幅宽七寸余，高六寸余。一曰《斜阳暖翠》，下有青色岚气，上有双峰黛色，甚鲜。左有淡红日色，古人《浮岚暖翠图》（注：元代黄公望画作），若无日色则'暖'字落空矣。其二曰《天际乌云》，云雾甚重，下垂于平山之巅，此古人'夏山欲雨'之法也。"此外，阮元对大理石画的题名还有："仿吴道子画降魔图、读碑图，仿郭河阳四时山水、画仙怪石图，仿宋人秋山萧寺图，仿元人山水，仿似天翁，仿宋人夜山图，仿六一居士松石屏和靖孤山图"等。

然而，石头上的画面不可能与绘画等同起来。从语言范畴来说，石头画面的外延远大于绘画；就画面的表现而言，画面石的表现也远多于绘画技法。换言之，如果说绘画与石头上的画面有关联和交集，那也只能够说天然石头画面里只有极微小部分可以看作是绘画的范畴。这不仅涉及技术问题，也涉及认识和审美问题。但前提在于，人们需要对石头画面的独特表现，以及绘画的表现形式和表现技法均有准确的理解，这是把两者放在一起认识的基础。

如果把画面石和绘画放在一起来比较，就表现技法而言，绘画中的有些技法与画面石的自然表达法有着很大的相似性。意大利画家达·芬奇发明了著名画法"渐隐法"，这种绘画技法是一种模糊不清的轮廓和柔和的色彩使得一个形状融入另一个形状之中，从而给人们留下想象的空间，世界名画《蒙娜丽莎》就是据此技法而创作产生的。不难理解，达·芬奇的绘画哲学是必须给观者留下猜想的余地，即如果轮廓画得不那么明确，形状有些模糊，仿佛消失在阴影中，那么枯燥和生硬的印象就能够被避免，这样在保留形似的同时,能够以某种方式展现出所绘人物的灵魂。就画面石来说,石头画面的很多自然表达法同渐隐法相似,而这恰是绘画与画面石"天生如此"的巧合,比如《寒松图》(图86)观赏石即为代表。

应用绘画去看待画面石不仅是视角问题,也是功利问题。视角问题在于画面石里确实有一部分画面具有绘画特征,它们与绘画程式、绘画技法和绘画表现方式,甚至与某些绘画题材相类似,人们没有理由不这么去看;功利问题在于如果把画面石视作绘画,就很容易让人找到一种相对有效的参照物,并且间接地实现了艺术间的跨界融合:画面石从根本上跨进了主流艺术绘画的大门。

以"诗情画意"品鉴天然石头画面的赏玩传统自古有之,仅就石头上的月亮画面而言,中国古代赏石文献中就有诸多记述。比如,北宋杜绾在《云林石谱》里描述:"一种色深紫,中有白石如圆月,或如龟蟾吐气白雪之状,两两相对,土人就石段揭取,用药点化隽治而成。间有天生如圆月形者,极少得之。昔欧阳永叔赋云月石屏诗,特为奇异。"北宋欧阳修在《紫石屏歌》中写道:"月从海底来,行上天东南。正当天中时,下照千万潭。潭心无风不动,倒影射入紫石岩。月光水洁石莹净,感此阴魄来中潜。自从月入此石中,天有两曜分为三。清光万古不磨灭,天地至宝难藏缄。"此外,清代王士禛在《香祖笔记》里也有记载:"张景山一石,中有月形,石色紫而月白,月中有桂树,其文黑,枝叶老劲,虽工画者不能为。"

绘画作为一种成熟的艺术形式,探究绘画的审美对于画面石的赏玩也颇有实际意义。比如,意大利哲学家托马斯·阿奎那指出:"美学具备三个普遍的要素:完整或完美、适当比例或和谐,以及鲜明的颜色。如果一幅绘画具备这三个要素即被认为是美的。"这种美学理论实际上是西方美学的形式论。就画面石的赏玩来说,除了画面的形式外,还要重视"画理",特别要重视中国绘画史中的"文人画"与部分画面石的相似性,以及两者所传递出的精神一致性。总之,借用上述阿奎那的说法,一块石头上的画面美不美,主要看整体气韵、画面的空间布局和石头颜色的丰富度等,而这些要素构成的整体意境才是这块画面石的灵魂。换句话说,画面石气韵生动的意境美既是一种整体感应和精神透析,也是一种生命领悟。

图 87　《清风明月》　长江石　25×21×8 厘米　　张卫藏

　　月亮的光，柔和的光，折射着太阳的光芒，让我们的夜变明朗，看哪，就像小伙儿亲吻着小姑娘。月亮是本真的乡愁啊，也是我们大地最早的日志坊，当万物休眠的时刻，月亮却用她的千里眼，当起了一揽天下的守夜人。

——（德国诗人）黑贝尔

意韵深远并经得起品味的画面石,基本上都有着一定的画意和绘画技法。所以,在画面石赏玩过程中,培养欣赏绘画的能力和鉴赏水平就是最基础的功课了。其中,最关键在于要以画家的眼光辨识出具有绘画特征的石头,而这就需要理解绘画传统、绘画程式和表现技法,诸如整体与局部、整体构图、气韵、留白、颜色、虚实、远近观赏、点睛之笔、事物的主体特征、美学之比例匀称和夸张的艺术表现等。此外,还需要了解中西方绘画的传统题材和特点等。比如,中国绘画历来重视人物画、花鸟画、动物画、山水画和水墨画等,以及中国特有的书法与绘画的综合表现形式,即人们常说的诗书画于一体;而西方绘画则流行静物画、肖像画、风俗画、风景画、历史画和宗教画,而且,西方绘画有着各种不同的流派风格。再如,中国绘画重视线条,西方油画重视轮廓;中国绘画重写意,西方油画重写实;中国绘画有留白,西方油画有空间;中国有别具一格的水墨画和文人画传统,西方绘画有学院派的历史和宗教传统等。

画面石的赏玩需要借鉴的绘画流派众多,开放性审美和认知是必要的。认识和理解绘画艺术史上的不同艺术流派和艺术风格,包括东西方绘画的差异、不同国家的差异和同一国家不同时期的差异就非常重要了。更为重要的是,需要谙熟一些知名画家的绘画风格和绘画理念,而这对于画面石的赏玩大有裨益。无疑,这对于画面石赏玩者提出了严峻挑战,那么,赏玩画面石成了一件专业化的事情就并非虚张声势了。相反,至于有人主张,画面石容易赏玩,因为是不是好的画面石人们一眼就能看出来,这种认识是极其肤浅的。

画面石作为赏石艺术极为重要的载体,它承载的是艺术和美学的发轫。画面石可以被视为一种"类绘画"的艺术形式;反之,画面石的发现者绝不是简单的图解者。在赏石艺术之中,画面石如果具有人文内涵和绘画之手法为精品;若与古今中外绘画流派和绘画名家同具绘画之风骨和精髓为珍品;在两者基础之上,若题材和主题基本一致或是完美的再现,则为不可遇之神品也。

事实上,存在着一些画面石在整体或局部与伟大艺术家的绘画作品有着惊人的相似性。中国古代赏石人早有把石头上的画面与知名画家的绘画作品做比较的传统。比如,明代赏石家林有麟在《素园石谱》里记载:"雪浪斋有一石,如蜀孙位、孙知微(注:分别为唐末画家,五代画家)所画,石间奔流,尽水之变。"

另外,清代徐珂在《清稗类钞》里称:"最异者两岸陡峭,长松交荫,急峡中孤舟如驶,上坐一人垂钓。石不盈二寸,人仅一粟,而须发眉目神采如生,绝似黄大痴《富山春》(注:黄

图 88 《江山晓思》 怒江石 10×6×3 厘米 李国树藏

　　高昌正臣博古好雅。偶得一石屏，广仅咫尺，其纹理粲然。有高深幽远之思，绝顶浑厚者如山如岳，飞扬飘忽者如烟如云，横流奔激者如江如河。断者若岸，泓者若潭。或如林麓之蓊郁，或如禽鱼之游戏。使董北海僧巨然（注：南唐画家董源、北宋画家巨然）复生，其破墨用笔不过是矣。因命之曰江山晓思。

——（明代赏石家）林有麟：《素园石谱》

公望的《富春山居图》）笔意。"清代胡韫玉在《奇石记》里记述："山僧出奇石四枚，大如燕卵，以水贮之盘中。其一似老人曳杖状，极幽闲，衣褶带纹，有曹吴（注：北齐画家曹仲达、唐代画家吴道子）笔意，曰'高士石'。"清代戴延年在《秋镫丛话》里记述："湖南辰州溪水中往往有石，如鹅卵，中外莹澈，或黑地白章，或白地赤纹，作男女交媾状，即仇英（注：明代画家）秘戏图不能过也。"

当然，这并非完全意味着石因画而贵。把画面石与绘画联系在一起，实质在于石头的画面所呈现的主题、所具有的表现手法和表达的精神的重要性，以及它们与绘画的相似性。特别值得强调的是，如果赏玩画面石的人们不能够体察绘画之精髓，不能够准确和翔实地掌握绘画的全貌，而是一味地生搬硬套，就会如夏虫语冰，贻笑大方。并且，这种只懂皮毛和附会的赏玩画面石的方式是要不得的，亦会贻害无穷。

（三）画面石之于绘画

画面石充满创意，变化万千，多似大自然的即兴之作。混乱性是人多数画面石的基本特征，恰如德国思想家歌德在《浮士德》里的感叹："自然元素的力量如此不受驾驭，漫无目的，这几乎让我感到绝望！"

大自然这位画师通常带有强烈的主观色彩。它有时安静、有时激烈、有时狂暴、有时循规蹈矩、有时放荡不羁、有时将真实与浪漫相结合；它又是极不安分的，有时故意放弃写实技巧、有时会打破平衡、有时将画面表现得支离破碎，却又在上下、左右、浓淡、松紧和动静之间来回摇摆；它构图狂放、设色放肆、对具象表达漠视、对夸张和变形谙熟，有些无意的构思看似是矛盾的，但又非随性而为。这些情形颇似墨戏画家之创作，如同艺术史学家滕固在《墨戏》里所说："墨戏最主要的特点就是，它不拘泥于形，关于这一点，可以在苏东坡的理论中找到证明。""在墨戏的世界里，有贯休的清奇与嶙峋，有石恪的滑稽与丑怪奇崛，有文同和苏东坡对另类之美的表达，有米氏父子的烟云缭绕的朦胧美。"

用人类的审美去审视大自然产生的图画，自然会让人感到困惑和失望，但偶尔也会收获意外的惊喜——恰恰这"偶尔的惊喜"，成就了画面石的高度。当有学识和艺术修养的欣赏者抓住了一幅幅石头上的画面，用充满生命的情绪将它们点亮，那瞬间的光便照亮了赏石艺术的永恒。

西班牙画家毕加索说过："有一种绘画是训练出来的，一种绘画是天才创造的，比绘画技巧更重要的是绘画意识。"同时，画家石涛指出："山林有最胜之境，须最胜之人，境有相当。石我石也，非我则不古；泉我泉也，非我则不幽。""至人无法，非无法也。无法而法，乃为至法。"在某种意义上，大自然这位画师的创作是随性的和超然的，这种随性和超然更多体现在充满任性、荒诞与诗意的画面意识的表达上。总之，大自然这位画师的这种"绘画意识"对于绘画艺术家来说，也可以成为创作灵感的催化剂。

其一，如果艺术家的创作持开放性观念的话，那么，天然石头上的画面对于艺术家的绘画创作意识就有了某种启迪性。准确地说，伟大的绘画艺术家能够从石头身上获得创作的灵感，这种灵感不单是画面本身，更涉及自己的创作理念。如果这种说法得以成立，那么，画面石对绘画就具有了原初的启蒙式意义。

实际上，这一说法在许多艺术家谈及自己的创作方法时，亦可以得到模糊的印证。比如，画家范宽就曾自叹："与其师人，不若师诸造化！"西班牙画家毕加索在谈及自己的作品时说："没有所谓的抽象画，人必须用某些东西开始，才可以把现实的一切痕迹去掉，然后就不再存在危险了，因事物的观念在其间留下了不可磨灭的记号。正是这些观念把他的情感鼓动起来，推动艺术家的原始创作。观念与情感终于在他的画中成了俘虏。无论怎样，它们不再能逃出画幅了。它们构成了一个亲密的整体，尽管它们的存在不再能分辨出来。不管人高兴不高兴，他是自然的工具。人不能反自然而行，自然比最强的人更强。"

其二，俗话说，"人巧不如天工。"画面石的一些独特表现技法对于绘画的表现手法来说也颇具启发性，甚至有些技法对于成熟的绘画来说，也会显得相形见绌。

对此，宋代高雄飞在《独石》诗歌里曰："一块苍顽石，颓然半水滨。可怜阎立本，徒写五湖真。"清代阮元在《论石画》里也颇有感慨："古今诸画家，各自具神理。染烟复染云，画雪亦画水。至于日月情，能画者罕矣。唯此点苍山（注：代指大理石画），画工不得比。峰峦天水间，空气须远视。即使远可视，无迹谁能指。瀚然似渲渍，渲渍难到此。脱化有真神，浑融成妙旨。若画没骨山，门径从此启。宋元虚妙处，唐人已难拟。"此外，清代陆烜在《梅谷偶笔》里描述到："尝见一大理石屏，下作短树平林，上作微云远霭。最奇者云外数点如飞鸿，遥挂一人立而仰视，神态如生，笔墨所不能到。左角有宣和御题诗云：'山与微云两不分，哪知山更淡于云。江南秋尽霜初降，独倚寒林数雁群。'"的确，这也正应了明代地理学家徐霞客所说的，"石画一出，画苑可废矣。"

抛开古人的记述，在当代的一个画面石雅集展上，一位画家感叹："看了这些如此美妙的画面石，颠覆了自己对石头的认知，原来天工之作完全可以与绘画相媲美，甚至可以超群越辈。"同时，有人把雨花石同画家赵无极的绘画放在一起来比较，惊奇地发现，两者的画意和风格非常相似，于是引发遐想，赵无极是否从雨花石身上获得了创作的灵感？

总之，在绘画艺术创作中，画家能够从画面石中汲取创作灵感，从而拓展传统意义上的写生范围，这似乎能够说得过去。

三　画面石与绘画流派

画面石究竟有多少表现技法呢？这恐怕是一个永远无法回答的问题。从赏石经验上说，绝大部分画面石都具有表现主义风格，其基本特征是画面中的物象、色彩和形状的夸张与变形。实际上，许多画派的绘画风格在画面石中都能够对应找得到。特别地，画面石与中国文人绘画、壁画、版画，西方绘画的表现主义、印象主义、立体主义、野兽主义、抽象主义、象征主义，以及与世界早期的原始艺术等绘画风格之间都有一定的相似性。当然，这个认识是基于画面石这一"画派"的原始性与这些绘画类型和流派的总体特征，以及它们的整体艺术观具有的吻合之处。

画面石鲜有表现恢宏和庄严的场景，所以，很难把画面石和院体派绘画放在一起来比较。进一步说，如果画面石的主题被理解为恢宏的，那么必须发挥人的想象力了；反之，凡事亦无绝对，如果画面石出现宏大的主题表现，自然更为难能可贵。此外，画面石也罕有绘画里所谓的光线和阴影的运用——除非是现代摄影美化的结果。

讨论绘画流派之目的，不只是认识绘画风格那么简单，而在于要重视绘画流派中的作品风格与画面石的表现技法具有的相似性，以及两者具有某种精神气质方面的吻合性。这种赏玩画面石的意识也暗含一个基本假定，即画面石的赏玩"不能走得太远"，以免偏离已经存在的绘画经验和绘画传统。如果赏玩画面石也同现代绘画一样去追求各种意识流的话，或者突出地强调画面石的自身独特性，它们就会难以让人看懂，也更难以言及画面石鉴赏的共识度了。

反过来说，如果赏玩画面石只关注画面的自身独特性，在任何表现方面的偏离，都会在绘画传统的衬托下，被感知为是对人们所熟悉的绘画主题和表现技法的明显背离，这自然就属于"画面石之于绘画"的讨论范畴了。然而，人们不可能穷尽绘画流派与画面石的相似之处，这是在探究绘画与画面石两者关系时需要面对的复杂难题。

图 89　《盛世雪》　大理石画　120×50 厘米　　李国树藏

只知逐胜忽忘寒，小立春风夕照间。最爱东山晴后雪，软红光里涌银山。

——（宋代）杨万里

这里,只是粗浅地把几个与画面石有密切关联的绘画流派作简述,作为思考的例子,以唤起人们赏玩画面石的自觉意识。仅就西方绘画而言,通常会把绘画流派称为各种主义,比如表现主义、印象主义、抽象主义、立体主义和野兽主义等。这些所谓的主义代表着不同的绘画风格和绘画理念,它们都是高度风格化的,均是艺术家们为了追求自己心中的理想艺术大胆实验和冒险的结果。

(一)表现主义

西方绘画中的表现主义以梵·高和蒙克等为代表。这些艺术家着力描绘的不是客观世界里的真实,而是事物在画家心理上唤起的一种主观感觉。用英国美学家赫伯特·里德在《现代艺术哲学》里的话说:"这是一种很少关心美的传统观念的艺术;它可以悲怆动人,有时候过分神经过敏,或过分悲伤,但它绝不是单纯的美,绝不缺乏理智上的独创性。"

漫画艺术就是表现主义的。漫画家往往通过放大与简化艺术手段而对创作对象加以夸张和歪曲,以便恰好表现他的感觉,比如为了表现热爱或者恐惧之情而有意去改变事物的外形。这种表现手法在画面石中却司空见惯,因为非客观的和非具象的画面基本上占据了画面石里的绝大部分。所以,人们在赏玩画面石时,需要对绘画中的表现主义给予格外关注。

(二)立体主义

西方立体主义绘画的先驱是毕加索和布拉克等。他们把绘画从熟悉的事物和现象中解除出来,只留下构造性的元素。立体主义者试图在平面上完全彻底地再现他所看见的立体对象的所有面。比如,就人物绘画来说,画家试图通过人体各个侧面的展示,并综合在一起来展现人体的意象性构造以及呈现出来的美和力量。对此,西班牙画家毕加索指出:"人们都在讨论立体派作品究竟有多少真实的东西,但他们并没有真正理解。你能掌握在手里的不是一个事实,它更像一种芳香——在你面前和四周。香味随处可闻,但你却不知道它来自何方。"此外,美国艺术史学家格特鲁德·施泰因也曾说过:"毕加索可能看到的事情,有它自己的实在,这个实在不是我们看到的事物的实在,而是事物存在的实在。"

英国美学家赫伯特·里德在《现代艺术哲学》里认为:"立体主义的目的是揭示自然界的一个审美方面,主张把物体的外貌化为其有意味的形式来表现物体的基本性质。"这类绘画只存在一个意图，即把对象世界引归到立体几何形体以期从根本上去重新理解世界。对此，法国画家亨利·马蒂斯说："立体主义者对于面的研究是从现实出发的，对于抒情画家来说则依靠想象。正是想象给一幅绘画以深度和空间，立体主义者把在每一对象中非常明确的空间加在观者的想象上。从另一观点来看，立体主义是一种描述性的写实主义艺术。"

在画面石中，有一类画面石被称为"结构石"，即石头画面是由各种色块堆积起来，表面看起来杂乱无章，但作为整体来看，似乎又有着立体的影子。这类画面石与绘画中的立体主义风格极其相似。

（三）印象主义

西方印象派画家有雷诺阿、毕沙罗、马奈、塞尚、莫奈和德加等。印象主义绘画的哲学是现象流动理论，如同古希腊哲学家赫拉克利特所说的，"人不能两次踏进同一条河流"一样。举例来说，法国画家莫奈在巴黎的一次画展上，在展览自己的绘画作品《日出·印象》时，遭到了一位欣赏者的嘲讽："这是一幅什么画，《日出·印象》？印象，呃，我知道了。我刚还对自己说，要是被打动了，画中总得留下点印象。""可多随意啊，一张未完成的墙纸，也比这幅画好得多！"这句嘲讽竟成就了印象派，《日出·印象》也成了印象主义的奠基之作。

印象派画家的作品来源于画家对自然的观察和思考，他们喜欢离开对象，根据写生或凭借记忆作画。印象主义画作是唯美的，色彩总会给人以美的感受。印象派的标记是光线、颜色和色调所表达出的瞬间性和想象力。因此，印象派中的画作有许多不写实的成分，但其创作理念并不是为了"画得不像"，而是捕捉画家自己在那一瞬间所"看见的感受中的真实"。正如法国画家莫奈所说："我们画的不是一个风景、一个港口、一个人，而是一个风景、港口、人物在一天某个时辰给我们的印象。""在短暂易逝的印象前表达出自己的感觉。""我只知道做自己能做的一切来表达自己在自然面前的经验，而且，通常为了成功地表达自己的感觉，完全忘了油画最基本的规则，如果那些规则存在的话。"

印象派画家多出于考虑整幅画的总体效果，而较少顾及细枝末节，这与中国文人画颇为相似。这种缺乏修饰和外表草率的表现手法与天然画面石的自然表达法有着很多暗合之处。比如，荷兰画家梵·高在《梵·高手稿》里说："当感觉到一个题材时，我经常会画三遍或者更多遍，不论是肖像画还是风景画，但每一次我都考虑自然状况，甚至尽量地不画出细节，那时梦幻的现实从中溢出。当提斯蒂格、我弟弟或其他人说：'这是什么，草还是卷心菜？'我总会回答：'很高兴你没能认出它。'"

图 90 《心中的老爸》 长江石 17×21×10 厘米 周峰藏

　　这块观赏石是表现主义的作品,蕴含了逗乐、趣味和深厚的情感,通过蒙太奇式的漫画方式表露出来,观者可以获得一种潜在的领会。它的线条出于偶然而非依仗技巧,突破了现实主义者通常假装造作的常规表现模式。整幅画面看似漫不经心,但总能够像这个人或那个人,总是滑稽地相似。人们应该去追问:是谁让对象变形? 或许,答案在于,当一位女士批评法国画家亨利·马蒂斯画的女人手臂太长时,马蒂斯答道:"夫人,您弄错了,这不是女人,这是一幅画。"

英国艺术史学家贡布里希在《艺术的故事》里，就印象主义画派有着生动的描述："人的眼睛是奇妙的工具，只要给它恰当的暗示，它就给你组成它知道存在于其处的整个形状。但是，人们却必须懂得怎样去看这样一些画。最初，参观印象主义者画展的人显然是把鼻子凑到画面上去了，结果除了一片漫不经心的混乱笔触以外毫无所见。因此，他们认为那些画家一定是疯子。""而过了一些时间，公众才知道要想欣赏一幅印象主义的绘画就必须后退几码，才会领略到神秘的色块突然各得其所，在我们眼前活跃起来的奇迹。创造出这一奇迹，把画家亲眼所见的实际感受传达给观众，这就是印象主义者的真正目标。"实际上，欣赏画面石与贡布里希所述的情形也是极为相近的。

（四）野兽主义

野兽主义以法国画家和雕塑家亨利·马蒂斯为领导者。野兽派艺术家往往嫌弃微妙性，而寻求强烈的色彩、图形的奔放和大胆的和谐，之所以获得"野兽"这个称谓，是由于他们公然蔑视实际的形状。野兽主义通过这种绘画风格，实则表达如下观念，即艺术家在画中所体现的不只是他们对形式的知识。正如亨利·马蒂斯所说："坚持用表现本质特征的方式去获得更大的永恒性。"同时，他们对想表达的东西的意义更为关注，犹如荷兰画家伦勃朗所说："一个艺术家只要达到了他自己的目的时，就有权利宣告一幅画已经完成。"

（五）抽象主义

抽象主义绘画是一种纯粹的形式艺术。英国画家保尔·纳什说过："艺术越趋于抽象，相应地民族的或种族的特性就变得细微，因而也就更让人愿意去追求。"法国画家保罗·高更也曾说过："不要临摹自然，艺术的本质是抽象的。"

抽象主义画家发现，通过强调艺术的可操作性因素，比如笔触、线条、色彩、体积和块面等，通过它们将人们从熟悉的对象中解放出来，甚至完全通过排除对象，只是呈现出一种活跃的外观，加工创造出一种新的事物，而不是一个被再现的场景或人们所熟悉的物象。通过这种创造去表达一种感觉状态、一种意念、一种幻想、一种对音乐的向往，创作出一个色彩与形式的和谐，指引着艺术走向了抽象和象征。

图91 《伴侣》 长江石 18×19×7厘米 李明华藏

我们一次又一次地重新意识到,我们注视的是画面本身,那些笔触和色块,它们似乎自成一体,暗示着某种个人笔迹。我们意识到自然既是研究的对象,也是一个出发点,观看和感受、外部世界和内部世界之间的界限被模糊了。

——(美国艺术史学家)罗伯特·威廉姆斯:《艺术理论》

图92 《浴女》 大湾石 8×10×3厘米 邓惜藏　　　图93 高更 《海滨的女人》 布面油画 私人收藏

　　女人们躲到散乱的石头后面，撩起裙裾，蹲在水里，洗濯她们被炙热和劳累所刺激的屁股和大腿。如此洁净之后，她们重新上路，向帕皮提走去。她们的胸脯都高高地向前隆起，乳峰尖顶处各缀着一颗贝壳；细薄的平纹布连衣裙下面，乳房柔软优美，像两头年轻、健壮的母兽。她们身上散发着一种混合的气味，既有动物的又有植物的，有她们血液的气味，还有她们头上戴着的栀子花花冠的芳香。

——（法国画家）保罗·高更：《诺阿——芳香的土地》

欣赏抽象画面石,需要人们的精神离开画面上的直观物象,而转移到一个完全不同的、非直观的表象上去。这类画面石存在的意义,在于给人们传达一种感觉,甚至是一种观念。如同俄国画家卡西米尔·马列维奇在《非具象世界》里所说:"如果一个人坚持以客观再现的精湛技巧——幻觉上的逼真——为标准来评价一件艺术作品,并且认为他在这一客观再现中看到一种激发情感的象征物,那么,他将永远分享不到一件艺术作品中的那种令人心旷神怡的内涵。"

极富抽象主义特征的画面石是观赏石里的一种存在。但对于这类画面石,一方面对欣赏者的艺术素养要求较高;另一方面当人们最初的愉悦消失以后,它们对人们的影响就会不断地减弱。然而,它们的确会给人们带来认识自己感觉世界的一种形式。正如英国诗人兼画家布莱克所质疑的:"诗歌由大胆、勇气以及奇思妙想所构成,难道绘画只能对垂死的、堕落的物质做逼真再现,而不能像诗歌及音乐那样,达到一个适当的创造领域和幻想观念吗?"

(六)原始艺术

在艺术的最初始阶段,比如世界各地的石窟壁画、古埃及的壁画、古希腊的瓶画,或者日本的儿童画,它们都遵循着一定的原则,即创造者只画他们要表现的事物的主要特征,而摒除细节,或者通过夸张变形,以期暗示出对象的原始意味。

原始艺术近似于象征主义。对此,英国美学家赫伯特·里德在《艺术的真谛》里指出:"史前艺术皆具有一定的共同特征,其表现手法并不注意透视,而是喜欢着重表现对象中各组成要素里最富有表现力的一面。"绘画领域里的一些写实主义者,通常会在儿童绘画、大众图像和野蛮人的雕塑中发现美感,因而被运用到绘画创作中来。通常,这些近似原始主义的绘画往往充满简洁性,并带有一定的异域风情特征,总会给观赏者带来更多的惊奇和欢乐。

就画面石来说,一部分画面石与壁画之间有着很大的相似性。壁画作为一种古老的绘画形式,它的特点是几乎完全忽视细节上的优雅。比如,中国的壁画多属于宗教绘画,散见于隋唐的敦煌和元代的永乐宫等。人们绝不能轻视壁画在中国绘画史中的地位,正如画家傅抱石在《中国绘画变迁史纲》里指出的:"因为就中国绘画的创作、鉴赏和使用的形式来说,整个唐代基本上是属于壁画的时代,卷轴物还不是一般的普遍形式。"而且,一些保存不是很好的装饰性壁画,由于年久会出现裂纹和色块脱落的现象,并且有着一种古朴和沧桑的格调,这些表征恰与天然石头的纹路和色块非常相像。

图 94　《国色天香》　长江石　14×12×4 厘米　　杨乔藏

　　你未看此花时,此花与汝心同归于寂。你来看此花时,则此花颜色一时明白起来。便知此花不在你的心外。

——(明代)王阳明:《传习录》

图 95 《撒旦的微笑》 长江石 12×10×6 厘米 林同滨藏

　　一种令人困惑的神秘跃然石上,观赏石拥有着最高程度的自发性。这副大自然的面孔流露出来的微笑仿佛在告诉人们:原始艺术?很多原始艺术在观赏石面前,并非原始。的确,人类一思考,上帝就发笑。

四 绘画艺术家的风格、擅长的主题与画面石的发现

伟大的画家们都在苦苦地寻求着自己的绝对与众不同，并在如炼狱一般的锤炼中最终形成了自己的独特风格。当人们一眼就能分辨出那是一幅印象主义的画作，那是一幅原始主义的画作，甚至就某一题材来说属于某位画家时，不同绘画流派以及画家风格的意义就显现了出来。

比如，法国印象派画家莫奈的绘画题材通常包括：乡村风景、人物、谷物堆、橡树、杨树、垂柳、教堂、山脉、峭壁、紫藤、早春的景物、水上风景、花园、河流晨景、海岸风景、日本桥、日出与日落以及久负盛名的睡莲和池塘等。他会反复地就同一个题材进行创作，因为他自己相信，"再次不能找到相同的印象"。所以，他会画雾中的太阳、黄昏中的太阳以及雾中的阳光印象。由此，联想到人们对画面石的赏玩，很多人认为太阳一定是圆圆的、亮亮的，根本就不去留意它是否有表现力，更不会去关注它是否具有绘画风格。究其原因，人们很少清楚地意识什么才是如绘画般的画面石，更很少研究它与哪位画家的绘画风格相类似。举一个反例，比如，中国元代画家倪瓒总是画些竹木竹石，行笔简逸，但他的特异之处是不加人物（尤其是他的晚期画作），如果有人把一幅有人物的画面石说成是"倪瓒遗韵"，显然就是外行了。

如果不去深入研究绘画，就很难更好地赏玩画面石，或者说超出了自己赏玩画面石的能力了。假如人们在自己的头脑里装有印象主义的绘画风格，装着印象派画家的名字，甚至装着他们擅长的绘画题材，那么，在画面石的主题捕捉过程中就会充分发挥自己的联想。倘若发现了一块具有印象主义特征的画面石，倘若幸运地发现了石头画面里有着莫奈睡莲的身影，这在赏石过程中如同发现新大陆一样，乐趣何其难得！如果说这是偶然的发现，那么，偶然之中则有着必然因素在起着决定性作用了。同时，其所体现出来的赏石艺术的发现性、感悟性、再现、表现性、想象力和情感的表达等就不再是生涩的词汇了。

可以想见，如同打开的潘多拉魔盒一样，例子将永无穷尽。比如，普桑的古代寓言题

材画;梵·高的自画像、农民、向日葵、土豆和靴子;马奈的鲥鱼和芦笋;塞尚的静物画,特别是苹果;丢勒的人物画像;高更的原始艺术题材等。此外,还有乔托、拉斐尔、提香、伦勃朗、达·芬奇、夏尔丹、鲁本斯、安格尔、亨利·马蒂斯、莫迪里阿尼、克里姆特、德拉克洛瓦、库贝宁、毕沙罗、雷诺阿、修拉、透纳、德加、米勒、毕加索、康定斯基、高更、雷东、蒙克、顾恺之、展子虔、王维、董源、范宽、马远、米芾、梁楷、赵孟頫、黄公望、倪瓒、唐寅、徐渭、董其昌、石涛、弘仁、朱耷、潘天寿、黄宾虹、徐悲鸿、林风眠、张大千、吴冠中、齐白石、傅抱石、赵无极和常玉等数不胜数的艺术家。

法国画家德拉克洛瓦在《德拉克洛瓦日记》里写道:"每一位大画家所具有的那种最卓越的效果,通常都是通过画面特征而产生的。例如,伦勃朗的作品在完成之后不加润饰,鲁本斯之善于夸张、形过其实等都是。一般中庸之才的画家从来都是胆量不足的,他们从不敢超越其自身的范围。"如果有哪位赏石艺术理论家能够把绘画史上的世界性画家的艺术个性、绘画风格以及其盛名的题材总结出来,并与画面石的鉴赏有机结合起来,以引发赏玩画面石的人们和主流艺术家们思考,其价值自然是不言而喻的。退一步说,即使研究一些不知名画家的绘画手法也是大有益处的,这总比空泛地谈论画面石有意义得多。

就印象主义绘画来说,法国艺术批评家里维埃在《印象主义者》里记述:"为了色调去处理描绘对象,而不是为了对象自身,这就是印象主义者们与其他画家们之间的区别。""雷诺阿的作品是欢乐的、活跃的,人物富于生命;莫奈抓住了各种事物的灵魂;德加研究技巧却带有一点粗率之风;塞尚的画宏伟,反复推敲,有巨大的科学精神;毕沙罗是虔诚的、牧歌式的,却有如史诗般庄严;而西斯莱的画中则洋溢着优雅和恬静。"此外,就绘画里的相同题材而言,比如"维纳斯",瑞士艺术史学家沃尔夫林在《艺术风格学》里指出:"波提切利的维纳斯具有生命感,看上去生动、活泼、激烈,克罗底的维纳斯则较松弛和软弱;波提切利用线条表现,克罗底则用体块表现;波提切利的维纳斯是动态的,克罗底的维纳斯是静态的。"

图 96　《潘天寿鹰石图》　怒江石　14×7×6 厘米　　李国树藏

图 97　潘天寿　画作　《鹰石图》　　私人收藏

上述例子,已然显现出学者们研究专业领域的功夫,它从一个侧面却告诉人们,赏玩画面石需要专业的知识并非空穴来风,因为只有专业知识才能够决定人们发现和感悟的能力,才能够直接地决定画面石的品质,才能够从根本上决定画面石具有的艺术性。

总之,知悉绘画艺术家所擅长的主题和风格,对画面石的主题和艺术性的发现是一种赏石思维上的认识。宋代诗人陆游诗云:"汝果欲学诗,功夫在诗外。"而所谓赏石的功夫在石外,即赏玩画面石需要丰富的知识也得到了生动的诠释。显然,如果这能够成为赏玩画面石的一条道路,这条未来的路对于赏石人来说注定是不平坦的。

五　画面石的构成

(一)主题

画面石是一种综合性的意象艺术。在绘画的比照之下,对于知性的欣赏者来说,看到一块画面石的题名,基本可以想见它的等级和成色。

就画面石的主题而言,需要讨论如下几个方面:

其一,画面石的主题先行。画面石的主题其实很难"捕捉"。画面石的主题不仅是给它起一个名称那么简单,有时题名不能够说明一切。主题所蕴含的是画面所表达出来的意义,它更多是精神性的。换言之,任何一块画面石的精神特性至关重要,否则,这块画面石就没有了自己的灵魂。用一个绘画的例子来作比拟,梵·高的《吃马铃薯的人》画作,题名是确定的,但梵·高通过绘画的艺术表现,在向人们传达着他的思想:"我尝试表现这些正在吃马铃薯的人如何以其掘地的一双手伸入盘内,让画面来诉说劳动者如何诚实地赚取他们的食物,表达出一种迥异于文明人的生活方式。"因此,对于画面石主题的理解,欣赏者的思想深度就起着决定作用了。

其二,画面石的主题需明确。这里的明确是指拥有者对主题的个性化理解。无论是抽象画面、意象画面,还是具象画面,拥有确定的主题是一块画面石能够成为艺术品的基础。画面石的主题往往通过拥有者给它的命名和赏析中得以体现,如同每一幅绘画都会有名称一样，即使那些被称为"无题"的绘画，也是绘画的一个题名。

其三，画面石的主题多彩多样。从中国传统文化中挖掘画面石的主题，讲中国故事，这是人们的惯常逻辑，但决不能仅局限于此。俄国作家托尔斯泰说过："画家可描摹万象。"大自然这位魔幻画师用何等卓越的艺术来让石头自己说话，人们无法解释。然而，人们一旦受困于主题选择上的偏好羁绊，就会限制对画面石的发现，从而导致所赏玩的画面石题材多具同质性。如果究其深层原因，那是人们总含混地持有一种常识化观念，即把石头画面视作日常生活的复现。这无疑极大地压缩了画面石主题的发现空间。在赏石艺术理念下，如果自己所追求的赏石艺术真正向自己所感受的和热爱的所有东西都开放的话，那么，就有更多的理由去揭示更多的资源。于是，开放性的审美经验和想象力就应该发生作用，因为唯有个人的和审美的因素在观赏石的发现中才起决定性作用。

其四，画面石的主题没有高贵低贱。人们通常认为，某种类型的主题具有先天的优越性，其价值甚至超越于画面石的艺术表现和风格本身。比如，一些"好的画面石"的称号，总是授予那些带有最高贵的主题，譬如具有宗教的、传说的、寓言的、历史的和神话母题的画面石。不过，德国思想家阿多诺在《美学理论》里指出："那种认为艺术可以通过处理某一庄严雄伟的事件或其他东西来提高其尊严的想法是愚蠢的。这种庄严性多半是一种专制型意识形态的结果，尤其是崇尚力度和强度的结果。在梵·高画一把椅子或几朵向日葵时，他就已经撕去了这种尊严的假面具。"

虽然一些寓意美好的画面石会受到一部分人的追捧，但还需认识到：有的画面高贵，有的卑微；有的令人愉快，有的使人悲伤；有的五彩缤纷，有的静谧沉重。一块画面石的美丽与否并不在于它的题材上。正如法国作家福楼拜所说："题材无所谓美丽或病态。我们几乎可以成立一条公理：从纯艺术的观点看，没有题材这回事，因为风格自身就是绝对的观物方式。"所以，在赏玩画面石的时候，最重要的是画面的主题与艺术表现力是否匹配。而这种微妙关系很难用语言表达出来，但画面石的整体艺术表现力，以及呈现出的意境和风格才是重要的。

图 98 《朱元璋教子》 渭河石 14×9×3 厘米 李国树藏

三代而降,所以教太子者,未有如高皇帝者也,随时随地,必称述民间疾苦与创业艰难,以身为矩范。

——(清代史学家)谈迁

其五，画面石的题名需借鉴画作名称。前文已述，绘画对于画面石的发现具有工具价值和内在价值。当人们就一块画面石的整体构图和主题展开联想时，有关绘画的信息在人们的头脑中就会呈现出来，然后，通过类似的关联就相对容易确立画面的主题。比如，宋代史学家江少虞在《宋朝事实类苑》里记述：最工平远山水的宋代画家宋迪创造了八种主题，即"平沙落雁、远浦归帆、山市晴岚、江天暮雪、洞庭秋月、潇湘夜雨、烟寺晚钟、渔村落照，谓之八景"。再如，中国古代诗歌流传广泛，主题丰富，意境悠远，故产生了一种诗意画——画家依据诗句的意境或场景来构图绘画。同理，很多诗歌的意境也可以浓缩在石头画面上，这种依托于诗歌所表达的诗意画面石有着广阔的发现空间；反之，如果石头画面与诗歌所描述的情景和意韵相似，那么，就会给人留下悠长美好的回忆，让人回味无穷。

其六，重视画面石里的人物石。熟悉西方绘画史的人们都知道，人物绘画特别是君王肖像画特别多，那是因为按当时的习惯，各国君主经常互相交换肖像以示友善。所以，每个君主对自己的肖像画都非常重视，都会请当时盛名的画家作为御用画家来为自己画像。此外，许多发了财的商人和一些名门望族也想把自己的画像留传给后人。随着社会的进步和商业的推广，普通人物的肖像也进入了画家的视野，肖像画也由崇拜功能逐步转向了纯粹的艺术欣赏。在赏石活动中，很大程度上受绘画题材中人物绘画特别多的范例影响，又因为在人们的心里，人才是一切真正艺术的对象的普遍性认识，所以，人物类画面石特别受到人们的喜爱。而从艺术性来说，画面石里的人物形象若能够体现人物的身份、表达情感和情绪、有着独特的精神气质和个性，以及具有绘画技法才是较高等级的。所以，高等级的人物画面石更容易传达情绪、气氛和哲理价值，更能够引发人们与石头之间的情感交流。

（二）自然形态

画面石的艺术性依附于石头的自然形态。画面石的自然形态要素主要包括：石头形状的规整、石体的大小、石肤的完整性、石质的平滑度、对比度的反差、颜色的构成，以及石头是否有明显的裂痕和破损等。

画面石的自然形态构成了画面的场域，看似简单，但着实重要。比如，清代赏石家成性在《选石记》里就指出："首体式，次文理，次颜色。"概括地说，自然形态主要有以下几个方面。

图 99 《奋髯九重》 长江石 20×23×7 厘米 王毅高藏

　　这块画面石犹如大师的信手挥毫，有着一种雷霆万钧和暴风雨般的气势。瞧他的头！瞧他的眼睛！交织着恐惧与鄙视，而又有以愤怒为主的表情！他的眼睛像一把利剑一样注视着，仿佛用一副悲悼的眼光在说："你竟胆敢……"胡须多么地简练，这是一幅真正有着神仙人物特征，并且极具表现力的作品。它犹如贝多芬的命运交响曲一样，以无法抵挡的魅力穿透着一切欣赏者。

其一，形状。画面石的自然形态中最重要的是石头的形状。故人们常说，"石形规正者贵"，即画面石的形态要追求规正和平面性。通俗地理解，画面石的石形犹如画家的画板，其材料虽然各异，但规正和平面是基本的要求。比如，法国画家莫里斯·德尼就说过："一幅画，在成为一匹战马、一个裸女或某个小故事之前，必须先是一个平面，然后用色彩在某一规定的秩序里涂抹着。"然而，对于绘画来说不成问题的平面要求，对于天然的画面石却是苛求的。倘若石形不正，或者石面不平，就会给观者东倒西歪的感觉，自然会影响对画面的欣赏。不过，有人经常为了追求画面的成立而忽略石形规正的要求，虽为迫不得已，但这一倾向如同造型石只追求物像和形似而忽略神韵一样，都是要极力规避的。

其二，大小。画面石的大小直接决定着它的等级。关于这一点，引述古希腊哲学家亚里士多德在《诗学》里的论述，更能够使人信服："任何美的事物，无论是生物还是其他构造，不仅需要各部分的排列有序，还需要合适的大小，因为美不仅体现在秩序上，还体现在大小上。一种生物，太大或者太小都不能让人产生美感：太小的话，它一晃而过，我们几乎看不到它；太大的话，我们不能一次性将它收入眼底，从而无从感受它的整体。"画面石需要适中的大小，精确地说不能太小，而对于画面石"太大"的说法，基本上少有存在。

美国艺术史学家迈耶·夏皮罗在《艺术的理论与哲学》里说："尺寸大小与价值大小的联系，在语言中早就存在：形容人类品质最高级的那些词汇，经常是一些有关尺寸的术语，如最伟大的和最高的等，甚至在用于形容诸如智慧或爱情这类看不见和摸不着的东西时也是如此。"然而，画面石的大小对于初玩者或者根本就不了解画面石的人来说最容易被轻视；相反，至于人们常说的"石小乾坤大""浓缩是精华""小石玩雅趣"，并不适宜于画面石。

事实上，大的画面石往往会给人以空间感，并且本身就是难寻的，对于画境好的更是一种奢求。画面石的理想尺寸俗称标准石，即直径为30厘米左右的画面石。所谓的"标准"，实源于人们视觉的最佳，因为画面石都有一个属于自己的最佳欣赏距离。如果人们站在远处欣赏一块很小的画面石，几乎看不清这块画面石的面貌，就很容易忽略它的美。当然，小的画面石也不乏蕴含着一些赏心悦目和精致的东西，然而，仅就石头的大小来说，标准画面石就难能可贵了，这也更是基于对画面石的等级认识而言的。

其三，质地。画面石的质地是决定画面图底光滑平整的决定性因素。所谓的质地，包括水洗度、表面的凹凸、破损、污渍、有无石皮、石肤的粗糙与细腻程度等，其中，水洗度是最重要的因素。严格来说，任何如抹油、抹蛋清和打蜡等美容式的做法，都从侧面暴露出这块画面石在水洗度上的缺陷,从而影响到它的等级。水洗度的衡量通常是有无石皮,有石皮就多了一种质朴和纯厚,而没有石皮会给人一种光光的感觉。水洗度上佳的石头如婴儿的肌肤一般光滑细腻,特别在自然光下,更加显得和谐而自然——犹如唐代杜甫的"霜浓水石滑"诗句所言。

画面石的质地直接决定着画面的清晰度。画面石越佳,清晰程度越大,反之亦然。而石肤的有无、不同颜色痕迹的差异、石头表面是否有过度色等,都是依据质地来辨别画面石是否有造假行为所要考虑的因素。至于污渍,以长江石为例,它们在河水里难免会受到有机物的污染,人们通常会用草酸泡一下,然后进行反复清洗。用草酸清洗过的石头底色会变成白色或者灰白色,这是草酸清洗的特征。必须指明的是,这种草酸清洗画面石的做法只是为了去除污渍,并非属于作假行为。

画面石的干湿对比需要引起高度重视。一些画面石放在水里,纹理和画面特别漂亮,因为石头的皮肤被水填充、膨胀而清晰,并且水本来就是大多数画面石的栖息之所,喜水是画面石的天性。可一旦置于水面之外,石头画面的对比度立刻就会模糊起来。举例来说,就雨花石而言,置水中观赏虽已成为传统,然而,明代赏石家孙国敉则将雨花石分为三等。他在《灵岩石说》里指出:"甲为不等贮之清泉,入手夺目,此神品也。""乙为必待入水,若助其姿,只能屈居二乘。""必假磨琢,及其后天莹澈者,不能以甲乙论之。"雨花石尚此,其他画面石则更无例外了。

(三)整体意象

绘画里的任何色块和构图都是画家为了表现所想表达的东西而精心酝酿而成。对此,法国画家亨利·马蒂斯说过:"构图就是画家为了表现自己的感情,有意识地使各种不同因素依照装饰方式安排在一起的艺术。在一幅绘画作品中,每一部分都是清楚易见的,不论它是主要部分,还是次要部分,都将发挥它的特定作用,因而画面上一切无用的东西都是有害的东西。一件艺术品应该在整体上和谐一致;任何多余的细节都会影响观众心灵对主要部分的领会。"实际上,画面石的整体意象是欣赏者所赋予的,但绘画的法则同样适合于它,即欣赏石头画面的整体意象是最基本的意识。

图 100　《松石图》　长江石　38×22×8 厘米　李国树藏

　　树木之生，因地而异，其态亦殊。唐代画家王维在《山水论》里说："生土上者根长而茎直，生石上者拳曲而伶仃。"同时，清代画家蒋骥在《读画纪闻》里说："松性本直，则画者树身挺出或放纵其枝干为宜。其盘拏屈曲者，下必有山石，因其出生之时未得遂其性也。故平地之松宜直，山阿石隙之松宜曲。如悬崖倒挂，其本体必当作曲势。"此外，清代画家笪重光在《画荃》里说："石为山之子孙，树乃石之俦侣，石无树而无庇，树无石而无依。不两画者其暂，合一处者其常。"这块观赏石能够与画家们所述的画理相吻合，不得不感叹大自然的鬼斧神工。

画面石的整体意象的形成相当困难,因为一幅画面整体是由各种范围和要素组成的,正因有整体意象,才会有"干扰因素的存在"这一说法。法国美学家狄德罗在《狄德罗论绘画》里说:"没有一致就没有美的东西,没有从属就没有一致。这似乎是矛盾的,但并不矛盾。"石头画面的干扰因素与画面的完整性和整体艺术表现性是两难推理。换言之,如果一块高等级的画面石的画面是完整的,构图一致,整体和谐,艺术表现力完美,根本就不会有干扰因素这个说法;反之,如果石头画面不完整,或艺术表现力欠佳,石头画面多少都会存在干扰因素这一事实。

假如不对石头画面的干扰因素加以重视,就会出现以局部概整体的牵强附会,很多画面完全成了欣赏者自己的空想而没有共识度可言。同时,那些画面整体意象较好的画面石,干扰因素决不能对主题造成伤害,因为存在微小的干扰(往往是缺失或多余部分)也会严重影响到它的等级。至于那些没有任何干扰因素,并且整体画面意象与主题完全匹配的画面石,等级自然是高的。

画面石的发现和欣赏最基本的要求是重视整体性和融贯性,而不能孤立地去看画面的各个组成部分。这同绘画的创作和欣赏是一致的。对此,美国艺术史学家柯恩在《布什曼艺术》里有着精辟的论述:"首要的是整体,而不是堆积。图案应被看成一个不可分割的整体,而不是个别组成部分的总和。每个部分孤立来看都是没有生命的,只有组合起来才有意义。"英国美学家赫伯特•里德在《艺术的真谛》里也指出:"对于一幅绘画,我们往往先得分析其有条有理的组合,然后再进行综合,即把我们在基本结构中所看到的全部细节联系起来,从中找出线条节奏、空间平衡与色彩和谐。于是,一幅画的成功与否,取决于观者最终对该幅绘画的融会贯通程度。"当人们在面对一块画面石时,通常会依据自己头脑里的知识对画面的整体意象产生一种联想,这种联想可能会促使人们形成某种内容上的解释,以及对画面的纯粹形式的理解,因为在想象力的作用下,任何一个复杂的图像都可能与人们所熟悉的形象形成比照。

在讨论画面石的整体意象时,这里使用的是主题、完整性、融贯性、表现性和整体艺术表现力等词汇,因为它们才是体现画面石艺术最基础的东西,而与一经谈及石头画面就是具象之物的思维大相径庭。然而,不得不承认,"实在"这个观念一直占据着人们的心灵,而当人们在头脑里剔除"实在",始终装着"艺术",并"心不为形役"之时,就会发现新的栖息者和新的乐趣。

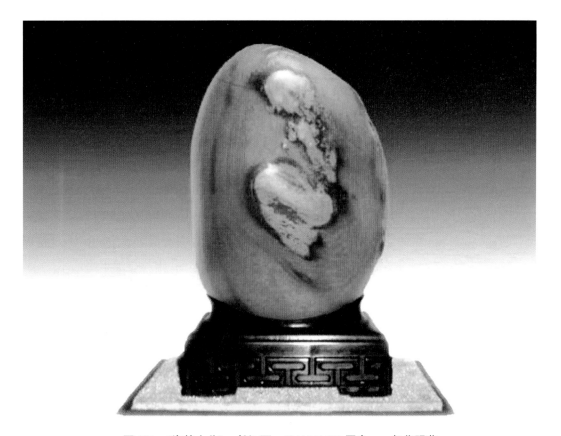

图 101 《海的女儿》 长江石 18×24×10 厘米 赵华强藏

　　这是一块浅浮雕式的立体画面石。大自然没有遵循艺术家的雕塑原则，看似未完成，却避免了过重的现实主义，但雕塑的表现力却展现得酣畅淋漓。雕塑通常也会借用绘画的颜色，而这块天然石头的颜色是多么和谐。试想，尝试着用一种纯然的僵化摹写来与自然物的存在比高低，实则徒劳无功。人们仿佛从石头上听到了这位海公主小人鱼的美妙声音，给人一种怜悯的感觉。

六　画面石的风格和表现技法

画面石的风格可分为写实、写意和抽象，但很难对它们做出价值优劣上的判断，因为任何一种风格都有可能达到完美境地而有自己的艺术价值。英国雕塑家芭芭拉·赫普沃斯说过："写实主义艺术可以增添你对生活、人类和地球的爱。抽象主义艺术会使你的个性获得解放，知觉变得敏锐。于是，在观察生活的过程中，深深地打动人们的是对象的整体性或内在意向，即组成部分各得其所，每个细节都具有整体意味。"

画面石的表现技法有着不确定性和丰富性。人们既要尊重和钦佩大自然的鬼斧神工，同时又应该与人类的绘画创作相参照，即辩证地运用两个视角来欣赏画面石。特别地，在脑海里经常闪现绘画里的"表现手法"这一概念是有益的，因为表现手法的不同，画面石的主题才不会被狭隘地束缚，画面石的表现力才能被充分地发现。

（一）写实

绝大多数人都喜欢一些画面看起来逼真的画面石，并且写实性强的画面石也容易符合人们的审美判断。这里所说的逼真和写实是指画面中的景物和事物是具体描绘出的，使人一眼就能分辨出画面中表现的是什么。显然，这是由天然石头能够形成画面这一特殊性所决定的，即在人们的潜意识里，会认为石头上能够形成完整的画面本身就是难得的。

然而，如果画面石全然变成纯粹的逼真写实，那么就与赏石艺术擦肩而过了。毕竟，画面石艺术品是由艺术性来决定的，而画面石艺术不是简单模仿的艺术，更是一种表现的艺术。所以，不能因为石头的特殊性，就转移或否定画面石得以存在的生命之所在。就像西班牙画家毕加索所说的："艺术家应该创造，而不是像猩猩一样模仿自然。""人们不能光画他所看到的东西，而必须要画出他对事物的认识。"实际上，如果人们只需对事物的纯粹模仿，只需看到对事物的模仿，那么，摄影会比绘画有效得多。相反，真正好的画面石绝不是"剧照"或"图像"，而是在具体的形象与艺术的形象之间取得的巧妙平衡。

就画面石里的人物石来说，人们欣赏的关注点是人物的情感，以及人物的神韵，而把人物的真实放于次要的地位，这样才抓住了这块画面石的灵性。正如法国画家亨利·马蒂斯在《画家笔记》里所说："在描绘人脸时，不在于比例的正确，而在于反映他的精神特质。同样地，两个素描能够表现同一个人的本质，虽然这两幅画的比例是不相同的。在素描里，表现人的本质核心是天赋的真理，不因解剖学上的不准确而有所损，它甚至相反地促进了一种突破。"

当意大利画家拉斐尔在画完他的名作《海中仙女盖拉特亚》后，有人问他："你在世界哪个地方发现了那样美丽的模特儿？"拉斐尔回答说："我并不模仿任何一个具体的模特儿，只是遵循自己心中已有的某个理想理念。"此外，荷兰画家梵·高在给他弟弟提奥的一封信中，在讨论绘画时也表达了同样的看法："科尔叔父今天问我是否不喜欢杰洛姆的《芙莱妮》。我告诉他更喜欢伊瑟列斯或者米勒画笔下的平凡女人，或者弗莱尔画的老女人。是因为画的是芙莱妮的美丽躯体吗？动物也有那样的躯体，或许比人类的更美，但是伊瑟列斯、米勒或者弗莱尔，他们画出了人物深处的灵魂，这种灵魂是动物从来没有的。不是生活使我们的灵魂富有吗？即使表面看起来是遭受折磨。我一点也不喜欢杰洛姆画中的人物，我在这个人物身上找不到灵性的印记。"

（二）意象

中国古代文人绘画侧重于写意，懂得如何隐藏和掩护。画家傅抱石指出："中国画是哲学的、文学的，所以是抽象的、象征性的。"在现代绘画中，一幅画让人看不懂习以为常，并被认为是真正的艺术；相反，那些极具写实风格的绘画因过多地运用技能而被许多艺术批评家所诟病。当然，这是作为成熟绘画领域里的一种现象，对于自身极具独特性的画面石来说未必合宜。然而，它所具有的启发意义却不容忽视，因为天然石头画面本身更有着一种诗意的、宗教的和哲理的表达意味。

画面石里的意象是写实与抽象之间的一种游离。对于那些以诗意因素为主，或是意象化的石头画面，比如色彩意象石和纹路意象石，对观赏者的艺术感悟力要求较高，故普通人难以辨认出主题，以及不能体悟出意象形式所体现出来的美感，就认为看不懂和没"画"好，但并非意味着它们没有艺术性。相反，有韵味的形式美不但会拓宽人们的审美认知，而且这类画面石里极易出现高等级的艺术品。举一个绘画的例子来理解。法国画家亨利·马蒂斯所画的裸女与众不同，但在创作初期，很多人看完他的裸女时发出了感慨："这些画，人不像人，鬼不像鬼，简直是一个怪物。"亨利·马蒂斯似乎对此也有同感，说道："假如我自己遇到这样的女人，我也会吓得飞奔而逃的！"然而，作为一个艺术家，他又颇为不屑："我不是在创作一个女人，我是在画一幅画！"

图 102 《荡》 黄河石 16×22×9 厘米 李国树藏

　　这块画面石的风格有着意大利绘画大师莫迪里阿尼的笔意。画面以大胆而自由的笔触来表现。似凉亭之下,一位孕育生命的女子在秋千上摇摆,甩动的长发、鹅蛋形的面孔、细长的脖颈、隆起的腹部和躯干均以流畅和简练的线条勾勒出来。借用莫迪里阿尼的话来说,"即使我不画瞳孔,她也在看。"这块石头的背景虽是抽象的,但这位迷人女子的心是荡漾着的。

艺术真正的美是气韵生动地传达着某种艺术的精髓。法国诗人保罗·瓦莱里指出：
"艺术作品的目的在于表现出可视景物的幻象，并且能够通过一种富有音乐感的色彩和形
式分布来取得一种令人赏心悦目的艺术效果。"同时，德国美学家席勒就十分佩服希腊美
神之飘带美，认为飘带精神蕴涵着风韵之优美。这与中国北齐画家曹仲达的"曹衣出水"
和唐代画家吴道子的"吴带当风"所传递出的艺术精神相一致，都暗喻着艺术所崇尚的优
美之极致。

画面石里的意象美并不是杂乱无章的虚无，而是一种非常重要的存在。比如，就文字
石来说，石头上形成文字以及文字是什么并不稀奇，关键在于石头的文字要合乎书法的艺
术法度。有意思的是，当人们欣赏王羲之和怀素的书法时，通常都用神作来形容，认为他
们的作品从里到外都透出一股自然之气，有一种鬼斧神工般地令人意外之美。这种崇高
的赞美与人们对高等级画面石的饰词又是多么地一致。

（三）抽象

在绘画领域里，抽象绘画往往是画家以直觉和想象力为出发点，仅仅将形式和色彩加以
综合而出现在画面上。总之，抽象画面呈现出来的是纯粹的形与色，与音乐和舞蹈相似。

就抽象画面石而言，所谓的抽象画面是作为一种特殊的艺术表现形式，经过大自然的
"加法"或"减法"酝酿而成。抽象画面石作为一种看不懂的艺术形式，虽使人迷惑不解，但
也拓展着人们对艺术的认知，深化着人们的审美感觉。事实上，对于这种只注重形式和风
格的抽象化艺术，仅仅对少数掌握打开它的钥匙的人才是可以理解的。犹如美国哲学家
杜威所说："当我们不能在一幅图画中发现任何具体对象的再现时，它所再现的也许是所
有具体对象都共有的性质，如色彩、广延性、坚实性、运动和节奏等。"

以一个绘画的例子来理解。英国画家透纳的绘画就是一种幻觉的表达，而不是对物
理世界的真实再现。比如，他让颜色在湿纸上洇开成为闪亮的条状，于是浮现出引人遐想
和雾气般的色迹。这就是那种艺术的形式，它们并非作为对生活的机械复制而存在，而是
构造出一个更加神秘并与这个世界平行的宇宙。对此，英国艺术史学家西蒙·沙玛在《艺
术的力量》里说道："仿佛正是透过他的水、画纸和画笔，透纳打开了一扇门，门后就是充满
诗意想象的流动世界；它被锁在这个物质世界之外，而后者只是对它的浅显反映。色彩本
身似乎正要幻化成一种令人遐想的无定形状态。"当有人抱怨他的绘画模糊不清时，透纳
只是温和地哼了一声："模糊不清，正是我的强项。"因为他坚定地相信，绘画的价值就在于
捕获内心的想象，而不是追求与事物之间表面上的相似。

图 103 《书魂》 长江石 17×37×7 厘米 杨刚藏

观夫悬针垂露之异,奔雷坠石之奇,鸿飞兽骇之姿,鸾舞蛇惊之态,绝岸颓峰之势,临危据槁之形。或重若崩云,或轻如蝉翼;导之则泉注,顿之则山安;纤纤乎似初月之出天涯,落落乎犹众星之列河汉。同自然之妙有,非力运之能成。

——(唐代书法家)孙过庭:《书谱》

图 104 《红与黑》 长江石 20×31×18 厘米 徐青龙藏

英国艺术史学家罗杰·弗莱在《视觉与设计》里说:"艺术越纯粹,吸引的人反而越少。它割断了所有关于生活的浪漫联想,而这正是艺术作品用以吸引人的东西。它只能引起审美感觉,但对多数人来说,审美感觉都是相当缺乏的。"显而易见,这块观赏石的简洁性却揭示着大自然的无限性、哲理性和复杂性。

总之,抽象艺术反对迁就自然与日常生活,拒绝再现性的模仿。美国艺术史学家迈耶·夏皮罗在《论抽象艺术的性质》里就指出:"在抽象艺术中,审美假定的自律和绝对性却得到了具体的体现。抽象艺术终于成了一种似乎只有审美要素在场的绘画艺术。"对于抽象画面石来说,欣赏重点在于形式和要素的显现上,类似于心理学和文学作品里的象征主义。所以,赏玩抽象画面石需要人们纯粹的想象,它所表达的精神意味才是重要的。那么,看似简单又让很多人看不懂的抽象画面石,以其独特的极富哲学意味的艺术语言触动着人们的心灵,引发出人们的独特审美感觉,往往有着更为迷人的艺术魅力。

七 画面石的审美

画面石包含着谜一样的成分,有着自己的独特法则。画面石拥有一种不可捉摸的美,这种美是由若干要素聚合而来。

(一)构图

绘画里的构图,通常是艺术家为了艺术表现的统一性而把各种形式要素放在一起。荷兰画家梵·高在《梵·高手稿》里,对构图有着一段形象的描述:"我获得了梦寐以求的构图:圆锥形干草堆点缀其间的平原景色。一条煤渣路沿着一条沟渠而行,画作中央的地平线上是火红的落日。我不可能在匆忙间画出这种效果,这只是构图。"

画面石的构图需要从艺术表现的整体性、统一性与和谐性去把握;反之,脱离整体性和统一性的孤立物象即为干扰因素,倘若有干扰因素的存在,画面就会不和谐。如同德国思想家阿多诺在《美学理论》里指出的:"艺术作品既不是概念性的,也不是判断性的,但在一定程度上却是逻辑性的。"在某种意义上,石头画面的构图要满足一定的逻辑性。

值得借鉴的是,绘画在长期的演变和发展过程中建立了许多构图法则,如布势、取舍、疏密、虚实、收放、留白、对比、平衡、背景和色彩等。俄国艺术家康定斯基在《艺术中的精神》里指出:"形式的灵活性、形式的内在有机变化、形式在图画中的运动方向以及具象和抽象形式在图画中的比重及其结合、画面各结构元素间的和谐、群组的处理、隐显的结合、节奏的把握、几何的运用,所有这些都是绘画的结构元素。"对于画面石的欣赏,绘画的构图法则和结构元素有着一定的指导意义。对此，当代画家崔自默曾说过："无论哪一种艺术品，它的艺术价值与审美价值都不是单相度的，而是双相度的。也就是说，无论欣赏绘画，还是欣赏画面石，必须先理解画面构图与经营位置，获得对形式语言的感知和感化，才能从线条和颜色的交织中领悟其内涵。"

特别地，人们需要对画面石构图中的轮廓、比例和留白给予重点关注。

其一，轮廓。轮廓是画面石构图中最重要的部分。石头画面的轮廓往往是指含混不清，但又独立成体的部分，它通常是由线条或块面勾勒出来，而线条和线条、块面和块面、线条和块面之间的均衡就是需要考虑的因素了。举一个绘画的例子来理解。英国艺术史学家罗杰·弗莱在《塞尚及其画风的发展》里，对轮廓和轮廓线有着生动的描述："我们可以看到这种痕迹贯穿于塞尚的这幅静物画中。他实际上是用画笔以蓝灰色勾勒轮廓线。这一线条的曲率自然与其平行的影线形成鲜明对比，而且吸引了太多的目光。然后，他不断地以重复的影线回到它上面，渐渐地使轮廓圆浑起来，直到变得非常厚实。这道轮廓线因而不断地失而复得。他想要解决轮廓的坚实性与看上去的后缩之间的矛盾，那种顽固和急切实在令人动容。"石头画面的轮廓直接决定它的表现技法和风格，以及决定这块画面石的主题和意境。所以，人们要像欣赏绘画一样来认识画面石的轮廓。

其二，比例。比例原本是数学上的概念，但比例在美学上意味着秩序与和谐。比例在绘画中多以象征与神秘的形式出现。法国画家亨利·马蒂斯在谈到绘画的表现手段时，对比例关系做了描述："假使我在一张白纸上画一个黑点，这黑点在纸上不管放置多远，总是一个清楚的记号。但是，在这黑点旁我另点上一黑点，然后我又点上第三个黑点，就会产生一种混乱；为了维持那原来黑点的效果价值，就需要我把它放大，与我后来加进去的黑点多少成正比例。"对于画面石比例的认识，一方面石头的画面要与石头的大小处于一种正确的比例之中；另一方面，画面的各个组成部分更应以一定的比例构成一个和谐的统一整体。特别指出的是，在欣赏立体画面石时，需要审视造型艺术的均衡性，即发现不同分量的形体、结构和色彩等因素在表现力上达成的一种平衡与和谐，以获得平和、活泼、完美和庄重的艺术感觉。当然，艺术不是数学原则，反比例的"扭力"也能够代表艺术家心里的和谐，犹如英国哲学家弗朗西斯·培根所说："艺术务必在其比例关系中包含某些奇异的东西。"

图 105 《鬼谷子下山》 江西潦河石 28×18×5 厘米 吕伟成藏

　　鬼谷子(本名王诩)一生只下过一次山,收庞涓、孙膑、苏秦和张仪为徒。弟子们征伐天下,纵横捭阖。鬼谷子则坐镇深山,只期天下一统,百姓安居乐业。

其三，留白。留白是以大面积的空白为载体，留给欣赏者以遐想的空间。在视觉艺术上，元素往往越少，人的注意力越集中。因此，有的画面虽然没有对空间镜像给予实际的描绘，但也能够间接地引起人们的一种联想。画面上的留白暗示着无限性，构造出一种空灵的韵味，犹如清代郑板桥所画的墨竹，疏疏几枝，却让人想象到一片雨后清新的镜像。所以，清代画家华琳在《南宗抉祕》里则说："禅家云：'色不异空，空不异色，色即是空，空即是色。'真道出画中之白，即画中之画，亦即画外之画也。"可以说，无画处皆成妙境，留白恰是一种极致的美。有留白的画面石看起来更像是一幅画，如果画面居中而四周都是留白，犹如人照镜子，镜中出现了人的影像更是理想的境地了。

（二）色彩

古希腊哲学家亚里士多德认为，颜色不是一种物质状态，而是一种精神状态。于是，色彩成了艺术家的幻想之源。法国画家保罗·高更在《艺术家通信》里说："色彩，正像音乐的颤动，是能够达到自然里所具有的最普遍的东西，因而也是最平凡的东西。"在艺术家的眼里，色彩不是纯粹的色彩，而是色彩发出的意象，犹如法国画家保罗·塞尚所说："色彩丰富到一定程度，形也就成了。"

一种颜色具有单纯和宁静之美，多种颜色具有反衬和混合之美。色彩给人们的感官刺激和内心感应有着不可描述的实际效果。色彩的构成以及色调的变化是绘画创作必不可少的，并且绘画讲究色彩的和谐、对比、分布、比重和墨色的变化等。色彩不只是一种绘画手段，也会独立地成为画面的灵魂，法国画家亨利·马蒂斯就说过："色彩因自身而存在，色彩具有自身的美。"

所有的绘画艺术家对色彩感知都是敏锐的。举例来说，荷兰画家梵·高对颜色就有着至深的理解——因为他选择的是绘画色彩之路。他在《梵·高手稿》里记述："一天晚上，我沿着寂寞的海边散步，感受既不快乐也不哀伤，而是纯粹的美。湛蓝的天空点缀着云的蓝色比基本的钴蓝更深，还有些云朵呈清蓝色，类似银河的蓝白。深蓝处星星闪烁，绿色、黄色、白色、粉红色等，更明亮和灿烂如绿宝石、青金石、红宝石、蓝宝石等宝石。大海呈深蓝色——如我所见，海滨有一种紫色和模糊的赤褐色，沙丘上是呈普鲁士蓝的灌木丛。"同时，他对色调描述到："深颜色可能会看起来很亮，更确切地说是会产生那种效果；实际上更多的是色调问题。不过，至于真正的颜色，微红的灰色几乎不能算红色，但或多或少有红色的效果，因为颜色接近。蓝色和黄色也是这样。如果一个人在紫色调或者与其接近的色调之中放入一点黄色，就会使黄色看起来非常厚重。"

图 106 《梵·高》 怒江石 7×12×2 厘米 李国树藏

希望百年之后，人们看到我的自画像，看到的是一个个幽灵。

——（荷兰画家）梵·高

图 107　梵·高照片　　私人收藏　　　　图 108　梵·高　《最后一张自画像》　　私人收藏

　　石头上的画面在大自然风吹、日晒、雨淋、水冲、碰撞，以及大规模的地质运动和矿物质的浸染等混合作用下，经历数亿万年而形成，很多画面非简单附着在石头的表皮之上，而是深嵌石中。对此，明代赏石家林有麟在《素园石谱》里记述："石上有花，如堆心牡丹，枝叶缭绕，虽精于画者莫能及。人或以石击碎其花，拂拭之，其花复见，重叠非一。"

　　画面石的色彩并不妩媚，不同品类的画面石的色彩差异很大。人们惯常用某类色彩来给画面石拟定名称。以长江石为例，名称有长江水墨石、长江草花石、长江炭画石、长江绿泥石、长江丹彩石、长江芙蓉石、长江油画石和长江黄金水墨石等。如同画家重视色彩和色调的运用一样，熟悉色彩和色调对于赏玩画面石大有益处。

　　这里，仅介绍画面石品类里两种独具特色的画面石。

　　其一，水墨画石。对于长江水墨画石和大理石画里的"水墨花"石来说，它们吸引着无数赏玩石头的人们。其中的原因，自然脱离不了中国文人绘画对水墨画的重视。唐代诗人王维在《山水诀》里就说："画道之中，以水墨为上。"关于水墨画，画家傅抱石在《中国绘画变迁史纲》里指出："水墨山水画萌芽于多姿多彩的唐代，而成熟于褪尽外来影响的宋代，特别是南宋时代。是一种什么力量影响并支持着它们呢？换句话说，它们又反映了些什么呢？据我肤浅的看法，宗教思想的影响主要是禅宗的影响，增加了造型艺术创作和鉴赏上的主观倾向，而理学的'言心言性'在某些要求上又和禅宗一致，着重自我省察的功夫，于是更有力地推动了这一倾向，如宋瓷的清明澄澈，不重彩饰。"换言之，"水墨最为上"，正是源于老子"知白守黑，复归于朴"之理，也是老庄的自然之道运用于绘画的至理名言。

单纯从绘画技法上说，由于水、墨、纸的渗透性，而形成的图案与纸张的留白相结合，总会给人以似与不似的开放性想象空间，并且有着无法言说的独特晕散美感。水墨的这个奥秘是靠着光晕的气息滋养出来的。

从文化上来理解，水墨与中国传统文化的阴阳合一和中庸之道有着直接的关系，同时与中国的毛笔、墨汁和宣纸等密切相关。水墨艺术承载着中国文化的独特密码和中华文明的思维根性。对此，日本学者铃木大拙指出："水墨画的原理实际上是由禅的体验引发出来的。东方水墨画中所体现的诸如质朴、冲淡、流泽、灵悟、完美等特性，几乎毫无例外地同禅有着有机的联系。"同时，文学家徐复观在《中国艺术精神》里指出："水墨的颜色，是庄子所要求的重素贵朴的颜色。用水墨用得自然合度，变化无迹，在水墨的自身即表现出有一种深不可测的生机在跃动，此之谓独得玄门。"

举一个观赏石的例子来理解。古希腊哲学家亚里士多德在《诗学》里说："就像绘画里的情形一样，用最鲜艳的颜色随便涂抹而成画，反而不如在白底上勾勒出来的素描轮廓那样可爱。"正如《卖火柴的小女孩》（图 109）水墨画石的故事和布局传达给人们的：你是那样可爱，你是那样善良，你是那样悲凉，你用一根小小的火柴，烧痛人类的心，却点燃了全世界不熄的爱。仔细欣赏这块画面石，大自然的墨色对小女孩的装束刻画得细致入微，显示出一种特殊的天真和纯朴。同时，小女孩的左面还隐约呈现出一个欧洲老妇人的头部形象，这个很难让人想到的意味深长的细节，大自然却做到了。可以想象，正如丹麦作家安徒生在《卖火柴的小女孩》故事里的描述："唯一疼她的奶奶活着的时候告诉她：一颗星星落下来，就有一个灵魂要到上帝那去了。"小女孩在天国里有了自己奶奶的陪伴与呵护，就不会再有人间的寒冷和寂寞了。

其二，油画石。油画往往具有色泽鲜明、色域宽阔和表现力强等特点。油画的表现力主要取决于画面的总色调带给人的视觉作用，即色调是油画色彩的关键。所以，油画的色调处理是一门深奥的艺术，涉及色调的对比、调和与冲突等。

图 109　《卖火柴的小女孩》　长江石　13×11×4 厘米　李国树藏

　　这块画面石似一幅洗尽铅华的水墨素描，又似日本漫画。其主题生动地诠释了德国思想家阿多诺所说的："艺术代表了类似不自由中的自由。艺术正是通过其存在，超越了现实中无所不在的邪恶，并与快乐的希望结下了不解之缘。艺术在表现绝望的过程中给人以希望。"

长江油画石是稀有的画面石品类,它所具有的特性与油画非常接近。而且,由于色彩附着于石头之上,更增添了一份纯厚和神秘的氛围,给人以粗犷和朦胧的感觉。

(三)表现技法

大多数画面石都是近景画,虽不宏大,但不缺乏力量感。它们有的"墨色有力",有层次感;有的极富"笔墨趣味",有着不拘一格的创意;有的附着一些神秘色彩的独立符号;有的色块和线条流畅,自然而和谐,没有任何造作之感。总之,这些都是大自然的力量塑造和浸养出来的。

绘画的表现方式有"高远""平远"和"深远"等表现方法,也有"以小观大""以近观远""以体观面"等处理手段,使人们驰骋在想象的世界里。比如,画家往往利用透视法来创造一种纵深的错觉,因为人们周围空气是不完全透明的,所以远处的物体要减弱对比和减少细节并使焦点变得模糊起来,高明的透视不但写实,而且美而悦目。熟悉绘画史的人们都知道,文艺复兴时期绘画艺术的最大突破是透视法的应用,可以称得上是一场革命,这也证明了早期绘画对于数学和医学的依赖。总之,透视法一方面给人们带来迷幻的视觉效果,另一方面也是绘画对于局限的空间和布局拓展的探索。

当人们在欣赏一块画面石的时候,通常用远景和近景来形容画面的层次感,这种描述实则是绘画里透视法的一种简单表述。实际上,石头的自然形态中的"大小"是受制于大自然的。然而,在画面石的发现和审美中多给予绘画透视技法以借鉴,对于画面石有限空间的布局和表现技法的认识是有益的。

(四)主题与艺术表现力的匹配

古希腊哲学家亚里士多德在《修辞学》里说过:"风格如果能表现情感和性格,又和题材相适应,就是合适的。"事实上,石头画面所呈现出的主题与艺术表现力的匹配是一块画面石的生命。

用一个绘画的例子说明这个思想。荷兰画家梵·高在创作《候车室过夜的移民》这幅作品时,把所有的一切都画得发灰、黑暗和犹豫。他运用这样的处理技巧,试图通过此种艺术表现来表达该主题的思想性,从而引发人们的共鸣。此外,他在《梵·高手稿》里说:"依我看来,农家女孩裹在破旧的蓝色衣裙中最美,衣服因遮蔽风雨和阳光而呈现出最柔

图 110　《翰墨苍山》　长江石　19×17×8 厘米　王毅高藏

应当这样给作品画底色，就好像你是在一个灰暗的日子里看东西一样，既无阳光，也没有清晰的明暗。每件东西都作为一个色彩的团块而出现，在各个方面显出不同的反映。在这种灰暗的光线条件下，假如有一道阳光突然照射到这些露天之下的物体，只有在这时候才能看到所谓明暗，而这也纯粹是偶然的。这种情况之出现固然很奇怪，然而却是一种深刻的真理，它包含了绘画色彩的全部意义。

———(法国画家)德拉克洛瓦:《德拉克洛瓦日记》

的色调。但如果她穿上淑女的服饰,其真实性就消失了。""同样,我认为赋予一幅关于农民生活的画作以传统风格的光亮,也是错误的。一幅农民画如果有熏咸猪肉和蒸马铃薯的味道就很好,那并非不真实;如果画中的畜舍有粪味;如果田野有小麦或马铃薯,有鸟粪或肥料的气味,那是真实的,尤其对城市居民而言,此类画能教给他们一些东西。"

有的赏玩者会以石头画面中的部分景物来描述石头的主题,这种做法是牵强附会;而对于那些主题成立,但没有艺术性可言的画面石,大多是画面呈现的主题与艺术表现力匹配得不完美,或者根本就没有艺术表现力;对于那些富有表现力且画面主题也成立,但题不达意的画面石,就需要赏玩者提高自己的文学修养了。

总之,美国艺术史学家迈耶·夏皮罗在《艺术的理论与哲学》里指出:"检验作为一个整体的艺术品的某些品质的归属问题,亦即完美、融贯以及形式与内容的统一,它们通常被认为是美的条件。这些品质无疑植根于对整体结构的直观之中,对它们的判断却经常随着对象持续经验的变化而变化。"对于高等级的画面石来说,主题无疑都是确定的,甚至是唯一的,而它们的艺术表现却变化万千。然而,不管艺术表现如何变幻,它们所表现出的人物的情感、事物的灵性和美的本质等终究是不变的,人们总能够理解赏石艺术家通过它们向欣赏者传递出来的东西。

（五）整体艺术品位

如果想获得对一块画面石的真正理解,必须将之视为一个整体。赏石艺术强调的是观赏石的整体审美,即观赏石作为一个整体呈现给人们的视觉享受和艺术感染力。所以,观赏石拒绝"放大镜"和"显微镜"式的赏玩方式。

德国雕塑家希尔德勃兰特在《造型艺术中的形式问题》里指出:"一幅画中的一致性和统一性可能完全不同于大自然的一致性和统一性,即有机的或功能的一致性和统一性。艺术所拥有的这种一致性是唯一的和独特的,因此,外行很少能够理解。"画面石的独特性在于,切忌过分地强调某一部分或某一自然形态之美,而忽略画面的整体所呈现出来的表现性。准确地说,画面石的整体艺术品位意味着和谐,而和谐通常包括构图的和谐、色彩的和谐、石形的和谐、石头大小与整体画面意象的和谐等,正如在音乐的和声中,每个音符都是整体的一个有机组成部分。所以,欣赏画面石不能像庖丁解牛似的进行碎片化图解,只有当欣赏者心里装着"整体艺术品位"这个观念时,才可以找到它的主要特征,以及这一特征对于其他细枝末节部分的主导性。

图 111　《鸟鸣涧》　海洋玉髓　13×11×2.5 厘米　　　胡三藏

丧偶的鸟儿

丧偶的鸟儿栖在冬天的枝头，
悲悼失去的情郎；
结冰的冷风在天边匍匐向前走，
河流在地下冻僵。
光秃的树林里没有一片绿叶，
地上没一朵鲜花。
空气中没半丝动静，除了
磨坊里轮声嘎嘎。

——（英国诗人）雪莱：《丧偶的鸟儿》

美国艺术史学家迈耶·夏皮罗在《艺术的理论与哲学》里指出："艺术中的秩序与科学中的逻辑类似,是一种内置的要求,却不足以赋予一件作品以伟大的勋章。艺术中存在着沉闷和有趣的秩序,平凡和优雅的秩序,充满惊奇感和微妙关系的秩序,当然还有普通和陈腐的秩序。"在此意义上,画面石不能够用人们的世俗眼光来欣赏和判定。一块画面石的整体艺术品位往往不是由画面的"形象"来决定,而是由画面的神韵来主导。人们对画面石神韵的理解是探索性的,并且不同思想境界的人们对神韵的认识极为不同。所以,对于画面石的整体艺术品位的把握不仅仅是方法上的,同时富有着个人的思想印记。可以说,观赏石的辨识度和共识度的统一永远是一种理想化追求。

美国艺术史学家迈耶·夏皮罗在《艺术的理论与哲学》里还指出："当我们将作品当作一个整体来观照时,我们并不能一下子看到作品的全部。我们想要竭其所能地以一种统一的方式将它当作一个整体来看待,尽管观看总是有选择性和局限性的。审视的方式则是摸索性的,建立在细节和我们称之为整体的全局之上。这种观看方式还会考虑别人的观看,因此,这是一种集体与合作的观看,以利于在不同的感知和判断之间做出比较。这种观看方式还会让人明白,在他人对艺术品的深入考究中,存在着一些顿悟的时刻以及对统一性和完整性的强烈体验。"所以,在一定程度上,画面石的赏玩在欣赏者之间需要极大包容。

不过,为何有人拥有的一系列高等级观赏石都会有一定的辨识性? 他的绝大部分观赏石都有着自己的鲜明个性化风格,而且基本都能得到艺术家的认可? 重要原因在于他所秉承的赏石理念,并精心地把这种赏石理念运用于自己的观赏石作品的积累过程之中。这类画面石一般都会具有灵气,同时又充满着文化和艺术的气息,从而容易被有素养的观赏者所深切理解,并很容易达成不同欣赏者间思想和感情上的共鸣。可以断言,如果有人偶然获得一块高等级的珍品画面石,这不足为怪,其中的机缘在起着作用;而一个人的整体画面石的等级都较高,则意味着他对艺术、美学和观赏石等均有着深刻的理解。

八　画面石赏玩的基本理念

画面石是趋于摆脱物似性的艺术存在。画面石更为画家而存在。画面石的赏玩需要拥有一颗画家的心，并以绘画的视角来欣赏它，需要用纯粹画家的反应和直觉来发现画面中属于艺术层面的东西，来识别画面中的内在之美。

画面石亦需类似一小幅浓缩的绘画，而不仅仅是一些粗俗和直白画面的等价描述。这一判断的逻辑是由画面石赏玩的参照物——传统绘画——的特性所决定的。意大利艺术史学家里奥奈罗·文杜里在《西方艺术批评史》里说："一般认为，观众与艺术家之间对于主体表现的理解没有多大差异，但事实上，观众希望在画中看到对象本身的样子，而真正的艺术家却以他们自己观察与感受的方式来进行处理。"同样，英国艺术史学家罗杰·弗莱在《弗莱艺术批评文选》里指出："艺术家的工作不单是对可见事物的复制与如实拷贝——人们会期待他以这样或那样的方式有所偏差地再现和歪曲视觉世界。"甚至，有的艺术家走得更远，法国雕塑家罗丹就曾经说过："一个女人、一匹马、一座山，对雕塑家来说统统是同一个东西。"

清代赏石家梁九图在《谈石》里说："藏石先贵选石，其石无天然画意不中选。"借由梁九图的观点，人们首先需要区分出"入画"和"不入画"的石头，然后再去衡量其画意品位的高低。简而言之，一块称得上艺术品的理想画面石，需要具有一定的画意和绘画技法，或者具有一种画家风度的东西。真正好的画面石是由绘画元素构造出来的。正如画家在面对一块画面石时所惊呼的："多么入画啊！"否则，就不能视之为画面石艺术品，或者说不是一块好的画面石艺术品。然而，石头是否"入画"，也只是在善于观察的眼睛里才能变得入画，而画家的眼光是极其挑剔的，他们的心并不像普通人那样容易感动，但也不像普通人那样麻木。

有人认为，画面石具有绘画技法几乎不可能，人们应该遵从画面石的自身特性来赏玩，因而与绘画关系不大。然而，在赏石活动中，具有画意、绘画技法、绘画风格甚至绘画题材的画面石存在着和正在不断地出现，这是不容否认的客观事实，人们不能因为没有去过伦敦，就否认雾都的存在吧。而且，正因为那些极少部分画面石的存在，画面石的艺术

图112 《徽州印象》 长江石 11×12×4厘米 王毅高藏

这是大自然里的印象主义画作吗？还是大师的泼墨之作？它如色彩之诗，呈现出一种令人畅快的想象。如果欣赏画面石缺乏想象力，就很可能只看见一堆东西，对它的认识只能说堆放的位置对不对，描绘得好不好，怎么会激起自己的内心情感呢！这块观赏石没有传达出复杂的情绪，倒像一首轻音乐，唤起欣赏者高度的自我意识，仿佛法国剧作家拉辛在《蓓蕾尼丝》里的诉说："我从被人羡慕的错误中醒悟了过来。"

价值才真正得以体现。实际上，赏玩石头的规律在于只要有更好的观赏石出现，就会出现不断超越的过程，那些最终能处于金字塔尖上的等级最高的观赏石才能够笑傲江湖。

究竟是依据画面石自身的特性，还是参照绘画来赏玩画面石，这是画面石赏玩方法的焦点问题。对于这个问题的思考需要指明：其一，在中国赏石历史上，多有文人雅士以诗情画意品鉴大理石画、雨花石和长江石的传统，其中的画意是读石，诗情是品石，二者相得益彰，非文人雅士莫属。其二，既然大自然里存在着有画意和绘画技法的画面石，它们必定会在同类中超群越辈。其三，正如人往高处走，水往低处流一样，既然有成熟的参照物和高标准的参照体系存在，人们就应该有充足的理由去运用它。其四，所谓画面石自身的特性，其潜在的衡量标准仍然是绘画。其五，倘若不以绘画为参照去赏玩画面石，还有别的最佳方法吗？如果说更好的方法是依据画面石自身的特点去赏玩，那么，这需要漫长的道路去走，能否走得通，还是一个未知数。显然，参照绘画来赏玩画面石是一条捷径，但这条路并不易走。

画面石存在着的相对有效的成熟参照物恰是它得天独厚的优势。同时，画面石参照绘画也有着明确的途径和层次，即有画意的画面石逐级表现为是否具有绘画技法，是否具有某种绘画风格，以及是否与知名画家的题材相类似或相同。

人们只有理解了中国的文人画和院体画传统，理解了西方的学院派绘画的历史和宗教传统，并对以画家为代表的各种绘画流派的特点和演变过程，及其背后的文学、哲学和宗教等文化因素有着深刻的理解，对于画面石的认识才会获得某种超越，才能够确定什么才是真正好的画面石，以及形成对它的等级认识，而不仅局限于画面石是否有绘画般的颜色、绘画技法、绘画风格和绘画题材那么简单了。

画家解决的是赋形问题，而赏石艺术家解决的是读形问题；画家解决的是如何再现的问题，而赏石艺术家解决的是再现了什么的问题。所以，赏石艺术家倘若理解了画家和绘画艺术，虽然不一定能够创造出绘画作品，但却能够发现类似绘画的画面石。换言之，人们只有深刻地理解画家的行为和动机，深刻地理解绘画的本质和画理，深刻地理解不同绘画流派的精髓，才能够发现不同风格的画面石，并从中获得不同的感悟。

总之，用绘画的视角和画家的心去赏玩画面石，特别是注重画理和理解绘画风格对于赏玩画面石的启示意义，这是赏玩画面石的一个思维方式和基本理念。如何去实践它，就需要欣赏者自身的文化、美学和艺术修养了。

图113 《林黛玉》 长江石 24×18×8厘米 私人收藏

花谢花飞花满天,红消香断有谁怜?游丝软系飘春榭,落絮轻沾扑绣帘。闺中女儿惜春暮,愁绪满怀无释处。手把花锄出绣帘,忍踏落花来复去。

——(清代)曹雪芹:《红楼梦·葬花吟》

第九章　赏石艺术与主流艺术之关系

一　各门艺术的实质

德国哲学家叔本华在《作为意志和表象的世界》里对艺术有着自己的理解："夫美术者,实以静观中所得之实念,寓诸一物焉而再现之。由其所寓之物之区别,而或谓之雕刻,或谓之绘画,或谓之诗歌、音乐,然其唯一之渊源,则存于实念之知识,而又以传播此知识为其唯一之目的也。"同时,奥地利画家克里姆特认为:"我们不懂什么是伟大的艺术,什么是渺小的艺术;不懂什么艺术是供富人欣赏,什么艺术是为穷人所喜爱。我们只知道艺术是为人们共同享受的一种财富。"此外,英国画家雷诺兹在《艺术史上的七次谈话》里则指出:"所有的艺术都有一个共同的目的,那就是通过感觉这个媒介把它们想要传达的东西带给人们的心灵,从而使人们的心灵得到愉悦。因此,它们的原则和规律必然具有相当紧密的联系,因为它们借助不同的手段,通过不同的材料,却都要把观念表达给心灵,达到同样的目的。"

艺术没有标准答案。艺术关涉知识、观念、心灵和愉悦等;艺术既是整一的,又是变幻无穷的,只是被人为地划分成了各种形式的艺术;凡是有艺术感的人都能够从一幅绘画中不仅发现画境,还能发现音乐性、雕塑力以及建筑结构;所有艺术之间都存在着某种割不断的"血缘"关系。

各种艺术之间也不可以替代和同化。俄国艺术家康定斯基在《艺术中的精神》里指出:"不同的艺术不可能营造绝对一致的内在情调,而且,即使情调趋于一致,在不同艺术的外在表现上也会有所差异。"对于不同的艺术,艺术家有不同的意向,他们都试图把自己的心境、想象中的美好,以及对美的认识等以自己的独特方式,通过一定的艺术形式和艺术形象呈现出来,其中,艺术家变化无穷的个性和精神特质在起着决定性作用。并且,艺术的根本性在于艺术家的兴趣,不同的艺术家有不同的兴趣,并且不受那些一成不变规则的限制,而是通过他们的独特作品传递出自己想要表达的思想,以引发人们情感和精神上的共鸣。

在艺术发展史上,许多思想家、艺术家和艺术史学家等都试图对艺术做出不同的理解。有的针对特定的艺术类型,如诗歌、音乐、文学、戏剧、雕塑和绘画等;有的针对笼统的艺术,如图像艺术和造型艺术等;有的针对形而上的艺术概念;有的探究为什么会有艺术;有的探求何物为艺术;有的探究艺术的作用;有的探究艺术与美的关系;有的讨论艺术的起源和发展;等等。

然而,艺术有共同的本质吗? 这是在讨论赏石艺术语境中所涉的核心问题。

关于事物的本质,美国哲学家托马斯·沃特伯格在《什么是艺术》里指出:"本质主义是一种源于亚里士多德的哲学观点,它认为世间各种不同的事物,只要它们存在共同的本质或本性,都可以用一个词语来称谓它们,即都可以把它们归入同一个概念系统。"他进一步指出:"试图给艺术的本质下定义,就是本质主义的一种表现。本质主义认为,艺术具备一种可以从理论的角度加以界定的本质特征,找到这种本质特征就能让我们判定某件物品是否为艺术品。"遵循亚里士多德的观点以及沃特伯格论述的启发,下面试图对艺术的本质特征做出一种概括性理解。

第一,所有的艺术都能够激发欣赏者的情感。

法国雕塑家罗丹说过:"绘画、雕塑、文学、音乐,它们中间的关系有着为一般人所想不到的密切。它们都是对着自然唱出人类各种情绪的诗歌;所不同者只是表白的方法而已。"虽然每种艺术形式都有自己方法上的特征,但它们都脱离不了人类的情感,以及在艺术中所表现出的永恒的和不变的真理。由此,法国诗人波德莱尔在《美学论文选》里说:"任何好的雕塑、好的绘画、好的音乐都会引起它们各自想要引起的感情和梦幻。"可以说,艺术与人们的情绪和情感密切相关,或者说艺术的本质在于它唤起的情感,即艺术与情感共生和共存。

无论人们对艺术的理解充斥多少争议,唤起情感和情感交流都是艺术最基本的定义项。正如俄国作家托尔斯泰在《什么是艺术》里认为,艺术是情感的表现,而表现必须在观者心灵中直接产生反应。他指出:"艺术是这样一种人类活动:一个人通过某些外在的符号,有意识地把自己体验过的感情传达给别人,而别人能够被这些感情所感染,也体验到这些感情。""每一件艺术作品都能使欣赏者与过去创造或正在创造这项艺术的人,与所有同时代的、在他之前的或之后的,曾经欣赏或将会欣赏同一艺术感受的人们之间产生交流和共鸣。"

需要强调的是,并不是所有人欣赏艺术品都能产生情感上的相同反应。事实上,这就是艺术的感官性,通常包括视觉、听觉和触觉等各个方面。没有这种感官性,艺术也就不成为艺术了。正如美国艺术批评家克莱门特·格林伯格在《艺术与文化》里指出的:"艺术碰巧是一桩不言而喻的和情感的事,是一种情感的推论,而不是理智的或信息的推论,艺术现实也只有在经验里,而不是在对经验的反思里得到揭示。"

任何高深的艺术都会感召高尚深微的心情,触及人类生命的深处。法国画家布拉克说过:"崇高来自内在感情。艺术的发展不在于把它推向前进,而在于了解艺术的境界。"比如,陶渊明的诗歌、常玉的绘画、摩尔的雕塑、莫扎特的音乐,恬淡悠闲,耐人寻味,都会把人们引向神秘的出世之思,激发出人们内心深沉的情感。反之,如果人们在欣赏一件艺术品时,不能够引起情感,究其原因有两方面:一方面在于这件所谓的艺术品不是真正的艺术品,它自身也没有与其他物品相区别开来的性质;另一方面在于欣赏它的人没有任何审美情感,接近于石头人或木头人。

第二,所有的艺术都能够激发欣赏者的想象。

英国艺术史学家罗杰·弗莱在《视觉与设计》里认为:"艺术表达了我们的想象生活并进而刺激它,这种想象生活因缺少由感官所触发的相应行动而得以与现实生活相区分。在现实生活中,这种相应的行动暗示我们所负有的道德责任。而在艺术中,我们没有这种责任,它代表了一种将我们从客观存在的必要约束中解脱出来的生活。""艺术就是想象生活的主要构成部分,通过艺术想象生活刺激我们并受我们控制。正如我们所知,想象生活通过更清晰的感觉以及更纯粹的自由感情来使之与其他生活区分开来。"可以说,想象是一切艺术的本源。换言之,想象既是一切艺术的自身,又是一切艺术的结果;反之,艺术如果与想象相脱离,它就不是艺术。

关于想象与艺术的关系,英国哲学家休谟在《人类理解研究》里指出:"世上再没有东西比人的想象更为自由;它虽然不能超出内外感官所供给的那些原始观念,可是它有无限的能力可以按照虚构和幻想的各种方式来混杂、组合、分离和分割这些观念。"因此,如果在发挥人的主观能动作用时,把客观物质与主观情感结合起来,又艺术地反映了客观现实的某些方面和客观事物的某些特征,那么,摆在人们面前的可视物品就成了一件艺术品。

总之,从本质主义来理解,艺术就是通过自身或因其自身来表达艺术家的情感和想象,或者说艺术家通过艺术作品来激发欣赏者的情感和想象。

二 赏石艺术的差异化实践

（一）石头何以难玩

赏玩石头的人们都有相似的经历,起初由于好奇心和喜好,见到大多数观赏石都会感到新奇,并且都很喜欢。手里的石头也越来越多,直到自己有意识地与别人的石头比较时,特别是与观赏石展会上的精品石相比较,自己变得惴惴不安。原来自己的石头并非想象中那么好,并且根本没有自己的收藏特点,至于每个石种的固有特点、石头的等级观念以及观赏石是自己的作品等意识更是无从谈起。于是,赏玩石头开始变得审慎和理性,认真思考如何赏玩石头了。当一个人谨慎思考如何赏玩石头时,赏石的真正入门才算开始。赏玩石头才变得困难重重,也并非是一件绝对快乐的事情了。

那么,赏玩石头究竟难在哪里呢?

第一,参与赏玩石头的门槛非常低,这与人们所熟知的炒股票非常接近。生活世界里最不缺的就是石头了,有的石头本不值得从大自然里拿来赏玩,有的石头却价格高昂。实际上,当一个标的物具有个人喜好倾向,又具有投机和投资的属性,并且人人都可参与时,就值得警惕了,因为这个市场里的零和博弈的定律开始发挥作用了。

不同的赏石群体有不同的赏石观念,必然伴随着赏石的不同多样化形式。同时,赏石给人们感受上的不同要求和所带来的期望也不尽相同。这里,个体差异化在起着决定性作用,犹如书画家范曾所说:"趣舍异途,人各有会,君以为稀世者,我不喜也;我以为可藏者,人或以为可作敝履弃之。"

但是,如果人们赏玩石头不是随性而为,而是把它当作个人收藏来对待;如果人们秉承赏石艺术理念,把观赏石当作艺术品去追求;如果人们试图脱离低级趣味,从艺术品的高度和传承的视野去正视观赏石时,如何赏玩石头就并非简单了。因此,石头难玩,就难在观赏石的艺术品定位上。

第二,民国时期赏石家王猩酋在《雨花石子记》里说:"石具颜色纹形,无定像也,由人之眼光认定之,而命以名。老子所谓无名万物之母,有名万物之始也。好石者之魔障,与石结缘,必先由造像始,其巧合者一经定名,千人莫有异词。故弄石者灵机活泼无穷之妙趣,存乎其人。"然而,赏石艺术中所涉及的题材大多虚无缥缈,自然不可能有定论。但是,在赏石艺术理念下,人们绝不能简单地去谈论石头的形状、质地、颜色和纹路了,不能用特定的赏石标准去品鉴它们了,更不能仅局限于观赏石像什么的思维定势。总之,赏石艺术摆脱了普通大众所过度追求的逼真性,而走向了以审美为特征的艺术表达。

赏石艺术不相信任何规条。虽然石头的自然形态是人们在赏玩一块石头时必须直观面对的,但它绝非是赏石艺术的核心,而真正的核心是如何聚焦于石头的自然形态所汇聚成的形相的艺术性和表现力,以及人们与石头的情感间互动。所以,赏石艺术会使观赏石的主题、内容及深层意义更加丰富多彩,使人们在艺术上得到极大的欢愉,使人们的心灵更加纯净。

赏石艺术理念的实践意义在于赏石的门槛提高了,观赏石的内容变得深刻了,赏石向纵深发展了。观赏石作为一门发现和感悟的艺术,它更需要欣赏者的想象力和审美情趣。这是赏石艺术所具有的最鲜明特性,而这一特性对赏玩石头人们的自身素质提出了更高要求。

然而,当代赏石却存在着两个现实困境:一是普通大众由于天生因素的限制,缺乏发现艺术和感悟艺术的能力,他们对赏石艺术茫然而无所适从;二是赏石艺术有着自身的特殊性,同时又是个新生的事物,观赏石艺术品在短期内又很难达成共识。这种双重困境无形中困扰着每一个赏玩石头的人。

(二)赏石艺术理念下如何赏玩石头

赏石艺术是一种高级鉴赏力。赏玩石头的过程也是艺术和美学鉴赏的过程。如果缺乏赏石经验,思想贫乏,并且审美迟钝,不能够发现和领悟石头的艺术,所赏玩的石头就不能够成为艺术品。那么,在赏石艺术理念下,如何赏玩石头呢?

图 114 《石境天书》 彩陶石 36×15×23 厘米 私人收藏

真理不是娼妇,别人不喜爱她,她却要搂住人家的脖子。真理倒是这样一位矜持的美人,就是别人把一切都献给她,也还拿不稳就能获得她的青睐呢!

——(德国哲学家)叔本华:《作为意志和表象的世界》

第一,赏石需要直觉,而这种直觉是建立在丰富的赏石体验基础之上。赏石还要坚持统一性方法,既要关注石头的自然形状、质地、颜色和纹路等结构和形态因素的完整和完美,又要关注石头的主题和艺术表现。观赏石作为一个综合体的存在,它不仅仅是简单的形式,更需要在美学和艺术的思维之下去审视它们,欣赏它们,才能够唤起人们的审美情感。如果只注重其中的某个方面,就很难说一块观赏石是艺术的,而且,观赏石的每个方面都蕴含在一些微不足道的特征之中,需要人们细微的观察力和细腻的感悟力。

观赏石艺术品与欣赏者之间的互动不是一蹴而就的,它就像一个大熔炉,只有在炉火纯青的时候,才能够获得一种突破和带来持续的愉悦。

第二,观赏石既有无序的和想象的成分,又有精确的秩序和合理性的成分。赏石可以描述成一种感觉的逻辑生成过程,也可理解为是真实性与逻辑性的统一。不管人们的好奇心有多重,想象力有多丰富,观赏石只有在既定的"自然事实"服从于特定艺术形式时,才能够获得承认。

在这门独特的艺术形式中,科学与艺术之间有着一种不可分离的矛盾和暗合关系。在实际赏石活动中,只有科学与艺术观念并存,才能够阻止滥情和任意幻想的发生。特别强调的是,科学的逻辑因素在赏石艺术中发挥着重要作用,只有合理地运用逻辑思维,赏石艺术中的辨识度和共识度才能够辩证统一,观赏石的形相、主题以及深层意义才能够自圆其说,才能够通过赏石艺术检验法则的确认,才能够引起人们的普遍认同,观赏石艺术品最终才具有确定性和恒久性。

第三,在赏玩石头时,每个人都要思考自己所要追求的是什么。赏玩石头体验激情和趣味是一回事,而追求获得艺术性的观赏石则是另一回事。观赏石是赏玩者的作品,它是赏玩者心灵的外化,体现着赏玩者的个性,呈现着赏玩者所追求的艺术风格。

每一个赏玩石头的人都需要经历石头的磨炼才会真正成长,犹如古希腊诗人埃斯库罗斯所说:"经由痛苦而学习。"赏石艺术极为挑剔,需要人们收藏有品位和高雅的石头,而品位和高雅就是文化、美学和艺术。而且,观赏石艺术品必然会带有一些普遍性的特征,犹如欣赏贝多芬的《田园交响曲》,带给人们的是田园意味的气氛和情调,而非固定地指向某一具体的田园。所以,赏石需要由具体上升到普遍,由个性化到与艺术性的统一。只有清楚地自我定位,不断寻求新的正确赏玩方式,具备谨慎的态度和追求完美主义的作风,才能够有意识地收藏到观赏石艺术品。

第四,赏石需要冷静与沉思。德国哲学家康德在《判断力批判》里指出:"当我们冷静地观看一件艺术作品的时候,我们都会体验到同样的审美快乐。当我们冷静的时候,我们都会有能力对同一件艺术作品经验到相同的感受,我们关于这件艺术作品的趣味判断因此而达到重合。"对于赏石经历丰富的人们来说,很少有那种初玩石头时的极度激奋和狂喜的情致了,反而多了些思考状态。因此,对于那些有石癖,对石头天生就有发自内心的喜爱,并且不能控制自己买石头冲动的人来说,适当时候应该服用镇静剂。因为只有静下心来,才能够触及自己的内心和灵魂,才能用心灵感知世间万物,才能够与艺术相通;只有静下心来,才能保持自己独立的判断力;只有静下心来,才能够做到向高等级的珍品石致敬。那种吵吵闹闹、敲锣打鼓和走马观花如赶集似的玩石方式是最不足取的——喧闹是赏石艺术最可怕的敌人。

在此意义上,赏石艺术是一种个体化行为,并不适宜于群体性赏玩。正如明代赏石家林有麟所说:"是在玄赏者自得之。"又如文学家曹雪芹在《自题画石诗》里所说:"爱此一拳石,玲珑出自然。不求邀众赏,潇洒做顽仙。"

第五,赏石需要遵从自己的内心。一个人的内心是个神奇的东西,它是自我的复合体,它还会随着时间的流逝而不断变化着。对于一块观赏石而言,随着时光的流逝和情境的不断变化而自己的内心依旧喜欢如初,这块观赏石就是自己喜欢的。如果彼时喜欢,而此时又不喜欢了,就不是自己真正喜欢的石头。

人们经常会出现盲目从众的状态。比如,一块石头如果赏石专家说好,就认为这块石头好,至于究竟好在哪里自己也不清楚,至于这个赏石专家是不是真正名副其实,也不去求证;一个艺术家玩石头了,就认为他的石头就一定是艺术品,而不去思考他的石头本身是否具有艺术性;一块石头在展览会上得了金奖,就认为这块石头是好的,而不去考究这个展览会的金奖含金量价值几何;还会认为经常在杂志和展会上露脸的石头就是好石头等。这些情形,犹如英国艺术史学家罗杰•弗莱在《视觉与设计》里指出的:"我们必须面对这样的事实,普通人因两种特性而不能进行像艺术家那样的恰当选择。其一,容易感动,他们对所有尊贵的合法权威提供的事物都怀有敬畏之情。其二,他们对艺术品缺乏直接的反应,直至自己对艺术品的判断力被权威的声音所迷惑。"

人们自己的内心所形成的主见和自信也不应该成为固执和偏见,而培养自己独立的思考习惯、努力探索和学习精神就非常重要了。所以,人们需要独立思考一些精品石和珍品石究竟好在哪里,它们有哪些共同性因素,又有哪些个性化因素;哪些是变动的法则,哪些是稳定不变的原则。实际上,只有自己不断反思,才不会囿于自己的成见,更不至于闹出把普通石头奉为珍宝的笑谈。并且,只有参照物找对了,才能够确定自己认为好的石头是否有着一定的共识度。

当想要收藏一块观赏石的时候,有必要思考以下问题:在同类石种已经出现的观赏石里有比它更好的吗? 它在同类石种的观赏石里有不可超越的绝对特色吗? 它给你的视觉和心灵冲击比其他观赏石更强烈吗? 它的艺术性能够得到艺术家的共鸣吗? 你能够确认它的等级吗? 你自己所建构的适意形象和所理解的"艺术性"是属于真正的艺术吗?

第六,真正高等级的观赏石总会让人相看两不厌,并有再看一眼的冲动。它无形中有一种叙述能力,更有一种无限接近音乐、文学、舞蹈、宗教和哲学的意味。因此,要认定什么样的观赏石才是艺术品,除了在遵从自己的内心和独立判断的前提下,必须在客观上寻求一个参照系——那些被赏石界所公认的珍品石。

请人们永远要记住:只有见多才能识广,只有比较才有鉴别,只有与高等级的珍品观赏石相比较才有实际价值。换言之,只有依靠高等级的观赏石才能够培养和提高鉴赏力,才不会对一些观赏石给予过高的评价,而是对它们做出恰如其分的认识。

第七,若想获得一块高等级的观赏石并非易事。人们需要认清一个基本现实,观赏石艺术品在绝对数量上是稀少的。正因为有这个客观规律的存在,所以就不要总幻想自己手里的珍品很多。只有提高认识和标准,才会收获高度,而在观赏石收藏中,"高度"意味着水平和挑战。这里,观赏石的等级观念就发挥作用了。

机缘在观赏石的获取中不可忽视。机缘也就是不确定性,扮演着重要角色。石头从大自然里被发现是小概率事件,往往取决于机缘,它的背后是石农们不为人知的辛酸和艰苦付出;石头转化为观赏石的机缘,取决于遇到并发现它的人,而发现者能否具有发现美的能力就至关重要了;随之,观赏石能否成为艺术品,取决于拥有者能力的大小,只有那些赏石艺术家们才能够宣传和展示它,从而有机会让更多的人去认识它,它所蕴含的艺术性才会取得广泛共识。可以说,在这些链条中机缘都在无形中发生着某种作用。

金钱在观赏石艺术品的获得中也发挥着极为重要的作用。早在古代,就有人认识到这个规律了,于是从相反的方面告诫赏石人:"大抵佳石之得,良有命焉,不可以人力强求。"同时,也告诫人们不要贪心,如清代汤蠹仙在《石交录》里所说:"物无尽而各有主,必以得之为快,睹之为安,吾恐尔纵化千万亿身亦不能穷天地之奇也。"

第八,观赏石的收藏和投资需要果断力和执行力。它考验的是人的眼力、心力、实力和魄力。并且,作为收藏和投资的通用法则,宁可少而珍,不要多而廉,顶级的藏家和资本都会无情地掐尖儿。同时，由于赏石艺术中的形象多重性规律的存在，虽然是同一块石头，但在不同人的眼里所赋予的映像是不同的，那么，快速地决定石头的归属往往能够获得捡漏的机会，而这正是人们在买石头的过程中所获得的最大乐趣，故有一种流行说法，"买石头远比卖石头的乐趣大"。

（三）赏石艺术与地域观念

不同的地域存在着不同的石种，也流行着不同的赏石观念。赏石的地域观念往往蕴含着一定的文化相对论的意义。就画面石而言，赏石的地域性观念突出表现在对画面石主题的不同偏爱和表达上。例如，该地域曾经出现过的历史人物、历史故事、地域风貌、风景古迹和民俗风情等自然会被所在地的赏石者所熟悉，并把它们作为画面石的主题来突显。正如俗语所说："百里不同风，千里不同俗。"这个特点在少数民族地区的赏石人群中体现得特别突出，客观上因为出产画面石的江河多流经中国的少数民族地区，才造就了画面石的多姿多彩。

不同地域的人们赏石也有着截然不同的审美情趣，甚至承载着不同的城市记忆。比如，雨花石之所以在南京地区流行，与诗意的江南文化不无关系。因此，人们应该充分给予地域赏石观念以重视，特别是所体现出来的赏石传统、人文理念和艺术风格等。

赏石的地域性观念还会衍生出不同的赏石流派。通常来说，赏石流派是指在某一特定地域，赏石群体因奉行独特的赏石理念，形成独特的赏石形式，在此基础上形成一批赏石风格相同或者相似的赏石艺术家。比如，海派赏石就需要在江南文化的语境下去理解，它是江南地域小桥流水人家的江南风景孕育出的一种诗意的、文化的和艺术的赏石表达。

图 115 《牧趣》 沙漠漆 底座板 29×13 厘米 佘家庆藏

牛背上牧童的短笛，这时候也成天在嘹亮地响。雨是最寻常的，一下就是三两天。可别恼，看，像牛毛，像花针，像细丝，密密地斜织着，人家屋顶上全笼着一层薄烟。树叶子却绿得发亮，小草也青得逼你的眼。

——（散文家）朱自清：《春》

图 116 《金鸡报晓》 葡萄玛瑙 65×56×25 厘米 石多才藏

万物都有生命,问题是怎样唤起它们的灵性。

——(哥伦比亚作家)马尔克斯

三　理解赏石艺术的主要途径

绘画、雕塑、音乐、诗歌、戏剧、文学、建筑和园林等都是主流艺术的范例,并且在整个世界艺术史上,绘画和雕塑占据着极其重要的地位。事实上,每种艺术都有自己的特征而拥有自己个性化和确定性的成分;不同艺术之间也有着一定的融合,没有任何艺术不汲取别的艺术而发展。因此,艺术之间也需要相互观照。那么,赏石艺术与主流艺术有着什么样的联系呢?

如果把观赏石的赏玩做分类描述,对于造型石的赏玩,欣赏者的兴趣主要在于造型石的形式和形式的表现力上,而形式在满足欣赏者的审美视觉背后,关乎的是精神领域;画面石的赏玩主要是在内容、表现和风格上,更在于欣赏者的审美感觉。总之,造型石是相对真实的,而画面石是梦境的。赏石艺术作为一门综合性艺术,可以理解为既是造型艺术(含雕塑)的,又是绘画般的,也是文学的。总的来说,观赏石作为一种有着自己独立属性的有意味的形式,赏石艺术与造型艺术、雕塑、绘画和园林有着特别的内在联系和契合之处。

(一)造型石之一:造型艺术

对于造型石来说,大自然生成的石头揭示着造型的完全自由。在赏石活动中,如果把造型石习惯地理解成是一种真实的和精确的再现,那么,它就成了一种完全客观化的"艺术"。实际上,造型石艺术是人们以造型意识来欣赏观赏石的艺术,一旦人们把造型石和艺术联系起来,必然会面临一些复杂难题。

造型艺术是一种浓缩的艺术,通过浓缩来传达物象的意味,它的特征是抽象主义或象征主义的。比如,美国哲学家纳尔逊·古德曼在《艺术的语言》里就指出:"雕塑家所处理的是一种微妙而复杂的转译问题。"那么,又应该如何来看待那些与物象相像的造型石呢?

一块被命名为《绣花鞋》(图 117)的戈壁玛瑙石,有人看后感慨:"如果它与真的鞋子一样大,可以堪称国宝级的了,只是它太小了。"这种观点代表了多数人对造型石的认知,即认为"一比一"的具象就是最完美的造型石,或者小孩子一眼看出什么东西来的造型石是最好的。不可否认,如果它与真的鞋子同样大小,它就是一只鞋子了,的确会让人感到惊奇。但从艺术的角度来理解,当看到这个比真的鞋子小很多,天造地设,光鲜率意,异趣时尚,有着温润的质地,古典的色彩,酷似一只绣花鞋的石头,会马上让人联想到一只绣花鞋,以及绣花鞋在古代女子服饰中的文化地位,同时还会唤起人们的一份恋旧情怀时,恰恰它的艺术价值就完全体现出来了,石头是大自然浓缩的艺术也得以完全彰显,艺术是激发观者的情感和想象的本质也得以生动体现。

必须要承认,艺术是艺术,真实是真实。犹如画家吴冠中所说:"艺术需要错觉。"那么,艺术作品的表现价值就并不直接等同于活生生的实体的表现价值。实际上,造型石艺术往往通过空间和形式而获得表现,通过大自然暗中塑造出的可供投射的形象以唤起欣赏者的心绪,它也为观赏者的想象力带来了价值和意义。

造型石艺术是单纯的,给人以美感、宁静、沉思和想象,这是造型石艺术所传达出的意味。所以,赏石艺术既求真又求假,既需要关注经验的事物,又需要体察现象的事物。其背后的逻辑在于:追求表现真实的观赏石与艺术概念并不完全一致;追求真实的具象与具象化艺术也不在一个层面之上,真实的具象不一定完全是艺术。所以,人们对造型石的赏玩绝不能仅满足于已经熟悉的东西;造型石再现的对象不能只局限于日常生活的世界,相反,它更应该属于文学和艺术的世界。

赏玩石头的人们不要幻想一下子就能够把握住艺术的真谛。并且,赏石艺术又有着自己的特殊性,必然会充斥着各种争议。实际上,艺术本身就有许多东西是人们所不了解的。犹如法国画家亨利·马蒂斯在《画家笔记》里指出的:"每一位画家并非都会理解他放进自己绘画中的每一样东西,而是其他人在里面接二连三地发现了这些珍宝。一件绘画作品具有的这类惊奇和珍宝越丰富,它的作品就越伟大。每个世纪的人们都在艺术品中寻求滋补自身的东西,每个世纪的人们都需要一种特殊的营养品。"

（二）造型石之二：类雕塑艺术

造型石艺术与雕塑艺术在本质上有着相同的美,它们都源于物象表达出来的自然之美和艺术之美。所以,雕塑艺术作为造型艺术中的一种类型,造型石中的传统石（并不限于传统石）可以视为类雕塑艺术。事实上,造型石中的传统石大多都具有抽象形态,会让欣赏者联想到许多不可名状的东西,那么,对于抽象形态的理解就必然依靠人们的想象力了。

图 117　《绣花鞋》　玛瑙　6×3×2 厘米　　李国树藏

意大利雕塑家、画家达·芬奇说过："雕塑比绘画较少智慧，而绘画则较少要求艺术家的技巧。"同绘画相比，雕塑是一种较直观的表现，更接近于大自然以及自然形式。对此，美国艺术史学家迈耶·夏皮罗在《现代艺术》里说："雕塑与大自然更接近，这就是为什么那些对一块精雕细刻的木刻或石刻喜不自禁的农民，对一幅优美的绘画却熟视无睹的原因。"也就是说，雕塑作为一种固体形式的创造，它是借助于具体的形相之物来表现对象的。然而，在雕塑艺术中，对空间的把握要比在绘画中更为困难，因为雕塑又增加了一个维度，即它是三维空间的艺术，所以，夏皮罗的上述观点未必正确。实际上，对于雕塑艺术的欣赏也需要极高的艺术修养。

在雕塑史上，意大利雕塑家米开朗基罗经常遣人到石头堆中去寻找他的雕像。他的雕塑作品仿佛现成于大理石块之内。他曾经说过："艺术家之事，不过削除多余之石，露出材料中含藏之形而已。"可见，这位伟大的艺术家一方面在大自然的材料中寻找创作灵感，另一方面也将自己的理念刻进石头里，才产生了不朽的雕塑。

雕塑艺术还是一种精神的表现。古希腊哲学家苏格拉底说过："雕塑家的任务是在他的作品里把灵魂注入可见的形式。"换言之，雕塑艺术是雕塑艺术家把自然的东西改变成了艺术家自己的表现，而这种表现是靠精神来传达的。对此，德国哲学家黑格尔在《历史哲学》里论述希腊精神时，对这一观点做了生动的解释："希腊'精神'等于雕塑艺术家，他们把石头作成了一种艺术作品。在这个过程中，石头不再是单纯的石头——那个形式只是外面加上去的；相反地，它被雕塑为'精神的'一种表现，变得和它的本性相反。另一方面，艺术家需要石头、颜色、感官的形式来做他的精神概念，来表达他的观念。"

幸运的是，正是由于英国雕塑家亨利·摩尔的存在，而诞生了"摩尔石"的名称。亨利·摩尔说过："绘画与雕塑极不相同，在绘画上能得到满意效果的一种形状、一种尺寸或一种观念，用在石头上就会产生完全相反的效果。不过，在绘画与雕塑之间也有一定关系。绘画使人保持健康，像体育锻炼，它减少了重复自身并形成公式的危险，它能扩大人们对形式的了解，增加表现形式的经验。但在雕塑上，却不能直接利用对某一特定物体的记忆或观察，而是利用对自然形式的一般知识。"这里，亨利·摩尔突出了"对自然形式的一般知识"在雕塑中的基础性作用，这相较于具有类雕塑感的造型石来说，给予人们的启示在于：一方面人们可以参照一些雕塑家的雕塑作品本身来赏玩观赏石；另一方面，又可以通过对自然形式的一般知识的理解去发现和欣赏类雕塑艺术的造型石，从而在理念上进行赏玩升维，即赏石艺术家不但要熟知一些雕塑家的作品，更要竭力去熟悉自然的状态。这样，赏玩造型石就不再是一种固定模式，而依据的则是一种富有生命力和启发性的观念了。

图 118 《母仪天下》 摩尔石 70×54×64 厘米 黄云波藏

　　欣赏这块摩尔石,可以说一切算不上类雕塑艺术的造型石都是粗雕烂塑的东西吗?无论是雕塑家还是画家,他们的作品都在追求着表现"一瞬间"的东西,大自然的作品何尝不是如此呢!

举一个雕塑的例子来进一步理解。法国雕塑家罗丹对女体模特有着自己超乎寻常的观察："真正的青春，就是成熟的处女时代，洋溢着清新的生命力，全体却显着娇矜之感，同时又似乎畏缩，透出求爱的羞怯心理，这个时期只有几个月。""且不说母性的变形，情热过度的疲劳，足以使身上的纤维与线条很快地宽弛，即少女成为妇人之后，已是另一种美了，还有相当的爱娇，但已经没有那么纯洁了。"他把这种对女性美的观察都融入进了自己的雕塑思想里了，正如他自己所说："人体尤其是心灵之境，就是这一点造成了它的至美。"

（三）造型石的特例：具象极致化艺术

赏石艺术作为再现的艺术，作为造型石中的"特例"，一些具象化到了极致的造型石可以被视为艺术品，并且具有高度的艺术价值，这种艺术被称为造型石具象极致化艺术。对于造型石的具象极致化艺术而言，唯逼真而已，逼真地甚至能够骗过人们的眼睛才好，即得真之多者，精品；得真之全者，神品也。

造型石具象极致化艺术蕴含着逼真性、判断和证实。这类造型石所彻底再现的是真实的和独立的存在物，大体上可以归结为日常器具、自然物品或某一现存艺术品的再现等。简单来说，这种艺术更接近于大众和日常生活，是建基在具有普遍性简单事实或记忆基础之上，基本上是可记、可教的。在此意义上，可以把这类观赏石艺术品称之为是日常生活经验或事实上的艺术。

然而，正是这种赏石艺术中的殊例，引发了当代赏玩石头人们近乎疯狂的追逐。我们承认这种赏石艺术类型的存在，并把它赋予一个极高的地位，犹如英国艺术史学家罗杰·弗莱在《视觉与设计》里所说："最伟大的艺术看上去与自然形式最通常的外表有着密切的联系，并尽量不以特殊性为先决条件。最伟大的艺术家之所以对日常生活中最不明显的事物的一些性质最为敏感，正是因为他们不会去按等级、标识区分可见的事物，在他们的眼里万物是平等的。"但是，正如在文中多次指明的，在赏石活动中，人们如果把所有的关注点都放到了追求赏石的具象极致化艺术，那么，就等同于把赏石艺术中的绝大部分都放弃掉了。

因此，人们不能严格地将赏石艺术限制于类型上绝对同质化的过程之中。同时，这一观点还蕴含着一个基本事实，那就是大自然中能够符合具象极致化和逼真性的观赏石的数量极其稀少。如果脱离对这个客观事实的认知，就会顾此失彼，抑或过犹不及，甚至得不偿失。

图 119　《饺子》　戈壁石　14×12×10 厘米　　王勇藏

　　饺子,原名"娇耳",为东汉时期医圣张仲景作为药用而发明。南北朝时期称"馄饨",宋代称"角子",到了清朝始称为"饺子"。

总之，赏石艺术的许多理论都需要以一种特定方式来加以解释。那么，为什么把"具象化到了极致的造型石"称为赏石艺术之中的特例呢？我们知道，具象的思想和实证主义观念是所有艺术品，甚至是每件具有美的经验导向作品的策源地，它们不可能在涉及艺术时将自己从中抹掉。正如德国雕塑家希尔德勃兰特在《造型艺术中的形式问题》中指出的："所谓艺术中的实证主义概念，指的是纯粹在准确再现直接看到的东西中看待艺术问题，这个概念指在物体偶然的外观或形式中，而不是如我们一般观念所解释的知觉中发现真实性。"

（四）画面石：类绘画艺术

大自然是画面石的原始画家——文中多次把它喻为"画师"。然而，画面石的赏玩在客观上却存在着一种相对有效的参照物，即传统绘画。画面石一旦确立了相对有效性的参照物，就有助于人们对它的艺术欣赏和审美共识的达成。

试想，如果给画家一块石头，让他们在上面作画，这跟大自然形成的天赋画面有更多区别吗？所以，在某种程度上画面石与绘画艺术可以理解为有着一定的同质性。反之，正如德国画家埃米尔·诺尔德所说："我很愿意我的作品是从物质里生长出来的。固定的美学规律是不存在的，艺术家顺从他的天性和本能创作。我永远乐于我的色彩在画布上合情合理的作用，像自然创造它的作品，像矿物和结晶物那样形成，像苔藓和海藻那样生长，像太阳下花的盛开。"

绘画作为一种成熟的艺术范式，其艺术表现形式和表现力远胜（不同）于天然形成的画面石；反过来说，画面石无论如何也不会宛若绘画般地精致——所谓的"石胜于画"，多是人们夸张和多情的饰词罢了。况且，很多画面石都会给观者以"未完成"和"粗制滥造"的初步印象。但是，画面石又有着自身独特的表现形式，有着自己的独特美感，特别是拥有着自己的独特创意，它更能够唤起人们更多的想象。

绘画通常是艺术家以独特的形式去表现大自然为追求，而画面石是由大自然而生成，赏石艺术家则反其道而行之，试图通过发现和感悟的能力，去探求它的自身特性的同时，更多地依据审美经验去寻求它与人类绘画艺术的某种巧合为理想性。那么，画面石与绘画无论是在内容上，还是形式上的差异是显著的；同时，两者的存在以及人们对它们的认识方式完全不同，并且画面石与绘画各有其自身的特色，孰优孰劣，没有定论。

需要再次指出的是，如果仅把绘画的表面法则引入到画面石的赏玩之中，也会引发错位和混乱。特别是有人为了附庸风雅，不谙绘画的精髓，就粗暴地把自己的画面石与某幅绘画联系在一起,既让赏玩画面石的人们,更让画家们深感到不伦不类——实际的情形恰是赏玩画面石的人们对绘画的理解太粗浅了。然而,如果画面石的赏玩过多地强调自己的独特表现技法,虽符合客观事实与存在,但也未必有利于画面石艺术的发展。所以,可以把绘画当作画面石赏玩的有效参照,并视之为赏玩画面石的基本理念,但画面石的赏玩也需要不断地变革,这也是把画面石的欣赏描述为"类绘画赏石",而不是"绘画赏石"的深层原因了。理想地说,赏玩画面石应该从有所依,到无所依,从有限到无限的渐进演变过程。

如前所述,深入理解绘画会发觉绘画中的很多原则和逻辑非常有助于画面石的赏玩。因此,在方法论上,把绘画与画面石放在一起来比较研究和观照,并非只是把两者相提并论那么简单。画面石是作为一种有着独特意味的艺术形式的存在。所谓的"意味",通常就是人们所说的"有点那个意思",这里"那个意思"可以理解为是有绘画的味道,尤其是人们把画面石与绘画作观照时,或在画面内容上,或在画面形式上,更多是在画面风格上与绘画有着一种不可言说的相似意味。所以,把绘画作为赏玩画面石的一种有效参照是从方法、意识和理念上而言及的,而非仅就两者在"绘画内容"上的相互间比照。

如同一枚硬币的两面,绘画同样也能够从画面石身上找到灵感和绘画精神。这与画家通常以自然为母题来创作和师法自然是一脉相承的。比如,西班牙画家毕加索就从古代石雕形象中寻找灵感,并把所获得的灵感应用在自己的立体主义绘画风格之中。所以,正如英国美学家赫伯特·里德在《艺术的真谛》里所说:"这种隐藏在许多自然表象背后的是一种永恒不朽的实在,而艺术家的职能正是要设法实现这·实在,即一种形而上学的绘画概念;而这种与画家的艺术联系在一起的概念也是诗歌与哲学中最重要的概念。"

(五)观赏石与园林

在中国古代文化的丰富遗产中,古典园林艺术以其独到的美学品位而有着特殊的魅力。中国古典园林以皇家园林为世人所瞩目,而私家园林以其小巧而独树一帜。无论是北方园林的苍岩深壑、碧水浮天,还是南方园林的小桥流水、粉垣低缓,都给人们以无尽的艺术享受,并对其他艺术门类产生了影响。对于赏石艺术而言,观赏石与园林艺术的天然契合关系是它们亲和的内在根基。

对于园林与观赏石的联姻,美国学者杨晓山在《私人领域的变形》里指出:"西晋时期,园林与城市分离而与自然接近的特点得到了突出,从而与隐逸的主题联系在一起了。中唐时期,立志要当隐士的人在城市的私家园林里发现了一个比乡间或区域别墅更为舒适的新天地。""作为个人所拥有的空间,城市私家园林的功能是使得在都市里过隐居的生活成为可能。这种空间为白居易所谓的'中隐'提供了活动的舞台。"在隐居生活的园林环境里,文人雅士和士大夫们还畅想着能够拥有与大自然的气象万千相媲美的镜像。于是,观赏石走进园林自然也是顺理成章之事。因此,正如明代文震亨在《长物志》里所说:"石令人古,水令人远,园林水石,最不可无。"并且,在文人们的想象世界里,"一峰则太华千寻,一勺则江湖万里。"

从中国赏石的历史脉络上看,园苑观赏石与中国园林艺术和文化紧密相连。准确地说,园苑赏石是中国赏石的发端,即园林石相较于文房石在中国赏石文化中出现的最早。当然,这里的观赏石作为园林的点缀和观赏的功能,没有脱离"赏玩石头"这个大的范畴之外。

图 120 《诸葛拜北斗》 黄河石　故宫　　　　图 121 《龙兴石》 灵璧石　故宫

四　赏石艺术与主流艺术的交融

英国艺术史学家罗杰·弗莱在《绘画的双重性质》里指出："音乐与建筑能够确立起伟大的形式构成，几乎像数学命题满足我们的理智一样，来满足我们的审美官能，即不指涉任何外在于它自己的形式构成的东西。这样的构成包含了一切信息，以及对所涉问题的一切解决方案。它们是自我充足的，无须外在的支持。与此相反的是，诗歌与绘画迫使我们去认识外部现实的指涉物，否则我们就无法理解作品本身。"借用罗杰·弗莱的话，赏石艺术作为一种再现性和表现性的艺术，它既需要"迫使我们去认识外部现实的指涉物"，又无须"外在的支持"而纯粹遵从欣赏者自己的审美官能。依此，人们才能够真正体会到赏石是一种发现和感悟的艺术，一种体现相似性的艺术，一种追求理想性的艺术，一种意蕴文学性的艺术，才能真正理解观赏石艺术品。

其一，赏石艺术蕴含着多种艺术的统一。这种统一既是内在的，又是外在的。那么，又应该如何进一步理解这种统一呢？

赏石艺术作为多种艺术的统一体现为：一方面内在于各种艺术精神的通性，同时又是多种艺术的再现，而这种再现又非简单的再现；另一方面，外在于观赏石有着自己特定的表现性，这种表现性又是独一无二的。因此，观赏石艺术品绝不是简单粗放的仿效，如果只是简单的模仿和再现其他艺术，或者借用其他艺术，那么，赏石艺术就失去了自己的生命力，留给人们的只是苍白的厌倦感，而不是力量、惊奇和美感。

当人们用艺术的眼光来观照观赏石的时候，这种统一性就具有了在知觉和想象中被无限分辨的性质。在赏石艺术之中，人们可以找到造型艺术的形式和韵味，找到雕塑的曲线和力量，找到绘画的题材和技法，品位到诗歌的韵律和节奏，体会到文学的言外之意的妙境。总之，赏石艺术的张力存在于观赏石题材所涉的范围和分量，生动地表现为多样性和宽广性。

赏石艺术有着自己的内在能量，它的张力急需释放。这种释放离不开欣赏者的审美经验，更离不开想象力，而审美经验和想象力恰是从主流艺术的土壤里诞生出来的。故而，赏石艺术与主流艺术的交流，核心在于赏石艺术需视主流艺术为故土——正如后文将要阐述的，主流艺术本是赏石以及赏石艺术的隐蔽性源泉。

图 122 《母与子》 罗甸石 46×48×10厘米 李岸南藏

　　这块大自然的雕塑是完美的。雕塑中的"母"的俯身姿态与"子"的相互间交错,创造出了一种和谐与流动的布局。如同法国美学家狄德罗在《狄德罗论绘画》里所说:"姿势是一回事,行动又是一回事。一切姿势都是不真实的和渺小的,一切行动都是美的和真实的。"

其二,赏石艺术永远是赏石艺术。赏石艺术还向人们表明:如果把大自然的石头视为一种"原始"艺术的形式,那么,它又能够惠予主流艺术哪些东西呢?

这里,粗略举几个艺术家的例子,试图从相反的方面来理解主流艺术家是如何看待类似于一些原始艺术形式的。(1)西班牙画家毕加索有一次参观儿童画展,他对赫伯特·里德说:"我小时候就像拉斐尔那样绘画,此后,我一直尽力像这些孩子们一样绘画。"当然,人们不必拘泥于字面意思,毕加索想要表达的是他对原始风格的偏爱,以及对自己绘画理念的表白。(2)意大利艺术理论家乔尔乔·瓦萨里在《意大利艺苑名人传》里写道:"米开朗基罗年轻的时候,有一次,他和几位画家朋友打赌,谁能够完全不用绘画技巧画一个形象,就像无知的人在墙上乱涂乱画的那样,他们就请谁吃一顿饭。此刻,米开朗基罗的记忆力对他起了帮助,他记得看过墙上一幅涂鸦,于是就完全背临着画下来。结果他超过了所有其他的画家。"乔尔乔·瓦萨里说道:"对于一个精通绘画的人来说,这是一项困难的技艺。"(3)法国画家保罗·高更曾经向他的弟子发出呼吁:"要神秘!"正是依据神秘,他创作出了许多极富部落艺术风格的绘画作品。

英国艺术史学家贡布里希在《偏爱原始性》里指出:"我们最好把艺术史和其他领域的某些发展看作竞争的结果,对手们在相互超越的竞争中发展了某些方面,而忽视了其他方面。崇拜倒退,偏爱原始也是这样的问题,它使二十世纪艺术的一些显著倾向具有了一致性。""我认为,绘画、音乐和诗歌领域中的伟大艺术都是凤毛麟角。但是,在我们发现伟大艺术的地方,我们也面临着丰富而技艺高超的艺术资源,它超出了普通人的理解。话虽如此,偏爱原始性还是一种可理解的反应,因为艺术资源的增加也意味着失败风险的增加。因此,位于底线的艺术更安全,也更讨人喜欢。然而,人类的天性是超越这种极限,改进艺术的语言,改进表现的工具,而走向越来越微妙的关联表达。"而且,"你越是偏爱原始,就越不可能变成原始。"正如贡布里希所言,也许正因如此,艺术也不断地给人们带来新的灵感和创新。那么,赏石艺术作为一门"原始性"的艺术,也就有了初始和借鉴意义。

其三,赏石艺术作为一种新生艺术,在同主流艺术的交流中必然会遇到一些令人困惑的挑战。然而,在所有艺术领域里,真正开明的头脑并不多。对于不懂赏石艺术的人们来说,他们不敢以自己来冒险,或者说他们在精神上尚未做好准备,因为他们还没有形成欣赏这样一种新鲜事物的习惯。虽然有一些非同寻常的人,通过自己的独立精神而感觉到赏石艺术与主流艺术的亲缘关系,并被一些观赏石艺术珍品所吸引,并试图把赏石艺术和观赏石艺术品与主流艺术的创作和作品之间作观照,但是如果让他们马上付之于行动,恐怕还是一种理想主义的假想情形。

如同赏石艺术的真正希望在未来年轻一代赏石艺术家身上一样,如何吸引主流艺术里智力活跃和富有自由活泼人格的艺术家参与到赏石艺术中来,才是一条现实的途径。

总之,俄国艺术家康定斯基在《艺术中的精神》里指出:"在不同艺术门类之间作艺术手法的比较和借鉴是切实可行的,但必须从根本着手。一门艺术必须弄懂另一门艺术如何运用艺术手法,然后借鉴同样的基本原则去运用自身的艺术手法,所不同的是它需要使用专属于自己的媒介去表达。艺术家一定要牢记,每一种手法都有各自专属的运用方式,而他的使命就是去发现自己所从事的艺术的特有方式。"那么,赏石艺术作为一种独特的再现性的和表现性的艺术,它与主流艺术之间存在的紧密纽带绝非偶然。赏石艺术与主流艺术之间的相互交融是可期的。

第十章　中国赏石的文化因素

一　东方民族特有的现象：东西方之比较

西方人习惯于把石头视为一种原始材料雕刻成石像来欣赏。西方的雕塑艺术成就斐然，一大批影响世界的雕塑家推动着雕塑艺术的发展，使得雕塑、建筑和绘画成为世界艺术史上三大主流艺术。然而，西方人并不像东方人那样看待天然的石头，他们压根儿就没有属于自己的观赏石赏玩文化。

西方人也"赏玩"石头，但主要是从科普、地质和功用的角度出发，应用自然科学思维去探究大自然的成因机理。因此，矿物晶体、古生物化石和陨石的研究在西方国家久远和流行。

英国文学家韦尔斯在《世界史纲》里记述："纪元前 6 世纪小亚细亚之希腊人已知有所谓化石。纪元前 3 世纪亚历山大里亚曾有埃拉托色尼等研究化石，载在斯特累波所著之《地理》中。次则拉丁诗人奥维得亦论及之，然不了解其性质。彼认为造物最初之粗劣出品。再次 10 世纪时阿拉伯著作家亦颇有注意及之者。欧洲研究化石之学，实创自 16 世纪，其鼻祖即文艺复兴时代第一美术家达·芬奇其人。"关于达·芬奇对化石的研究，奥地利心理学家弗洛伊德在《论美》里指出："最终，无法抵挡的研究本能席卷了他(注：指达·芬奇)，引导他走向和艺术需要无关的事物。结果，他发现了力学的一般法则，参透了阿尔诺山谷中岩石分层和化石作用的历史，并以大写字母写下了他的警句：'太阳不动。'"

　　如果从科学美的角度来看待西方"赏玩"石头的现象,可以借用德国思想家康德在《判断力批判》里的一句话来理解:"美的艺术在它的全部完满性里包含着不少科学。"又如同英国科学家贝弗里奇在《科学研究的艺术》里指出的:"相当部分的科学思想并没有足够的可靠知识,作为有效推理的根据,势必只能凭借鉴赏力的作用做出判断。"

　　究其根源,上述现象盖与西方文化倾向于追求具体、准确和细致,特别是注重科学精神、理性主义和功利主义思想传统相关。

　　其一,西方有崇尚科学的精神。早在古希腊时期,亚里士多德便有地质学之原理的论述;丹麦人斯蒂诺开始采集化石,作地层之研究;人们都知晓数学上的毕达哥拉斯定理,也就是常说的勾股定理,据说生活在古希腊的毕达哥拉斯正是通过排列卵石而发明了该计算方法。如英国哲学家罗素在《西方的智慧》里指出的:"毕达哥拉斯发明了排列卵石或符点的计算方法。这种方法确实以各种形式存在了很长一段时间。拉丁文中的'计算'就有'摆弄石子'的意思。"此外,德国思想家歌德在《歌德谈话录》里记述,他自己收集到了一块石化的大树桩,随即指出:"这样的石化树桩在北纬五十 ·度以下直至美洲地区都可以找到,它们就像地球的腰带。对这种现象我们始终感到惊讶不已。我们对地球的早期结构一无所知。"不难看出,就连歌德这样伟大的诗歌、戏剧和散文创作家,在面对自己收藏的硅化木时,都没能够引起他任何文学欣赏的兴趣,而转向作为"科学家"去关注它的分布,并感叹人类对地球结构的无知了。因此,西方人从地质学、数学和生物学等科学角度来研究石头,其中所蕴含的科学精神是显而易见的。

　　其二,西方重视精致的理性主义。英国文学家韦尔斯在《世界史纲》里指出:"西方世界之智慧实经久远之岁月恍然于下列两事:一曰按地质学之研究,生物出世之次序与创世纪六日中所造者不符;二曰地质学之研究,益以生物学之事实,为之佐证,足以推翻《圣经》所谓万物经上帝各别创造之说,而证明一切生物,即人类亦包括在内,皆有同源出发之关联。"因此,地质学家运用理性主义,利用石头(化石)试图战胜正统派的基督教宇宙论,影响甚大。

　　其三,西方有深厚的功利主义思想传统。比如,意大利商人马可波罗在公元1299年写成的《马可波罗行纪》里有着一段记述:"用石作燃料:契丹全境之中,有一种黑石,采自山中,如同脉络,燃烧与薪无异。其火候且较薪为优,盖若夜间燃火,次晨不息。其质优良,致使全境不燃他物。所产木材固多,然不燃烧。盖石之火力足,而其价亦贱于木也。"可见,这位外国旅行家对石头的兴趣是从功用角度来记述的。此外,中国近代社会一则有关石头的故事亦可见端倪。清代李庆辰在《醉茶志怪》里记述：某乙得一石，大仅如拳，水莹然如玉壶冰，携至都，遇西人请其值，对以百金。西人云："如此宝，价岂仅是？客得毋戏耶！"乃赠以四百金。乙欣然受之，曰："实不相欺，仆本拾之山中者，不知其为何宝焉？"西人曰："此名千里井，置诸坎中，水用之不竭。行军赖之，故宝耳。"因此，西方功利主义以得失定善恶，这从西方人对待微小的石头的态度也得以体现。

东方对于石头却有着悠久的赏玩历史。除了中国人有赏玩石头的传统之外，东亚国家的韩国和日本，以及东南亚的马来西亚和新加坡等国家的人们都喜欢赏玩石头。这些国家和地区的文化有着一定的重合性，特别是拥有相似的宗教传统，这些才是赏玩石头的共同决定性因素。当然，这个关涉地理位置、风俗、文化、民族和宗教等因素的赏石起源问题是赏石理论面对的一个课题，不能妄加推测。不过，把赏玩石头界定为东方民族特有的现象，基本能够符合历史与现实。

二　中国赏石的文化因素分析

中国人喜欢通过石头品味人生，体察生命，陶冶心灵，同时把自己的情感寄托于石头上，并选择一些符合自己审美趣味的石头来赏玩。赏玩石头在最古老的东方国度里成了一种有趣的现象，从而以某种特定形式传递着一种只可意会和不可言传的东方情调。

人们会问：为什么中国人会赏玩石头？中国赏石文化在以个体意识为基础的心理痛感如何在精神觉醒过程中，以生命精神为最高理想的追求中得以体现的？如同西方哲学醉心于把人当作人来认识一样，一种具有诗意栖息内涵的赏石表达，如何成为一个务实的东方民族倾心的对象？赏石作为中华民族的独特艺术，到底意味着什么？

这些问题不由得使人想到德国哲学家海德格尔在《艺术作品的起源》里的观点，艺术品被视为与宗教和哲人之思同等重要的真理的原始发生方式。他指出："每当艺术发生，亦即有一个开端存在之际，就有一种冲力进入历史中，历史才开始或者重新又开始。在这里，历史并非指无论何种与无论多么重大事件的时间顺序。历史乃是一个民族进入其被赋予的使命而同时进入其捐献之中。历史就是这样一个进入的过程。"海德格尔的观点给人们的启发在于，需要深入探究中国赏石是如何体现中国人的心灵，体现时代精神、民族性格和民族心理的。

俄国作家托尔斯泰在《战争与和平》里曾经说过:"人类的智力不能掌握一切整体现象之起因,但是企望发现这些起因的需求却萦怀在人类灵魂之中。人的智能还不能查验得出来各种现象的繁复情形,首先抓住第一项近似于起因的事物,立刻就说:'起因在此!'"所以,探究中国人赏玩石头的原因,决不能就赏石而论赏石,而需要把赏石视为一种文化现象来理解;反过来说,研究中国赏石也是人们将赏石文化整合到自然、人性、社会和历史之中的尝试。

世界上不同的民族对石头有着不同的观照,就不单纯是审美趣味的差异化问题了,它还受制于别的东西——不同的文化。然而,文化的范围过于宽泛,这里仅重点聚焦于与中国赏石密切相关的哲学、宗教和艺术等文化因素,以窥探中国赏石的起源和发展。

第一,中国赏石与自然崇拜和自然融合密切相关。

在人与自然的关系上,东西方之间存在着显著差异。德国哲学家黑格尔在《历史哲学》里指出:"在'东方精神'里,沉沦在'自然'里的'精神'的巨大实体性,始终保留作为一种基础。"对黑格尔这句话作简单理解,即东方文化注重与自然秩序的和谐,并且中国人向来有热爱自然的无拘无束,以及追求人生的自然性的倾向。

英国哲学家罗素在《中国问题》里指出:"西方文明的显著长处在于科学的方法;中国文明的长处则在于对人生归宿的合理解释。"另外,1919 年,英国哲学家杜威在北京大学的一次演讲中指出:"西方人是征服自然,东方人是与自然融洽,此即东西方文化不同之所在。"这里的"征服自然",可以理解为西方文明从物质条件出发去控制与操控大自然,把大自然提供的原材料应用技术转化为有用产品的问题。

同样,日本学者北聆吉氏在《论东西文化之融合》里指出:"西洋文化征服自然,而不能融和其自我于自然之中,以与自然共相游乐。""凡东洋诸民族皆有一共同与西洋民族不同之点,即不欲制御自然、征服自然,而欲与自然融合,与自然游乐是也。""东西文化之差别可云一为积极的、一为消极的。""自然之制服,境遇之改造,为西洋人努力所向之方。与自然融和,对于所与之境遇之满足,为东洋人优游之境地。此二者皆为人间文化意志所向之标的。""吾人一面努力于境遇之制服与改造,一面亦须于自己精神之修养。单向前者以为努力,则人类将成一劳动机关,仅以后者为能事,则亦不能自立于生存竞争之场中。"而且,李大钊在《东洋文明论》里,干脆就把东西方文化用"静"和"动"来加以区别,"东西文明有根本不同之点,即东洋文明主静,西洋文明主动是也。"

图 123　《仿陈容云龙图》　黄河石　27×27×10 厘米　　　　　图 124　南宋　陈容　《云龙图》
李国树藏　　　　　　　　　　　　　　　　　　　　　私人收藏

　　这方产自中华民族起源的黄河流域的观赏石,仿佛一个龙头正从海涛云雾之中跃出,目迥如电,龙角隐现,触须飞扬,獠牙显露,喷水如柱,欲冲石而去,可谓"神龙见首不见尾",恰与南宋画家陈容《云龙图》有异曲同工之妙。龙作为中华民族和每一个中国人心中的图腾,一直以来被视为祥瑞图腾,蛟龙出水预示着中华民族的伟大复兴。

综上所言,赏玩石头的兴趣源于东方人自然崇拜和自然融合的观念就不难理解了。这种自然崇拜和自然融合,可以解析为是"精神的东西"与"自然的东西"的和谐统一。于是,人们热爱自然、亲近自然和师法自然,应自然山川之灵气,顺宇宙运转之和谐,从而在精神上与大自然的力量相凝聚,在诗意的情绪下进入一种自由和自然的状态。对此,德国社会学家阿尔弗雷德·韦伯在《文化社会学视域中的文化史》里有所论述:"中国和印度文化遵循这样一个原则:你有理由以你自己的方式去理解和控制命运的冥冥之力。这种冥冥之力或许非常明晰,或者它存在于石头、树木和骆驼当中,或许存在于表现性别的和其他的象征符号之中。""将宗教的财富连同思辨、艺术和文学的生活财富都建立在古老地层的原始地基之上,这种对文化深层的划分是东方中国和印度两种文化中的伟大奥秘。"

自然在中国文化里是最初的东西和一切之基础。中国古代的《诗经·小雅》里,就有"昔我往矣,杨柳依依;今我来思,雨雪霏霏"之歌句;屈原的《九歌》里,亦有"袅袅兮秋风,洞庭波兮木叶下""鸟何萃兮苹中,罾何为兮木上""秋兰兮青青,绿叶兮紫茎"之佳句。所以,大自然里的石头就被视为有着一种原初的意蕴,成为人们精神的依托,赏石自然也就变成了一种精神的直观。实在的和不可理解的石头,引发了赏玩石头的人设身处地的幻想,变成了一种精神的启示,内化为一种自我意识和情感寄托。反过来说,石头作为一种人性化的自然符号,就成为人们可以看见、感受和品味的一种身心与自然之间的融合了;石头这个谜一样的东西,就不再完全是某种未知的东西,变成了人们的精神所要解决问题的附体;同时,石头被观照而赋予了各种不同的意义,成为人们意识里的对象,透过精神而有了自己的独立价值。

对于中国赏石来说,人们就是要从"自然的东西"——石头——那里获得一种解放精神的途径。那么,潜伏在中国赏石之下的精神,就可以理解为内省的和情感的了。

第二,中国赏石与特定历史时期的哲学和宗教息息相关。

就宗教来说,西方流行基督教,东方盛行佛教。这两个宗教有着本质的区别。对此,德国社会学家阿尔弗雷德·韦伯在《文化社会学视域中的文化史》里指出:"同世界上的其他宗教相比,佛教与基督教的性质相差甚远,基督教使自身细化、优雅,使人们愿意亲近它体现的伦理态度。最初的佛教没有包含任何赐予人们日常幸福和个人永生的内容,而是宣扬人们解脱,进入真实境界,穿透狭隘的'此在',没有救世主,没有引领的向导,仅靠对身体和欲望的控制,这样就控制了一切。"

德国哲学家黑格尔在《历史哲学》里认为:"中国的个人并没有一种独立性,所以在宗教方面也是依赖的,依赖自然界里的各种对象,其中最崇高的便是物质的上天。"黑格尔所谓的宗教,是指"精神"退回了自身之内,专事想象自己最内在的"存在"的主要性质。同样,学者梁漱溟在《中国文化要义》里指出:"宗教的真根据是在出世。出世间者,世间之所依托,世间有限也,而托于无限;世间有相对也,而托于绝对;世间生灭也,而托于不生灭。"同时,他在《人心与人生》里说:"人生所不同于动物者,独在其怀念过去,企想未来,总在抱着前途希望中过活。时而因希望的满足而快慰,时而因希望的接近而鼓舞,更多的是因希望之不断而忍耐勉励。失望与绝望于他太难堪。然而所需求者不得满足乃是常事,得满足者却很少。这样狭小急促、一览而尽的世界谁能受得? 于是,人们自然就要超越眼前知识界限,打破理智冷酷,辟出一超绝神秘的世界,使其希望要求范围更拓广,内容更丰富,意味更深长,尤其是结果更渺茫不定,一般的宗教迷信就从这里产生。"

除了佛教之外,在中国不同历史时期,还存在着其他宗教和哲学多元性传统。也就是说,在不同历史时期人们接受着不同的哲学影响和宗教信仰,并且中国人同时可以信奉多个宗教,即宗教信仰是宽容的。人们都知道,哲学和宗教都善于用唯心主义的方式来表现事物,正如近代思想家蔡元培在《美学文选》里指出的:"意志论之所诏示,吾人生活,实以道德为中坚,而道德之究竟,乃为宗教思想。其进化之迹,实皆参互于科学之概念。哲学之理想,概念也,理想也,皆毗于抽象者也。而美学观念,以具体者济之,使吾人意识中,有所谓宁静之人生观。而不至于疲于奔命,是谓美学观念唯一之价值。而所由与道德宗教,同为价值论中重要之问题也。"

特别地,以中国古代文人雅士和以士大夫阶层为代表的哲学观念,他们在生活里掺入的一些宗教的情感,以及他们自身所独有的精神气质、才思性情和趣味追求在赏石活动中发生着直接作用。这里需要强调的是,哲学与宗教自然是不同的概念,用学者梁漱溟在《东西文化及其哲学》里的话说:"所谓哲学就是有系统的思想,首尾衔贯成一家之言的;所谓宗教就是思想含一种特别态度,并且由此态度发生一种行为的。"

就中国赏石文化和赏石精神而言,它们最初的本源都来自哲学和宗教。这里的哲学特指玄学观念和道学观念,宗教主要是道教、佛教和禅宗等。准确地说,中国赏石发端于玄学与宗教:老庄的道学;魏晋的玄学、佛教和道教;隋唐的佛教、道教和中隐思想;宋元的禅宗、道学和明清的心学等等。它们自然冥契于中国赏石活动之中,它们才是中国赏石起源和发展的最深根源。

就宗教来说,一旦宗教被一部分信徒所接受,总会对那些截然不同的社会阶层的生活方式产生影响。犹如德国社会学家马克斯·韦伯在《儒教与道教》里指出的："阶层是我们所说的宗教信仰的最重要体现者。由于阶层的性质不同,在宗教中被当作最高目标来追求的天堂和转生状况也只能各不相同。尚武的骑士阶级、农民、工商业者、受过文学训练的知识分子在这种追求中必然有不同的倾向。这种倾向本身虽然不能单方面地规定一种宗教的心理特征,但对它有深远的影响。"这里,尤其对于那些有教养的知识分子阶层来说,他们总喜欢把某种宗教状态的感觉作为一种经历来品味,并愿意按照自己的思想、世界观和生活方式来表达某种东西。

因此,中国赏石就可以理解为哲学性和宗教性的,是一部分人的世俗解放的精神活动了。

第三,中国赏石与古代文人的观念和理想精神追求紧密相连。

中国古代赏玩石头的群体主要是文人雅士和士大夫。关于文人雅士,在前文讨论文人绘画与文人赏石时已有略述。士大夫是中国封建阶级官员级别的一种称谓,实际上是"士"与"大夫"合并的称呼。史学家瞿同祖在《中国封建社会》里指出:"封建阶级细分起来,可以分成许多级,最普通的是分成天子、诸侯、卿大夫、士、庶人五级。""居于诸侯以下,以服侍诸侯的,便是卿大夫阶级了。""卿有统兵和总政事之权,而大夫副之。""士是一种有官禄的小吏,介乎庶人与卿大夫间的阶级。"可见,士大夫代指当时的统治阶级,或者说与政事相关。

古代人之得为官吏,非因门第,乃由教育所致,因中国自古就有"学而优则仕""知识即势力"的传统。正如德国社会学家马克斯·韦伯在《中国的宗教:儒教与道教》里指出的:"在君主集权的时代,士大夫阶层成为一个有保证资格要求官职俸禄的身份团体,中国所有的公职人员皆取自这个阶层,而他们所适合的官职与品位则取决于通过考试的次数。"早在中国汉代的汉武帝时,就开始了实行通过考试选拔部分官员的制度了,特别是随着隋唐科举制度的确立,任何公民都可以参加考试,以获得进入政府的资格。因此,士大夫这个阶层都是从社会上选拔来的优秀人士,是担任政府官员的知识分子,是有一定知识和文化学养的。

这里,还需要对士大夫这个阶层做进一步的理解。散文家朱自清在《诸子》里指出:"'士'本是封建制度里贵族的末一级;但到了春秋战国末期,'士'成了有才能的人的通称。"历史学家钱穆在《国史新论》里指出:"中国社会传统上之所谓士,并不如近代人所说的知识分子。中国旧传统之所谓士,乃是不从事于生产事业的,所谓'士谋道而不谋食,忧

图 125　《烟岚云岫》　昆石　26×17×14 厘米　　昆山市博物馆藏(吴新民捐赠)

　　这块昆石,秀莹若玉雪,如烟如云,绝俗比君子,喻为昆山之玉。

道而不忧贫'。其所谓道,上则从事政治,下则从事教育。""我们明白了这点,便可知中国学者何以始终不走西方自然科学的道路,何以看轻了像天文、算数、医学、音乐这一类知识,只当是一技一艺,不肯潜心研究。"

总之,正是由于文人雅士和士大夫在政治、文化和艺术上的影响力,他们的私人赏石雅趣才会被铭记在中国历史之中。同时,他们的精神性格和审美情趣也极大地影响了后人赏玩石头的品位和倾向。

当然,只有置身于他们生活的时代,才能够体察他们的精神特性和内心世界之所依,体会到他们的自重和孤傲,窥见他们的风骨和高洁品格。历史学家黄仁宇在《赫逊河畔谈中国历史》里就指出:早在东汉,"在'学而优则仕'的条件下,这些学人除了当官之外,缺少发展抱负的门径。有时读书也确是升官发财的阶梯,做得好的数代公卿,创立门第。只是这种机缘难得,有的则蹉跎仕途,有的为人'宾客',还有很多自负清高。在读圣贤书之余,养成一种仗义轻生的风气,不仅自己被窄狭的伦理观念所支配,还要强迫他人一体以个人道德代替社会秩序,这许多条件都构成党祸的根源。"同时,历史学家钱穆在《国史新论》里指出:"孔子、墨子、庄子,他们所理想的普通人格之实际内容又不同,但他们都主张寻求一种理想的普通人格来实践表达特殊人格这一根本观念,则并无二致。而此种理想的普通人格,则仍从世界性、社会性、历史性中,即人文精神中籀绎归纳而来。"此外,美国学者刘子健在《中国转向内在:两宋之际的文化转向》里则说:"尽管一般而言,一个知识分子总要通过科举成为官员,但是,对'道'的最高追求始终要重于他对官僚生涯的渴望。他是一个官员,却从不把自己局限在衙门的日常争讼中,而是保持着广泛的兴趣,关心国家政策、道德水准、精英行为、哲学倾向、社会福利和教育等。"可以说,"士"作为古代一个特殊的阶层,承担着一定的文化使命。

历史学家吴晗在《历史的镜子》里指出:"士不但受特殊的教育训练,也受特殊的精神训练。过去先民奋战的史迹,临难不屈,见危授命,牺牲小我以保全邦国的可歌可泣的史诗和食人之禄忠人之事的理论,深深印入脑中。在这两种训练下,养成了他们的道德观念!"实际上,这种道德观念一直深深根植于"士志于道"(《论语·里仁》)和"无恒产而有恒心者,唯士为能"(《孟子·梁惠王》上)的古老思想传统之中。总之,如东汉学者应劭在《风俗通义》里所说的:"君子厄穷而不闷,劳辱而不苟,乐天知命,无怨尤焉"。道出了士大夫的理想人格追求。

一些身在仕途的士大夫们,往往一旦有感于官场的险恶,或者政治上的失落;以及那些颇负盛名的文人雅士,由于自己的切身遭遇和不得志,对当时的政治、社会和生活的担忧和愤懑等,他们都会试图从沉重的政治和社会习俗的异化中解脱出来,在充满苦难产生的巨大热情中释放自己,在失望中最后皈依于自然,犹如南宋诗人辛弃疾的诗歌所言:"书咄咄,且休休,一丘一壑也风流。"

中国的文人雅士和士大夫们一直以来精神兴趣脱离不了政治。历史学家钱穆在《国史新论》里说:"即如庄周、老聃,最称隐沦的人物,他们著书讲学,亦对政治抱甚大注意。即算是在消极性地抨击政治,亦证明他们抛不掉政治意念。此亦在中国历史传统人文精神陶冶下所应有。我们姑称此种意态为上倾性,因其偏向政治;而非下倾性,因其不刻意从社会下层努力。"那么,从心灵的逻辑上说,他们虽然表面看起来风流潇洒,但是骨子里却痛苦不堪,特别在面对不满的现实时,在对公共福祉充满新的期待时,首先需要在心理上重新自决和自我解脱。由此,作为一种特殊的偏好——赏石,自然就与精神的苦闷、愤世嫉俗和坚贞高洁等联系在一起,恰如美国学者杨晓山在《私人领域的变形》里所说:"当唐宋文人感到传统的政治、道德及审美的价值观不足为训或不合时宜的时候,他们就努力地去另辟蹊径。"

文人雅士和士大夫们在艺术——特别是在诗歌、音乐、文学和绘画上,均有很深的造诣。如果他们在精神上深感压迫,就会加深对自由的渴求,对大自然的皈依和隐逸生活的向往。这一情景,犹如美国学者孙隆基在《中国文化的深层结构》里指出:"在追求'天人合一'的中国文化中,即使没有超越世外的'天'的观念,人欲超离于具体实况之上的需求,仍然使其将自然界精神化。即使像道家那样'身体化'的哲学,也把'自然'看成是一种精神原理:它不再是物理学的'自然',而是神秘化了的'自然'。"因此,"这个'自然'遂成为飘逸之士可以寄托情怀的场所,也让被'人伦'关系所窒息的'个体'能够获得有限度的自我舒展的空间,并且成为中国人审美灵感的源泉,比如山水、木石、虫鸟等事物即成为诗歌与绘画的重要内容。"反过来说,这些向往和渴求更加促进了他们在各自艺术领域的成就,犹如《南史·隐逸》里所说:"(隐逸之士)须含贞养素,文以艺业。不尔,则与夫樵者在山何殊异也。"

中国古人一向看重自由。这里的自由不完全是我们现在所说的"自由",而是一种内心境界。对此,学者胡适在《容忍与自由》里指出:"在中国古代思想里,'自由'就等于自然,'自然'是'自己如此','自由'是'由于自己',都有不由于外力拘束的意思。""中国古人太看重'自由'、'自然'的'自'字,所以往往看轻外面的拘束力量,也许是故意看不起外面的压迫,故意回向自己内心去求安慰,求自由。这种回向自己求内心的自由,有几种方式,一种是隐遁的生活——逃避外力的压迫;一种是梦想神仙的生活——行动自由、变化自由——正如庄子所说,列子御风而行,还是'有待','有待'还不是真自由,最高的生活是事人无待于外,道教的神仙、佛教的西天净土,都含有由自己内心去寻求最高的自由的意义。"

从人性上来说,如果人们背叛了实际追求和需要的东西,或者遇到了精神上的障碍,那么,在审美情趣上必然会出现极端的表达方式。这一情形,如同德国哲学家黑格尔在《美学讲义》里指明的:"人的存在是被限制,有理性的东西。人是被安放在缺乏、不安和痛苦的状态,而常陷于矛盾之中。美或艺术,作为从压迫和危机中,回复人的生命力,并作为主体的自由的希求,是非常重要的。"

对于一部分文人雅士和士大夫来说,天然的石头作为大自然里的一种物质手段、一种特别的符号,就成了自己心中求自由独立的象征,成了精神之所寄,成了表现自己内心世界、表达情感和消解社会的一种方式。赏玩石头成了他们在追求精神的自由和思想的解放中所建立的另类形式和手段。于是,石头又因其自身特有的自然、坚硬和质朴的外表,以及皱、漏、瘦、透、秀、雅、丑的自然形态,就容易与他们的心态和审美情趣相吻合。不难看出,赏石暗含着避世思想,成了由于软弱无力、被压抑的报复情感的产物,成为旨在逃避现实生活和调节世俗心理之目的的产物。自然,近乎一种逃避主义的赏石方式,在以文人雅士和士大夫为代表的人群中悄然而生。

不可忽略的是,这些人往往还通过赏石活动中极富神秘主义的冥想来寻求自己的另类福祉——既有内心精神的渴求,也有怡养情性的需求,还有身体上长寿的期许。特别是一派自己称为道士或者"道的崇拜者"的人,他们与世隔绝,他们的见解里有许多妄想和神秘的成分,认为凡是得"道"的人,便取得无所不能的秘诀,并且可以发生一种超自然的力量,相信得道便能够升天,永远不死。正如德国社会学家马克斯·韦伯在《经济与社会》里所说:"以宗教或魔法为动机的行为,在其最初存在的期间,是针对尘世的。而完成宗教或魔法要求的行为的目的是'让你生活健康,长留人间'。"同时,他在《儒教与道教》里还指出:"冥想,进入蛰居的幸福、深沉的静穆清虚之中,对于一切宗教来说,都成了人们可以达到的最高和最终的福祉,一切别的宗教状态的形式只是这方面的相对可贵的代用品。"

因此,中国赏石就成了文人雅士和士大夫们的一种节奏缓慢、简易平淡、温柔敦厚、宁静致远、沉迷于自然的诗性情调的感应,是人生特殊精神意义的一种体验,也是超越社会世俗功利之外的一种情绪凝结。

第四,中国赏石蕴含着中华民族的文化底蕴。

赏石与古代文人绘画和诗歌等艺术有着深厚的勾连。在特定意义上,赏石与其他艺术形式一样,都是反映时代和社会的。而赏石的独特性体现的是人们自由意志的反省性和个性化。赏石的反省性突出地表现在人们试图超越现实回到自然中去,以获得精神的自由,保持一种精神的纯粹,来释放自己的心绪;个性化则体现为,赏石作为一种闲情偶寄和雅兴,同绘画和诗歌一样,相辉互映,都是文人们所喜爱和追求的。

就中国古代赏石而言,它是文人雅士和士大夫们在自然主义与宗哲影响之下的一种个性主义和自由意志的表达。中国赏石精神则反映了他们的理想精神生活,代表着他们高远的灵魂世界,如同文人绘画一样,赏石也成了他们现实生活的一种更为直观的再现。因此,在中国赏石历史上,在诗歌、绘画、文学和书法等领域颇有成就的白居易、王维、杜甫、柳宗元、苏轼、欧阳修、李煜、赵佶、米芾、黄庭坚、米万钟等也会是赏石家了。一旦把中国赏石置于不同艺术裙带和整体艺术观的维度之中去考量,就可以获得一种合理的解释了。

当代赏石艺术实则属于中华民族的奇葩式艺术。艺术发展史告诉人们,不同的艺术在不同时代都扮演着不同的角色。法国画家亨利·马蒂斯说过:"一件艺术品,对于审视它的不同时代来说,具有不同的意义。人们需要思考,人们应当待在自己的时代,用今天的新意识考察艺术品呢? 还是应该研究创造它的那个时代,把艺术品放回到它所属的时代,用当时的方式去看待它,把它与当时的其他创作(文学、音乐等)联系起来,以便弄懂它在当时意味着什么,以及它给当时的人们带去了什么呢?"很显然,用当时的眼光去看待一种艺术品,它提供的某些快感以及对现时代的作用就要丧失掉,因为在不同的时代,不同的艺术都通过与观赏者的交流给人以愉快。

当代赏石艺术是一门有着严密的哲理表达,丰富的艺术表现,受着严格法则的约束,有着自己特定精神取向,涵藏着独特的中国美学和人文精神的深层艺术,隐藏着人们的态度、观念和理想。同时,它作为一种有着人生旨趣和文明特征的艺术,也意蕴着多样化的文明底蕴,有着一定的历史延续性,从而向世人回答着"我们凭借着什么成为我们,以及我们为什么能够延续自身"这个命题的。这也验证了俄国艺术家康定斯基在《论艺术里的精神》里指出的:"正如每一个艺术家要使自己的思想为人所知一样,每个民族也是这样。因此,艺术家所属的各个民族也无例外。艺术家和本民族的联系被反映在形式里,作品中的重要特征是民族因素。"

总之,中国赏石是中华民族的情感世界的一种独特表达,它因饱含东方哲理而有着绝对不同的特点。

图 126 《智者》 右江石 8.5×6×5.5 厘米 林春宁藏

雕塑把存在的真理体现到馈予着地缘的雕塑作品中。对这种艺术之本真性的磕磕绊绊的了解已使我们可以这样来揣摩:作为存在之无蔽的真理,并不必然地以体现的方式来实现。

——(德国哲学家)海德格尔

第十一章 中国赏石流变之本源

一 老庄之学

研究中国赏石决避不开老庄一派的道家思想。同时,道家思想在中国艺术史中的作用也不能够轻视。

老子(李耳),楚国隐士,写了一篇五千字的《道德经》,他把宇宙发展的自然法则命名为"道",成为道家思想的发端。庄子(庄周),宋国隐士,作为老子的弟子,著有《庄子》,他以寓言故事的形式把老子的思想发展到了高峰,形成道家的正统。老、庄两派,汉代总称为道家,他们的学说被称为"老庄之学"。道家思想也经历了一个渐进演变的过程,从"道"的不可测,最后转向了虚无思想,即静观、玄览、恍惚、冥想和寂寥等唯心词汇成为其思想的代名词,再引申开来就是神秘主义和炼丹术了。

老子在《道德经》里曰:"道者,万物之奥。""道,可道,非常道。名,可名,非常名。无名,天地之始;有名,万物之母。故常无,欲以观其妙;常有,欲以观其徼。此两者同出而异名,同谓之玄。玄之又玄,众妙之门。"同时,老子又曰:"人法地,地法天,天法道,道法自然。"这里,自然是"道"最本真的体现,呈现出一种不受外界因素干扰的完全自在的状态。也就是说,世间万物都有自身特定的与自然的方式,"道"的最高法则是融入自然界的神秘秩序。

老子在《道德经》里曰:"致虚极,守静笃,万物并作,吾以观复。夫物芸芸,各复归其根,归根曰静。""静胜躁,寒胜热,清静为天下正。"这段话意指,万物虽众,但却同道,如果都能遵循道,则天下无争了,无争因以虚静为体。对此,作家柏杨在《中国人史纲》里说道:"李耳的全部思想是清静,不要作为,任凭事物自然发展。"

受道家思想影响较深的多为甘于放逸之行的隐士,他们高唱返璞归真,归于自然,所过得是一种虚静的人生。历史学家钱穆在《国史新论》里指出:"中国道家的个人主义,要叫人能和光同尘,挫去个性光芒,将个人默化于大众之深渊,混茫一体,而绝不是要求个性在群体中自露头角。因此,道家不称他们的理想人为圣人,而改称为真人。"对于"真人",用学者闻一多在《神话与诗》里的话说:"所谓'神人'或'真人',实即人格化了的灵魂。"同时,德国社会学家马克斯·韦伯在《儒教与道教》里也指出:"隐士自古以来在中国就一直存在着,不仅《庄子》中是这样说的,而且,绘画作品中也有这样的描绘,并且儒士们自己也承认过这一点。"

无论是老子求得精神的安定,还是庄子要求得到精神的自由解放,都是以建立精神自由的王国为目的。那么,道家所崇尚的思想如何才能够得以实现呢?

老子在《道德经》里曰:"生而不有,为而不恃,长而不宰。"人们从这句话中,大致可以体悟出老子关于人生归宿的理解。在那个特殊的动乱时代,人生必然要求在所遭受的像桎梏般的痛苦中求得自由的解放,而这种解放不可能求之于现世,求之于上天和未来,而只能求之于自己的心,求助于心的作用和心的状态;"心"的修炼和"心灵境界"的提升,只能靠自己。这在庄子来说,就是"闻道"和"体道"。因此,老子在《道德经》里曰:"上士闻道,勤而行之;中士闻道,若存若亡;下士闻道,大笑之,不笑不足以为道。"这种状态犹如南朝画家宗炳在《画山水序》里所描述的高人隐士的生活状态:"闲居理气,拂觞鸣琴,披图幽对,坐究四荒,不违天励之薮,独应无人之野。"实际上,隐逸之士修道多以内心自省的方式达到终极境界。他们虽然隐居出尘世生活,但也只是一种躲避社会和现实的行为,而没有真正逃离自然,恰恰在大自然里去寻求心灵的自省。

哲学家冯友兰在《中国哲学简史》里认为:"道家对艺术没有正面提出系统的见解,但是他们追求心灵的自由流动,把自然看为最高理想,这给了中国伟大艺术家无穷的灵感。由于这一点,许多中国艺术家把自然看作艺术的对象,就不足为怪了。"如果纯粹从艺术上来理解,老庄道的思想也是一种美学,更是一种艺术精神,从而使艺术境界达到道家所崇尚的"至乐"和"天乐"。不过,它的本质终究在于使人的精神得到自由的解放。在道家的观照之下,"天地万物,皆是有情的天地万物",并且,"天地有大美而不言","万物有成理而不说"。对于这一点,文学家徐复观在《中国艺术精神》里指出:"老庄所建立的最高概念是道。他们的目的是要在精神上与道为一体,亦即是所谓体道,因而形成道的人生观,抱着道的生活态度以安顿现实的生活。"这也正应了德国哲学家海德格尔所说的:"心境愈是自由,愈能得到美的享受。"

老庄由"去知去欲""虚静以恬愉""无为而自得"而呈现出以虚、静、明为体之心,在虚、静、明之心所观照下的世界,一定是清明的世界。对此,德国社会学家马克斯·韦伯在《儒教与道教》里说:"道是神圣的唯一,同一切冥想的神秘主义一样,人可以通过使自我绝对脱离世俗的利益与热情,直至完全无为,来分享这种神的唯一。"因此,老庄之学的精神必归于淡泊。于是,晋代诗人嵇康在《卜疑》里才说:"宁如老聃之清净微妙,守玄抱一乎。将如庄周之齐物变化,洞达而放逸乎。"

如果把老庄之学与中国赏石结合在一起,可以引发如下思考:

其一,庄子认为,宇宙的大生命是在不断变化,并且,由"物化"而将宇宙万物加以拟人化和有情化;在对人和对物关系上,要求"官天地,府万物"。因此,在虚静之心中会"胸有丘壑",而胸有丘壑是官天地、府万物的凝结。这恰是人们赏石活动的必需条件,即类似前文所述的赏石的有目的观照与转化理论。

其二,庄子认为,道是"有情有信""可传而不可受,可得而不可见"。据此,哲学家陈鼓应在《庄子浅说》里说:"'情''信''传''得'乃属感受之内的事,感受是一种情意的活动,而这情意的活动,为庄子提升到一种美的观照的领域。"这与人们艺术和审美地观照观赏石,并且观赏石能够引发人们的感悟,何其吻合。

其三,老子在《道德经》里曰:"道之为物,惟恍惟惚。惚兮恍兮,其中有像;恍兮惚兮,其中有物;窈兮冥兮,其中有精,其精甚真,其中有信。""古之善为士(道)者,微妙玄通,深不可识。"而且,庄子在《庄子》里曰:"物物者非物""形形之不形乎!"这与人们在品鉴一块观赏石时的情形,何其相似。

其四,老子在《道德经》里,有五处明确言及"自然":"功成事遂,百姓皆谓我自然;""希言自然;""道法自然;""道之尊,德之贵,夫莫之命而常自然;""以辅万物之自然而不敢为。"通俗地理解,老子所谓的"自然",是形而上学的,意指一切存在的原始状态、本来的样子和本来如此,破除一切人为造作,这与观赏石的独特属性以及人们在赏石中所追求的真美合一观念,何其一致。

其五,老子在《道德经》里曰:"复归于婴儿。""复归于无极。""复归于朴。""圣人去甚,去奢,去泰。"庄子在《庄子》里曰:"夫恬淡寂寞虚无无为,此天地之本而道德之质。""凡物无成与毁","以道观之,物无贵贱。"这与人们赏石的感悟,何其相同。

哲学家冯友兰在《中国哲学简史》里认为,道家"把属于自然和属于人为的东西严格区分:一个是自然的,另一个是人为的。自然令人快乐,人为给人痛苦。战国时期的儒家思想家荀子评论道家'蔽于天而不知人'(注:《荀子·解蔽》)。道家这种思想最后发展到主张'天人合一',即人与自然、人与宇宙合一。"此外,哲学家陈鼓应在《庄子浅说》里指出:"在庄子心目中,广大的自然乃是各种活泼生命的流行境域,自然本身含藏着至美的价值。""庄子的自然哲学以人类为本位,并将生命价值灌注于外在自然,同时,复将外在自然点化为艺术的世界。"对于赏石来说,大自然的石头以及人们对观赏石的感悟极易与道家的"道法自然""惚兮恍兮,其中有像;恍兮惚兮,其中有物"相吻合。老庄之学如果与天然的石头联系起来,并与赏石的共感结合起来,必然会"窈兮冥兮,其中有精,其精甚真,其中有信"。同时,对于赏石艺术来说,天然的石头作为大自然的代表符号,必然含藏着至美的价值,而且,天然的石头被审美地观照,也必然会被点化为艺术的世界。

总之,中国赏石可以视为老庄齐物精神和艺术人生的生动表达。老庄思想又可看作赏石精神的体现,准确地说是赏石艺术精神的体现,犹如画家黄宾虹所说的:"艺之至者,多合乎自然,此所谓道。"那么,中国赏石文化与老庄之学相契合也就令人不疑了。

二 魏晋的佛教、道教和玄学

中国历史上的魏晋南北朝时期,乃罕有之乱世。西晋"八王之乱",东晋南迁,南北分裂,五胡云扰,十六国割据,战争不断,社会秩序解体,传统礼教崩溃。对此,历史学家黄仁宇在《赫逊河畔谈中国历史》里指出:"中国自公元220年曹丕强迫汉献帝禅位,到589年隋文帝灭陈而重新统一中国,在历史上统称魏晋南北朝。这三个半以上的世纪之内,能够称为统一的时间不过约三十年。这并不是文人和士大夫能自寻解放的时代,只是时局动荡,好多人觉得过去苦心孤诣学来的规矩方圆,到时全无用场,如此不如放浪形骸,自求真趣。"

图 127　《荷叶》　大化石　38×20×11 厘米　　何丽珍藏

莲华荷叶出未出，做尽工夫转觉难。

——（宋代）释正觉：《偈颂二百零五首》

总的来说,这一历史时期的思想状况和社会状况大体如下:

其一,在宗教上,起源于印度,在东汉时期传入中国的佛教,在魏晋南北朝时期经中亚和新疆、印度支那和南洋,大量教徒和佛教经典进入中国,并迅速发展起来。特别是南朝佛法兴盛,寺庙众多,这从唐代诗人杜牧的"南朝四百八十寺,多少楼台烟雨中"诗中即可窥见。

佛教极易与老庄思想形成联姻,因为二者有着相似的价值取向和思维方式。对此,哲学家汤用彤在《魏晋玄学论稿》里指出:"西晋末叶以后,佛学在中国风行,东晋的思想家多属僧人,但是这种外来的印度宗教,何以能在我国如此发达,说者理由不一。我看其中主要的原因,多半是由于前期'名士'与'名僧'发生交涉,常有往来。他们这种关系的成立,一则双方在生活行事上彼此本有可以相投的地方,如隐居嘉遁,服用不同,不拘礼法的行径,乃至谈吐的风流,都有可相同的互感。再则佛教跟玄学在理论上实在也有不少可以牵强附会的地方,何况当时我国人士对于佛教尚无全面的认识,译本又多失原义,一般人难免望文生解。当时佛学的专门术语,一派大都袭取《老》《庄》等书上的名辞,所以佛教也不过是玄学的'同调'罢了。"

日本学者忽滑谷快天在《中国禅学思想史》里则指出:"唯老庄之学可谓佛教之阶梯,中国早入佛教者多老庄之徒,故其说佛教多引用老庄而晓深义。"日本学者吉川忠夫在《六朝精神史研究》里认为,东晋的士大夫接受佛教思想所采取的方法是"以经中之事数,拟配外书",即将佛典的专用术语与中国的经籍,尤其与老庄的著述结合起来。"这样一来,所理解的佛教就是格义佛教,所谓格义佛教,概而言之,不外乎就是根据老庄思想而作的佛教解释。""孙绰(公元311—368年)的《喻道论》(《弘明集》卷三),也就是最显著的例子,'夫佛也者体道者也。道也者导物者也。应感顺通,无为而无不为者也。无为故虚寂自然,无不为故神化万物。'"

其二,当佛教在中国逐渐兴起之时,一个土产的宗教道教在四川开始形成。准确地说,公元3世纪,因东汉末年的黄巾起义而广泛流行的道教,在南北朝时期也成了社会各个阶层的宗教信仰。对此,学者胡适在《胡适口述自传》里指出:"在公元三世纪,佛法已大行于中国,而民族主义的观念,乃促使国人群起宣扬道教以抵制。因此,在公元四五世纪时,国人信道之风大盛。"

其三,在魏晋南北朝时期,门第旺盛,不随政治而动摇。因此,有历史学者称这一时期为"门第社会"。值得指明的是,从北方胡族马蹄逃离出来的士大夫们,在中国的江南找到了安歇之所。此时期，南朝实行士族制度（注：按照历史学家余英时的解释，"士与宗族的结合，便产生了中国历史上著名的'士族'"，见《士与中国文化》），即士族官僚门阀制度。在政治权利、社会地位和经济利益上，家族按等级享有不同程度的特权，他们有家学和文化素养，但生活奢华，且好逸恶劳，形成了一批特权贵族。关于士族的生活奢华，从《三国志·魏志》卷九《曹真传》附爽传的记述可略现：

> （何）晏等专政，共分割洛阳野王典农部桑田数百顷，及坏汤沐地以为产业。……爽又私取先帝才人七八人，及将吏、师公、鼓吹、良家子女三十三人，皆以为伎乐。诈作诏书，发才人五十七人，送邺台，使先帝婕妤教习为技，擅取太乐乐器，武库禁兵，作窟室，绮疏四周，数与（何）晏等会其中，纵酒作乐。

对此，历史学家范文澜在《中国通史简编》里指出："士族与非士族间有不可侵犯的区别，皇帝也不能改变它。"同时，历史学家钱穆在《国史新论》里指出："门第乃形成于士族，门第中人，亦皆中国传统社会中之所谓士，上接两汉，下启隋唐。中国仍为一四民社会，士之一阶层，仍为社会一中心。""庄老清谈仅在东晋南朝门第中有此一姿态。北朝及隋、唐，清谈显不占地位。""门第逼窄了人的胸襟。一方面使其脱离社会，觉得自己在社会上占了特殊地位；另一方面又使其看轻政府，觉得国不如家之重要。此种风气在东晋南朝尤为显著。"

在此思想和社会状况之下，士大夫阶层的理想多转向了老庄的道家思想和佛教，特别是玄学。历史学家余英时在《士与中国文化》里指出："魏晋南北朝时期儒教中衰，'非汤、武而薄周、孔'的道家'名士'（如嵇康、阮籍等人）以及存'济俗'的佛教'高僧'（如道安、慧远等人）反而更能体现'士'的精神。"对此，哲学家汤一介在《郭象与魏晋玄学》里认为："玄学也许是部分世家大族的知识分子（士人）所提倡，它是当时部分士大夫为在魏晋这一文化转型期所需要寻找的一种精神上的、理想人格上的追求。"此外，哲学家汤用彤在《汉魏两晋南北朝佛教史》里亦指出："魏晋玄学者，乃本体之学也。""中国之言本体者，盖可谓未尝离于人生也。所谓不离人生者，即言以本性之实现为第一要义。实现本性者，即所谓反本。而归真，复命，通玄，履道，体极，存神等均可谓为反本之异名。佛教原为解脱道，其与人生之关系尤切。"

士大夫们想象返璞归真，刻意追求一个圆满具足的艺术性人生。这一情形犹如历史学家钱穆在《国史新论》里的描述："现在则如在波涛汹涌的海上,孤悬起一轮凄清的明月。在荆棘蔓草丛中,浇培出一枝鲜嫩美艳的花朵。把农村情味带进繁华都市。把军国丛脞忍辱负重的艰危政府,来山林恬退化。把华贵堂皇、养尊处优的安乐家庭,来自然朴素化。那是当时的大喜剧,亦可说是大悲剧。"美学家李泽厚在《美的历程》里概括道："这种对生命死亡的重视、哀伤,对人生短促的感慨、喟叹,从建安直到晋宋,从中下层直到皇家贵族,在相当一段时间中和空间内弥漫开来,成为整个时代的典型音调。"

在这个大的社会背景下,隐逸哲学尤其对文人和士大夫影响深重,于是虚无厌世之学风与老庄之玄谈流行于他们中间。正如历史学家范文澜在《中国通史简编》里所说的："东汉末老庄学派(玄学)开始复活。魏晋时代玄学大发展,手持麈尾,林下清谈,成为士族的专业。"总之,哲学家陈鼓应在《庄子浅说》里指出："在一个混乱的社会里,庄子为人们设计了自处之道。在他所建构的价值世界中,没有任何的牵累,可以悠然自处,怡然自适。"比如,南朝文学家刘义庆的《世说新语》里的一则故事,足可见他们的风度:

> 诸名士共至洛水戏。还,乐令问王夷甫曰:"今日戏,乐乎?"王曰:"裴仆射善谈名理,混混有雅致。张茂先论《史》《汉》,靡靡可听。我与王安丰说延陵、子房,亦超超玄箸。王武子、孙子荆各言其土地人物之美。王云:'其地坦而平,其水淡而清,其人廉且贞。'孙云:'其山崒巍以嵯峨,其水荡漾而扬波,其人磊砢而英多。'"

在行为方式上,文人和士大夫们转而逃避现实,隐逸山林。伴随着隐逸文化的兴起,出现了诸如阮籍、嵇康、向秀、王弼、何晏和郭象等玄学家对隐逸哲学的阐释。

就阮籍来说,从他的一首《怀咏》诗歌中,即可体味他的高妙思想:"夜中不能寐,起坐弹鸣琴。薄帷鉴明月,清风吹我襟。孤鸿号外野,翔鸟鸣北林。徘徊将何见?忧思独伤心。"同时,散文家朱自清在《生命的韵律》里说:"阮籍是老、庄和屈原的信徒。他生在魏晋交替的时代,眼见司马氏三代专权,欺负曹家,压迫名士,一肚皮牢骚只得发泄在酒和诗里。他作了《咏怀诗》八十多首,述神话,引史事,叙艳情,托于鸟兽草木之名,主旨不外说富贵不能常保,祸患随时可至,年岁有限,一般人钻到利禄的圈子里,不知放怀远大,真是可怜至极。"而对于嵇康,《晋书》卷四十九《嵇康传》里记述:"嵇康……长好老庄,……常修养性服食之事。弹琴咏诗,自足于怀,以为神仙禀之自然,非积学所得。"

魏晋南北朝时期,清谈遂成了士大夫们的主要生活内容。哲学家汤用彤在《魏晋玄学论稿》里指出：“魏晋清谈，学凡数变。应詹上疏，称正始与元康、永嘉之风不同。戴逵作论，谓竹林与元康之狂放有别。依史观之，有正始名士（老庄较盛）、元康名士（庄学最盛）、东晋名士（佛学较盛）之别。”需要指明的是，所谓的“清谈”，实际是当时士大夫的一种避祸方法。对此，作家柏杨在《中国人史纲》里指出：“于是，这些已经当了官或尚未当官的知识分子，发明了一种最好的避祸方法，那就是完全脱离现实，言论不但不涉及政治，也不涉及现实任何事物，以免引起曲解诬陷。清静无为的老庄哲学，正适合这个趋势。士大夫遂以谈了很久，还没有人知道他谈些什么为第一等学问，因为他没有留下任何可供当权人物逮捕他的把柄。这种纯嘴巴的艺术——穷嚼蛆，被称为‘清谈’。”实际上，清谈并非魏晋时期的士大夫们所独享，比如，清代史学家钱大昕在《十驾斋养新录》卷十八就指出：“魏晋人言老、庄，清谈也；宋、明人言心性，亦清谈也。”

士族的清谈和享乐也伴随着人文艺术的兴起。画家傅抱石在《中国绘画变迁史纲》里指出：“六朝时崇尚清谈，朝野一致，信仰心极其普遍，且经典亦译出甚多。”“只有‘六朝金粉’一句话，这大可表示江南的人文艺苑之勃兴。”例如，历史学家范文澜在《中国通史简编》里进一步指出：“南朝统治阶级上自帝王，下至僧道，写字著名的不可胜数，大抵都不及王羲之。”“南朝士族特重书法，因之图画也同时发达。东晋朝如司马绍、王羲之、王献之、顾恺之、戴逵、戴颙，宋朝如陆探微、宗炳、谢庄，齐朝如谢赫、刘瑱、毛惠远，梁朝如萧绎、陶弘景、张僧繇，陈朝如顾野王，都是最著名的画家。”

这一历史时期的状况，大体如文学家徐复观在《中国文学精神》里所说：“经东汉党锢之祸，再加以曹氏与司马氏之争，接着又是八王之乱，知识分子接连受了三次惨烈的打击，于是儒家的积极精神自然隐退，代之而起的是‘以无为体’的新形上学，亦即是当时的所谓‘玄学’，以此掩饰消极的逃避的人生态度。”同时，思想家梁启超在《情趣人生》里指出：“三国两晋以来之思想界，因为两汉经生破碎之离的反动，加以时世丧乱的影响，发生所谓谈玄学风，要从《易经》、老庄里头找出一种人生观。这种人生观有点奇怪，一面极端的悲观，一面从悲观里头找快乐，我替它起了一个名字叫作‘厌世的乐天主义’。这种人生观批析到根柢，到底有无好处，另是一个问题。但当时应用这种人生观的人，很给社会些不好影响。因为万事看破了，实际上仍找不出个安心立命之所在，十有九便趋于颓废堕落一途。两晋社会风尚之坏，未始不由此。”对此，历史学家傅斯年也曾说过：“此时中国政治之涣散萎靡，由于偷惰苟安之风，盖老子清净无为主义之所致。”

抛开徐复观的"掩饰消极"、梁启超的"颓废堕落"和"社会风尚之坏",以及傅斯年的"偷惰苟安"的伦理判断不言。在魏晋南北朝时期,玄学的虚静之心的确引发了文人和士大夫对自然的追寻,对山水树石的热爱,以及对自然之美的观照。大自然成了他们内心和谐、宁静和力量的范本。如南朝历史学家范晔在《后汉书》里所描述的:"观其甘心畎亩之中,憔悴江海之上,岂必亲鱼鸟、乐林草哉。"同时,在绘画艺术上,游观山水,见造化真景亦可入画。这从东晋画家顾恺之的《神情诗》(注:一作陶渊明):"春水满四泽,夏云多奇峰,秋月扬明辉,冬岭秀寒松",以及他所描述的浙东会稽山川的名句:"千岩竞秀,万壑争流,草木蒙茏,若云兴霞蔚",即可窥见一斑。总之,正如画家陈师曾在《中国绘画史》里所说的:"老庄之学崇尚清静,爱好自然,时与南方山水之自然美相接触,自能启发其山水画之思想。然其时,山水画尚未能独立,大抵皆为人物画之背景。"同时,亦如画家黄宾虹在《古画微》里指出的:"惟两晋士人性多洒落,崇尚清虚,于是乎创有山水画之作,以为中国特出之艺事。"

大自然从何时真正走进艺术的世界,这在艺术史上是一个模糊的观念。瑞士史学家雅各布·布克哈特在《意大利文艺复兴时期的文化》里指出:"这种欣赏自然美的能力通常是一个长期而复杂的发展结果,而它的起源是不容易被察觉的,因为在它表现于诗歌和绘画中,并因此使人意识到以前可能很早就有这种模糊的感觉存在。比如,在古代人中间,艺术和诗歌在尽情描写人类关系的各个方面之后,才转向于表现大自然,而就是在表现大自然时,也总是处于局限和从属的地位。"事实上,布克哈特的论述同样适合于中国艺术。比如,在中国魏晋南北朝时期,虽然出现了描写大自然石头的诗歌,只是这类诗歌并不多见。诸如,南朝梁文人萧推有《赋得翠石应令诗》:"依峰形似镜,构岭势如莲。映林同绿柳,临池乱百川。碧苔终不落,丹字本难传。有迈东明上,来游皆羽仙。"此外,隋代诗人岑德润有《赋得临阶危石诗》:"当阶耸危石,殊状实难名。带山疑似兽,侵波或类鲸。云峰临栋起,莲影入檐生。楚人终不识,徒自蕴连城。"这里,文人和诗人们对石头的描述是较模糊的。不过,人们终究可以把石头看作是大自然的一个代表符号,这里的确孕育着赏石美学。但是,决不能依此牵强认为,在这些诗歌里就暗含着赏玩者与独立观赏石之间已经构建起了一种密切联系。

在文人和士大夫们看来,由山水树石之形表现出来的美容易由有限通向无限之美,借用庄子的话说,是"有以通向无之美"。此外,在某种意义上,大自然对于这部分人来说,就成为逃离现实生活的避难所。亦如唐代诗人韩愈的《山石》诗歌云:"当流赤足蹋涧石,水声激激风吹衣。人生如此自可乐,岂必局束为人鞿。"但是,对于一般人(注:彼时称"庶人")来说,这种隐逸游乐只是个人生活情调的表达,较少是生活实践上的,因为他们还不得不面对闲逸生活与积极生活之间的冲突。实际上,只有那些具有一定才能的文人雅士和具有官职的士大夫们的行为,才有着被后人称为文化的痕迹。因此,这也是在讨论中国赏石起源和发展问题时,把焦点仅聚焦于文人雅士和士大夫这一群体的原因之所在。

南朝梁代文学家刘勰在《文心雕龙·明诗》里说:"宋初文咏,体有因革。庄老告退,而山水方滋。"此时,以谢灵运为代表的山水诗歌,把山水作为审美对象,被鲁迅称为魏晋以来"文学自觉"的标志。

谢灵运在刘宋时为官至临川太守,但不得志。他是道家思想的信徒,也是佛教信徒。据南朝史学家沈约在《宋书·谢灵运传》里记述:

> 谢灵运"遗风余烈,事极江右。有晋中兴,玄风独振。为学穷于柱下(注:史载老子曾为周柱下史,后以'柱下'代指老子或《道德经》),博物止乎七篇(注:代指庄子),驰骋文辞,义殚乎此。""灵运父祖并葬始宁县,并有故宅及墅,遂移籍会稽。修营别业,傍山带江,尽幽尽之美。与隐士王弘之、孔淳之等放纵为娱,有终焉之志。每有一诗至都邑,贵贱莫不竞写,宿昔之间,士庶皆遍,远近钦慕,名动京师。作山居赋,并自注以言其事。"

谢灵运酷爱游山水,出世哲学也使得他沉溺于山水的清幽里。他成了诗歌里第一个全力刻画山水的人。比如,他的《游南亭》诗歌:"时竟夕澄霁,云归日西驰。密林含余清,远峰隐半规。久璟昏垫苦,旅馆眺郊歧。泽兰渐被径,芙蓉始发池。"可见,他的诗歌极富自然之趣。如果从审美上看,这一时期的诗歌盛行五言,造句优美,对偶益工,益富典故,称为俳赋——五言诗士族人人可作,但俳赋非人人能为。它们所追求的是纯粹的淡雅,正如美学家宗白华在《美学散步》里所认为的:"这一时期中国人的美感走向了一个新的方面,表现出一种新的审美理想。那就是认为'初发芙蓉'比之于'错彩镂金'是一种更高的美的境界。在艺术中,要着重表现自己的理想、自己的人格,而不是追求文字的雕琢。"

玄者以虚无为天道。据日本学者忽滑谷快天在《中国禅学思想史》里记述:"中国人修禅道者,至东晋之代始见其名,《高僧传》所载竺僧显、帛僧光、竺道猷、释慧嵬、支昙兰等,皆属此时。"特别要指出的是,玄学名士正是研究此历史时期中国赏石萌发所关注的重点。这一时期的玄学名士代表人物很多。比如,史学家蒙文通在《中国史学史》里记载:"袁彦

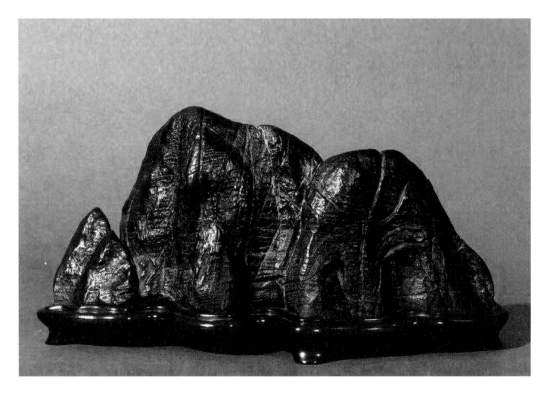

图 128 《山高月小》 灵璧石 26×13×10 厘米 金炜藏

　　大德初广济库官售杂物,有灵璧石小峰,长仅六寸,高半之。玲珑秀润,所谓卧沙水道、襞摺、胡桃纹皆具。于山峰之顶有白石正圆,莹然如玉。徽宗御题八小字于旁,曰山高月小、水落石出。略无雕琢之迹,真奇物也。

——(宋代)渔阳公:《渔阳石谱》

伯作《名士论》,以夏侯太初、何平叔、王辅嗣为正始名士,阮嗣宗、嵇叔夜、山巨然、向子期、刘伯伦为竹林名士。正始名士,傅玄所谓虚无者也;竹林名士,则傅玄所谓放诞者也。"

　　最为人们所熟知的是晋朝田园诗人陶渊明。他因"岂能为五斗米折腰乡里小儿",彰显个性与世俗不合,不肯同流合污,年仅41岁时就挂印去职,而归隐田园。他的《归田园居》诗曰:"久在樊笼里,复得返自然。"因而,在享受自然的时光里,酣饮赋诗,以乐其志。比如,他在《五柳先生传》里说:"造饮辄尽,期在必醉。""忘怀得失,以此自终。"他在《饮酒诗》中写道:"结庐在人境,而无车马喧。问君何能尔,心远地自偏。采菊东篱下,悠然见南山。山气日夕佳,飞鸟相与还。"此外,他在《读山海经》诗歌里亦写道:"孟夏草木长,绕屋树扶疏,众鸟欣有托,吾亦爱吾庐,既耕亦已种,时还读我书。""微雨从东来,好风与之俱,泛览周王传,流观山海图,俯仰终宇宙,不乐复何如!"因时常酒醉卧于巨石之上,留下了中国赏石文化史上"醉石"的传说。

　　实际上,正如哲学家汤用彤在《魏晋玄学论稿》里所言:"魏晋名士之人生观,既在得意忘形骸,或虽在朝市而不经世务,或遁迹山林,远离尘世。或放弛以为达,或佯狂以自适。然既旨在得意,自指心神之超然无累。"陶渊明的醉石传说,生动地诠释了"大隐若常""独乐乐"以及"独善其身"成为彼时文人和士大夫的处事原则和价值观。这里,"醉石"之"醉",远胜于"石"。如同南宋诗人乐雷发的诗歌所表达的那样:"曾是乡贤分守处,试寻醉石共题名。"又如宋代诗人程师孟的《醉石》诗歌所言:"万仞峰前一水傍,晨光翠色助清凉。谁知片石多情甚,曾送渊明入醉乡。"更如明代诗人郭波澄的《题醉石》诗歌所指:"渊明醉此石,石亦醉渊明。""石上醉痕在,石下醉源深。""似醉元非醉,永怀宗国屯。"

　　而传说中的现存于江西庐山陶渊明故里的醉石实物,与人们现在所言及的"赏玩石头"本非同一概念。然而,中国赏石史里有一种代表性观点,例如北京故宫博物院单国强在丁文父主编的《御苑赏石》里就说:"魏晋南北朝是赏石风气的滥觞期,也是山水画形成时期。东晋诗人陶渊明就爱石、赏石,其居所栗里有一块奇石,他十分喜爱,酒醉后常居眠其上,称之为'醒石',这大约是最早的赏石记录了。"实际上,这段话的前半句是正确的,而后半句话虽然保守使用了"大约"二字,但判断出现了明显的错误。不难推断,由于人们习惯以疑传疑和口耳相传,就认为"在中国赏石文化史上,陶渊明开创了赏玩石头的先河"。这一论点却是片面的,不可为据。事实上,把陶渊明醉石视为"天下第一石",只具有一定的象征和隐喻意味,其真正意义在于,爱自然,更爱自由。由此,把天然的石头与士阶层的人生态度、人生哲学和内心自觉联系在一起了,从而成了中国赏石精神的明证,也是中国赏石文化源于魏晋以来的山水文化的印证。

学者周怡在《说瘦》里指出："自中唐起，随着社会心理的演变，士大夫的人生哲学、生活情趣由雄伟豪壮逐渐转向细腻阴柔，诗风承接晋唐山水、田园诗歌一路，喜好追求内心平静恬淡的境界。这种以求自我精神解脱的适意人生哲学，使得中国士大夫的审美情趣趋向于清寒、幽静和淡雅"。同时，美学家宗白华在《美学与意境》里认为："晋人以虚灵的胸襟、玄学的意味体会自然，仍能表里澄澈，一片空明，建立了最高的晶莹的美的意境！"因此，文学家徐复观在《中国艺术精神》里则进一步指出："追到魏晋玄学，追到庄子，然后发现庄子之所谓道，落实于人生之上，乃是崇高的艺术精神。""由老学、庄学所演变出来的魏晋玄学，它的真实内容与结果乃是艺术性的生活和艺术上的成就。历史中的大画家和大画论家，他们所达到和所把握到的精神境界，常不期而然的都是庄学、玄学的境界。""由魏晋时代起，以玄学之力，将自然形成美的对象，才有山水画及其他自然景物画的成立。因此，不妨做这样的结论，中国以山水画为中心的自然画，乃是玄学中的庄学的产物。不了解这一点，便不能把握到中国以绘画为中心的艺术的基本性格。"

正如徐复观所言，玄学对魏晋以后中国千多年封建社会文人的思想、文学和艺术影响极大。只有理解魏晋玄学，并认识到魏晋时期人们开始将自然视为美的产物，从而开创了以歌咏山水为主题的诗歌和以山水画为中心的自然画艺术，才能够真正理解包括赏石艺术在内的中国艺术的"基本性格"。因为淡泊和自然，都是从老庄之道学和魏晋玄学中生发出来的观念，它们也是我们所讨论的石头成为观赏石，观赏石转化为赏石艺术得以成立的基本观念。

总之，在魏晋南北朝时期，因玄学之力引发了中国赏石的自觉。换言之，大自然的石头恰恰契合这一时期的自然美学观以及士大夫的人生观。同时，魏晋南北朝时期也正是中国赏石活动的真正萌发时期，这不能不说是一种必然。

魏晋南北朝时期，由于士大夫们内心的自觉，转求于自我内在人生之享受。同时，大多数士大夫拥有个人生活之悠闲，他们从欣赏大自然之美，到艺术上的创作，从对自然之物的欣赏，到成为寄托性情、彰显个性之所在。赏石活动作为一种独特方式，把他们的审美经验、宗教经验（注：广义的宗教）与自然融合观念相统一，成为一种客观化和升华了的自我享受，足不出户即可神游自然。如同日本学者吉川忠夫在《六朝精神史研究》里指出的："六朝士大夫，为了接近终极真理，为了'尽理穷事'，在各种各样的价值中发现了意义，而且还对超越了日常的、经验世界之永恒的东西抱有强烈的冲动。"

图 129 《静观妙悟》 黄蜡石 6×10×7 厘米 李志江藏

画以简为尚。简之入微,则洗尽尘滓,独存孤迥。

——(清代画家)恽格

　　然则，魏晋南北朝时期毕竟是一个混乱的时代，普通人很少会有闲情逸致把身心置于不痛不痒的赏石活动之中。实际上，士大夫们才是此时期真正的赏石群体。正如美学家李泽厚在《美的历程》里指出的："有自给自足不必求人的庄园经济，有世代沿袭不会变更的社会地位、政治特权，门阀士族们的心思、眼界、兴趣，由环境转向内心，由社会转向自然，由经学转向艺术，由客观外物转向主体存在，也并不奇怪了。"

　　不可忽视，园林和宫苑赏石才是中国赏石的初始形式。并且，园林宫苑多为皇帝和贵族所拥有——这亦反映出士族的苟安、骄奢、悠闲、享乐和腐败的生活。对此，通过丁文父在《御苑赏石》里的记述，即可明晰："魏文帝之芳林园曾置有'五色大石'；梁武帝之华林苑曾陈供'长丈六尺'的'奇礓石'。南朝，宋戴颙的园林曾以'聚石引水'而著名（《西京杂记》）；齐贵族罗致异石为园林赏石，'多聚异石，妙极山水'（《南史·齐文惠太子传》）；梁孝王好营宫室苑囿之乐，作曜华宫，筑兔园，'有百灵山，山有肤寸石、落猿岩、栖龙岫'等奇石（《西京杂记》）。"因此，准确地说，中国赏石活动在南朝时期（公元420—589年）中国的江南零星地呈现了，而此时期的赏石活动也仅限于皇帝和贵族们的园林和宫苑的独立置景观赏石。

　　总之，历史学家吕思勉在《中国通史》里认为："两晋、南北朝之世，向来被看作是黑暗时代，其实亦不尽然。这时期只是政治上稍形黑暗，社会的文化还是依然如故。而且，正因时局的动荡，文化乃得为更大地发展。其中，关系最大的，便是黄河流域文明程度最高的地方民族，分向各方面迁移。"同时，历史学家范文澜在《中国通史简编》里也指出："中国古文化极盛时代，号称汉唐两朝，南朝却是继汉开唐的转关时代。唐朝文化的成就，大体是南朝文化的更高发展。西晋以前，长江流域的经济和文化，远落在黄河流域后面；南北朝时期，南方文化超越北方，经济也逐渐发展起来；唐以后，黄河流域的经济和文化，都落在长江流域后面。这一转变的原因，不能不说是由于中原士族的南迁。"此外，历史学家李学勤在《长江文化史》里指出，永嘉之乱（注：发生于公元311年）时，人口南渡，长江以南流行着各种谚语，被刻在墓砖上，如"永嘉世，九州空，余吴土，盛且丰"和"永嘉中，天下灾，但江南，尚康乐"等，可见当时江南的富饶。故在文化背景上，中国赏石文化、赏石精神和赏石活动在南朝的孕育、萌发和出现，也获得了一种合理的解释。

三 隋唐的佛教、道教和中隐思想

在中国封建社会鼎盛的唐朝,佛教正式成为中国文化(强调的是文化)的重要组成部分。英国文学家韦尔斯在《世界史纲》里指出:"佛教既至中国,乃遇一行为甚相似之教,是为道教,由古代魔术发展而来。汉时张道陵改组之,遂自成一教。道者道也,与'正道'相似。此二种宗教,所受之变化亦颇相似,故至今日,二教之外式极相似也。"值得指出的是,道教与老庄的道学不是一个事物。对此,闻一多在《神话与诗》里指出:"后人爱护老庄的,便说道教与道家实质上全无关系,道教生生拉着道家思想来做自己的护身符,那是道教的卑劣手段,不足以伤道家的清白。"但是,二者又有着割不断的联系。对此,英国历史学家汤因比在《历史研究》里进一步说:"道教,它与新柏拉图主义有着惊人的相似之处,均由地方哲学构建而成,它们试图仿效外国宗教的特点以增强其感召力,从而窃取外国宗教的巨大影响。"

唐时佛教最盛,特别是佛教通过菩萨、观音和其他形象的雕塑,赋予文化和艺术以一种新式语言,道教与之并存。对于佛、道二教所起的历史作用,历史学家黄仁宇在《赫逊河畔谈中国历史》里做了概括:"佛教已为少数民族所崇奉,而且既能以智度禅定迎合知识分子,也能以净土往生引导俗众,就容易在'官倍于古,士少于官'的条件下,发生上下混同的功效。道教的虚寂自然,也有大而化之的用意。这许多思想信仰的因素,都为政府宣扬而普及化才能在雕版印书、教育比较普遍、水上交通展开、士绅阶层活跃的时代,作为新社会的一种精神上的支持。"

然而,英国历史学家汤因比在《历史研究》里指出:"大乘佛教即使在其权势鼎盛时期,也未能将缔造中国哲学的道教或儒教(注:指儒学)成功地排挤出局。中国在 20 世纪初叶,儒教、道教以及大乘佛教依然存在,这时距大乘佛教首次传入中国已有 1800 多年之久,从大乘佛教丧失局部优势地位的时间算起也有 1000 多年。这段局部优势时期自公元 4 世纪初的西晋统一政权开始,到公元 844—845 年官方对佛教的迫害止。直到 1911 年,中国的大一统国家依然故我,受过儒学教育的文职官员仍旧治理着国家。这种大一统的国家,治理国家的传统制度,知道使这个制度如何运转的文职人员,儒家思想熏陶下的贵族士绅作为文职人员长期的招募来源,所有这些构成了一个绝无仅有的、完整伟大的体制。这一体制的连续性即使是在中华文化的其他要素发生最严重断裂的情况下,也没有出现任何中断。"

再次放宽历史的视域,就魏晋南北朝和隋唐这段历史时期的状况而言,历史学家黄仁宇在《赫逊河畔谈中国历史》里作了综述:"公元1到8世纪,全国人文因素愈趋繁复,各地区的进展层次却又参差不齐,其整个的毛病则是一般情况与唐初行政设计的扁平组织发生距离。两税制一行,各地区又自行斟酌处理其财政,其数字既加不拢来,于是文官组织之各种事物都能按品位职级互相交换、互相策应的原则都行不通。政府的措施也难得公平合理,于是朝臣分为党派,皇帝则无可奈何,只好挪用一笔公款组织禁军信任宦官。一到内忧外患加剧,其分化的情势也更加明显。"而且,美国思想家爱默生在《代表人物》里也认为:"在宗教启迪的主要事例中,尽管毫无疑问增加了精神力量,却混杂了一些病态的东西。"

因此,在中国的隋唐时期,一些仕途不济、受到排挤和怀才不遇的士大夫,在面对政局不稳、政治混乱和战乱不断的局面下,导致在作为和不作为、在"隐"与"士"之间摇摆,遂产生了中隐思想,即"闲官"思想。

这里简略提及一下隋朝。隋朝(公元581—618年)在中国历史上虽实现统一,但存续时间短暂,而谈及中国赏石史不能缺少隋炀帝。隋炀帝在中国历史上是一位极为奢侈和虚荣的人物。据《北史·裴矩传》记载,炀帝时,为了向蕃客胡商宣扬国家财富和文化,曾大作排场,"帝令都下大戲,徵四方奇伎異藝陈于端门街,衣锦绮、珥金翠者以十萬數。"

隋代时中国南方富饶,隋炀帝开凿大运河,将南方之富运至北方,出产江南的太湖石极有可能是从运河运至隋都长安的。而且,隋炀帝晚年对江都(注:今扬州)情有独钟,并创作过极富江南气息的《春江花月夜》二首诗歌。同时,他在江都盖有宏大宫殿,并建造丹阳(注:今南京)宫,想必他在南方生活中也接触过出产此地的太湖石。

同时,据《隋书》记载:"帝即位,首营洛阳显仁宫,发江岭奇材异石;又求海内嘉木异草,珍禽奇兽,以实苑囿。"这是中国文献史料中所涉正史中较早的"异石"与"苑囿"之间建立联系的实证。无疑,这段记载不但可以窥测中国赏石真正规模性的呈现,而且,也更加证实了御苑赏石在整个中国赏石历史上的开创地位。

到了唐代,文学家徐复观在《中国文学精神》里说:"唐代在思想上,开国时虽张儒、释、道同流并进之局,但玄宗以后,终以释教为主导。"对此,元代辛文房在《唐才子传》里记述了唐朝文士们的状况：

> "至唐，累朝雅道大振，古风再作，率皆崇衷像教，驻念津梁，龙象相望，金碧交映。虽寂寥之山河，实威仪之渊薮。宠光优渥，无逾此时。故有颠顿文场之人，憔悴江海之客，往往裂冠裳，拔缯缴，杳然高迈，云集萧斋。""一食自甘，方袍便足，灵台澄皎，无事相干，三余有简牍之期，六时分吟讽之隙。青峰瞰门，绿水周舍；长廊步屧，幽径寻真；景变序迁，荡入冥思。凡此数者，皆达人雅士，夙所钦怀，虽则心侔迹殊，所趣无间。"

这些文士们志趣高疏，纵声雅道，为时所尚。此情景犹如唐代诗人阎防《百丈溪新理茅茨读书》诗歌所曰："浪迹弃人世，远山自幽独。始傍巢由踪，吾其获心曲。荒庭何所有，老树半空腹。秋蜩鸣北林，暮鸟穿我屋。"亦如唐代诗人沈千运的《山中作》诗歌所吟："栖隐无别事，所愿离风尘。不来城邑游，礼乐拘束人。""如何巢与由，天子不知臣。"又如唐代诗人张继的《感怀》诗歌所言："调与时人背，心将静者论。终年帝城里，不识五侯门。"

特别是诗人白居易（公元772—846年）首创了"中隐"思想，并对"中隐"思想作了生动的描述。他的《中隐》诗歌曰：

> "大隐住朝市，小隐入丘樊。丘樊太冷落，朝市太嚣喧。不如作中隐，隐在留司官。似出复似处，非忙亦非闲。不劳心与力，又免饥与寒。终岁无公事，随月有俸钱。君若好登临，城南有秋山。君若爱游荡，城东有春园。君若欲一醉，时出赴宾筵。洛中多君子，可以恣欢言。君若欲高卧，但自深掩关。亦无车马客，造次到门前。人生处一世，其道难两全。贱即苦冻馁，贵则多忧患。唯此中隐士，致身吉且安。穷通与丰约，正在四者间。"

抛开时代影响，白居易中隐思想的产生与他的人生际遇相关。综观白居易的一生，他29岁中进士，步入仕途。元和十年（公元815年），在他44岁时，贬为江州（注：今江西九江）司马，官场的失意使得他的人生观发生了转变，《中隐》诗歌就是创作于元和十一年（公元816年）。

白居易的人生观可以从他的《池上篇》诗歌中得以生动体现：

> "十亩之宅，五亩之园。有水一池，有竹千竿。勿谓土狭，勿谓地偏。足以容膝，足以息肩。有堂有庭，有桥有船。有书有酒，有歌有弦。有叟在中，

白须飘然。识分知足，外无求焉。如鸟择木，姑务巢安。如龟居坎，不知海宽。灵鹤怪石，紫菱白莲。皆吾所好，尽在吾前。时饮一杯，或吟一篇。妻孥熙熙，鸡犬闲闲。优哉游哉，吾将终老乎其间。"

在中隐思想影响下，士大夫们多对政治漠不关心，意存观望，不愿有功，但求无过。此种情形如同白居易被贬江州后，在给元稹的信《与元九书》里写道的："古人云：'穷则独善其身，达则兼济天下。'仆虽不肖，常师此语。……故仆志在兼济，行在独善。奉而始终之则为道，言而发明之则为诗。"

士大夫们一边应付于自己的正当事业，一边对于文学、艺术和雅趣产生了极大的兴趣。特别对于一些在政治上失败了，或者后觉政治生涯之无聊的士大夫们，已经享受过权力和自由，在面对失落时总想给自己的个性增添一种活力，从而寻求更多的快乐和主观性。他们或已蓄积多金，或以显职而退隐，或凭高官厚禄来大兴园林，或仅凭微薄之力寻求自己的赏玩雅趣。因此，一些重臣士官和文人雅士，比如牛僧孺、李德裕、白居易、刘禹锡、王维、杜甫和柳宗元等钟情赏玩石头，置景石于园林和赏玩奇石，且蔚然成风。

其一，关于白居易赏石。诗人白居易一生参禅念佛，并对佛学要义有深刻领悟。据后晋刘昫在《旧唐书》里记载："居易儒学之外，尤通释典，常以忘怀处顺为事，都不以迁谪介意。在浔城，立隐舍于庐山遗爱寺，尝与人书言之曰：'予去年秋始游庐山，到东西二林间香炉峰下，见云木泉石，胜绝第一。爱不能舍，因立草堂。'"同时，据《佛祖统纪》卷二十九记载："白居易号香山居士，官太子太傅，初劝一百四十八人，结上生会，行念慈氏名，坐想慈氏容，愿当来世，必生兜率。晚岁风痹，遂专志西方，祈生安养。画西方变相一轴，为之愿曰：'极乐世界清净土，无诸恶道及众苦。愿如我身病苦者，同生无量寿佛所。'"

作为诗人的白居易，他的中隐思想与大自然的石头以及园林赏石的契合，从他的诗歌中可以窥见。比如，《秋山》诗歌："白石卧可枕，青萝行可攀。""人生无几何，如寄天地间。"《闲题家池寄王屋张道士》诗歌："有石白磷磷，有水清潺潺。有叟头似雪，婆娑乎其间。进不趋要路，退不入深山。深山太濩落，要路太险艰。不如家池上，乐逸无忧患。"《北窗竹石》诗歌："一片瑟瑟石，数竿青青竹。向我如有情，依然看不足。况临北窗下，复近西塘曲。"

白居易喜爱石头，收藏石头，并创作了许多咏观赏石诗歌。

(1)白居易在苏州做太守时，偶然在太湖边发现两块石头，令人带到府邸，并赋诗《双石》，其中的"苍然两片石，厥状怪且丑""石虽不能言，许我为三友"成为赏石之佳句。同时，他对太湖石的自然形态做了大量描述，其中所揭示出的丑石观，前文已有论述。

（2）白居易对怪石大为赞赏。他在《题平泉薛家雪堆庄》诗歌里描述道："怪石千年应自结，灵泉一带是谁开？蹙为宛转青蛇项，喷作玲珑白雪堆。赤日旱天长看雨，玄阴腊月亦闻雷。"此外，他在《新妇石》诗歌里，咏颂"望夫石"："堂堂不语望夫君，四畔无家石作邻。""莫道面前无宝鉴，月来山下照夫人。"

（3）白居易在杭州为官时，收藏了一些玩好，并把它们带回洛阳的园林。据后晋刘昫在《旧唐书》里记载："乐天罢杭州刺史时，得天竺石一、华亭鹤二以归，始作西平桥，开环池路。罢苏州刺史时，得太湖石五、白莲、折腰菱、青板舫以归，又作中高桥，通三岛径。""罢刑部侍郎时，……弘农杨贞一与青石三，方长平滑，可以坐卧。"为此，他也创作了相关诗歌。比如，《三年为刺史二首》诗："三年为刺史，饮冰复食蘖。唯向天竺山，取得两片石。此抵有千金，无乃伤清白？"同时，他在《莲石》诗中写道："青石一两片，白莲三四枝。寄将东洛去，心与物相随。石倚风前树，莲载月下池。遥知安置处，预想发荣时。领郡来何远？还乡去已迟。莫言千里别，晚岁有心期。"

（4）白居易晚年为老朋友牛僧孺的藏石写下了著名的《太湖石记》散文。而且，在他的许多咏石诗歌和散文里不难看出，他尤其偏爱太湖石。这里特别强调的是，不仅仅是白居易喜欢太湖石，太湖石作为园林石的代表性石种在唐代已享有盛誉。准确地说，主要是太湖石开辟了园林和宫苑赏石的先河。

其二，关于牛僧孺赏石。唐朝宰相牛僧孺赏玩的石头多为园林石。据《旧唐书》里记载："洛都筑第于归仁里。任淮南时，嘉木怪石，置之阶廷，馆宇清华，竹木幽邃。"那么，牛僧孺的园林石从何处而来呢？原来是苏州太守李道枢把一些太湖石作为礼物送给他的。牛僧孺对这些石头喜爱有加，作长诗《李苏州遗太湖石奇状绝伦因题二十韵奉呈梦得乐天》为念：

"胚浑何时结，嵌空此日成。掀蹲龙虎斗，挟怪鬼神惊。带雨新水静，轻敲碎玉鸣。挽叉锋刃簇，缕络钓丝萦。近水摇奇冷，依松助澹清。通身鳞甲隐，透穴洞天明。丑凸隆胡准，深凹刻兕觥。雷风疑欲变，阴黑讶将行。噤痒微寒早，轮囷数片横。地祇愁垫压，鳌足困支撑。珍重姑苏守，相怜懒慢情。为探湖里物，不怕浪中鲸。利涉馀千里，山河仅百程。池塘初展见，金玉自凡轻。侧眩魂犹悚，周观意渐平。似逢三益友，如对十年兄。旺兴添魔力，消烦破宿酲。媲人当绮皓，视秩即公卿。念此园林宝，还须别识精。诗仙有刘白，为汝数逢迎。"

其三,关于李德裕赏石。李德裕被唐末诗人李商隐誉为"万古良相"。据《旧唐书·李德裕传》里记载:"东都于伊阙南置平泉别墅,清流翠篠,树石幽奇。初未仕时,讲学其中。及从官藩服,出将入相,三十年不复重游,而题寄歌诗,皆铭之于石。今有《花木记》《歌诗篇录》二石存焉。"李德裕对自己的石头倍加珍爱,很多石头上刻有"有道"二字。

李德裕也有许多咏石诗歌。比如,《题罗浮石》诗:"清景持芳菊,凉天倚茂松。名山何必去,此地有群峰。"《思平泉树石杂咏一十首叠石》诗:"潺湲桂水湍,漱石多奇状。鳞次冠烟霞,蝉联叠波浪。今来碧梧下,迥出秋潭上。岁晚苔藓滋,怀贤益惆怅。"此外,《临海太守惠予赤城石,报以是诗》诗:"闻君采奇石,剪断赤城霞。潭上倒虹影,波中摇日华。仙岩接绛气,溪路杂桃花。若值客星去,便应随海槎。"

李德裕一生只有三次住在平泉山居,总时间不超过一年。从官藩服后,他就离开了平泉别墅。不过,他在《平泉山居戒子孙记》中,告诫子孙:"后代鬻平泉者,非吾子孙也。以平泉一树一石与人者,非佳子弟也。"可以看出,他对自己草木和石头的爱恋和不舍之情。

然而,据宋代张洎在《贾氏谈录》里记述,在李德裕死后,他的平泉别墅的怪石和花草珍品"各为洛阳城有力者取去"。据《五代史》记载,李德裕尤其喜爱的一块石头叫"醉醒石",当他喝醉了的时候,总是靠在这块石头上。公元898年,在张全义军中担任察军的一个宦官得到了这块石头,并把它放在了自己的园子里。李德裕的孙子李敬义得知石头的下落后,并不甘作"非佳子弟",就遵照他祖父的遗训,泪流满面地请求张全义帮忙把石头要回来。当张全义询问这个宦官是否愿意把石头还给李家时,宦官拒绝的理由是:黄巢叛乱后,没有哪个园林还能够保持原封不动。平泉别墅的遗失之物肯定不只是这一块石头。张全义曾跟从过黄巢,听到宦官的这番话之后,认为他是在讽刺自己,盛怒之下,将这名宦官鞭打而死。

其四,关于王维赏石。王维官至尚书右丞,曾被贬至济川。从《被逐出济州》诗歌中,可以读出他的彼时心境:"微官易得罪,谪去济川阴。执政方持法,明君无此心。闾阎河润上,井邑海云深。纵有归来日,各愁年鬓侵。"他晚年辞官放归田里,隐居辋川别业(注:位于今陕西蓝田,原属初唐的宋之问;此外,王维还有终南别业一处)。

图 130 《悟道》 沙漠漆 18×13×10 厘米 黄笠藏

常好坐禅。在于闲处，修摄其心。
——《法华经》

据史料记载,王维深受他母亲的影响,也是习禅的。对此,元代辛文房在《唐才子传》里记述:王维"笃志奉佛,蔬食素衣,丧妻不再娶,孤居三十年。别墅在蓝田县南辋川,亭馆相望。尝自写其景物奇胜,日与文士丘丹、裴迪、崔兴宗游览赋诗,琴樽自乐。后表宅请以为寺。"此外,从他的诗人朋友苑咸的《酬王维诗》中亦可见:"莲花梵字本从天,华省仙郎早悟禅。"而且,从王维字"摩诘"中,也能体会到他与佛家的渊源。所以,王维的诗中自然深藏着禅理。比如,他的《辛夷坞》诗歌就禅意浓浓:"木末芙蓉花,山中发红萼。涧户寂无人,纷纷开且落。"他也曾创作数首咏佛诗歌。比如,《山中寄诸弟妹》诗:"山中多法侣,禅诵自为群。城郭遥相望,唯应见白云。"王维还为神会(注:唐朝和尚,主张"顿悟"学说)作了"能大师碑",后来被收在《唐文粹》中。王维赏石从他的《山水论》中可获得体会:"山高云塞,石壁泉塞,道路人塞。石看三面,路看两头,树看顶头,水看风脚。此是法也。"

其五,关于杜甫赏石。元代辛文房在《唐才子传》里记述:"甫放旷不自检,好论天下大事,高而不切也。与李白齐名,时号'李杜'。数尝寇乱,挺节无所污。为歌诗,伤时挠弱,情不忘君,人皆怜之。""诗圣"杜甫喜欢石头,他在《石柜阁》诗歌里写道:"蜀道多草花,江间饶奇石。"这里的"奇石",指的就是现在的长江画面石。此外,明代赏石家林有麟在《素园石谱》里记述"衡州石",并描绘"祝融"石画时附言:"湖广衡州府衡山即南岳也,周八百里,上有七十二峰十洞十五崖三十八泉二十五溪,其峰高峻者五而祝融为最,杜甫得石一拳名小祝融。"这个记述不禁让人联想到杜甫的《望岳三首》诗歌:"祝融五峰尊,峰峰次低昂。"所以,这些相互印证的文字,可以确认林有麟的记述是可信的。

唐代是诗歌的时代,自然少不了更多诗人通过诗歌来咏石和颂石。譬如,唐代诗人刘禹锡的《和牛相公题姑苏所寄太湖石兼寄李苏州》诗,其诗中写道:"震泽生奇石,沉潜得地灵。初辞水府出,犹带龙宫腥。发自江湖国,来荣卿相庭。从风夏云势,上汉古查形。拂拭鱼鳞见,铿锵玉韵聆。烟波含宿润,苔藓助新青。"中唐诗人杨巨源的《秋日韦少府厅池上咏石》诗:"主人得幽石,日觉公堂清。一片池上色,孤峰云外情。"唐代诗人唐彦谦的《片石》诗:"瘦云低作段,野浪冻成云。便可同清话,何须有物凭。"唐代诗人杜牧的《题新定八松院小石》诗:"雨滴珠玑碎,苔生紫翠重。故关何日到,且看小三峰。"唐末诗人皮日休的《太湖石》诗:"厥状复若何,鬼工不可图。""赏玩若称意,爵禄行斯须。"晚唐诗人李咸用的《石版歌》诗:"高人好自然,移得他山碧。不磨如版平,大巧非因力。"唐末诗人张碧的《题祖山人池上怪石》诗:"寒姿数片奇突兀,曾作秋江秋水骨。先生应是厌风云,著向江边塞龙窟。我来池上倾酒尊,半酣书破青烟痕。参差翠缕摆不落,笔头惊怪黏秋云。溶溶水墨有高价,邀得将来倚松下。铺却双缯直道难,棹首空归不成画。"

赏石降于汉末、魏晋南北朝,兴于隋唐,代不乏贤。恰恰是这些先贤们的私人雅趣为一种容易发生的赏石偏好奠定了大众赏石的心理基础。赏石作为一种文化现象,兴盛于隋唐并不奇怪。特别是到了盛唐时期,艺术上的成就是一个卓绝的时代。这从宋代诗人苏轼《东坡题跋·吴道子画》里的记述,即可体现:"智者创物,能者述焉,非一人而能也。君子之于学,百工之于技,自三代历汉、唐而备矣。故诗至于杜子美,文至于韩退之,书至于颜鲁公,画至于吴道子;而古今之变,天下之能事毕矣。"并且,唐代的诗歌有着"诗必盛唐"之誉,如南宋诗人严羽在《沧浪诗话》里所描述的:"夫诗有别材,非关书也;诗有别趣,非关理也。然非多读书、多穷理,则不能极其至。所谓不涉理路,不落言筌者上也。诗者,吟咏情性也。盛唐诸人惟在兴趣,羚羊挂角,无迹可求。故其妙处,透彻玲珑,不可凑泊,如空中之音,相中之色,水中之月,镜中之象,言有尽而意无穷。"

英国文学家韦尔斯干脆把隋唐视为中国的文艺复兴时期。他在《世界史纲》里指出:"中国之文艺复兴即发端于隋。隋之盛时,外则收服琉球群岛,内则文化颇甚。""中国之文艺复兴始于隋而盛于唐,据傅君(注:指傅斯年)言,此中有一真正之新生气焉。其说曰:'此精神乃一种新精神,使唐代文明具特异之点。于此,有四大元素相聚集相混合焉,其一为中国之文艺,其二为中国之经学,其三为印度之佛教,其四为北方强健之风。有此四者而新中国以出。'"

因此,在中国赏石文化史上,在经过汉末、魏晋南北朝赏石文化的孕育以及江南零星赏石活动的萌芽,到了隋唐时期,真正意义的赏石活动才获得了可信的真实史料有力支持——特别是以唐代出现的大量咏石诗歌为代表。同时,宗教作为赏石活动的诱发因素,并伴随当时社会和思想状况的影响,以及个人的不同生活际遇等导致赏石活动的博兴,在一些赏石代表性人物身上也得以生动地体现,而且,园林和宫苑赏石作为主要的赏石形式也正式规模性呈现在世人面前。

四　宋元的道教、禅宗和道学

（一）道教

宋代金人窥视北方，内忧外患。贤哲之士多在野，或隐学问，或投佛门，或转道教。道教在宋代得到了发展，并演化出庞杂的体系和众多教派。宋代政治的一个突出特点是文官当政，朝廷重大事情都由皇帝与文官决策，文官地位达于巅峰。因此，宋代成了士大夫们的真正乐园。对此，作家柏杨在《中国人史纲》里指出："宋王朝的立国精神，跟儒家学派的保守思想，像水乳一样，融合为一。宋王朝遂成为士大夫的理想乐园，士大夫对政府所赐给他们的那些恍恍惚惚的官位和不求进步、不求效率的职务，都能非常愉快地胜任。"

元代是中国社会陷入衰微的时代。元代漠北蒙古人统一中国初期，在法律上把人分为四种等级：一为蒙古人，二为色目人，三为汉人，四为南人（注：南方的汉人，时称"蛮子"）——因为南方曾坚持抵抗。同时，又从职业上把人分成九等，对知识分子有意加以羞辱与压迫，放在乞丐和娼妓之间。元代统治阶级对南宋临安（注：今杭州）的百姓，特别是知识分子给予了残酷对待。随之，又迫不得已地认识到这也并非长久之计，因为在社会与经济诸方面又不得不依靠汉人和南人。正如历史学家蒙思明在《元代社会阶级制度》里指出的："元朝政府之自身破坏其种族阶级制度也，实因在若干方面不得不求助或被制于汉人、南人，其事不仅在经济力与社会力方面为然也，即智能方面亦有之。盖蒙古文化尚在游牧时代，不习于中国之政治、经济生活，对于治人之道与理财之法，一无所知；遂亦不得不求助于汉人、南人，而畀以实际之财权与政权焉。"于是，又假借道教收买知识分子，称丘处机为道教的活神仙。皇帝派人传大量圣旨，保护道观及其一切财产，并在道教庙宇中立碑刻石，任何人不得侵犯。对此，作家沈从文在《中国古代服饰研究》里指出："元代阶级压迫极残酷，统治者早期由于恐惧知识分子反抗，有意把读书人贬得极低，特别是对于南方读书人。因此，许多知识分子都依附道教逃入道门，取得法律保护，并得到生活保障。道教因之在仪式上、经典上和艺术上都有较大发展。"由此，从另一个侧面，也不难反映出元代的文人高士们对异族统治的不满。

元代的北方彻底沦陷于金人统治之下，盛行新道教。新道教成了一些士大夫和知识分子精神上的出路。在现实生活中，无疑会使他们亲近林泉山水石，被北宋诗人欧阳修称为"山林者之乐"——犹如他的《伊川独游》诗歌所描述的："绿树绕伊川，人行乱石间。寒云依晚日，白鸟向青山。路转香林出，僧归野渡闲。岩阿谁可访，尽兴复空还。"总之，在这种宗教修持中，亦如文学家徐复观指出的："也自然而然地可以得到艺术家由超越而来的虚、静、明的精神境界"。关于中国的道教，德国社会学家阿尔弗雷德·韦伯在《文化社会学视域中的文化史》里指出："道教的中心概念要在理解中国文化的本质之后才解释得清楚。'道'是一种深刻的和元逻辑性质的东西，它的含义真是妙不可言。它主张'无为'，是对世界的一种精妙绝伦、虔诚而高超的冥想和解释。"

对于道教与赏石之间的关系，有的学者也进行过探讨。比如，葛兆光在丁文父主编的《御苑赏石》里指出："宋代张淏《艮岳记》记载，宋徽宗用方士相地之说，把京城东北垫高，使'皇嗣繁衍'，后果然应验，于是采各地之石，兴造艮岳，到处寻找奇石，所以才有了扰民的'花石纲'，也开了后世赏石的风气。这里所谓的方士，讲的是道教之人，这个建议据王明清的《挥麈后录》卷二说，就是北宋著名道士刘混康提出来的。而道教对于石头的特殊兴趣，其实是很有知识史的渊源，也有它自圆其说的一番道理。而这个道理不仅和道教有些关系，甚至和古代中国诸如'天人合一'之类的根本思想也有关系，它可以得到'天人关系'理论的支持，或者说它也支持着'天人关系'的理论。"对于宋徽宗利用道士刘混康相地之说，兴造艮岳，以使皇嗣繁衍的记述，美国历史学家伊沛霞在《宋徽宗》著述里则提出了怀疑，"徽宗似乎不太可能担忧生儿子的问题。徽宗十六岁结婚之后，不到一年，第一个儿子就出生了。""而且，在徽宗给刘混康写过的大量信件中，也从未暗示过他对孩子出生的担心，或是感激刘混康告诉他如何确保自己后继有人。"

不论史实究竟如何，也不论上述故事是否过于渲染和想象，但道教与赏石之间有着关联，确是不争的事实。

（二）禅宗

禅宗是以印度的佛教为基本，在中国发展出来的。禅宗乃是佛教中最为中国化者。对此，学者胡适在《容忍与自由》里指出："禅宗革命是中国佛教内部的一种革命运动，代表着它的时代思潮，代表着八世纪到九世纪这百多年来佛教思想慢慢演变为简单化和中国化的一个革命思想。"

　　自唐初开始的禅宗,成为宋代最大教派。学者胡适在《演讲录》里指出:"中国的禅学,从七世纪到十一世纪,就是从唐玄宗起到宋徽宗止,这四百年是极盛的黄金时代。"同时,宗教史学家陈垣在《中国佛教史籍概论》里也指出:"因中国禅宗,起于初唐,至晚唐而极盛。会昌五年毁佛,教家大受挫折,惟禅宗明心见性,毁其外不能毁其内,故依旧流行。五代末,北宋初,佛教各派均已式微,独曹溪以下五宗,于此时渐次成立。"

　　相对于西方的天国,佛教提出了"净土"的概念。学者吕澂在《印度佛学源流略讲》里指出:"佛家的理论一般是从境、行、果三个方面进行阐述的。境,就是他们对世界的认识;行与果是一种宗教的实践活动,也就是他们对世界的改造。"所以,在佛教看来,在人生现象上,主体归于心,达到心的解脱,就谓之解脱了。然而,要"心性本净",想获得解脱,就要去掉客尘而恢复本性,而恢复本性的方法就要修道和修行而运用禅定。梵语"Dhyana",音译为"禅那",简称"禅"。其意为"冥想""静虑",静坐敛心,专注一境,通过无动于衷地忘我,以期彻悟心性,故名禅宗。禅宗最根本的要求是从生命中求得解脱,这也是印度佛教的最原始倾向。在中国,禅宗这一思想虽然得以缓和,但并未从根本上得以改变。因此,禅宗本质上是唯心主义的。禅宗的方法就是教人自得之、定心息虑、凝思寂虑和直觉体悟,从而达到物我两忘和淡泊自在的精神境界,直接影响了中国知识阶层和文化的各个方面。

　　进而言之,所谓的习禅就是一种精神的修炼方法。这种方法是以"心性"的理解为基础。心性的修炼在当时被称为"道",这个"道"指引着人们去认识自己的内心。此外,习禅也是一种逃避现实的生活态度。正如日本学者柳田圣山在《禅与中国》里所说:"一般来说,中国人惯于认为,禅具有逃避现实的生活态度,唐朝的诗人把醉酒中忘却世间烦恼的办法称作'逃禅'。杜甫(公元712—770年)的名篇《饮中八仙歌》就有这样的例子,白乐天(公元772—846年)也有同样倾向的作品。比他们更早的陶渊明(公元365—427年)的饮酒诗中也有内容不尽相同的诗篇。"

　　同时,习禅的修炼方法也产生了相应的艺术形式,除了人们熟知的追求山水等诗歌和文人绘画之外,是否还存在其他的媒介把人在"心性"修炼中对精神的理解传达出来呢?那就是赏石。而赏石也被视为参禅悟道的一种重要途径,成为文人雅士和士大夫所追求的一种全新的精神体验了。因此,禅宗思想对中国的文人赏石影响尤为显著,并且从赏石的审美范畴来理解,赏石的意境之说也与佛教禅宗的"识有无境"的境界论等思想影响分不开。总的来说,禅宗的"不可言说",与赏石的"只可意会,不可言传"有着一定的契合性。同时,日本禅学家铃木大拙在《禅与心理分析》里亦指出:"禅是喜纯、诚挚与自由。"人们经常形容说,赏石是禅心妙悟。这里的禅心,主要是指禅的修行方式和思维方式;妙悟,亦称禅悟,也属于禅宗思想的重要范畴。可以说,赏石里的一些说法也有可溯的知识渊源。

总之,禅宗着重于内心的修缮,提倡恬静朴素的生活和神秘的直觉,实际上指的是人的一种生存状态。日本学者忽滑谷快天在《中国禅学思想史》里指出:"如斯教禅之混淆,禅净之习合风靡一代,遂惹起禅道之烂熟。于北宋道学之流行,其源发于儒士之参禅,以阴禅阳儒为其特色。北宋从建国至其南迁大约一百六十余年,此为禅道烂熟之前期。"因此,在宋代,很多文人和士大夫都喜修禅,其中,就包括南唐后主李煜、欧阳修、苏轼和黄庭坚等。在一定意义上,它为探讨宗教影响与赏石活动之间的关系提供了新的依据,也揭开了隐藏在一部分人赏石背后的思想根源。

其一,关于南唐后主李煜修禅。日本学者忽滑谷快天在《中国禅学思想史》里指出:"唐末亘五代,禅道大盛,王侯之归向者不少。""据《佛法金汤编》卷十,皈依法眼非李昇乃李煜也。云:煜,字重光,璟帝第六子,初名从嘉,及嗣位更名煜,即李后主。尝请文益禅师住报恩禅院,署号净慧禅师,迁往清凉寺。文益示寂,煜为建塔,奉金身葬于江宁县之丹阳,敕谥大法眼,塔曰无相。"此外,北宋释文莹在《湘山野录》里也指出:李煜"性宽恕,威令不素著",又"笃信佛法"。

其二,关于欧阳修修禅。日本学者忽滑谷快天在《中国禅学思想史》里记述:

(1)"欧阳修荐讷,以修庆历五年为论议范仲淹等,除河北都转运使,左迁滁州。明年,将归庐陵,舟次九江,游庐山谒居讷于圆通寺。修尝著《本论》排佛,仿韩退之攘佛老,便与讷论道,心服耸听忘倦,至夜不已,迟回逾旬不忍去。讷云:'佛道以悟心为本。足下……偏执世教,故忘其本,诚能运圣凡平等之心,默默体会,顿祛我慢,悉悔昨非。观荣辱之本空,了死生于一致,则净念常明,天真独露,始可问津于此道耳。'修于是有所省发,后入参大政,至誉讷于公卿之前。"

(2)"修(注:欧阳修)尝居洛时游崇山,却仆吏,放意往至一寺,修竹满轩,风物鲜美。修休于殿内,旁有老僧阅经自若,修问:'诵何经?'曰:《法华》。修云:'古之高僧临死生之际,类皆谈笑脱去,何道致之?'曰:'定慧力耳。'又问:'今何寂寥无有?'曰:'古人念念定慧,临终安得散乱。今人念念散乱,临终安得定慧。'修心服。后以太子少师致仕,居颖州(安徽颖川府),以颖州太守赞华严修颙德业,便客馔招颙。修问云:'浮图之教何为者?'颙乃挥微指妙,使优游于华严法界之都,从容于帝网明珠之内。修竦然云:'吾初不知佛书,其妙至此。'修在颖州捐酒肉,撤声色,灰心默坐,临终时,令老兵就近寺借《华严经》,传读至八卷,安然而逝。"

图 131 《佛颜宝相》 泰山石 50×60×40 厘米 王臣藏

佛性是在天地尚未形成之前就已存在的,它没有具体的外形可以让人们看见与捉摸,却无所不包容。

——骆玉明:《诗里特别有禅》

（3）"修传见《宋史》卷三百十九，神宗帝熙宁四年致仕，五年卒，谥曰文忠。苏轼评云：'论大道似韩愈，论事似陆贽，记事似司马迁，诗赋似李白。'"

其三，关于苏轼修禅。日本学者忽滑谷快天在《中国禅学思想史》里记述："苏轼问法于常聪，领心法。""轼筑室东坡，字号东坡居士，日与田夫野老游于溪山之间。""轼出为杭州通判时，钱塘圆照方盛开净土门，因命工画阿弥陀佛像，为父母荐福，乃作颂云：'佛以大圆觉，充满河沙界。我以颠倒想，出没生死中。云何以一念，得住生净土。我造无始业，业本一念生。既从一念生，还从一念灭。生灭灭尽处，则我与佛同。如投海水中，如风中鼓橐。虽有大圣智，亦不能分别。'以诗讽时世，被罪贬黄州时，往城南安国寺焚香默坐，克己悔过，久之，身心皆空，悟罪垢性不可得。及从黄州移汝州，走高安别弟苏辙，其夕，辙与真净之克文、圣寿之省聪联床共宿，三人并梦迎五祖山之戒，俄而遇轼至，其为道友所重如此。"

苏轼通过修禅，了悟惟有放弃名利，才能突破身不由己的窘境，才能够安闲自在。犹如他的《南歌子·日出西山雨》诗歌所言："日出西山雨，无晴又有晴。乱山深处过清明。不见彩绳花板、细腰轻。尽日行桑野，无人与目成。且将新句琢琼英。我是世间闲客、此闲行。"

其四，关于黄庭坚修禅。黄庭坚酷爱林泉之胜，自号山谷道人。据日本学者忽滑谷快天在《中国禅学思想史》里记述："庭坚尝论临济宗旨曰：如汉高收韩，附耳语封王，即卧内夺印，伪游云梦，缚以力士，诒贺陈狶，斩之钟室。盖高祖无杀人之剑，而韩信心亦不死。宗师投人多类此。议曰：或讽晦堂不当以儒书糅佛语。师曰：'若不见性，祖佛密语尽成外书。若是见性，魔说狐禅皆为密语。'嘻！师乃学通内外，随机启迪，使人各因所习，同归于悟。吾佛与儒，同一关钥，论敷阳子之记，如推门入臼，非心通意解者，可同年语哉！"

此外，黄庭坚也曾自述（见《黄庭坚文集》）："凡书画当观韵……余因此深悟画格。此与文章同一关钮，但难得人人神会耳。"可见，禅宗的智慧也为他的诗歌和绘画创作提供了灵感。

（三）道学

综合宋代的道教和佛教的禅宗，遂产生了理学。宋元理学原称道学，《宋史》即有"道学传"。宋元道学主要是指"周、程、朱、张"——周敦颐、程颐和程颢兄弟、朱熹、张载的学说。

总的来说,道学主静、主敬、慎独,其宗旨与周敦颐所说的"寂然不动者诚也,感而遂通者神也"相接近。对此,历史学家黄仁宇在《赫逊河畔谈中国历史》里有阐述:"道学这一名词为时人取用,似在南宋。公元1183年吏部尚书郑丙上疏,提及'近世士大夫有所谓道学者,欺世盗名,不宜信用'。""《宋史·隐逸传》则提及,'抟(注:陈抟)好读易,手不释卷'。所以,理学以儒为表,以释道为里,在正心诚意之间加上了一段神秘的色彩,又归根于一种宇宙、一元论,更提倡有一则有二,有阴则有阳,有正即有邪,都与这受学的源流有关。"

对于宋元道学,英国历史学家汤因比在《历史研究》里,有着比较详细的概括:"在公元11世纪,这种新儒家分成了两派,由程颐(公元1033—1108年)和程颢(公元1032—1085年)兄弟分掌门户。弟弟的'理学'被朱熹(公元1130—1200年)总其大成,而哥哥的'心学'在王守仁(公元1473—1529年)的思想中登峰造极。新儒学始终宣布与道家和大乘佛教分道扬镳,但实际上却采纳了这两个宗教的某些最基本的信条。新儒学不仅吸收了道家的阴阳宇宙论,而且受到佛教禅宗的深刻影响。"

(四)宋元道教、禅宗和道学影响下的赏石活动

中国的宋元时期,许多文人雅士和士大夫延续着隋唐以来赏玩石头的传统,并在书画家苏轼、黄庭坚、米芾和赵佶喜好赏石的影响下爱石和藏石。这一时期产生了许多著名的赏石家,包括宋徽宗赵佶、南唐后主李煜、苏轼、欧阳修、黄庭坚、米芾、杜绾、赵孟頫和倪瓒等,他们在中国赏石文化史里都有着一定的特殊地位。

其一,中国赏石历史上最大的一位石头玩家是北宋第八位皇帝宋徽宗赵佶(在位时间公元1101—1125年)。

宋徽宗喜欢奇石,这在宋朝已不是新鲜事,因为他早前不远的苏轼和米芾就以喜爱奇石而闻名。美国历史学家伊沛霞在《宋徽宗》里指出:"据说徽宗有一本目录,专门用于整理收藏的奇石,但很遗憾没有留存于世。"不过蜀僧祖秀在《华阳宫记》里则提到了宋徽宗给奇石御赐的名字,比如"朝日升龙""望云坐龙""矫首玉龙""万寿老松""衔日吐月"和"雷门月窟"等。

宋徽宗与御苑赏石密不可分,并且"艮岳""花石纲"和"亡国论"与宋徽宗的名字一直相伴着。然而,如果从纯粹的个人兴趣、宗教的影响以及在艺术的氛围下去看待宋徽宗的赏石,去理解宋徽宗的赏石雅好,除去那些传统的道德解释之外,会有迥然不同的认识。

图 132 《笔架山》 灵璧石 13×6×3 厘米 杨恒星藏

对于文人来说，一支笔，一个灵魂，除了追求真理和美之外，都需得以妥帖安放。

（1）宋徽宗在书法、绘画、诗歌等方面，给世人留下了深刻印象。对此，美国历史学家伊沛霞在《宋徽宗》里指出："宋徽宗以对艺术的贡献而闻名：他是造诣很深的诗人、画家与书法家，他热衷于修建寺观与园林，是开风气之先的艺术品及文物收藏家，也是知识渊博的音乐、诗歌与道教的赞助人。在支持艺术的范围、对艺术领域的关注及投入的时间上，世界历史上少有君主能与他相提并论。"毫不夸张地说，宋徽宗作为一个皇帝，对艺术的热爱可以用耽溺来形容。那么，赏石同书法、绘画、诗歌一道，作为古代文人们的一种艺术活动，宋徽宗喜欢赏石亦是情理之事。

（2）以祥瑞的视角来看待宋徽宗的赏石。宋徽宗重视祥瑞事件，并命官员把这些祥瑞事件整理成奏疏，"有非文字所能尽者，图绘以进"。比如，邓椿在公元 1167 年所著《画继》中写道，徽宗自己画了很多被视为吉兆的异象，如赤乌、芝草、甘露、白色禽兽、骈竹、鹦鹉和万岁之石等。这里所说的"万岁之石"，指的就是《祥龙石图》（图 17）。

（3）宋徽宗一生有强烈的宗教情结。比如，他对道教就有着浓厚的兴趣。他乐于与道士交往，出资兴建道观，重修《道藏》，多次颁布诏令，抬升道教地位，从而无形中使得道教与朝廷有了紧密联系。因此，有人把他称为"道君皇帝"。

> "道无乎不在，在儒以治国，在士以修身，未始有异，殊途同归。前圣后圣，若合符节。由汉以来，析而异之，黄老之学，遂与尧、舜、周、孔之道不同。"

1118 年 8 月 20 日徽宗的诏书

宋徽宗深受宠信的道士有刘混康（公元 1035—1108 年），为上清派道士，他离京后与宋徽宗有着众多封书信往来；王老志，公元 1113 年被召入宫内，先后被徽宗授予"洞微先生"和"观妙明真"称号；林灵素（公元 1076—1120 年），神霄派宗师，徽宗在公元 1116 年遇到林灵素，因他而对天界的最高神灵很是确信。林灵素也有与徽宗的和诗——徽宗："宣德五门来万国"，林灵素附和："神霄一府总诸天"；王文卿（公元 1093—1153 年），神霄派支持者，林灵素被斥后受宋徽宗宠信；徐知常，宫廷道官，由林灵素举荐给宋徽宗；还有道士张虚白。

美国历史学家伊沛霞在《宋徽宗》里指出："徽宗执政的第一年也不是只有政治。他与当时备受敬重的道士刘混康多次谈话，讨论道教思想。"据《全宋文》里的《茅山志》记载，宋徽宗与刘混康有着多封通信，信中宋徽宗还经常颁赐刘混康他亲自抄写的经文，比如《七星经》《度人经》《清静经》和《六甲神符经》等。这些经文分别是有关个人出生标志(本命神)与出生星神之间的对应关系;充满生气的天界里的各种神奇灵验记;释放自己心灵的欲望,从而与道合一的经文;利用六十种干支进行占卜的方法等。可见,宋徽宗是一名多么虔诚的道教徒了。

与许多皇帝一样,宋徽宗对道教的信奉,可能源于他对宗教仪式感的兴趣,并且还相信能够治病驱邪,以及对征兆祥瑞与福佑、神祇崇拜与天启传统的吸引。只不过作为一国之君,他多借道教赐予"我国家太平无疆之福"之鸿愿的一种表征和治理罢了。

(4)艮岳——宋徽宗修建的新皇家苑囿(注:"华阳宫")。此苑囿面积规模约2平方公里,与其他朝代的宫苑相比,规模小很多。然而,宋徽宗对这座新苑囿的建设要求与众不同。艮岳里有无数珍稀花木、珍禽异兽和鬼斧神工的奇石。宋徽宗把其中一块高46尺的奇石赐名"神运石",视其为珍奇灵石。此外,艮岳里还有"昭功""敷文""万寿"等名峰。

艮岳里的奇石多是从中国南方运来的太湖石和灵璧石。这在蜀僧祖秀的《华阳宫记》里可以得到确证,"政和初,天子命作寿山艮岳于禁城之东陬,诏阉人董其役。舟以载石,与以辇土,驱散军万人,筑冈阜,高十余仞。增以太湖灵璧之石,雄拔峭峙,功夺天造。石皆激怒抵触,若蹲若啮,牙角口鼻,首尾爪距,千态万状,殚奇尽怪。"

对于艮岳,自然会有当朝文人给予了赞美。比如,据南宋史学家王明清的《挥麈后录》卷二记述:"其中曹组的赋采用了一位京城居民与一位询问园林问题的游客之间的对话,京城居民认为从南方移植过来的植物能够成功,归因于皇帝视四海为一家,通天下为一气。"

然而,自有"从道不从君"的当朝文人对艮岳的"花石纲"(注:花石,奇花异石;纲,结队而行的货物,一批称为一纲),也提出了直言不讳的批评。比如,邓肃就写诗对花石纲给予了讽刺:"守令讲求争效忠,誓将花石扫地空。哪知臣子力可尽,报上之德要难穷。"宋徽宗对此诗不悦,遂将邓肃逐出京城,贬回乡里了。事实上,负责为艮岳收集奇花异石的是朱勔(公元1075—1126年),他不但对百姓带来的疾苦不闻不问,反而从中渔利,贪得无厌,而遭人憎恨。公元1118年,有人就向宋徽宗奏报,负责为宫廷采购的人从中牟取私利。于是,宋徽宗颁布了一份手诏:"朕君临万邦,富有四海,天下之奉,何有所阙。"徽宗宣布,采办这些物品时任何腐败都是严重犯罪,不能宽恕。不过,宋徽宗虽有圣明之心,但左右不了臣子之所为。

公元1122年宋徽宗自己写了一篇文章以纪念艮岳的建成。这篇文章在南宋史学家王明清的《挥麈后录》卷二里有着记述:"朕万机之余,徐步一到,不知崇高贵富之荣,而滕山赴壑,穷深探险,绿叶朱苞,华阁飞升,玩心惬志,与神合契,遂忘尘俗之缤纷,而飘然有凌云之志,终可乐也。""夫天不人不因,人不天不成,信矣。朕履万乘之尊,居九重之奥,而有山间林下之逸,澡溉肺腑,发明耳目。"这也从中能够让人直接认识到艮岳与道教的联系。

(5)究竟如何认识宋徽宗的艮岳和花石纲呢?因为宋徽宗是皇帝,才会有艮岳;因为宋徽宗信奉道教,才会有花石纲。对于宋徽宗为修建艮岳而搜集各地奇花异石的"花石纲",无论从祥瑞工程的建设、道教融入宫廷和国家的努力,还是为国家太平无疆的粉饰,这种搜刮花木和奇石的方式终究成了这座园林的污点,也成为宋徽宗无节制的奢侈生活的象征。引申来说,如果统治者沉醉于安逸,过多地把精力放纵在自己的欲望时;如果过多地轻信妄者之言而沉迷于宗教时,统治者治国理政的职责就会无形中被削弱,甚至使国家、百姓和个人置于危险之中。这是必须要厘清的基本认识。

所以,当宋徽宗被金人掳去,并把嫔妃、宫女和天下美貌女子,甚至大宋公主们充当银两去计价,给金人的将军们享用时,当更可悲和无奈的是宋高宗通过与金人议和,以换回宋徽宗的尸骨,这一幕幕悲剧史无前例地出现在历史帷幕时,任何史学家们都会通过联想和归因,把花石纲视为宋徽宗的亡国罪证,也就情有可原了。例如,《宋史》卷二十二写道:"自古人君玩物而丧志,纵欲而败度,鲜不亡者,徽宗甚焉。"此外,明代张居正在《帝鉴图说》里则指出:其一,对于徽宗信奉道教,他认为:"夫徽宗为亿兆之君师,乃弃正从邪,屈体于异流,猥杂于凡庶,甚至亲受道号,甘为矫诬。自昔人主溺于道教,至此极矣。卒有北狩之祸,身死五国城,彼所谓三清天尊者,何不一救之欤?"其二,对于艮岳和花石纲,张居正认为,修建艮岳工程造成了大量的腐败和滥用职权的行为;花石没有什么实用价值,但徽宗对花石的喜爱却导致国家动乱,外族入侵身死荒漠,家人离散,因此,皇家的气派和醉梦倾颓没有实际用途。同时,日本学者忽滑谷快天在《中国禅学思想史》里也指出:"帝(注:指宋徽宗)信道者之妄言,毁佛教,玩物丧志,纵欲败度,所以速社稷之覆灭也。"

事实上,宋徽宗绝对没有隋炀帝奢侈,也就谈不上如唐太宗所说的:"败国丧身之主,莫不以奢侈而亡。"反而,从文化和艺术的角度,从享受生活的乐趣和获得愉悦来理解,假使宋徽宗不是皇帝,或者史学家不是一味地将君主去人性的研究,那么,艮岳赏石自有其复杂的意义了。总之,作为一个皇帝,如果过分地热衷于各种艺术,而分散了治国理政的分内之事,那么,他就不是一个伟大的统治者。但是,如果把皇帝也视为一个有血有肉,有自己的喜好,特别是有着自己的艺术和文化追求的人物时,他的艺术成就却是难能可贵的。

(6)关于宋徽宗赏石的影响,绝对不可小觑。画家傅抱石在《中国绘画变迁史纲》里指出:"人民的思维,实以帝王为枢纽而随其轮回。有些盲从得不能辨别应当不应当,但完全为迎合大人公卿而借作进身之阶者,占了全部的极多数。"正所谓上有所好,必有诣焉。比如,据蜀僧祖秀在《华阳宫记》里记述:"'庆云万态奇峰'则是安徽灵璧县进贡的一块高二十余尺的灵璧石。其余赏石或若群臣入侍,或战栗若敬天威,或奋然而趋,又若伛偻趋进,'怪状馀态,娱人者多矣'。"

不难看出,奇石在当时既然为贡品,即属珍贵物品。同时,当朝皇帝对奇石的狂热也无形中影响和推动了赏石活动在民间被推崇。对此,宋代医学家庄绰在《鸡肋编》里指出:"上皇(注:指宋徽宗)始爱灵璧石,既而嫌其止一面,遂远取太湖,然湖石粗而太大。后又擨于衢州之常山县南私村,其石皆峰岩青润,可置几案,号为巧石。乃以大者叠为山岭,上设殿亭。所用既广,取之不绝,舻相衔。"因此,这一时期的赏石活动,在一定程度上不但反映出皇家贵族生活逸乐优游的趣味,甚至也相应地反映出普通百姓的大众心理。

不管怎样,在中国赏石史上,宋徽宗为中国园林赏石树立了不可逾越的丰碑。正如韩光辉在丁文父主编的《御苑赏石》里指出的:"宋代艮岳赏石是中国历史上有明确记载的最早、最众的皇家苑囿赏石的集藏,也是后世数百年御苑赏石的主要源流之一。"

其二,李煜(公元937—978年),南唐后主。李煜既是诗人,又是书画家,深受宋徽宗钦佩。李煜是一位极富悲剧色彩之人。他的悲情可以用宋代词人晏几道的《临江仙·梦后楼台高锁》诗歌来描述:"梦后楼台高锁,酒醒帘幕低垂。去年春恨却来时。落花人独立,微雨燕双飞。"李煜在苦闷之暇也赏玩石头。他最喜爱的一方奇石是"灵璧研山"。据宋代蔡绦在《铁围山丛谈》里记述:"灵璧研山,经长愈尺,前耸三十六峰皆大如手指,高者名华峰。参差错落者为方坛,依次日岩、玉笋等,各峰均有其名,又有下洞三折而通上洞,中有龙池,天雨津润,滴水少许于池内,经久不燥,左右则引两阜坡陀,而中凿为研。"入宋之后,这块研山奇石落到了米芾之手。

实际上,李煜的著名"灵璧砚山"在一定程度上标志着文房雅玩供石的呈现。

其三,黄庭坚(公元1045—1105年),诗人、书画家,与苏轼为友。黄庭坚爱石,这在他的诗歌中有直接的表述。比如,《题竹石牧牛》诗歌:"野次小峥嵘,幽篁相倚绿。阿童三尺棰,御此老觳觫。石吾甚爱之,勿遣牛砺角。牛砺角犹可,牛斗残我竹。"黄庭坚曾经获得一块英石——"云溪石",赋有《云溪石》诗歌:"造物成形妙画工,地形咫尺远连空。蛟龙出没三万顷,云雨纵横十二峰。清坐使人无俗气,闲来当暑起清风。诸山落木萧萧夜,醉梦江湖一叶中。"

前文已述,黄庭坚的"文石"之说,预示着画面石有着被文人更加喜爱的倾向。

其四,苏轼(公元1036—1101年)。苏轼的文学在宋代有着极高的地位。单就流传千古的《定飞波》,即让人高山仰止:"莫听穿林打叶声,何妨吟啸且徐行。竹杖芒鞋轻胜马,谁怕?一蓑烟雨任平生。料峭春风吹酒醒,微冷,山头斜照却相迎。回首向来萧瑟处,归去,也无风雨也无晴。"同时,在中国绘画史上,苏轼也是文人画的代表人物。

在历史上,很多文人和士大夫的命运犹如在水浮萍,都会随着不同的党争、朝廷政策的变化,以及掌权者对某一事件认识的改变而发生着变化。比如,公元1080年,苏轼的很多诗词被认为暗含讥讽,因此被罢官流放。公元1085年,宋高太后又把苏轼召回京城,恢复官职。因当时的年号是元祐,所以复官的人又被称为"元祐派"或"元祐党人"。然而,世事总是多变。公元1091年,苏轼回京任职没几年,因为写了一首诗,被程颐指责为"行为不端"。再其后,据《皇朝编年纲目备要》卷二十九记述:"公元1124年,宋徽宗下诏:'朕自初服,废元祐学术,比岁至复尊事苏轼、黄庭坚;苏轼、庭坚获罪宗庙,义不戴天,片纸只字,并令焚毁勿存,违者以大不恭论。'"而且,宋徽宗在《宣和画谱》里也并没有收录苏轼和黄庭坚的作品。作为苏轼的死后之事,苏轼自然再无感慨。

苏轼于元祐八年(注:公元1093年)以端明殿学士出任定州,得雪浪石。据国家图书馆藏苏轼《雪浪石盆铭》的清拓本记录:"予于中山后圃得黑石,白脉,如蜀孙位、孙知微所画,石间奔流,尽水之变。又得白石曲阳,为大盆以盛之,激水其上,名其室曰雪浪斋云。'尽水之变蜀两孙,与不传者归九原。异哉驳石雪浪翻,石中乃有此理存。玉井芙蓉丈八盆,伏流飞空漱其根。东坡作铭岂多言,四月辛酉绍圣元'。"实际上,苏轼将它镌刻于雪浪石盆口沿之上,此铭才被后人称为雪浪石盆铭。此块雪浪石的图像也被明代赏石家林有麟刻进了他的《素园石谱》。

苏轼亦有《咏怪石》诗歌:"家有粗险石,植之疏竹轩。人皆喜寻玩,吾独思弃捐。以其无所用,晓夕空崭然。碪础则甲斲,砥砚乃枯顽。于缴不可礌,以碑不可镌。凡此六用无一取,令人争免长物观。"

最为重要的是,苏轼的"丑石观"蕴含着深邃的古代赏石精神,也成为古代赏石审美标准"皱、漏、瘦、透、丑"的重要组成部分。

其五,更值得一提的是米芾(公元 1051—1107 年)。米蒂是书画家和收藏家,宋徽宗朝时短暂担任公职,任书画学博士、礼部员外郎。米芾被称为"石痴",他所收藏的奇石最著名的莫过于那块宝晋斋"研山"了——据元朝文学家揭傒斯在《砚山诗并序》里记述:"山石出灵璧,其大不盈尺,高半之,……在唐已有名,后归于李后主,主亡归于宋米芾。"他的书法作品《研山铭》(图 133)就是由此石而来:"五色水,浮昆仑。潭在顶,出黑云。挂龙怪,烁电痕。下震霆,泽厚坤。极变化,阖道门。"

"米芾拜石"成了中国赏石史上脍炙人口的故事,为后人所津津乐道。比如:(1)宋代赏石家杜绾在《云林石谱》里记载:"米芾为太守,获异石,四面巉岩险怪,具袍笏拜之。"(2)南宋费衮在《梁溪漫志》里记述:"米元章守濡须,闻有怪石在河堧,莫知其所由来。人以为异而不敢取。公命移至州治,为燕游之玩。石至而惊,遂命设席,拜于庭下曰:'吾欲见石兄二十年矣。'言者以为罪,坐是罢去。"(3)据元朝丞相托克托修撰的《宋史》记载:"无为州治有巨石,状奇丑,芾见大喜,曰'此足以当吾拜!'具衣冠拜之,呼之为兄。"(4)明代高濂在《燕闲清赏笺》里记述:米元章"喜蓄书画古玩,尤为黄太史(注:指黄庭坚,他曾以秘书丞兼国史编修官,故以'太史'称之)所重。平生好石,见有瑰奇秀溜者,则取袍笏拜之,呼为石丈云。"另外,"米芾拜石"也成了后世画家较为常见的绘画题材,此足见米芾在中国赏石文化史中的地位和影响力。

不难理解,米芾为中国赏石定下的审美标准为人们所折服了——准确地说,米芾的"相石四法",宣示了古代赏石审美标准的出现。

其六,宋代赏石家杜绾完成了中国历史上第一部真正意义的石谱——《云林石谱》,共记载和描述了 116 种奇石,对其产地、采掘之法,以及它们的物理性状,包括形、质、色、纹、声等方面均有详细的表述。《云林石谱》成书于南宋绍兴三年(注:公元 1133 年),是中国最早、最全和最有价值的石谱,因凭借其专业性被完整地收录到清代乾隆帝编修的《四库全书》之中,幸运地成为诸多石谱中的唯一入选者。此外,宋代还出现了渔阳公的《渔阳石谱》、常懋的《宣和石谱》、范成大的《太湖石志》、赵希鹄的《洞天清录》等石谱以及赏石著述。

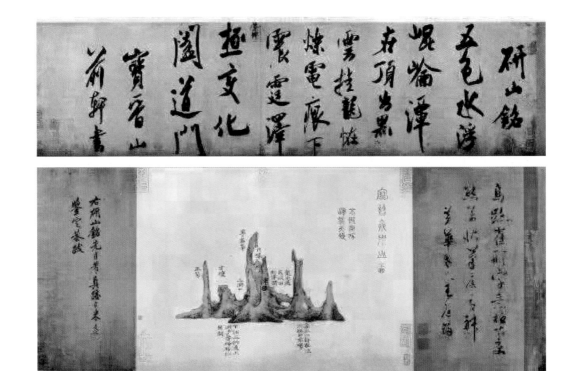

图 133　宋代　米芾　《研山铭》《研山图》　私人收藏

图 134　元代　赵孟頫　《秀石疏林图》　北京故宫博物院藏

其七，元代最著名的赏石家是"南人"赵孟頫。他有《赋张秋泉真人所藏研山》诗歌："泰山亦一拳石多，势雄齐鲁青巍峨。此石却是小岱岳，峰峦无数生陂陀。千岩万壑却几上，中有绝涧横天河。粤从混沌元气判，自然凝结非镌磨。"同时，他通过画石来表达自己的理想和志趣，现藏北京故宫博物院的《秀石疏林图》(图 134)就是他的代表作，其有自题诗："石如飞白木如籀，画竹还应八法通，若也有人能会此，方之书画本来同。"

其八，元代诗画俱有高名的倪瓒也专注于赏石。据单国强在丁文父主编的《御苑赏石》里记述："他曾经参与苏州名园'狮子林'的设计，园中置放许多状如狮子的奇石，并堆积成螺旋的石洞和狮子座式的假山，为园林内重点景致，可见倪瓒也有爱石之好。"这似乎与他"每怜竹影摇秋月，更爱山居写白云"的诗风，以及他的竹石小景的清隽绝俗的画风一脉相承。

（五）以石赏会

赏石成为古代士阶层生活中的一种细腻趣味，它本属于私人领域的个性化行为，但小圈子之间赏玩石头相互间的"传染"则不可避免。

父子赏石。据唐代画家张彦远在《历代名画记》里记述："汧公(注：唐代李勉)任南海日，于罗浮山得片石。汧公子(注：李勉之子，李约)兵部员外郎约于润州海门山得双峰石，并为好事所宝，悉见传授。"对此，元代辛文房在《唐才子传》里也有记述：李约"性清洁寡欲，一生不近粉黛，博古探奇。初，汧公海内名臣，多蓄古今玩器，约愈好之，所居轩屏几案，必置古铜怪石，法书名画，皆历代所宝。坐间悉雅士，清谈终日，弹琴煮茗，心略不及尘事也。尝使江南，于海门山得双峰石，及绿石琴荐，并为好事者传，阒然亦寓意，未尝戛然寡情，豪夺吝与。"

美术史学家王逊在《中国美术史》里记述："李公麟和苏轼、黄庭坚、米芾等人同是驸马王诜家的座上客。他们在王诜家里的聚会曾被记录在李公麟所画的《西园雅集图》(现存各种摹本)中，米芾也为此写了一篇《西园雅集图记》。他们十几个人在王诜家的花园中饮酒、作诗、写字、画画、谈禅、论道等。"这里有必要提及一下王诜和李公麟：王诜(公元 1048—1103 年)，宋徽宗姑父，书画家、艺术品收藏家。据美国历史学家伊沛霞在《宋徽宗》里记述："王诜是一位书画收藏家和技艺娴熟的画家，他结交了当时许多重要的文化名流，其中最有名的是苏轼与米芾。"此外，王诜因与苏轼交好，并资助过苏轼诗集的刻印，而苏轼的诗歌被指控诽谤宋哲宗帝，王诜也曾因此一同被贬官。李公麟(公元 1049—1106 年)，文人画家、艺术品收藏家，宋徽宗的《宣和画谱》里收录他多幅作品。

图 135　元代　倪瓒　《梧竹秀石图》　北京故宫博物院藏

图 136 宋代 宋徽宗 《听琴图》 110×51 厘米 北京故宫博物院藏

黄庭坚在《论画》里说："余初未尝识画,然参禅而知无功之功,学道而知至道不烦,于是观图画,悉知其巧拙工俗,造微入妙,然此岂可为单见寡闻者道哉?"可见,抚琴、谈禅、悟道无形中也成了文人们在艺术修养上的一种手段。对此,明朝画家董其昌在《画旨》里,在评价王诜的艺术造诣时指出:"王诜与苏(轼)、米(芾)、山谷(黄庭坚)辈为友,自然脱去画史习气。"此外,他们还在一起赏石,甚至相互之间出现了奇石交易和交换的意向。

据《苏轼诗集》记载,苏轼在扬州获得了两块石头,他在《双石》诗歌的小序里,描述如下:"至扬州,获二石。其一,绿色,冈峦迤逦,有穴达于背。其一,正白可鉴,置几案间。忽忆在颍州日,梦人请住一官府,榜曰仇池。觉而诵杜子美诗曰:万古仇池穴,潜通小有天。乃戏作小诗,为僚友一笑。"苏轼遂把这两块石头命名为"仇池石"。当朝驸马王诜想借观(实为索求)苏轼的仇池石,引出了苏轼的三首答复诗歌。

其一,《仆所藏仇池石,希代之宝也,王晋卿以小诗借观,意在于夺,仆不敢不借,然以此诗先之》:

> 海石来珠宫,秀色如蛾绿。
> 坡陀尺寸间,宛转陵峦足。
> 连娟二华顶,空洞三茅腹。
> 初疑仇池化,又恐瀛洲蹙。
> 殷勤峤南使,馈饷扬州牧。
> 得之喜无寐,与汝交不渎。
> 盛以高丽盆,藉以文登玉。
> 幽光先五夜,冷气压三伏。
> 老人生如寄,茅舍久未卜。
> 一夫幸可致,千里还相逐。
> 风流贵公子,窜谪武当谷。
> 见山应已厌,何事夺所欲。
> 欲留嗟赵弱,宁许负秦曲。
> 传观慎勿许,间道归应速。

其二,《王晋卿示诗,欲夺海石,钱穆父、王仲至、蒋颖叔皆次韵。穆、至二公以为不可许，独颖叔不然。今日颖叔见访，亲睹此石之妙，遂悔前语。仆以为晋卿岂可终闭不予者，若能以韩干二散马易之者，盖可许也。复次前韵》：

> 相如有家山，缥缈在眉绿。
> 谁云千里远，寄此一拳足。
> 平生锦绣肠，早岁藜苋腹。
> 从教四壁空，未遣两峰蹙。
> 吾今况衰病，义不忘樵牧。
> 逝将仇池石，归溯岷山渎。
> 守子不贪宝，完我无瑕玉。
> 故人诗相戒，妙语予所伏。
> 一篇独异论，三占从两卜。
> 群家画可数，天骥纷相逐。
> 风骏掠原野，电尾梢涧谷。
> 君如许相易，是亦我所欲。
> 今朝安西守，来听阳关曲。
> 劝我留此峰，他日来不速。

其三，《轼欲以石易画，晋卿难之，穆父欲兼取二物，颖叔欲焚画碎石，乃复次前韵，并解二诗之意》：

> 春冰无真坚，霜叶失故绿。鹓疑鹏万里，蚿笑夔一足。
> 二豪争攘袂，先生一捧腹。明镜既无台，净瓶何用蹙。
> 盆山不可隐，画马无由牧。聊将置庭宇，何必弃沟渎。
> 焚宝真爱宝，碎玉未忘玉。久知公子贤，出语耆年伏。
> 欲观转物妙，故以求马卜。维摩既复舍，天女还相逐。
> 授之无尽灯，照此久幽谷。定心无一物，法乐胜五欲。
> 三峨吾乡里，万马君部曲。卧云行归休，破贼见神速。

图 137 《唐风宋韵》 长江石 32×28×6 厘米 李德强藏

法国美学家狄德罗在《狄德罗论绘画》里说:"只有艺术大师才善于评论素描,但人人都能够评论色彩。好素描画家不缺少,大色彩画家不多。文学上也是这样,出一百个枯燥的逻辑家才出一个大演说家,出十个大演说家才出一个卓越的诗人。"可以说,一万块石头里才出一块观赏石,十万块观赏石里才可能会出现一块珍品石。

这个故事的结局是：苏轼的仇池石没有被王诜夺去，他欲用仇池石换取王诜所拥有的韩幹的马画自然也未能如愿。这两块奇石一直陪伴着苏轼被放逐（先后被贬到惠州和海南）。南行途中，路过湖口时，遇到一百姓李正臣的一块奇石，石上九座山峰，苏轼喜爱有加，欲以"百金"购之，想让这块石头与自己的仇池石"为偶"。但终未如愿，只能以诗题赞，题名《壶中九华》诗：

湖口人李正臣蓄异石九峰，玲珑宛转，若窗櫺然。予欲以百金买之，与仇池石为偶，方南迁未暇也。名之曰壶中九华，且以诗纪之。

清溪电转失云峰，梦里犹惊翠扫空。
五岭莫愁千嶂外，九华今在一壶中。
天池水落层层见，玉女窗明处处通。
念我仇池太孤绝，百金归买碧玲珑。

八年之后，也就是苏轼在世的最后一年（公元 1101 年），苏轼从海南返朝，路过湖口，再问"壶中九华"这块石头，它已被郭正祥用八万金买走了。苏轼怅然作诗歌《予昔作壶中九华诗其后八年复遇湖口则石已为好事者取去乃和前韵以自解云》：

江边阵马走千峰，问讯方知冀北空。
尤物已随清梦断，真形犹在画图中。
归来晚岁同元亮，却扫何人伴敬通。
赖有铜盆修石供，仇池玉色自瓏珑。

关于苏轼的仇池石的最终命运，据美国学者杨晓山在《私人领域的变形》里说："由于苏轼的诗中对仇池石的称赞，他死后，这两块石头价值大增，最后为宫廷所藏（朱彧，《萍洲可谈》）。北宋王朝覆灭后，这两块石头和宫内收藏的其他奇石一起弃置沟渠。但是，它们很快就被赵师严（生活于公元 12 世纪）取而藏之。"

（六）几点认识

综上对宋元道教、禅宗和道学的阐释，以及几位重要代表性赏石家与之密切关联，再

聚焦到他们的赏石活动,可以得到以下几点认识:

第一,禅宗思想在当时不仅影响了艺术理论,影响了诗歌和绘画,并且还影响甚至决定了赏石活动,从而禅宗与赏石之间建立起直接的联系就不再是一种直觉和想象了。

第二,在社会剧烈变迁的时代里,伴随着文人和士大夫们个人的不同际遇,赏玩石头成了他们余暇中自省、消遣和追求雅趣的方式。这一情形正如美国学者刘子健在《中国转向内在:两宋之际的文化转向》里所说:"在悲哀和困惑中,许多知识分子不可自抑地转向内省和回顾。他们的著述清晰揭示,内省让他们将更多的注意力倾注在自我修养上,而较少关注国家大事。"

第三,赏石、抚琴、对弈、吟诗、饮酒、丹青和伎乐与文士们相契。由于性情嗜好相近,以石会友、以诗咏石和以石论道也成为文人雅士们的一种文化活动;同时,以石赠友、以石易物,也成了文人雅士间的情谊。总之,赏石在中国古代属于一种文人之间的"小圈子文化",这些都获得了史料的证实。此外,值得补充的是,据宋代赵希鹄在《洞天清录》里记述,苏轼赠送给黄庭坚的"小有洞天"石,被黄家珍藏于存放授官凭信的小箱子中而倍加珍视,此足见当时文人思想与绘画、诗歌、赏石之间的契合。

第四,这些文士们在绘画、书法和诗歌等艺术领域的建树,以及他们的赏石雅趣为人们认识文人赏石与文人绘画同宗同源的观点提供了依据,为探讨中国赏石艺术精神铺垫了基础。正如画家陈师曾在《文人画之价值》里所说:"六朝庄老学说盛行,当时之文人含有超世界之思想,欲脱物质之束缚,发挥自由之情致,寄托于高旷清静之境。如宗炳、王微其人者,以山水露头角,表示其思想与人格,故两家皆有画论。东坡有题宗炳画之诗,足以见其文人思想之契合矣。"

第五,宋代的美学形象朴素、颜色淡雅,尤以宋瓷的简朴为代表。这在精神上与文士们赏玩石头的质朴是相通的。在文人绘画和文人赏石的艺术精神之下,宋代赏石活动步入了极盛的黄金时代而有了划时代的意义。最突出地表现于,米芾和苏轼提出的"皱、漏、瘦、透、丑"的赏石标准,逐渐被人们所接受。

画家陈师曾在《中国绘画史》里指出:"然则宋朝之特色,可谓属于文人而非属于武人之时代。"同时,历史学家陈寅恪也曾言说:"华夏民族之文化,历数千载之演进,造极于赵宋之世。"在这个大的社会背景下,文人赏石在宋代达到了顶峰自然也就合情合理了。

五　明清的心学

沿袭宋元道学,明代出现了阳明学说,创始人王守仁。阳明学说强调心即理,知行合一,致良知。作家柏杨在《中国人史纲》里即指出:"阳明学派思想比理学学派进一步接近佛教神秘主义的禅机,阳明学派的'良知',不是靠科学方法获得,而是跟得道的高僧一样,完全靠领悟获得。"正如王守仁自己所言:"圣人之道,悟性自足,向之求理于事物者误也。"

到了明代,赏石家林有麟撰写了《素园石谱》(注:素园为其居所),收录了唐、宋、元、明以来的赏石资料和图谱,其中,录入石种或名石 102 种,石画 249 幅,题咏诗文 80 首,它是中国赏石文化传承的重要之作。此外,赏石家王守谦在《灵璧石考》里记述:"海内王元美(世贞)之祗园、董元宰(其昌)之戏鸿堂、朱兰嵎(之藩)之柳浪居、米友石(万钟)之勺园、王百穀(稺登)之南有堂、曾莲生之香醉居、刘际明之吾石斋、刘人龙之梦觉轩、彭政之啬室,清玩充斥,而皆以灵璧石作供。"人们从中略可窥见明代人赏石之概貌了。

明代最著名的赏石家是米万钟。据单国强在丁文父主编的《御苑赏石》里记述:"明代赏石家中,最负盛名的当推米万钟。他是米芾后裔,承米氏遗风,也爱石成癖,自称'石隐',取号'友石'。京师所造三座院墅'湛园''勺园''漫园',均以奇峰怪石取胜。陈衍在《奇石记》中,记载了他所蓄最著名的五块奇石,皆为传世数百年的旧物。家藏之石亦有图谱,他曾请吴文仲(注:吴彬)将所蓄奇石绘成一卷,其中有一块'形如片云欲坠'的青石(见图 18),即系祖先米芾遗物。"

到了明清两代,皇家和私家园林有了极大发展。一些官僚士大夫和巨商富户的深宅大院中常有精致的园林池榭,叠石造园蔚然成风。韩光辉在丁文父主编的《御苑赏石》里则指出:"明代中期奢侈之风的盛行和园林住宅建筑在上层社会的兴起,打破了太宗与宣宗在宫苑建筑中崇尚恭俭淳朴的戒律。"于是,宫苑布置"古木珍石,参错其中"之风又兴。

清代最重要的赏石家是乾隆皇帝(在位时间公元 1736—1795 年)。乾隆帝喜爱奇石,也酷爱为奇石赋诗——即使他的诗歌与唐宋文人的诗歌无法媲美。据韩光辉在丁文父主编的《御苑赏石》里指出:"清代宫城之内至少增加了六处假山奇石观赏景观,且主要集中在乾隆时期。""历史文献均明确地记录了清代皇家苑囿中的假山奇石,丰富多彩,而这些奇石包括宫城内各处奇石则主要是乾隆时期朝廷自京畿房山采办，其次是各地官员进贡和乾隆本人从江南私家园林罗致，陆续运抵京师宫苑各处的。""清代宫苑奇石假山等观赏景观的迅速兴起，不仅与明清以来山水审美和山水园林塑造的空前发展有关，而且与封建帝王尤其是乾隆皇帝迷恋山水景观的个人情趣和模拟山水景观的浓厚雅致有关，还与当时国家财政经济实力有关。"因此，乾隆帝在中国赏石史上占据着一定地位。现列举乾隆帝五首赏石诗歌，以兹佐证。

其一，国家文物局晋宏逵在丁文父主编的《御苑赏石》里指出，御花园的赏石中，绛雪轩前木变石（编号御二十）镌刻了乾隆御制诗。查御制诗集，还刊有长篇序言，记述此石来历和入藏苑园经过：

"'咏木变石　是石黑龙江将军福僧阿所进，长六尺余，森立介如。迫视之，霜皮具存，宛然木也；抚之既坚致，扣之其声玲玲，则又兀然石也。夫豫章之林不闻能化，衡南多石非由幻成，何黑龙江之木独善变乎？盖其地土厚殖丰，扶舆之气磅礴郁积，树生其间有雨露之养，无斧斤之戕，阅岁既久，遂而成石。岂非灵秀所毓，自全其天者乎。因系四韵，镌石以识。不记投河日，宛逢变石年。磋敲自铿尔，节理尚依然。旁侧枝都谢，直长本自坚。康干虽岁贡，逊此一峰全。'"

其二，在紫禁城御花园的宁寿宫里，乾隆帝把一块巨大的峰石命名为"文峰"（房山石），并刻有乾隆御笔题诗。清代《高宗御制诗四集》卷三十四《文峰诗》曰：

"昨于西山得玲峰，树之文源阁，既为之歌，兹以其副置于景福宫之门，名曰文峰而系以诗。物有一兮必有偶，伯兮叔兮相与友。玲峰既峙文源阁，文峰讵复藏岩薮。傥然肯来树塞门，景福宫前镇枢纽。是处拟为归政居，老谢远游尔其守。皇山较此实卑之，却笑犹堪拜米叟。巨空小穴难计数，诡棱奇决自萦纠。西山去京无百里，车载非关不胫走。洞庭湖石最称珍，博大似兹能致否。宋家花石昔号纲，殃民耗物鉴贻后。岂如畿内挺秀质，弗动声色待近取。抑仍絜矩于人材，政恐失之目前咎。设因文以寓词锋，姑俟他年试吟手。"

图 138　《木变石》　供置故宫绛雪轩前

其三，在紫禁城御花园的清漪园里，有镌刻乾隆御题"青芝岫"观赏石（房山石），清代《高宗御制诗二集》卷二十八《青芝岫》诗曰：

"米万钟大石记云：房山有石长三丈，广七尺，色青而润，欲置之勺园，仅达良乡，工力竭而止。今其石仍在，命移置万寿山之乐寿堂，名之曰青芝岫，而系以诗：我闻莫釐缥缈，乃在洞庭中。湖山秀气之所锺，爰生奇石窈玲珑。石宜实也而函虚，此理诚难穷。谁云南北物性殊燥湿，此亦有之殆或过之无不及。君不见房山巨石磊岂岌，万钟勺园初筑葺。旁蒐皱瘦森笏立，缒幽得此苦艰涩。致之中止卧道旁，覆以葭屋缭以墙。年深屋颓墙亦废，至今窾中

417

生树拱把强。天地无弃物,而况山骨良?居然屏我乐寿堂。青芝之岫含云苍,崔嵬刻削衰直方。应在因提疏伦以前阐元黄,无斧凿痕剖吴刚。雨留飞瀑月留光,锡名题什翰墨香。老米皇山之石穴九九,未闻一一穴中金幢玉节纷萦纠。友石不能致而此致之,力有不同事有偶。知者乐兮仁者寿,皇山洞庭夫何有!"

其四,现存于中山公园的"青云片"(房山石),乾隆帝作《青云片歌》,清代《高宗御制诗三集》卷五十八《青云片歌》诗曰:

"万锺大石青芝岫,欲致勺园力未就。已达广阳却弗前,土墙缭之茭屋覆(见米万锺大石记语)。适百里半九十里,不然奇物靳经售。向曾辇运万寿山,别遗一峰此其副。云龙气求经所云,可使一卷独孤留。伯氏吹埙仲氏篪,彼以雄称此通透。移来更觉易于前,一例为屏列园囿。泐题三字青云片,兼作长歌识所由(叶)。有时为根暖虀生,有时为峰芳润漱。虚处入风籁吹声,窍中过雨瀑垂溜。大青小青近相望,突兀玲珑欣邂逅。造物何处不锺灵,岂必莫厘乃称秀。事半功倍萃佳赏,宣和之纲诚大谬。"

其五,现存中山公园的"青莲朵"(太湖石),乾隆帝作《青莲朵》,清代《高宗御制诗二集》卷三十一记载了《青莲朵》诗:

"客岁驻跸杭城,偶于宋德寿宫故址寻所谓蓝瑛梅石碑迹。碑尚杰竖,梅已槁朴。而其侧犹有摧娄玲珑碑兀刻削者一峰存焉。抚摩良久。回銮后地方大吏意以舟便致贡。念事已成,留置御园,名之曰青莲朵。"诗句云:"梅亡石在石谁怜,碑迹长从梅石传。石过江来碑独在,江梅春到总依然。""刻削英英陆地莲,一拳提示色空禅。飞来鹫岭分明在,幽赏翻因意憬然。"

图 139 《钟鼎璧》 灵璧石 40×68×28 厘米 朱旭藏

朴实无华的表面,极富视觉效果的肌理,纯然的剪影轮廓,交错的构造,似一件古典雕塑艺术品。

清代最著名的石谱是诸九鼎的《惕庵石谱》。此外,清代赏石家还有蒲松龄、高凤翰、张大千和郑板桥等。

画家张大千有石癖。他在美国卡梅尔海滨发现一块巨石,上下皆锐,呈梭子形,宛若一幅中国台湾地图,他将此石题名"梅丘"。此题名其因有二:一是因喜梅而来——如其诗所言:"殷勤说与儿孙辈,识得梅花是国魂。"二是因孔子名丘。他亲笔题写石名,精工铭刻,并赋诗:"独自成千古,悠然寄一丘。"当他的"摩耶精舍"落成后,托船王董浩云相助,由海道将其从美国运到台北,立于摩耶精舍后院高处。

郑板桥专画兰竹五十余年,他主张尊重万物的自然属性,故"各适其天,各全其性"成为其绘画要求。这或许也与他喜石的雅兴相一致。此外,郑板桥也画石赠送给友人。比如,其有画自题曰:"今日画石三幅,一幅寄胶州高凤翰西园氏,一幅寄燕京图清格牧山氏,一幅寄江南李鱓复堂氏。三人者,予石友也。昔人谓石可转,而心不可转。试问画中之石,尚不转乎。千里寄画,吾之心与石俱往矣。"

中国赏石作为一种文化现象,经由历朝历代延续发展着。其中,涉及中国赏石的起源和发展因素,特别是宗教和哲学相互混杂与叠加,不能因文中分别论述,就给人们造成一种单独存在和发生作用的假象,更不能因仅以朝代为分期来阐述,就认为中国赏石存在着严格的历史时期界限。

实际上,一旦人们运用历史哲学的逻辑,把思维聚焦到人与自然的关系、各种宗哲思想的演变、不同时期的社会变化、国力的兴衰、文人士大夫的精神自省、代表性赏石人物的不同个人际遇、帝王将相赏石的影响,以及各门类艺术的相容相通等与中国赏石发展的关系维度时,再综观和回顾整个中国赏石文化史,自然就会认识到赏石在中国明清时代达到鼎盛的背后逻辑了。

第十二章　中国赏石与当代精神状况

理解中国当代赏石活动的兴起,离不开对当代社会状况,尤其当代精神状况的认知。

中国自 1978 年改革开放以来,逐步确立了市场经济的主导地位,以市场和商品交换为特征的功利思想开始滥觞,几乎在同一时期当代赏石活动逐渐兴起。观赏石成为一种地道商品而具有了交换价值,石农、石商与石头市场应运而生。在利益的驱使下,赏石活动如滚雪球一般实现着自身的野蛮生长。

人们需要思考:假如没有对观赏石的真正需求,那么,观赏石就不可能成为商品。探讨观赏石在当代社会需求的深层根源,并非因为"观赏石成了商品"就有需求了这个简单的判断了。而且,如果纯粹地把观赏石理解为是人们的一种单纯的娱乐性需求,以及对新奇事物的渴求,那么,在生活里新奇的事物层出不穷,人们为何会特别偏爱石头呢? 显然,人们出于"喜欢而赏玩石头",也不能够成为思考的真正逻辑起点。

以历史哲学的视角看,中国赏石始终与社会、心理、精神和国力等因素有着复杂的关联。就精神因素来分析,赏石在当代社会成为一种流行风尚,标识着时代意识的转换,预示着时代精神的某种趋向。进而言之,每种形势都会产生一种精神状态,自然会产生与相关精神状态相适应的艺术形式。并且,时代意识和时代精神直接体现并源于人们的时代心理。探讨赏石以及赏石艺术在当代社会的兴起,就需要深入研究它们与人们深层次心理需求的关系。事实上,这个论述逻辑与对古人赏石活动的研究范式是一脉相承的。可以说,真正的艺术根植于人们的心理需要,同时也满足了人们的精神需求。

第一,现代性问题:新的情感和精神的慰藉。

赏石在当代社会的一部分人群中流行,以及赏石艺术在当代社会的萌生,很大原因源于人们对大自然环境的破坏、社会的过度物质化追求、生产的技术化和文化浮躁氛围的无奈和反感。这一认识，正如德国思想家阿多诺在《美学理论》里指出的：“艺术之所以是社会的，不仅仅是因为它的生产方式体现了其生产过程中各种力量和关系的辩证法，也不仅仅因为它的素材内容取自社会，确切地说，艺术的社会性主要因为它站在社会的对立面。但是，这种具有对立性的艺术只有在它成为自律性的东西时才会出现。通过凝结成一个自为的实体，而不是服从现存的社会规范并由此显示其'社会效用'，艺术凭借其存在本身对社会展开批判。”同时，又如西班牙画家毕加索所说：“艺术并不是真理，艺术是谎言，然而这种谎言能教育人们去认识真理，艺术是揭示真理的谎言。”

个人天生就是一种社会的存在，人在社会中生存无疑要局限于特定的社会环境之下。

其一，现代社会充斥着技术化和机器化的性质。然而，技术和机器给予的能力大多是社会性能力，而不是个人能力。于是，体现在工作中，随着现代化分工的专业化和精细化，人们的贡献在个体的努力与最终结果之间出现了分裂，很难在最终贡献中找到自己的个性表现，这自然就会有一种削弱感。同时，随着现代社会人们更多地倾向于追求自己的个性，并伴随着集体主义观念的淡化，更加重了人们的这种感觉。

其二，现代社会人们步履匆匆，面对大自然环境的破坏和污染，人类对大自然动物的侵害，金钱至上，“半瓶醋”和快餐文化的流行，以及垃圾信息的侵扰等，人的本性逐渐变得迟钝，生活的自由情感逐渐丧失了。

其三，在社会转型的过程中，一些富有自我意识和自由精神的中产阶层在获取财富的过程中，精神上却被一种无助的孤立感所撕裂。所以，有人感叹：“香槟酒和咖啡不能为我带来快乐，它们只会给我哀愁。”这种情形，犹如文学家莫言在《碎语文学》里所说：“我觉得一个中产阶级的审美情趣，那种精神的优雅和灵魂的高贵并不是有了钱就能培养起来的。”

其四，在商业化氛围浓厚的城市丛林里，人们负载了太多信息，即使想在咖啡馆里，或者度假胜地，也很难寻求一份内心的安宁。并且，在一个完全是陌生人的大城市里，人与人之间的冷漠时常会袭击人们的心灵。所以，德国哲学家海德格尔在《思的经验》里则说：“在大城市里，尽管人们很轻率地说自己几乎比任何地方的人都孤单，但他在那里从不可能有真正的孤寂。因为孤寂具有母于自己的力量，它不是把我们分成单个的人，而是把整个此在放归一切风物之本质的宽阔近旁。”

人们的内心渴望与自然的和谐，渴望自我实现的认可，渴望平静和依托，渴望厚重与平和，渴望人与人之间的真诚相处，并且，还需要修养紧张的神经，停息过剩的欲望。但是,在社会现实面前如何才能真正沉静下来,也不是一件容易做到的事情。这不禁让人想到意大利米开朗基罗刻在佛罗伦萨美第奇墓碑雕像上的一行话:"只要世上还有苦难和羞辱,睡眠是甜蜜的,要能成为顽石,那就好。一无所见,一无所感,便是我的福气,因此,别惊醒我。啊!说话轻些吧!"另外,德国作曲家瓦格纳也曾说过:"一个人若不是自幼就有一个仙女赋予他一种对现存的一切都不满意的精神,是永远也不会发现新东西的。"而且,人的生命基因里本有自由的天性,一旦当人们在可以赏玩的大自然石头面前,在观赏石艺术品面前,能够找到一种超越不安与焦虑的解脱方式,那么,观赏石就成为可以依靠,甚至可以倾诉的对象了。

德国哲学家阿多诺在《美学原理》里指出:"只有个体才能有意识地,并且否定地再现集体性的焦虑。""纯粹的和内部精妙的艺术是对人遭到贬低的一种无言的批判,所依据的状况正趋向于某种整体性的交换社会,在此社会中,一切事物均是为他者的。艺术的这种社会性偏离是对特定社会的特定否定。""文明的进步给人们一种虚假的安全感,使其不知他们甚至在今天还是多么的脆弱。自然界中的欣欢之感与自在存在的主体的观念密切相关,而且,在潜在意义上是无限的。主体将自身投射到自然之中,凭借其孤立状态而获得一种与自然的亲近感。在被化为第二自然的社会中,主体由于无能为力而急于在第一自然中寻求庇护或帮助。"同时,德国思想家歌德在《歌德谈话录》里说:"无论经历任何事情,每个人最终都得返求于己。""个体的顽强总是摆脱与自己不相适应的东西,这一切证明生命的圆满实现是存在的。"换言之,时代虽然带来了很多问题,但技术已经成为推动社会进步的重要力量,技术进步是不可逆的,并且时代发展也不可逆转。人们不能反技术,更不能反社会,而只能返求于己。

人们思考和调整着自己同社会和自然之间的关系,最终只能在自己的日常生活现实中找到一条出路。恰巧在现实生活中,并且在中国传统文化中,作为大自然的代表符号,天然的石头蕴含着人与自然的亲和性,蕴含着质朴、厚重和真诚,蕴含着文化元素,并显现着艺术之美。面对大自然的石头,人们能够沉静下来;面对赏石艺术,人们更能够获得一种超脱性。这就犹如法国画家亨利·马蒂斯所说的:"一种艺术,对每个精神劳动者都是一种平息的手段,一种精神的慰藉手段,以熨平他的心灵,对于他意味着从日常辛劳和工作里获得宁息。"

赏石成了当代社会人们的一种闲暇的消遣方式,观赏石成为人们所追求的艺术品,成为人们对低欲望社会企盼的一个代表符号,也就顺理成章了。实际上,赏石表象的背后,恰是人们对生活价值的认同和追求。正如古希腊哲学家亚里士多德在《政治学》里指出的:"我们曾经屡次申述,人类天赋具有求取勤劳服务同时又愿获得安闲的优良本性;这里,我们当再一次重复确认,我们全部生活的目的应是操持闲暇。勤劳和闲暇的确都是必需的,但这也确实的,闲暇比勤劳为高尚,而人生所以不惜繁忙,其目的正是在获致闲暇。""人们从事工作,在紧张而又辛苦以后,就需要驰懈憩息;游嬉恰正使勤劳的人们获得了憩息。""闲暇自有其内在的愉悦与快乐和人生的幸福境界;这些内在的快乐只有闲暇的人才能体会;如果一生勤劳,他就永远不能领会这样的快乐。人当繁忙时,老在追逐某些尚未完成的事业。但幸福实为人生的终极止境;惟有安闲的快乐(出于自得,不靠外求)才是完全没有痛苦的快乐。"

石头又因质朴和天然的外表,沉稳和厚重的精神,不拘一格的创意,鬼斧神工的神奇,自由娴雅的艺术表现,使得赏石仿佛具有了一种深刻的催眠作用,能够使人放松紧绷的神经,保持内心深处仍有的宁静与和谐,更能够使人放弃急躁,退隐心灵,在无拘无束中以从容和闲适的方式放飞自己的情绪。亦如清初画家龚贤的诗歌所言:"相逢顽石也当拜,顽石无心胜巧人,作客十年魂胆落,归来约与石为邻。"赏石即小憩,成为人们普通生活里的一部分,也把人们从日常生活的羁囚之中解脱了出来,从虚假和伪造的一切中解放出来,为人们打开一个梦幻与默想的沉醉世界——在这个世界里有文学家的桃花源、艺术家的理想自然、哲学家的乌托邦和宗教家的天堂净土。

人们通过赏石也在不寻常中追求着一种诗意生活,恢复着一种本明心态。赏石如同游心于自然——犹如明代诗人潘纬诗所云:"片石苍山色,复如山势奇。虽然在屋里,日与山海对。"赏石总会给人们一种超然的合适感和诗意感——犹如唐末诗人李商隐的诗歌所曰:"留得残荷听雨声。"当人们把赏石视为神游石间和卧游山水时,当人们心里装着山和水,有属于自己的山和水,可望、可行、可居和可游时,还会对权力和财富贪恋吗?——犹如汉代诗歌《明月皎夜光》(注:佚名)所言:"良无盘石固,虚名复何益?"当人们可以与片石堪共语时,内心还会感到孤独和寂寞吗?——犹如宋代程颢的诗所说:"万物静观皆自得,四时佳兴与人同。"所以,赏石与其简单地说是人们回归于自然,倒不如说是人们与自然融为一体,人们与社会现实的一种短暂逃离。

图 140 《苍砣图》 黄河石 51×43×20 厘米 陈西藏

坡石与土石相间,石须大小攒聚。山之峦头岭上出土之石,谓之矾头,其棱面层叠。山麓坡脚,有大小相依相辅之形,有平大者,有尖峭者,横卧者,直竖者,体式不可雷同。或嵯峨而楞层,或朴实而苍润,或临岸而探水,或浸水而半露。沙中碎石,俱有滚滚流动之意。画石以攲斜取势,要见两面三面,而坡脚与石相连。石嵌土内,土掩石根,崒屼嶙岣,千状万态。石乃山之骨,其体质贵乎秀润苍老,忌单薄枯燥。画石之法,不外此矣。

——(清代画家)唐岱:《绘事发微》

赏石作为中华传统文化的一部分,因崇尚朴素的价值观,更易与现代社会的人们亲近起来,而表现时代真实的东西、感动同时代的人们往往是现实主义艺术的原则。赏石艺术既反映了一定的社会现实,又似乎超越了一定的社会现实。德国思想家歌德就认为:"除了艺术之外,没有更妥善的逃世之方;而要与世界相联系,也没有一种方法比艺术更好。"从人性上来说,趋利避害隐藏在每一个人的人性深处,又是一个成熟的社会人的本能,而通过赏玩石头表达一种淡泊的情操,是人性在社会现实中的一种自觉行为,以及作为一种生物习性的本能表现。所以,赏石也具有了一定的医疗价值,成为人们应对自身人格和社会压力的一种自我治疗。亦如美国哲学家纳尔逊·古德曼在《艺术的语言》里指出的:"艺术不仅成为一种缓解,而且成为一种治疗,它既为好的实际提供一种替代品,也提供一种保护来防备不好的实际。"不难发现,生活中的赏石人大多秉持着石头所具有的特质,真实而正直,从容而低调,但骨子中都有如石头般的硬气和不屈。

把赏石理解为一种逃避,并不意味着它就是一种消极的生活方式。相反,赏石恰是喧嚣中的寂寞之音,又仿佛是一种艺术疗法,成为人们心灵的治疗慰藉。在赏石冥想的片刻,人们会暂时放弃生活上的欲望和转瞬即逝的利益,把自己与欲望和利益相隔绝,而进入到一种纯洁和永恒的理想世界,并使人们的愿望和记忆聚集在石头身上而凝结。事实上,德国社会学家马克斯·韦伯在《儒教与道教》里就指出:"冥想的与心醉神迷的宗教信仰,骨子里倒是特别反经济的。神秘的、纵情的、心醉神迷的经历是十足的非常现象,与平常现象和一切理性的目的行动背道而驰,正因为如此,才被奉为'神圣'。"总之,在当代社会里,赏石虽已不再是宗教信仰,但它所具有的冥想性质总在现实之外,是对现实世界的一种游离,成为人们寻求新的精神价值的源泉。

第二,精神多样化需求:生活的美学化与艺术化。

更为重要的是,随着人们的物质生活条件的满足,以及生活美学需求的增长,赏石也成为人们追求精神多样化和生活艺术化的一种艺术形式。诚如古希腊哲学家亚里士多德所说:"迫切的需要既然得到满足,人类便会转到普遍的和更高的方面上去。"在一定程度上,当代赏石的美育功能代替了传统宗教的意味。

此外,艺术家们由于在现实生活和周围环境里不能直接获得满足,他们才会在幻想的世界里寻找避难所,所以,赏石艺术又把孤寂表现成了一种形而上的美。然而,赏石艺术本身并不是颓废的艺术,赏石艺术与价值判断无涉。正如德国思想家阿多诺在《美学理论》里所说的:"艺术无须为自身辩护。"更如奥地利心理学家弗洛伊德在《论美》里所说:

"艺术家就像一个患有神经病的人那样,从一个他所不满意的现实中退缩下来,钻进了他自己的想象力所创造的世界中。但艺术家不同于精神病患者,因为艺术家知道如何去寻找那条回去的路,而再度把握现实。"

法国雕塑家罗丹说过:"艺术有如一架精细无比的古琴,它弹奏的时代之曲能使一切有情者感到共鸣。"社会生活里的赏石人,大多经历过蹉跎岁月的洗礼,历经官位和荣誉,隐退和内省,直至面临死亡的真实,而回到了最朴实和恒久的石头身上,回到了对田园牧歌式浪漫生活的向往,回到了最平凡的生活之中了。这犹如美国哲学家马尔库塞在《审美之维》里所说的:"所有物化皆为一种忘却。艺术通过让物化了的世界讲话、唱歌甚或起舞,来同物化作斗争。忘却过去的苦难和快乐,就可把人生从压抑人的现实原则中提升出来。"

第三,赏石艺术的底蕴:中华民族的独特性和创造力。

瑞士艺术史学家沃尔夫林在《艺术风格学》里指出:"我们不可否认的一个事实:每一个民族在它的艺术史上都有这样一些时代,这些时代看上去比其他时代更能展示它的民族特性。"在中国艺术史上,汉代的玉器、商周的青铜器、魏晋的碑版石雕和石窟、唐代的诗歌、宋代的瓷器、明代的家具、清代的园林,均彰显着中华民族的独特性和创造力。而当代的赏石艺术,虽然是新生的,但有着约 1800 多年的赏石文化依托,并以它的独特性、艺术性、文化性和民族性,必然会在世界艺术史上留下浓墨重彩的一笔。

法国诗人波德莱尔在《美学论文选》里认为:"如果一个民族今天在一种比上个世纪更微妙的意义上理解精神问题,这就是进步。"赏石艺术是一种新的时代精神和民族精神要求下的新的艺术形式,它以自然的形态,深刻的自由,丰富的艺术形象,有助于维持人们的自省精神、人格的完善以及理想的寄托,成为一个民族的性情和心像的微观体现。同时,它也能够为全人类提供一种全新的艺术品,而所有这些都是中华民族文化生命中不可或缺的。

图 141　《广陵散》　长江石　20×24×16 厘米　　周国平藏

　　晋代诗人嵇康有诗云:"春木载荣,布叶垂阴。习习谷风,吹我素琴。""目送归鸿,手挥五弦。俯仰自得,游心太玄。"人们仿佛从这块石头里,听到了古人演奏的时代之曲的余音。

图 142　《携琴访友图》　长江石　21×29×11 厘米　　李茂林藏

　　轻衫携琴,云月遣怀。踏足访友,游于风尘。酝藉高古,有道者风。风姿清迥,自然可慕。

第十三章　中国赏石艺术精神

　　世间万物以及人们对待万物的态度、观念和行为方式,背后都有一个本质的存在。晚唐诗人司空图的《诗品》有言:"尽而不浮,远而不尽,然后可以言韵外之致耳。"观赏石的出身不高贵,但天趣独属,以自然的造化与人们心灵的相融,吸引着无数人。那么,赏石艺术到底隐藏着什么呢? 赏石艺术家通过观赏石艺术品向人们表达着什么呢?

　　俄国艺术家康定斯基在《艺术中的精神》里认为:"艺术形式由不可抗的内在力量所决定,这是唯一不变的艺术法则,即艺术的'内驱法则'。"观赏石的特性在于,它总能引发人们的发散性思维,给人以想象空间,你越是长久地欣赏它,就越觉得它隐藏于层层帷幕之后。然而,观赏石给观赏者的是一种特殊的审美情感,更多的是一份静谧和纯真。

　　赏石艺术为一种纯粹的艺术,它有着自己的旨趣和暗示性力量,有着自己的独立价值和意义。准确地说,它是一种摆脱平庸的艺术,一种澄怀静观的心境艺术,无形中传递着一种格物致知的理想化人文精神,包含着一种独特的世界观,隐含着生命和艺术的哲学。这就如同法国诗人波德莱尔在《美学珍玩》里所说的:"根据现代的观念,什么是纯粹的艺术呢? 就是创造一种暗示的魔力,同时包含着客体和主体,艺术家之外的世界和艺术家本身。"

　　《旧约》里言:"静默有时,言语有时。"当人们在面对一块观赏石时,如果说艺术性是它外在的美,那么,赏石所蕴含的艺术精神就是内在的真和善了。在本质上,赏石艺术精神是赏石及其艺术形式与内在精神的一种无形的联系,也是对赏石的内在表达的一种追问。这个认识类似于德国哲学家黑格尔所认为的,美就是观念通过物质的显现。只有心灵和心灵有关的才是真正美的,故自然的美只是精神所固有的美的反映,美的事物只有精神方面的内容。对此,他在《历史哲学》里指出:"'艺术'精神化——生动化了这种外在性,对于纯粹感官的东西给予一种表现灵魂、感觉、'精神'的形式;因此,宗教虔诚不仅有一种感官的世间生存在它的面前,不浪费热忱于一件平常的东西,而是专注于那件物质的东西所包含的较高的东西——'精神'渗透了的、充满了灵魂的形式。"

人们对赏石艺术的理解,既要关注观赏石的物质性和艺术性,更要深入思考赏石艺术的精神性,这样,真、美、善就合而为一了。正如三国时期刘劭在《人物志》里所言:"物生有形,形有神情;能知精神,则穷理尽性。"赏石艺术精神犹如酵母在面团里的功效一样,其存在的价值在于:一方面当人们没有获得它的全部精神时,人们在赏玩观赏石的过程中就不会获得自由;另一方面,只有通过赏石艺术精神,人们才能够更好地理解赏石的深意,由此,赏石艺术在艺术史上的地位和意义才能够突现出来。反之,如果观赏石一直停留在那种纯粹物质化的追求之中,它就成了没有灵魂的躯壳。

俄国作家托尔斯泰在《托尔斯泰论文艺》里指出:"艺术创造是一种精神活动,它能够将那些模糊的情感或思想变成清晰的,为人们所能理解的情感或思想。"此外,俄国艺术家康定斯基在《艺术中的精神》里说:"艺术属于精神生活,也是精神最重要的载体之一。精神生活尽管复杂,其向上超越的运动却有特定的规律,且可以还原到简单原则。精神的运动是不断认识的运动。人类的精神认识虽有多种形式,其内在的意义和目的却又有殊途同归之妙。"因此,赏石艺术作为一种独特的艺术,也必然有着自己的独立精神。中国赏石艺术精神概括起来,有以下八个方面的特点。

第一,赏石艺术蕴含着精神之自然性的反思。

魏晋玄学家何晏在《无名论》里说:"天地以自然运,圣人以自然用。"同时,美国政治哲学家列奥·施特劳斯在《自然权利与历史》里指出:"自然乃是万祖之祖,万母之母。自然比之任何传统都更古久,因而它比任何传统都更令人心生敬意。认为自然事物比之人创造的事物更加高贵的观点,不是来自什么对神话的秘密的或无意的借用,也不是基于神话的残余,而是基于自然本身的发现。人工以自然为前提,而自然并不以人工为前提。""自然不仅是为所有的人工提供了材料,而且也提供了模型,'最伟大美妙之物'乃是区别于人工的自然的产物。"对于赏石艺术来说,借助石头体验大自然是最直观的了。观赏石代表着真实的自然、艺术的自然,同时,又是人们对自然法则的遵循,以及与人们与大自然的对话。所以,赏石艺术是一种浪漫主义,人们通过大自然的石头把自己的感觉澄清到一种非物质的状态之中了。

总之,艺术要到自然中去,而赏石艺术则从自然中而来,它既超越了自然,又最贴近自然,是一种心灵化的艺术,它生动地体现了大自然与人的心灵的合一,观赏石成了大自然给予人类的无禁之美。

图 143 《黛云》 灵璧石 58×118×48 厘米 曹磊藏

石者，天地之骨也，骨贵坚深而不浅露。

——（宋代画家）郭熙：《林泉高致》

第二,赏石艺术涵藏着精神之社会性的消极反抗。

魏晋玄学家王弼在《老子注》里曰:"圣人达自然之至,畅万物之情,故因而不为,顺而不施。除其所以迷,去其所以惑,故心不乱而物性自得之也。"同时,德国哲学家叔本华认为,艺术现实地追求理念并能够传播理念。他把理念描述成在自然中实现了的,为艺术家想象试图引出来的可理解的形式。他指出,艺术是克服自我,发现世界的一种企图。用他的话说:"艺术揭开了主观性的面纱和迷雾,捕捉住流动的生活,使我们看到了真实的世界。"

所有艺术均独立于既定的现实原则之外。艺术一方面是对现存社会的批判,另一方面又是对人们自身获得自由解放的期许。诚如文学家莫言在《碎语文学》里指出的:"对于文学来说,你选择了作家这个职业,你就选择了一个反叛者的行当。扮演了一个反叛的批判的角色。任何一个时代的好作家都是扮演了一个批评者的角色。像铁凝、王安忆、张平,他们的作品中都有着批判的精神,但表现方式却是大不相同。"同时,德国思想家阿多诺在《美学理论》里也指出:"艺术参与到精神之中,而精神反过来凝结于艺术作品中,这便有助于确定社会中的变化,尽管是以隐蔽的和无形的方式进行的。"总之,艺术无论是充当反叛的角色,还是具有批评的功能,抑或是确定社会里的变化,其根本宗旨在于使有情者获得共鸣,从而摆脱思想上的褊狭和文化上的傲慢,以便使得社会朝着更好的方向去发展。

从中国赏石发展史来看,赏石既是作为一种宗哲的文化传统保持下来,又是人们的一种个性化的生活体验方式。而在深层次上,赏石与赏石群体的社会要求之间却有着一种微妙的照应性。总的来说,赏石的社会性突出地反映在人们对社会世俗观念的反抗,以及对个体自由的一份消极期许。赏石艺术作为赏石发展史的一部分,也必然延续着赏石的历史功能性,并以附加的艺术特性更能够使社会性得以彰显。

第三,赏石艺术映衬着自然美学观念。

石头是世界上最真实的东西,自然的真实性和自发性是它的根本特质。观赏石是人们有目的的审美观照并引发情思的作品。赏石成了人们感受大自然的方式,它既是自然的心声,又是人类的审美。犹如意大利艺术史学家里奥奈罗·文杜里在《西方艺术批评史》里指出的:"自然本身也变得更富于精神性,处处呈现出思想的映像,震响着情感的回声,闪现出心灵跃进的火花。"

艺术家们长久以来都被自然的力量所吸引。德国学者哈约·德斯汀在《塞尚:自然进入艺术》里说:"自然乃是一个宇宙的精神观,在这个宇宙中万物相互关联,且按其必然性运动,它拥抱和养育着一切生命现象。"同时,法国美学家狄德罗在《狄德罗论绘画》里指出:"寻常的自然是艺术最初的模型。模仿一个较不寻常的自然获得成功使人感觉到选择的好处,而更严格的选择使人有必要美化自然或把自然散见于很多物体中的美集中到一个物体上。"此外,狄德罗还在《狄德罗美学论文选》里亦指出:"大自然的产物没有一样是不得当的。任何形式,不管是美的还是丑的,都有它形成的原因;而且,在所有存在的物体中,个个都是该什么样,就长成什么样子的。""但是,自然的真相容易被人忘记,于是想象中充满了虚假、做作、可笑而冷漠的动作、姿态和形象。这些东西充斥在想象之中,到绘画时就出现在画布之上。"

许多艺术家在赞美伟大的艺术作品时,通常运用的词汇是"性出自然""意蕴天成""没有人工雕塑的""一气呵成的""非矫揉造作的""自然成妙用"(注:李白诗句)"浑然天成的""一生爱好是天然"(注:汤显祖《牡丹亭》里的唱词)"自然之势""天赐的"和"神乎其技"等,从而给予"自然"的创作和表现以极高的评价,甚至,它也成了艺术家创作的一条基本理念。观赏石有着原始的、自然的和朴素的外观,即使对于极富浪漫主义思想的观赏者来说,也很难把它们与烂漫、绮丽和柔美等词语联系在一起;相反,它倒是具有一种质朴、静谧和刚硬的美。

古希腊哲学家认为,对自然的第一手知觉乃是真理的源泉。当观赏石转化为艺术品时,赏石就进入了一个新的维度。赏石艺术与客观的自然美学,在趣味中找寻美,以及与适意性等紧密相连,既涵盖了哲学、宗教、社会和生活诸方面,又与人们的主观审美趣味和特殊的乐趣纠缠在一起了。总之,人们通过观赏石作品传达着不可言说的情感,表达着个人的信仰和自由的信念,赏石艺术成了一种人与自然相互融通的文明艺术。

第四,赏石艺术彰显着纯粹原始性的秩序。

通常而论,原初的和不变的东西在它的圆满性和真实性上较之从属于变迁的任何事物都内在高级一些。观赏石以一种纯净的原始主义美学,向人们宣示着艺术中原始性的绝对价值。在某种意义上,观赏石自身的原始性与它的文化和艺术性同样重要。所以,德国艺术史学家格罗塞在《艺术的起源》里才说:"当我们欣赏陈列在美术馆里的古老绘画时,当我们鉴赏发黄的信笺与古旧的瓦片时,我们往往忽略了那种最为原始的形式。这种忽视实为美学上的一大缺陷,亟待更正与补充。"

观赏石呈露出清骨明姿之态,超然大雅,拥有着一种简单气息,常规世界的痕迹在它们的身上已被荡涤殆尽,它们传递出的是淳朴的情感,人们与之邂逅,都会悄然沉默。往往最原始的艺术,也是最真实的艺术。观赏石的原始性不仅被视为一种纯然朴素例子,它还是艺术中有意识的朴素的来源,也是艺术返回原始的根源之一。

那么,人们能否把赏石艺术看作在各种艺术形式中处于一种初始的地位,如同原始音乐在艺术上所表达的精神相类似一样?进一步地,赏石艺术精神可以理解为与哲学思想和美学观念有着一种更为内在的关系,而其他艺术形式也多是在相关的哲学思想和美学观念上派生出来的?不管答案是什么,对于熟悉艺术史的人们来说,赏石艺术对于其他艺术有着一定的原初和母题式意义,这从逻辑上是能够说得过去的。

第五,赏石艺术体现着赏玩者的人生境界。

俄国艺术家康定斯基在《艺术中的精神》里认为:"艺术以精神境界为上,有精神境界,则自有高格,自成良品。"同时,俄国作家托尔斯泰在《托尔斯泰论文艺》里指出:"一件真正的艺术作品不能是为了某种目的而定制的,因为一件真正的艺术作品是对一个在艺术家心灵中产生的对生命意义的重新诠释的揭示,而当它被表达的时候,它就会照亮人性发展的道路。"观赏石的欣赏有着内向性,它是一种体现欣赏者人生和精神境界的艺术,它是对欣赏者自己内心平静与本性自由的思考和默想,它唤醒的是人性中最深沉的东西。确切地说,赏石艺术是赏石艺术家通过他的观赏石作品传递着美感、感悟和万物生命的意义等;同时,欣赏者也不断地在静观冥想中认识大自然的艺术与人性之间的复杂性,陶冶着自己的情操,净化着自己的心灵。

中国赏石从哲学、宗教和精神而来,赏石艺术完全脱离不了"宗教"的意味。况且,正如法国画家亨利·马蒂斯所说:"一幅优秀艺术家创作的绘画永远会激起一种摆脱现实的感觉,一种精神升华的感觉。""一切名副其实的艺术都是宗教的,不论它是一种线的创造,还是一种色彩的创造。如果它不是宗教的,它就不存在了;如果它不是宗教的,它就仅仅是一种轶闻和趣味艺术。"反之,如同人们都在追寻完美的观赏石一样,透过赏石暴露出了自己多是完美主义和理想主义的追寻者。

那么,赏石艺术是贵族的艺术?宗教的艺术?无为的艺术?救赎的艺术?衰老的艺术?悲观的艺术?清高的艺术?颓废的艺术?无用的艺术?为人生的艺术?前卫的艺术?自省的艺术?强者的艺术?……答案是茫然的。然而,正如法国画家保罗·高更所说:"为艺术而艺术。这有何妨?为人生而艺术。这有何妨?为愉悦而艺术。这有何妨?只要是艺术,何乐而不为?"终究,赏石艺术追求的是认识自然世界、理解造化,并从认识中而窥见艺术之大美——灵魂之美、宗教之美和终极之美。

图 144 《风华绝代》 大化石 12×10×8 厘米 覃庆云藏

　　这块大化石高冷而圣洁,娇贵地充满着渴望,似乎在向所有男人展示着自己的原始美的魅力。同时,它也让人想到文学家莫言说过的话:"女人是大地,女人是秩序。"

第六,赏石艺术暗示着艺术灵性的本质。

德国哲学家尼采在《人性的,太人性的》里说:"我们如此喜欢置身于大自然中,因为它不会对我们发表任何见解。"当人们在欣赏一幅绘画和一件雕塑品时,多少都会唤起自己的思想和情感。对此,有人去探究:人们对这件艺术作品的感受是艺术家所要表达的吗?这件作品的思想性是欣赏者主观地把它们放进去的吗?然而,这些问题对于赏石艺术来说,其潜在的意义告诉人们,当面对大自然的石头时,无从知晓大自然的创作意图,而唯留下赏石艺术家和欣赏者的所思、所感和所悟了。

北宋文学家苏轼认为:"言有尽而意无穷者,天下之至言也。"观赏石饶有别趣,充满着想象和幻觉的特性,充斥着神示的和宗教般的神秘,表现着原始的和惊人的东西,体现着一种永恒的法则和艺术的灵性,给人们以开放的想象空间。那么,面对极富原始力和创造性的观赏石,如果真的去刨根问底,只能够归结为艺术之灵性了。这不由得让人想起法国作家雨果的一首诗来:"我们只见到事物的一面,另一面沉浸于可怖的神秘黑暗中,人身受其果,不知其因,他所能见的是怎样短小、无益与迅暂。"

第七,赏石艺术呈露着朴素的艺术精神。

法国哲学家卢梭在《论人类不平等的起源和基础》里指出:"自然界的一切都是真实的,你不会遇到任何虚假的东西。"同时,英国哲学家卡莱尔在《论狄德罗》里也说:"真正的美,不同于虚假的美,正像人间乐园不等于天堂一样。"观赏石是天然的、艺术的和激发情感的,而非造作的、假惺惺的和违背天性的,完全体现了大自然的真实,更是不朽的,蕴藏着一些亘古不变的东西,传递给人们以一种无形的信赖感。

赏石艺术中的造型具象极致化艺术还表明,艺术能够产生于最普通的生活经验之中,犹如法国美学家狄德罗在《狄德罗论绘画》里所说的:"自然里的真实是艺术上逼真的基础。"事实上,真正的艺术都试图把一切生命真实的样子表现出来。观赏石本身作为一种真实的艺术,因其真实而被人们愉快地加以接受。同时,赏石艺术也使人们认识到了平凡之物的价值,意识到即使是那些最熟悉的、隐晦的甚至让人麻木不仁的事物,如果人们仔细去观察,用不同的眼光去观照它们,也会获得惊人的发现,收获不同的洞见。如同英国艺术史学家罗杰·弗莱在《弗莱艺术批评文选》里所说:"确实,有些东西我们是为了单纯观看愉悦而加以观看的——它多半是色彩鲜艳的东西——鲜花、阳光下的草坪、日落等,在观看这些东西时,我们也确实更像艺术家那样观看。只是艺术家不必被单纯色彩鲜艳的东西所吸引,他总是在观看,即使那是日常生活中单调无色的东西。他也不是单纯为

图 145 《石色天惊》 灵璧石 54×42×20 厘米 王衍平藏

羞怯是大自然的某种秘密,用来抑制放纵的欲望:它顺乎自然的召唤,但永远同善、德行和谐一致,即使在它太过分的时候也仍旧如此。

——(德国哲学家)康德

了享受而观看,尽管他也确实有着这样的享受,但更多的是为了在事物的现象中发现某种一般的品质。"

观赏石没有甜腻感、脂粉味和矫揉造作之气,允许人们长久地静观,从而变得愈加持久,拥有着一种疏离的力量,带给人们以宁静的感觉,传递着人世间最为朴素的情感。犹如意大利诗人但丁所说:"当事物的表面看起来并没有进行什么装点,而内部却真正地装饰起来了,这才是好的装饰方法。"更如同德国哲学家尼采在《悲剧的诞生》里所指出的:"由于这同一理由,自然天性中最内在的核心具有那种对于朴素艺术家和朴素艺术作品的不可名状的快乐。"

第八,赏石艺术蕴藏着无限性。

古希腊哲学家赫拉克利特说过:"自然隐藏着自己。"而石头却成了一个可以窥见无限的窗口。大自然的石头历经亿万年的沧桑沉淀,拥有着一种不断消退却凝练的力量,在几瞬间被人们所发现,而成了另一种契机——观赏石转化为赏石艺术,意蕴自然之韵化为艺术之境。

法国诗人波德莱尔在《美学珍玩》里说过:"艺术愈是想在哲学上清晰,就愈是倒退,倒退到幼稚的象形阶段;相反,艺术愈是远离教诲,就愈是朝着纯粹的、无所为的美上升。"赏石艺术的独特之处在于,巴掌大的观赏石也如天宇般深远,将人们引向无限之思,引发人们对一切意象性的和混沌式的物象的猜测,引起人们对如中国文学式的言外之意的感悟。恰如魏晋哲学家王弼在《老子注》里所言:"道不违自然,乃得其性。法自然者,在方而法方,在圆而法圆,于自然无所违也。自然者,无称之言,穷极之辞也。"

德国哲学家谢林认为,艺术即主观与客观、自然与理性、无意识与有意识的结合,所以艺术是认识的最高手段,美即有限中无限的感知。对于赏石艺术来说,它有着重新活跃艺术想象力的内在力量,重塑着艺术回归于自然的趋向——在艺术发展的进程中,现代艺术也在不断出现回归自然和追求原始性的倾向,如中国的石窟壁画艺术、古埃及艺术、希腊的陶器和花瓶、波斯和伊斯兰的艺术、美洲古代的艺术、日本的艺术、儿童的艺术等都逐渐回归于艺术的行列。因此,赏石艺术作为一种向简单、神秘和原始回归的艺术范例,也能够把内在的生气传达给渴望好奇和神秘之思的艺术家们,成为一种回归原始艺术的源头之一。

图 146 《秋荷之韵》 沙漠漆 15×12×10 厘米 袁玉良藏

历经风日所灈、雨露所浸,而光华灿呈。它没有一丝实在的痕迹,充满了理想性。这块石头熟了。

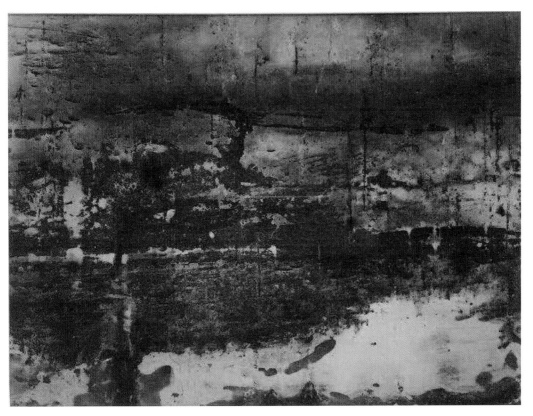

图 147 《仿赵无极》 清江石画 58×48×5 厘米 李国树藏

月寒花露重,江晚水烟微。

——(唐代诗人)江为

结束语

美学家宗白华在《美学与意境》里指出："大艺术家最高的境界是他直接在宇宙中观照的超形相的美。"赏石艺术家通过观赏石作品，把美和艺术性呈现给欣赏者，把原始性、神奇性、移情性和反思性等引入欣赏者的情感和精神之中。于是，赏石艺术以自然、自由和艺术想象的优美与观赏者的情感交融，并以其自身独特形式，展现着"美是艺术的主题"这一永恒的观念，而成为一门独特的艺术形式。

同时，美国哲学家杜威在《艺术即经验》里认为："艺术的繁盛是文化性质的最后尺度。"一种社会制度，无论是民主还是专制，政治清明还是混乱无序，只有较为自由放任的风俗，重视传统文化，支持并宽容艺术创造，艺术才可能繁荣。一切艺术，在一些批评者还没有完全熟悉的时候，就很难看到它的佳处。赏石艺术作为新生的艺术形式，其土壤就存在于中国传统文化和主流艺术之中。并且，随着社会的进步，人们精神生活的多样化需求，以及中国传统文化的复兴，赏石艺术必然会在陶冶人们性情和美化生活，增强中华民族文化自信道路上迎接自己新纪元的到来。

总之，如瑞士艺术史学家沃尔夫林在《艺术史的基本原理》里所说的："现实的观念与美的观念一样，都有所改变。"时代已经改变了。一个新的赏石时代正在来临。现在，赏石艺术作为国家级非物质文化遗产降临了，赏石艺术理念也随之萌生出来了，它就像是从大自然深处发出的神秘声音，呼唤着观赏石跳出过去纯属私人趣味的束缚而走向艺术的舞台，接受着属于自己的艺术欢呼声。

附录一　中国赏石文化年表

约公元前 4 世纪

道家思想产生：①老子，道家学派创始人，《道德经》；②庄子，道家学派代表人物，《庄子》。

公元前 140—前 87 年

汉武帝，开始实行通过考试来选拔部分官员的制度。

公元 25—220 年

东汉，佛教传入中国。

公元 220—589 年

魏晋南北朝：①佛教在中国达到鼎盛时期；②道教形成并大盛；③门第社会；④隐逸哲学与玄学：阮籍的《乐论》、嵇康的《声无哀乐论》、郭象的《庄子注》、何晏的《老子道德论》、王弼的《老子注》、裴𬯀的《崇有论》；⑤亲近大自然的山水泉石：赏石文化和赏石精神的孕育；⑥宗炳的《画山水序》、谢灵运的《山居赋》、陆机的《文赋》、刘勰的《文心雕龙》、刘义庆的《世说新语》；⑦南北朝的石窟艺术；⑧陶渊明"醉石"的象征意味；⑨南朝（420—589 年）在中国赏石文化史上的特殊地位，中国江南宫苑赏石活动呈现。

公元 609 年

大运河竣工。

公元 581—907 年

隋唐：①佛教最盛，道教并存；②石窟和壁画艺术，以"昭陵六骏"为代表的石雕艺术；③白居易的"中隐"思想；④赏石活动：园林和宫苑赏石规模性呈现；⑤赏石代表人物：隋炀帝、牛僧孺、李德裕、白居易、王维、杜甫、刘禹锡、柳宗元等；⑥咏石诗歌。

公元 622 年

科举制度恢复并制度化。

公元 842—845 年

唐武宗灭佛，对佛教和其他外来宗教进行迫害。

公元 960—1279 年

宋朝：①中国化的禅宗成为最大教派，同时盛行新道教；②文官当政；③宋徽宗赵佶：艮岳叠山造园和花石纲，园林石鼎盛，几案"巧石"流行；④南唐"后主"李煜的灵璧砚山，标志着文房雅玩供石呈现；⑤赏石代表人物：赵佶、李煜、苏轼、欧阳修、米芾、黄庭坚、杜绾等；⑥赏石标准出现：米芾的"相石四法"、苏轼的"丑石观"；⑦杜绾的《云林石谱》，中国第一部真正意义石谱，渔阳公的《渔阳石谱》、常懋的《宣和石谱》、范成大的《太湖石志》；⑧赵希鹄的《洞天清录》，怪石被列为文房器玩序列；⑨以瓷器为代表的极简美学；⑩文人绘画与文人赏石同宗同源。

公元 1033—1200 年

宋朝：道学（深受道教影响的理学）：周敦颐、程颐、程颢、朱熹、张载等。

公元 1279—1368 年

元朝，赵孟頫的《图书石颂》，赏石代表人物：赵孟頫、倪瓒等。

公元 1315 年

恢复科举制度。

公元 1368—1644 年

明朝：①言心言性：王守仁；②林有麟的《素园石谱》；③赏石代表人物：徐霞客、米万钟、王守谦等；④计成的《园治》、文震亨的《长物志》、孙国敉的《灵岩石说》、王守谦的《灵璧石考》。

公元 1661—1911 年

清朝：①诸九鼎的《惕庵石谱》；②赏石代表人物：乾隆帝、蒲松龄、诸九鼎、郑板桥、阮元、高凤翰、张大千等；③蒲松龄的《石谱》、阮元的《石画记》、王冶梅的《冶梅石谱》、沈心的《怪石录》；④园林赏石鼎盛：乾隆帝御题赏石诗歌。

公元 1905 年

废除科举制度。

公元 1911—1949 年

"中华民国"时期:①王猩酋的《雨花石子记》;②张轮远的《万石斋灵岩大理石谱》;③赏石标准(雨花石):形、质、色、纹。

公元 1977 年

中国高考制度恢复。

公元 1978 年—

改革开放,商品经济和市场经济逐步确立。

公元 1980 年—

当代:①大众赏石;②观赏石商品属性突显;③现代性问题;④人们精神多样化与生活艺术化需求;⑤文化复兴;⑥文人赏石传统回归;⑦赏石艺术:国家级非物质文化遗产;⑧赏石艺术:新的艺术形式;⑨赏石艺术理念的萌生。

附录二 插图目录及索引

图 50　《万世师表》灵璧石　　10×16×5 厘米　　　　　　收藏者:周磊

图 51　《烛龙》大化石　　160×108×45 厘米　　　　　　收藏者:高景隆

图 52　《青萝卜》玛瑙　　9×5×5 厘米　　　　　　　　收藏者:梁大卫

图 53　《金橘飘香》雨花石　　5.6×4.6 厘米　　　　　　收藏者:丁凤龙

图 54　《西江月》长江石　　15×13×5 厘米　　　　　　收藏者:刘开富

图 55　《云崖》英石　　33×38×33 厘米　　　　　　　收藏者:梁啟振

图 56　《玲珑璧》灵璧石　　108×58×178 厘米　　　　收藏者:胡宇

图 57　《法螺》沙漠漆　　28×18×18 厘米　　　　　　收藏者:邓思德

图 58　《毕加索》大化石　　25×36×22 厘米　　　　　　收藏者:何丽珍

图 59　明代　杜堇《陶穀赠词图》　　　　　　　　　　大英博物馆

图 60　《唐卡》长江石　　19×12×6 厘米　　　　　　　收藏者:罗庆敏

图 61　《人之初》黄河石　　13×15×8 厘米　　　　　　私人收藏

图 62　《泼墨仙人》彩蜡石　　15×28×10 厘米　　　　收藏者:张建宇

图 63　南宋　梁楷《泼墨仙人图》　　　　　　　　　　台北故宫博物院

图 64　《秋山望酬》长江石　　12×11×3 厘米　　　　收藏者:李静

图 65　《胭脂盒》玛瑙　　8×7×5 厘米　　　　　　　收藏者:李国树

图 66　《孤禽图》长江石　　12×12×6 厘米　　　　　收藏者:王毅高

图 67　《春江水暖》灵璧石　　30×33×19 厘米　　　　收藏者:徐文强

图 68　《中国龙》摩尔石　　166×120×126 厘米　　　收藏者:黄云波

图 69　《虎》古灵璧石　　35×52×17 厘米　　　　　美国大都会博物馆

图 70　《宋坑小方壶石》崂山海底玉　　　　　　　　上海博物馆

图 71　《牧归图》江西潦河石　　26×14×6 厘米　　　收藏者:罗昆仑

图 72　《迎客松》长江石　　11×9×3 厘米　　　　　收藏者:赵育和

图 73　《小熊猫》玛瑙　　8.5×5×3 厘米　　　　　　收藏者:杜学智

图 74　《史前霸主》摩尔石　　133×108×95 厘米　　收藏者:徐伟崇

图 75　《龙龟》沙漠漆　　50×18×30 厘米　　　　　收藏者:张志强

图 76　《混沌初云》灵璧石　　128×108×50 厘米　　收藏者:孙凯

图 77　《锦云碧汉》戈壁石　　125×78×78 厘米　　收藏者:陈德宝

图 78　《烟村晚渡》大理石画　　45×45 厘米　　　　收藏者:张宁

参考文献

1. 傅抱石:《中国绘画变迁史纲》,上海书画出版社。

2. [英]休谟:《人类理解研究》,商务印书馆。

3. [英]休谟:《人性论》,商务印书馆。

4. [俄]康定斯基:《艺术中的精神》,重庆大学出版社。

5. [俄]康定斯基:《论艺术里的精神》,四川美术出版社。

6. [法]保罗·高更:《高更与塔希提手札》,中国人民大学出版社。

7. [英]乔治·贝克莱:《人类知识原理》,商务印书馆。

8. [奥]维特根斯坦:《逻辑哲学论》,商务印书馆。

9. [德]希尔德勃兰特:《造型艺术中的形式问题》,中国人民大学出版社。

10. [法]皮埃尔·卡巴内:《杜尚访谈录》,中国人民大学出版社。

11. [西]毕加索:《现代艺术大师论艺术》,中国人民大学出版社。

12. [英]汤因比:《历史研究》,上海世纪出版集团。

13. [英]汤因比:《艺术的未来》,广西师范大学出版社。

14. 胡适:《胡适口述自传》,广西师范大学出版社。

15. 胡适:《容忍与自由》,法律出版社。

16. 文化部对外文化联络局:《保护非物质文化遗产公约》,外文出版社。

17. [德]马克斯·韦伯:《经济与社会》,商务印书馆。

18. [英]克莱夫·贝尔:《艺术》,中国文联出版社。

19. [美]布洛克:《现代艺术哲学》,四川人民出版社。

20. [英]理查德·肖恩:《塑造美术史的十六本书》,广西美术出版社。

21. [荷兰]巴鲁赫·斯宾诺莎:《伦理学》,商务印书馆。

22. [荷兰]巴鲁赫·斯宾诺莎:《笛卡尔哲学原理》,商务印书馆。

23. [意]里奥奈罗·文杜里:《西方艺术批评史》,江苏教育出版社。

24. [美]曼瑟尔·奥尔森:《集体行动的逻辑》,上海人民出版社。

25. 吕澂:《印度佛学源流略讲》,上海世纪出版集团。

26. 查建英:《八十年代访谈录》,三联书店。

27. [古罗马]马可·奥勒留:《沉思录》,中央编译出版社。

28. 黄仁宇:《赫逊河畔谈中国历史》,三联书店。

29. 黄仁宇:《大历史不会萎缩》,九州出版社。

30. [英]伯特兰·罗素:《西方的智慧》,中国妇女出版社。

31. [英]伯特兰·罗素:《中国问题》,学林出版社。

32. [英]伯特兰·罗素:《我们关于外间世界的知识》,上海译文出版社。

33. [英]伯特兰·罗素:《西方哲学史》,商务印书馆。

34. [德]罗伯特·耀斯:《审美经验与文学解释学》,上海世纪出版集团。

35. [法]罗曼·罗兰:《贝多芬传》,安徽文艺出版社。

36. [美]孙隆基:《中国文化的深层结构》,中国妇女出版社。

37. [德]康德:《纯粹理性批判》,商务印书馆。

38. [德]康德:《实践理性批判》,商务印书馆。

39. [德]康德:《判断力批判》,商务印书馆。

40. [德]米海里司:《美术考古一世纪》,上海世纪出版集团。

41. 林语堂:《美国的智慧》,陕西师范大学出版社。

42. 林语堂:《生活的艺术》,湖南文艺出版社。

43. [古希腊]柏拉图:《理想国》,商务印书馆。

44. [古希腊]亚里士多德:《诗学》,商务印书馆。

45. [古希腊]亚里士多德:《政治学》,商务印书馆。

46. [古希腊]亚里士多德:《形而上学》,上海世纪出版集团。

47. [古希腊]亚里士多德:《修辞学》,上海世纪出版集团。

48. [英]韦尔斯:《世界史纲》,上海世纪出版集团。

49. 傅雷:《世界美术名作二十讲》,三联书店。

50. 朱谦之:《中国哲学对欧洲的影响》,上海世纪出版集团。

51. 朱谦之:《中国音乐文学史》,上海世纪出版集团。

52. 陈垣:《中国佛教史籍概论》,上海世纪出版集团。

53. 梁漱溟:《东西文化及其哲学》,上海世纪出版集团。

54. [德]黑格尔:《历史哲学》,上海世纪出版集团。

55. [德]黑格尔:《精神现象学》,人民出版社。

56. 老子:《道德经》,安徽人民出版社。

57. 瞿同祖:《中国封建社会》,上海世纪出版集团。

58. [德]卡尔·洛维特:《世界历史与救赎历史》,上海世纪出版集团。

59. [德]沃尔夫冈·韦尔施:《重构美学》,上海世纪出版集团。

60. [美]乔治·米德:《心灵、自我与社会》,上海世纪出版集团。

61. [英]莱昂内尔·罗宾斯:《经济科学的性质和意义》,商务印书馆。

62. [美]克里斯托弗·贝里:《奢侈的概念》,上海世纪出版集团。

63. 梁漱溟:《人心与人生》,上海世纪出版集团。

64. [法]朱利安·班达:《知识分子的背叛》,上海世纪出版集团。

65. 朱光潜:《文艺心理学》,三联书店。

66. [法]孟德斯鸠:《罗马盛衰原因论》,商务印书馆。

67. [法]卢梭:《一个孤独的散步者的梦》,商务印书馆。

68. [法]卢梭:《论人类不平等的起源和基础》,商务印书馆。

69. [德]阿尔弗雷德·韦伯:《文化社会学视域中的文化史》,上海世纪出版集团。

70. [法]伏尔泰:《哲学通信》,上海世纪出版集团。

71. [德]卡尔·雅斯贝斯:《时代的精神状况》,上海世纪出版集团。

72. [美]理查德·沃林:《文化批评的观念》,商务印书馆。

73. [英]丹尼斯·哈伊:《意大利文艺复兴的历史背景》,三联书店。

74. [英]亚当·斯密:《道德情操论》,商务印书馆。

75. 蒙文通:《中国史学史》,上海世纪出版集团。

76. [德]马克斯·韦伯:《儒教与道教》,商务印书馆。

77. [德]马克斯·韦伯:《中国的宗教:儒教与道教》,上海三联书店。

78. [法]米歇尔·昂弗莱:《享乐的艺术》,三联书店。

79. [德]维尔纳·桑巴特:《奢侈与资本主义》,上海人民出版社。

80.［瑞士］雅各布·布克哈特:《意大利文艺复兴时期的文化》,上海人民出版社。

81.［俄］格奥尔基·弗洛罗夫斯基:《俄罗斯宗教哲学之路》,上海世纪出版集团。

82.［美］威廉·詹姆斯:《彻底的经验主义》,上海世纪出版集团。

83. 柏杨:《中国人史纲》,同心出版社。

84. 顾准:《顾准文集》,福建教育出版社。

85.［英］布莱恩·麦基:《思想家》,三联书店。

86. 徐复观:《中国文学精神》,上海世纪出版集团。

87. 徐复观:《中国艺术精神》,商务印书馆。

88. 侯外庐:《中国古代社会史论》,人民出版社。

89.［美］爱默生:《美国学者》,三联书店。

90.［美］爱默生:《代表人物》,三联书店。

91.［法］司汤达:《拉辛与莎士比亚》,上海世纪出版集团。

92.［美］托马斯·潘恩:《常识》,华夏出版社。

93.［德］叔本华:《作为意志和表象的世界》,商务印书馆。

94.［德］叔本华:《人生的智慧》,上海人民出版社。

95.［法］笛卡尔:《谈谈方法》,商务印书馆。

96. 钱穆:《国史新论》,三联书店。

97.［美］约翰·杜威:《艺术即经验》,商务印书馆。

98.［法］克劳德·莫奈:《莫奈手稿》,金城出版社。

99. 沈语冰:《图像与意义:英美现代艺术史论》,商务印书馆。

100. 王逊:《中国美术史》,辽宁美术出版社。

101.［荷］文森特·梵·高:《梵·高手稿》,北京联合出版公司。

102.［意］贝内德托·克罗齐:《美学纲要》,社会科学文献出版社。

103.［美］乔治·桑塔耶纳:《美感》,人民出版社。

104.［英］西蒙·沙玛:《艺术的力量》,中国美术学院出版社。

105.［法］丹纳:《艺术哲学》,北京大学出版社。

106.［英］贡布里希:《艺术的故事》,广西美术出版社。

107.［英］贡布里希:《偏爱原始性》,广西美术出版社。

108.［意］翁贝托·艾柯:《美的历史》,中央编译出版社。

109. 潘天寿：《中国绘画史》，商务印书馆。

110. [法]萨特：《萨特论艺术》，中国人民大学出版社。

111. [德]瓦尔特·赫斯：《欧洲现代画派画论》，广西师范大学出版社。

112. [英]科林伍德：《艺术原理》，中国社会科学出版社。

113. [美]阿恩海姆：《艺术与视知觉》，中国社会科学出版社。

114. [美]赫伯特·马尔库塞：《审美之维》，广西师范大学出版社。

115. [英]奥斯汀：《感觉与可感物》，商务印书馆。

116. [美]黛布拉·德维特：《艺术的真相》，北京美术摄影出版社。

117. 张曼华：《中国画论史》，广西美术出版社。

118. [英]罗杰·弗莱：《塞尚及其画风的发展》，广西师范大学出版社。

119. [英]罗杰·弗莱：《视觉与设计》，金城出版社。

120. [英]罗杰·弗莱：《弗莱艺术批评文选》，江苏美术出版社。

121. [德]伽达默尔：《解释学》，商务印书馆。

122. [德]伽达默尔：《美的现实性》，人民出版社。

123. [德]伽达默尔：《真理与方法》，商务印书馆。

124. [法]杰克·德·弗拉姆：《马蒂斯论艺术》，河南美术出版社。

125. [美]迈耶·夏皮罗：《现代艺术：19 与 20 世纪》，江苏美术出版社。

126. [美]迈耶·夏皮罗：《艺术的理论与哲学》，江苏美术出版社。

127. [德]席勒：《审美教育书简》，译林出版社。

128. [英]威廉·荷加斯：《美的分析》，上海人民美术出版社。

129. [英]赫伯特·里德：《现代艺术哲学》，百花文艺出版社。

130. [英]赫伯特·里德：《艺术的真谛》，百花文艺出版社。

131. 梁启超：《梁启超美学文选》，安徽文艺出版社。

132. [英]理查德·沃尔海姆：《艺术及其对象》，中国人民大学出版社。

133. 刘勰：《文心雕龙》，辽宁美术出版社。

134. 林有麟：《素园石谱》，浙江人民美术出版社。

135. 陈东升：《中华古代石谱石文石诗大观》，中国文化出版社。

136. 杜绾：《云林石谱》，浙江人民美术出版社。

137. 林语堂：《人生不过如此》，上海书店出版社。

138.〔德〕弗里德里希・恩格斯:《反杜林论》,人民出版社。

139.〔法〕孔狄亚克:《孔狄亚克哲学三篇》,上海人民出版社。

140. 王国维:《人间词话》,安徽文艺出版社。

141.〔德〕西奥多・阿多诺:《美学理论》,上海人民出版社。

142.〔德〕石里克:《普通认识论》,商务印书馆。

143.〔法〕波德莱尔:《波德莱尔美学论文选》,人民文学出版社。

144.〔英〕诺曼・布列逊:《视觉与绘画》,人民出版社。

145. 蔡元培:《蔡元培美学文选》,北京大学出版社。

146.〔瑞士〕沃尔夫林:《艺术风格学》,辽宁人民出版社。

147.〔瑞士〕沃尔夫林:《艺术史的基本原理》,金城出版社。

148.〔美〕约翰・雷华德:《印象派绘画大师》,广西师范大学出版社。

149.〔德〕温克尔曼:《希腊人的艺术》,广西师范大学出版社。

150.〔美〕约翰・拉塞尔:《现代艺术的意义》,中国人民大学出版社。

151.〔美〕卡斯比特:《艺术的终结》,北京大学出版社。

152.〔美〕托马斯・沃特伯格:《什么是艺术》,重庆大学出版社。

153. 俞剑华:《中国古代画论类编》,人民美术出版社。

154. 朱自清:《生命的韵律》,安徽文艺出版社。

155.〔英〕米勒:《爱因斯坦・毕加索》,上海科技教育出版社。

156.〔日〕忽滑谷快天:《中国禅学思想史》,大象出版社。

157.〔法〕罗丹:《艺术论》,广西师范大学出版社。

158. 唐君毅:《中国文化之精神价值》,广西师范大学出版社。

159.〔德〕马丁・海德格尔:《存在与时间》,三联书店。

160. 阮元:《石画记》,西泠印社出版社。

161. 宗白华:《美学散步》,上海人民出版社。

162.〔法〕亨利・马蒂斯:《画家笔记》,广西师范大学出版社。

163.〔美〕克拉克:《知觉的悬置》,江苏凤凰美术出版社。

164.〔法〕亨利・柏格森:《思想与运动》,安徽人民出版社。

165.〔英〕贡布里希:《木马沉思录》,北京大学出版社。

166. 王士祯:《香祖笔记》,上海古籍出版社。

167. [德]歌德：《浮士德》，四川文艺出版社。

168. 班固：《汉书》，三秦出版社。

169. 梁漱溟：《中国文化要义》，上海人民出版社。

170. [美]菲利浦·罗斯：《怀特海》，中华书局。

171. [法]狄德罗：《狄德罗文集》，中国社会出版社。

172. [法]孔狄亚克：《孔狄亚克哲学三篇》，上海人民出版社。

173. [美]杨晓山：《私人领域的变形》，江苏人民出版社。

174. [美]赫谢尔·B.奇普：《艺术家通信》，中国人民大学出版社。

175. 曹雪芹：《红楼梦》，岳麓书社。

176. 王世襄：《中国画论研究》，三联书店。

177. [美]苏珊·朗格：《感受与形式》，江苏人民出版社。

178. [美]罗伯特·威廉姆斯：《艺术理论》，北京大学出版社。

179. [英]马修·基兰：《洞悉艺术奥秘》，北京大学出版社。

180. [英]佩特：《文艺复兴：艺术与诗的研究》，广西师范大学出版社。

181. [古罗马]西塞罗：《论演说家》，中国政法大学出版社。

182. [意]维柯：《新科学》，人民文学出版社。

183. [日]吉川忠夫：《六朝精神史研究》，人民文学出版社。

184. [德]马丁·海德格尔：《思的经验》，商务印书馆。

185. 李嘉熙译：《德拉克罗洛日记》，人民美术出版社。

186. 徐小跃：《禅与老庄》，江苏人民出版社。

187. [美]苏源熙：《中国美学问题》，江苏人民出版社。

188. 汤用彤：《汉魏两晋南北朝佛教史》，中华书局。

189. [俄]列夫·托尔斯泰：《什么是艺术》，江苏美术出版社。

190. [俄]列夫·托尔斯泰：《托尔斯泰论文艺》，金城出版社。

191. [德]威廉·沃林格：《抽象与移情》，金城出版社。

192. 陈望道：《修辞学发凡》，上海世纪出版集团。

193. [意]乔尔乔·瓦萨里：《意大利艺苑名人传》，湖北美术出版社。

194. 罗大经：《鹤林玉露》，中华书局。

195. 苏轼：《苏轼诗集》，中华书局。

196.［英］约书亚·雷诺兹：《艺术史上的七次谈话》，中国人民大学出版社。

197.［德］阿尔布雷特·丢勒：《版画插图丢勒游记》，中国人民大学出版社。

198. 黄宾虹：《古画微》，湖北美术出版社。

199. 腾固：《中国美术小史 唐宋绘画史》，上海书画出版社。

200. 陈师曾：《中国绘画史 文人画之价值》，上海书画出版社。

201.［德］格罗塞：《艺术的起源》，北京出版社。

202. 黄庭坚：《黄庭坚全集》，江西人民出版社。

203. 于敏中：《日下旧闻考》，北京古籍出版社。

204.［法］德尼·狄德罗：《狄德罗论绘画》，中信出版集团。

205.［法］德尼·狄德罗：《狄德罗美学论文选》，人民文学出版社。

206.［英］朱塞佩·埃斯卡纳齐：《中国艺术品经眼录》，上海书画出版社。

207. 丁文父：《御苑赏石》，三联书店。

208. 朱良志：《顽石的风流》，中华书局。

209. 虞集：《道园学古录》，商务印书馆。

210. 费衮：《梁溪漫志》，三秦出版社。

211.［法］夏尔·波德莱尔：《美学珍玩》，商务印书馆。

212.［美］克利福德·格尔茨：《文化的解释》，译林出版社。

213. 马可波罗：《马可波罗行纪》，上海世纪出版集团。

214.［捷克］米兰·昆德拉：《笑忘录》，上海译文出版社。

215. 汤用彤：《魏晋玄学论稿》，上海古籍出版社。

216. 吕思勉：《中国通史》，上海文化出版社。

217. 陈鼓应：《庄子浅说》，中华书局。

218.［法］爱弥尔·涂尔干：《原始分类》，上海世纪出版集团。

219. 寿嘉华：《中国石谱》，中华书局。

220. 李渔：《闲情偶寄》，云南出版集团。

221. 文震亨：《长物志》，中华书局。

222. 宗白华：《美学与意境》，江苏凤凰文艺出版社。

223.［德］莱布尼茨：《人类理智新论》，商务印书馆。

224.［奥］弗洛伊德：《论美》，金城出版社。

225. 汤一介:《郭象与魏晋玄学》,中国人民大学出版社。

226. 〔日〕柳田圣山:《禅与中国》,三联书店。

227. 劳榦:《秦汉简史》,中华书局。

228. 冯友兰:《中国哲学简史》,岳麓书社。

229. 童寯:《东南园墅》,湖南美术出版社。

230. 高濂:《燕闲清赏笺》,浙江人民美术出版社。

231. 沈从文:《中国古代服饰研究》,上海世纪出版集团。

232. 李泽厚:《美的历程》,三联书店。

233. 莫言:《碎语文学》,云南人民出版社。

234. 范文澜:《中国通史简编》,北京联合出版公司。

235. 蒙思明:《元代社会阶级制度》,上海世纪出版集团。

236. 〔英〕约翰·罗斯金:《近代画家》,清华大学出版社。

237. 〔英〕约翰·罗斯金:《透纳与拉斐尔前派》,金城出版社。

238. 〔美〕纳尔逊·古德曼:《艺术的语言》,北京大学出版社。

239. 郑振铎:《插图本中国文学史》,上海世纪出版集团。

240. 〔美〕刘子健:《中国转向内在:两宋之际的文化转向》,江苏人民出版社。

241. 〔德〕艾克曼:《歌德谈话录》,上海三联书店。

242. 〔美〕伊沛霞:《宋徽宗》,广西师范大学出版社。

243. 辛文房:《唐才子传》,中信出版集团。

244. 闻一多:《神化与诗》,上海世纪出版集团。

245. 王力:《汉语诗律学》,上海世纪出版集团。

246. 余英时:《士与中国文化》,上海人民出版社。

247. 吴晗:《历史的镜子》,浙江人民出版社。

248. 〔美〕克莱门特·格林伯格:《艺术与文化》,广西师范大学出版社。

249. 〔德〕尼采:《悲剧的诞生》,三联书店。

250. 〔英〕卡莱尔:《论英雄、英雄崇拜和历史上的英雄业绩》,商务印书馆。

251. 万国鼎、万斯年、陈梦家:《中国历史纪年表》,中华书局。

252. 〔德〕伊格尔斯:《德国的历史观》,商务印书馆。

253. 〔德〕黑格尔:《法哲学原理》,商务印书馆。